新
家庭书架

NEW BOOKSHELF

经典新编

生活中来
窍门3000例

《新家庭书架》编委会 编

北京出版集团公司
北京出版社

图书在版编目（CIP）数据

生活中来窍门3000例 /《新家庭书架》编委会编. 一
北京：北京出版社，2014.1
（新家庭书架）
ISBN 978-7-200-10116-4

Ⅰ．①生… Ⅱ．①新… Ⅲ．①生活—知识—普及读物
Ⅳ．①TS976.3-49

中国版本图书馆CIP数据核字（2013）第252920号

全案策划　唐码书业
责任编辑　倪晓辉　　封面设计　刘　畅　　版式设计　黄资喻
责任印制　毛宇楠

新家庭书架

生活中来窍门3000例

SHENGHUO ZHONG LAI
QIAOMEN 3000 LI

《新家庭书架》编委会　编

出版 / 北京出版集团公司
　　　北 京 出 版 社
地址 / 北京北三环中路6号
邮编 / 100120
网址 / www.bph.com.cn
总发行 / 北京出版集团公司
经销 / 新华书店
印刷 / 三河市嘉科万达彩色印刷有限公司
版次 / 2014年1月第1版
　　　2014年1月第1次印刷
开本 / 787毫米×1092毫米　1/16
印张 / 20
字数 / 378千字
书号 / ISBN 978-7-200-10116-4
定价 / 25.00元
质量监督电话 / 010-58572393

Forewords

老百姓居家过日子，最讲究的就是一个"顺"字。只有先把日子过"顺"了，才能让它逐步"红火"起来。这一心愿虽然再朴素不过，却并非所有人都能实现。生活，向来是不以真面目示人的，它爱开所有人的玩笑，尤其爱捉弄那些并不熟悉它的人，将大大小小的烦心事压在人们的心头、眉间，让人们在筋疲力尽之余，只能无奈地感慨：这就是生活！

不，生活并非你想象的那个样子。虽然它会给你制造一些麻烦，但同时也会带来许许多多的解决之道。有句话说得好："办法总比问题多"。是的，从这个角度来说，生活又是公平的、慈爱的。

因此，对于那些"最近有点烦"的人们来说，与其为生活带来的这样那样的问题而烦恼、沮丧，还不如现在就留个心眼，找一找藏在生活中的那些解决之道。没准，一件纠缠您许久的"大麻烦"，会被一个很不起眼的"小窍门"轻易攻克——这些小窍门，正是生活的馈赠。当然，它所赠予的对象，只是那些生活中的"有心人"。

可喜的是，在寻求被生活眷顾的过程中，您并不需要"摸着石头过河"，因为在这个世界上，还有无数跟您一样，每天都需要去接触、体验、感受生活的人。他们也曾为生活而烦恼，但最终接受了生活的馈赠——或多或少的，他们都积累了一些小窍门。这些小窍门帮助他们解决了自己的问题。后来，他们又慷慨地将这些经验贡献出来，与别人分享，以期造福于更多的人。

无数善良之人的这一美好心愿，成为我们编撰这本《生活中来窍门3000例》的初衷和原始动力。本书共收录各类小窍门数千例，涵盖了日常生活中的方方面面，内容极为丰富。编者相信，书中那一个个简单实用的小窍门，一定会打开您的眼界，帮助您轻松解决生活中的难题，让您的日子过得更"顺"些。

于是乎，一本不算太厚的书，拿在手里，也有了一种沉甸甸的感觉！

4 目录 contents

■医大病，用小偏方 Folk Prescription

6

10

■ 美容秘方DIY Hairdressing

● 美白护肤

● 手足养护

16

穿着服饰巧安排 Clothes

18

吃出快乐与健康 Food

住得舒心 House

● 购房技巧

● 装修布置

■ 用得放心 Appliance

■行路千里并不难 Travel

30

医

Folk
Prescription

[医大病，用小偏方]

各种外伤
便秘、痔疮、肛周疾病
糖尿病
高血压、高脂血症、贫血
肾病、泌尿系统疾病、结石症
失眠、盗汗
胃痛、呃逆（打嗝）
腹泻、消化不良
咳嗽、哮喘、气管炎
感冒、头痛

小儿常见病
妇科疾病
男科疾病
五官疾病
癣、斑、冻疮、蚊虫叮咬
皮炎、湿疹、荨麻疹
鸡眼、赘疣
汗脚、脚气
手脚干裂、麻木
关节炎、风湿症、腰腿痛

其他疾病
日常保健
心理保健
家庭安全与急救

感冒、头痛

GAN MAO　TOU TONG

冷水擦背防感冒

Folk Prescription　　　　1

当身体内部有发冷的感觉时，这就是感冒的前兆。所以，在感到身体不舒服时，就要采取预防措施。早上起床后，用干布蘸冷水，摩擦背部上方20~30次，直到背部发热为止。最好临睡前再做一次，必可收到效果。

洗脸防感冒

Folk Prescription　　　　2

每天早晨洗脸时，将冷水轻轻吸入鼻腔进行清洗，既刺激鼻腔又打扫了卫生。鼻腔经过这样的每日一练，渐渐习惯了低温，再有冷空气入侵，也就见怪不怪，不会动不动就感冒了。

冰糖蛋汤防感冒

Folk Prescription　　　　3

下面的方法预防感冒很管用：冰糖放在杯底，加进1只新鲜鸡蛋，然后注入滚烫的开水，用盖子盖好，半分钟后，掀起盖子，以汤匙搅拌，趁热喝下即可。此方还有增强体力、治疗咳嗽的作用。图

葱姜蒜治感冒初发

Folk Prescription　　　　4

感冒初发的时候，身体尚未发汗。而在中医的诊断上，发汗与否非常关键。若已发汗，表明已是里症，而不发汗则表明仍是表症，病毒尚未侵入内脏，此时可用葱姜蒜来治疗：

1. 温一点大蒜液汁来喝，或是将切碎的大蒜和切碎的姜泡热开水或拌面吃，冒出汗后即愈。

2. 葱白6根切片，放入研钵捣碎，老姜30克切片，和豆豉12克一起入锅，加一杯水熬至只剩半杯的浓度，沥出残渣，趁热喝下，多穿衣服或闷在棉被中，使身体出汗即愈。

酒煮鸡蛋治感冒

Folk Prescription　　　　5

得了感冒，可将100毫升的黄酒放入锅中煮，使酒精蒸发掉一部分后，打入鸡蛋一只，搅拌，再加入蜂蜜或砂糖适量，也可加入少许开水冲淡酒味。喝过蛋酒，好好睡一觉，隔天就没事了。医学证明，鸡蛋含有免疫体的物质，而酒精则具有轻微麻痹作用及解热作用。

药水擦身治感冒

Folk Prescription　　　　6

柴胡、荆芥、紫苏、

NO.3图

薄荷各30克（4岁以下幼儿各20克）。上药用热开水1000~1500毫升冲开后浸泡20分钟（或煎煮5分钟），去渣取药液。关闭门窗，用毛巾蘸药液（保持一定温度，以患者能耐受为宜）反复擦洗全身，每次10~15分钟。洗毕揩干身子，穿上衣裤，保温休息。每隔4~5小时擦洗一次。

一贴灵治风寒感冒
Folk Prescription　　　7

得了风寒感冒，一般会有畏寒发热，全身酸痛，头晕乏力等症状。这时可去中药店买麻黄、香薷各15克，板蓝根、蒲公英各10克，桔梗12克。将上药共研为细粉，成人一般用量约3.5克，儿童用量约1克。将药粉倒入肚脐中心，然后用一般胶布贴敷固定，勿令药粉撒漏。贴上1小时后，患者一般会感到全身舒适，诸症减轻，体温下降，全身无不适感，可再用1剂以巩固疗效。

葱蒜粥治感冒头痛
Folk Prescription　　　8

得了感冒的人，用大蒜3个、葱白10根切碎，加入煮熟的粥中，再熬一次，趁热吃完，多穿衣服或盖上棉被，保持身体的温暖。这种方法用来治疗初期的感冒，尤其是有头痛症状的感冒，特别有效。

治风寒感冒家用便方
Folk Prescription　　　9

葱白15克切碎、老姜15克切片，加茶叶10克，放一

NO.9图

杯半的水同入锅，煮好，沥去残渣，将汤汁倒入杯中，趁热服用，并注意不要受风寒。材料中的茶叶，对治疗头痛很有效用，近来的感冒药中，大多含有茶叶的成分。图

用葱治感冒鼻塞
Folk Prescription　　　10

感冒时，如因鼻塞而感到呼吸困难，可用葱来治疗。

1.把生葱的葱白部分切断，将切口处放在鼻孔前用力呼吸，数分钟后，鼻塞的现象自会消失。如果鼻塞的症状太严重时，可将生葱的葱白部分，垂直方向切开，取出葱白内带有刺激性黏液的薄膜，贴在鼻孔下，5~10分钟后，呼吸就会畅通，这时再取下即可。

2.取葱白适量、捣碎过滤取汁，加生理盐水配成40%溶液，装瓶备用。用时每日滴鼻3~5次，每次2~3滴，病愈停药，对感冒鼻塞不通也

有良好效果。

吃辣面治感冒鼻塞
Folk Prescription　　　11

感冒初起，可吃汤面作为发散剂，面要煮得烂熟，汤要多，再加大葱一根煮熟，放入红辣油一匙，这样能发散风寒，吃完面后能使鼻塞畅通。

喝陈皮汤治感冒、关节痛
Folk Prescription　　　12

中年以上的人，得了感冒后，往往会引起关节疼痛，即使感冒已愈，关节痛的症状却不一定会随之消失，有时反而会恶化，甚至连下床走路都会感到十分吃力。用陈皮（干燥的橘子皮）20克，以200毫升的水煎至剩2/3的量时，趁热服下，该法对关节痛很有效果。因为关节之所以会痛，是由于身体长期过度疲劳所致，而陈皮恰好具有消除体内疲劳的功效。

NO.16图

紫苏黑枣汤治感冒、关节痛
Folk Prescription　　13

　　紫苏叶10克与黑枣10颗入锅慢火熬汤。此汤有枣子甘味，药味轻，喝一大碗后，盖被小睡，待出汗后，骨痛、肌肉痛即能减轻。骨痛较甚者，除用紫苏叶之外，紫苏梗可同时用，不必弃去。凡是骨痛、肌肉痛，皆应吃发汗散表的食物，紫苏叶能疏解寒气，黑枣具有散骨节寒气的功能，可减轻患者的痛苦。

紫苏山楂汤治感冒、关节痛
Folk Prescription　　14

　　取紫苏叶6克、山楂10克、冰糖90克，共煮5～6汤碗，尽量多饮，饮后入睡，隔天即愈，屡试屡验。此药酸甜可口，常人亦可饮之。

芥菜豆腐汤治感冒
Folk Prescription　　15

　　日久不愈的感冒，会有口干舌苦、食欲不振、咳嗽、生痰的症状。这时可用芥菜500克切成适当长度、豆腐半块切为3～4块、老姜10克切片、咸橄榄4个与一杯半的水，共放入锅内煮，煮好后，残渣沥出，趁热喝下，多穿衣服或盖上棉被休息，身体出汗即愈。

葱豉黄酒汤治感冒
Folk Prescription　　16

　　取葱30克、淡豆豉15克、黄酒50克，先将豆豉放沙锅内，加水一小碗，煎煮10分钟，再把洗净切段的葱（带须）放入，继续煎煮5分钟，然后加入黄酒，立即出锅，趁热顿服即可。图

姜丝红糖水治感冒
Folk Prescription　　17

　　风寒初起伴有头痛、耳痛、无汗，口不渴，可用老生姜10克，洗净切丝，放入大茶杯内，冲入开水，盖上盖，泡5分钟，然后放入红糖15克，搅拌均匀后趁热服下。服后盖被卧床，出微汗即可。每天1次，连服2～3天。

　　如果感冒是因淋雨而起，伴有寒冷腹痛的症状时，可将生姜30克切细，加红糖、葱白，以开水冲泡，或煮一沸，乘热饮后，盖被卧床，也是出汗即愈。

"神仙粥"治感冒
Folk Prescription　　18

　　先将糯米50克洗净后与生姜3克入沙锅内煮二沸，再放进葱白5茎。待粥将成时，加入米醋10毫升，稍煮即可。此方治

感冒一定要乘热服用，最好服后盖被静卧，避免风寒，以微微汗出为佳。本方又名"神仙粥"，有辛温解表、宣肺散寒之功效，适用于风寒感冒兼见胃寒呕吐不思饮食者。

银花山楂饮治感冒

取银花30克、山楂10克放入锅内，加清水适量，用旺火烧沸3分钟后，将药汁滗入盆内，再加清水煎熬3分钟，滗出药汁。将两次药汁一起放入锅内，烧沸后，加蜂蜜250克，搅匀代茶饮。

药膏贴脐治风寒感冒

因受风寒而引起感冒，可用下列二方治疗：

1.取薄荷、大蒜、生姜各等份。将上药共捣烂如膏，取适量敷于肚脐，外盖纱布，胶布固定，1天换药1次。敷药后可吃热粥，经助药力，出微汗则疗效佳。

2.先将紫苏叶2克研为细末，再与适量葱白、生姜共捣为泥，制饼敷于脐上，外用胶布固定。每天更换1次，热敷2次，每次20分钟，有发散风寒之功效。

敷贴法治风寒感冒

1.将胡椒15克、丁香9克研末，入葱白适量捣如膏状，取适量敷于大椎穴（在背部，第七颈椎棘突下凹陷中），胶布固定；另取药膏涂于双劳宫穴（位于掌心，握拳时中指尖下即是）；合掌放于两大腿内侧，夹定，

屈膝侧卧，盖被取汗，早晚各1次，每次45～60分钟，连用2～3日或病愈为止。

2.取白芥子100克、鸡蛋清适量。将白芥子粉碎为末过筛，取鸡蛋1～2只，用蛋清和药末混合调如糊状，贴敷于神阙（位于脐部）、涌泉（位于足心）、大椎穴上，盖以纱布，胶布固定。令患者覆被睡卧，出微汗即愈。

涂擦太阳穴治风寒感冒

感冒初起、症状不太严重时，取白芷末6克、姜汁适量，以姜汁调匀白芷末，涂擦太阳穴，每日数次，每次20分钟，有发散解表之功效。

薄荷粥治风热感冒

准备薄荷鲜品30克或干品10克，加水稍煎取汁，去渣后约留汁150毫升。用粳米30克加井水300毫升左右，煮成稀粥。加入薄荷汁75毫升，再稍煮热。加入冰糖少许，调

NO.23图

化，即可食用。每日早晚食用2次，温热食最好。薄荷粥凉性，脾胃虚寒者少食。（图）

擦拭法治感冒

准备生姜、大葱头各30克，食盐6克，白酒1盅。将前3种药物合在一起捣烂成糊状，再加入白酒调匀，用纱布包起来，擦拭病人的前胸、后背、手心、脚心、腋窝等处。擦完药后，病人应卧床休息，盖被发汗。

葱头汤治风寒感冒

用葱头3个煎汤，临睡时热葱烫脚，再趁热服葱头汤。服后盖被，汗出则愈。

药粉贴涌泉穴治感冒

用麝香止痛膏（1寸见方）2张，在其中心部位放少许感冒胶丸中药粉，分别贴在两脚的涌泉穴上。贴好后，按摩2～3分钟，一日到数日即可痊愈。

豆腐汤防治感冒

在流行性感冒多发季节，喝豆腐汤是预防和治疗感冒的好办法。先将豆腐250克切成小块，放入锅中略煎，入后淡豆豉12克，加水1碗煎取大半碗，再入葱白15克和调料适量，煎滚后趁热内服，盖被取汗，每天1剂，连服4～5天即可。

药酒预防流感

1.花椒50粒、侧柏叶15克

捣碎，同白酒50毫升一起入瓶浸半月，在呼吸道及消化道传染病流行季节，每晨空腹温服5～10毫升。

2.苦参3克、桔梗1克捣碎后布包，同白酒250毫升入锅，文火煮10～20分钟拿下，连药包一起入大口瓶备用。春秋季及流感流行期间，每日用棉棒蘸药酒5毫升擦洗鼻孔、咽部，每日2～4次，或每次用5毫升加入温水100毫升漱口。

复方紫苏汁治感冒
Folk Prescription　　29

取鲜紫苏叶50克、香菜30克、胡萝卜150克、苹果150克、洋芹100克。诸味切碎，放入果汁机内，酌加蜂蜜及冷开水制汁，滤去残渣即成。每次服1杯，1日3次。本方有疏风散寒、利尿健身之功效，除可治感冒外，高血压及各种病人都可饮用，以强身抗病。

香菜黄豆汤治感冒
Folk Prescription　　30

香菜、黄豆做汤，有疏风祛寒之功效，做法是：将黄豆10克洗净打碎，加水适量，煎煮15分钟后，再加入新鲜香菜30克同煮10分钟，1次或分次服。服时可加入食盐少许调味，每天1剂。

白萝卜治感冒
Folk Prescription　　31

将白萝卜洗净切片，水煲，熟后加适量葱白，再烧3分钟，略加调味剂（糖、盐均可），一并服下。亦可加生姜3片，既可

加强疏风祛寒之力，又可增加香味，熟后去姜或同服均可。若患有急性咽喉炎或扁桃体炎导致咽喉红肿疼痛者，另取生萝卜汁2酒盅、甘蔗汁1酒盅，以白糖水冲服，每天3次。

白芥子治小儿感冒
Folk Prescription　　32

取白芥子9克，鸡蛋清适量。白芥子研末，用蛋清将白芥子末调成糊状，敷足心的涌泉穴，有清热解表的功效，主治小儿高热不退、感冒。

敷胸治小儿感冒
Folk Prescription　　33

治小儿感冒、高热不退，可备绿豆粉100克，鸡蛋1枚。将绿豆粉炒热，取鸡蛋清，二味调合做饼，敷胸部。3～4岁小儿敷30分钟取下，不满周岁小儿敷15分钟取下，有解毒退热之功效。

香糖米汤治小儿感冒
Folk Prescription　　34

治小儿风寒感冒，可先将米汤半碗蒸（或炖）沸，放入切碎的香菜30克及饴糖（麦芽糖）15克，待糖溶化后服下。如用炖法，放糖后须不断搅拌，以免饴糖沉入杯底焦而不溶，无饴糖可用红糖代。

热敷治小儿感冒鼻塞
Folk Prescription　　35

小儿感冒鼻塞时，可用下法治疗：将毛巾浸入热水中，取出拧去水，但不要拧得太干，温敷于小儿囟门

上，稍凉再换，可使小儿鼻通。敷后，要给小儿戴上帽子或围巾，以免着凉。

葱乳饮治乳儿风寒感冒
Folk Prescription　　36

将葱白5根洗净剖开，放入杯内，加入母乳50毫升，加盖隔水蒸至葱白变黄，去掉葱白，倒入奶瓶喂服，每天2～3次，连服2～3天。可疏散乳儿风寒。

苦瓜瓤治小儿风热感冒
Folk Prescription　　37

苦瓜50克去籽，将瓜瓤煮熟，加白糖适量食之，有疏风清热的功用。有的人可能会以为苦瓜味太苦，瓜瓤煮熟小儿怎么下咽？却不知成熟后的苦瓜，籽色红，其瓜瓤甘甜无比，不妨一尝。

香袋治小儿感冒
Folk Prescription　　38

用清洁的棉布制成长方形小袋放入适量荆芥，封口，挂在患儿前胸6小时，必要时隔6小时换1次。此方治疗及预防小儿感冒有一定效果。1岁以内5～10克，1岁以上酌增。

搓摩脖子治头痛
Folk Prescription　　39

犯了头痛病，可于每天早上起床后，先用右手在脖子后来回搓摩10～20次，然后再用左手搓摩10～20次，接下来用左右手同时在两个耳朵上下搓摩10～20次。方法虽然简单，但效果确实不错。

古方治头痛
Folk Prescription 40

犯有血管神经性头痛，伴恶心呕吐，治疗可采用一古方：吴茱萸9克，党参15克，生姜5片，红枣9颗，每日1剂，分两次煎服，连服一周后，头痛即可消失。上方是《伤寒论》中的吴茱萸汤，有温中祛寒之效用。

热姜水治感冒头痛
Folk Prescription 41

将双脚浸于热姜水中，水以能浸到踝骨为宜，浸泡时可在热姜水中加点盐、醋，并不断添加热水，浸泡到脚面发红为止。

猪苦胆绿豆治头痛
Folk Prescription 42

由高血压引发的头痛，可用新鲜的猪苦胆两个，每个装绿豆25克，焙干（用瓦片在火上焙干或微波炉烤干均可），研成细末，早晚温开水冲服，每次10克。3天为一疗程，一般2～3疗程即可。

酒精棉球塞耳治头痛
Folk Prescription 43

现代人由于学习和工作紧张，容易患紧张性头痛，治疗起来十分简单。方法是：将两个酒精棉球置于两个耳道内，片刻后头脑有凉爽和清醒的舒服感觉，头痛症状会大大缓解或消失。

韭菜根治头痛
Folk Prescription 44

失眠引起慢性头痛时，可备鲜韭菜根（地下部分）150克、白糖50克。将韭菜根放沙锅微火熬煮，水宜多放，汁要少剩（约盛1玻璃杯），出汁前5分钟将白糖放入锅内。每晚睡觉前半小时温服，每天1次，次日另换新韭菜根，连服3～5次。此偏方既可治头痛，又可起到安眠的作用。

治神经性头痛一方
Folk Prescription 45

取远志150克，分成10份，每天煎1份，每份需加大枣7颗，像煎中药一样早晚煎服，晚上服药时把7颗大枣吃掉，连用几剂即有效果。

葵花底盘治三叉神经痛
Folk Prescription 46

治三叉神经痛，可把收获后的葵花底盘切成小块，放在清水中煮，每天当茶水喝，一般月余即可治愈。

拉拽耳垂防治头痛
Folk Prescription 47

每天早晚各一次，用双手的食指和中指拉拽双侧耳垂，向双肩外侧横拉百次，可防治头痛的毛病。

吃洋葱治头痛、偏头痛
Folk Prescription 48

头痛、偏头痛往往由脑血管硬化引起，应该每天多吃些洋葱，如果坚持下去，头痛病就会在不知不觉中康复。

梳摩头部可治偏头痛
Folk Prescription 49

得了偏头痛，如果吃药打针没有明显效果时，不妨试试梳摩疗法。患者可用双手10个指头尖放在头部最痛的地方，像梳头那样进行轻度的快速梳摩，每次梳摩约100个来回，每天早、中、晚饭前各做1次，通过梳摩，可将头部痛点化为痛面，疼痛即可缓解。

萝卜籽冰片治偏头痛
Folk Prescription 50

取萝卜籽5克、冰片2.5克共研细末，少放冷水，调匀，用纱布过滤，滴入耳内两三滴即可。左边头痛滴右耳、右边头痛滴左耳，汁水流入耳内很快止痛。

咳嗽、哮喘、气管炎

咳嗽、哮喘、气管炎

KE SOU   XIAO CHUAN   QI GUAN YAN

葱姜萝卜治咳嗽
Folk Prescription   1

老姜10克切片，葱白6根剁碎，两者和切成5厘米宽度的萝卜片适量，放入锅中，与两杯水同煮，熬至只剩一杯水时即可，此法对咳嗽及喉咙生痰最有效，尤其是萝卜具有良好的镇咳作用。

香油拌鸡蛋治咳嗽
Folk Prescription   2

因感冒而咳嗽，可取香油50克，加热之后打入鲜鸡蛋1只，再冲进沸水拌匀，趁热吃下，早晚各吃1次，一日后咳嗽即停。

车前草汤治感冒咳嗽
Folk Prescription   3

感冒咳嗽不太严重时，可用车前草10～20克，以300毫升水煎至半量，空腹时分3次饮下，就能有良好的止咳效果。

大葱治感冒咳嗽
Folk Prescription   4

感冒大多会伴有咳嗽，应及时医治，有以下二方：

1.大葱切碎，倒入生鸭蛋或鸡蛋一个调好，以开水注入碗中至八成满为止，趁热喝下，然后上床盖被，一觉而愈。

2.喉咙疼痛难忍时，可将葱洗净，放铁丝网架上烤至柔软，取出放入盘中以酒浸泡，微温后，敷在喉咙上，以干净的布裹住，就可以见效。

大蒜治久咳不愈
Folk Prescription   5

用生大蒜1瓣（小者2瓣），剥去皮，切成细末，用匙送至咽部，以唾液搅和咽下（忌用开水送服），日服2～3次，喉部奇痒即能消除。

鱼腥草拌莴笋治咳嗽
Folk Prescription   6

买鲜鱼腥草100克、莴笋500克，另准备生姜6克，葱、蒜、酱油、醋、味精、香油各适量。鱼腥草洗净，用沸水略焯后捞出。鲜莴笋去皮切丝，用盐腌渍沥水待用。姜、葱、蒜切末。上述数味放入盘内，加入酱油、味精、香油、醋拌匀后食用，能有效止咳。（图）

枇杷叶治咳嗽
Folk Prescription   7

取鲜枇杷叶5片，去掉背面绒毛切成小段，用10克红糖炒热后加入清水1500毫升，再将10片紫苏叶、15

① ② ③

NO.6图

片薄荷叶加进去，煮沸后饮用，每次1碗，一天至少喝4碗，两天后咳嗽可止。

柠檬叶猪肺汤治咳嗽
Folk Prescription　　8

有些咳嗽患者本身有阳虚症状，这时可准备柠檬叶15克，猪肺500克，葱、姜、食盐、味精各适量。将猪肺洗净切块，加适量水煮沸，再加入柠檬叶、葱、姜等煨汤，分顿食用。这种汤有温阳补虚、化痰止咳的功效，适用于阳虚咳嗽。

虫草蒸鹌鹑治咳嗽
Folk Prescription　　9

先将鹌鹑8只宰杀，准备虫草（中药店有售）10克，鸡汤300克，姜、葱、食盐、胡椒粉各适量。将虫草温水洗净，鹌鹑洗净后沥去水。在每只鹌鹑腹内加入虫草2～3条。然后放入碗内，加鸡汤及调料，上锅蒸熟。分顿食用。这道菜味道相当不错，还有温补脾肾、止咳的作用。

松子胡桃仁治干咳
Folk Prescription　　10

购去皮散松子和胡桃仁各500克，蜂蜜1瓶。每次用松子25克、核桃仁50克，二者混合，用铜钵将其磨为泥状（也可用菜刀先将其剁碎，再用不锈钢勺将其磨为泥状），然后加入蜂蜜调成膏状即可食用，食后可喝温开水润喉，适用于咽痒咳嗽不止又咳不出痰者。

自制八宝羹治咳嗽
Folk Prescription　　11

咳嗽大多由肺燥引起，

NO.12图

而食用自制的八宝羹可养阴润肺，化痰止咳。八宝羹的材料是：米仁、淮山药、百合、鲜藕、松仁、红枣、麦冬、石斛各30克。做法是：将麦冬、石斛加水500毫升煎汁去渣，加入其他材料共煮熟。熟后加入白糖适量，分顿服用。

陈皮萝卜治咳嗽
Folk Prescription　　12

取陈皮10克、白萝卜半个，加入一碗半的水后放进小锅内熬，熬至能盛一碗为止。再加进红糖适量，分成3份，每日吃3次，每次1份。连吃3天，咳嗽可好。图

蒜泥贴脚心治咳嗽
Folk Prescription　　13

大蒜适量捣泥，敷双足涌泉穴，以伤湿止痛膏固定，次晨去除，连敷4～5次。该法对治疗咳嗽有很好的效果。

心里美萝卜治咳嗽
Folk Prescription　　14

将心里美水萝卜一个洗净，切成片，放在火炉上或烤箱里烤至黄焦，不要烤糊了。每天晚上临睡时吃，吃上两三天，即可见效。

桃仁浸酒治暴咳
Folk Prescription　　15

有的患者经常暴咳不止，十分难受，这时可取桃仁200克，煮至外皮微皱，捞出，浸入凉水搓去皮尖，晒干，装袋入2500毫升酒中浸1周，随量饮用。

桔皮香菜根治咳嗽
Folk Prescription　　14

因感冒而引起咳嗽，可用桔皮和香菜根熬水，每天3次，连喝两天即可见效。

水果治咳嗽
Folk Prescription　　15

1.选好梨1个，削去外

咳嗽、哮喘、气管炎

皮，挖去子，放川贝粉3克，再嵌入冰糖，放入大碗中，入锅隔水慢炖1个小时左右，直到冰糖溶化，再取出食用，每天吃1次，只须月余，即可收效。

2.与梨同样具有止咳效果的水果，是凤梨和柠檬。取凤梨罐头一罐，混合一个柠檬绞成的汁，在饭前服下，连喝几次，就可见效。

柿子治咳嗽
Folk Prescription　　　　16

咳嗽会耗费体力，喝柿子汤会帮助身体恢复健康。方法是：柿子3个加一杯水煮，煮好后加入少许蜂蜜，再煮一次，煮好后趁热服用。同时，也可用柿子蒂、冰糖各15克、梅仁10克及两杯的水，放入锅中熬至一杯水的浓度，取出分2次食用，每天1剂。图

红白萝卜治咳嗽
Folk Prescription　　　　17

患感冒、咳嗽痰多，可用白萝卜150克、红萝卜50克煮烂，加适当的冰糖，萝卜和汤同吃，治咳嗽有良效。

白萝卜治咳嗽黄痰
Folk Prescription　　　　18

感冒引发的咳嗽，有时会伴有黄痰，此时可买一个白萝卜，切为半截，用小刀挖空其心，里面放冰糖及橘饼，置于碗中，放入蒸笼，待十几分钟后，即有蜜汁流出，吃时连汁带肉，功效特佳，对老年人多痰咳嗽、小孩子百日咳也很有效。

萝卜子桃仁治咳嗽
Folk Prescription　　　　19

取萝卜子10克、桃仁30克、冰糖适量，全部放入锅中，用水煮，饮用煮好的汁液，桃仁也可食用。萝卜的种子在中医里称莱菔子，它有下气平喘的功能，且能润肺，对病情较重的咳嗽及气喘颇具功效。桃仁、冰糖的润肺止咳功能也很有效。

蜂蜜香油治咳嗽
Folk Prescription　　　　20

咳嗽不止的时候，可用蜂蜜、香油各一大匙，以铜锅煮开即溶，温时服下。如果没有蜂蜜，以滚水冲鸡蛋，喝下也有效，要放香油，但不必放盐。这个方子老少咸宜，治咳嗽很有效。

干杏仁治咳嗽
Folk Prescription　　　　21

经常在晚上咳嗽的人，可买几袋脱苦干杏仁，每天吃一小把，当晚咳嗽即可明显见轻。连续吃几个晚上，即可止咳。

NO.16图

百合杏仁粥治干咳

鲜百合（干品亦可）60克、杏仁（去皮尖）10克，大米60克，白糖适量。先将大米加水适量煮数沸，再入百合、杏仁同煮，粥成后加入白糖即得。可作正餐食之，每日1剂。本方能润肺止咳，用于肺燥干咳者效果尤好。图

NO.22图

猪粉肠治干咳

如果只是干咳，喉间痒麻麻的，有时咳至声音嘶哑，这时可买猪粉肠洗净，锅底铺上一层薄而均匀的盐，将粉肠置其上，盖好，以慢火熏熟食用，具有奇效。若是咳嗽带痰时，将猪粉肠、冰糖少许、橘饼2个共放入大碗中加水慢蒸，待粉肠熟透，即可食用，第二天即好。

梨杏饮治肺热咳嗽

治疗肺热咳嗽、咽痛喉哑，可先将雪梨1个去核切成块，加水适量，与杏仁10克（去皮尖）同煮，待梨熟时加入适量冰糖即成。每日1～2剂，不拘时饮汤食渣。该方简便易得，味美可口，能清热润燥，化痰止咳。

蜂蜜木瓜治咳嗽

以成熟的木瓜1个去皮，放入锅里，加入适量的蜂蜜与水，蒸熟后食用。木瓜味酸，有收敛肺部的功能。脱水的木瓜就是中药的一种。蜂蜜有润肺的功能。因此，食用此方，对咳嗽的治疗有很大的帮助。

烤梨治咳嗽

将梨泡湿，用纸包好，放入稻草的火堆中烤，烤至果皮变色为止，烤好后将梨压碎了吃。梨有润肺功能，治疗咳嗽效果很好。

油炸绿豆治咳嗽

治疗咳嗽，可取一长把铁勺倒上50克香油，坐火上烧热，起烟后放入七八粒绿豆，再用筷子不停地搅动，直到绿豆挂上黄色为止，等不烫了以后服用。服用时，要先嚼碎绿豆再与烧过的油一同吃下。

桃仁杏仁治咳嗽

用桃仁、甜杏仁、蜂蜜各15克，放进蒸锅中蒸煮，食用前加入少量老姜绞汁，即能对咳嗽的治疗发挥很大的效用。桃仁能促进血液的循环，而杏仁有去痰作用。另外要注意，杏仁分苦杏仁与甜杏仁两种，一般中药用的是苦杏仁，但如果是长期治疗，选甜杏仁较为适宜。

丝瓜花蜜饮治咳嗽

治疗肺热咳嗽，可取丝瓜花12克放茶杯内，用沸水冲泡，加盖，15分钟后再加入蜂蜜20克，搅匀，去渣，趁热饮服，每日2～3剂。一般3天内可止咳。

莲藕止咳法

买小而嫩的莲藕500克，洗干净，用刀刮去上面的杂色点，以刮板刮刨成丝。用纱布包住，用力挤渣，500克的莲藕约可出250克汁。先以半碗水及一汤匙冰糖煮沸，待冰糖溶化，将藕汁倒入冰糖水中，一边倒一边搅匀，趁热喝下，一次即可见效。

治咳嗽验方一则

有的患者咳嗽痰多，整晚无法入眠，脸面浮肿，这时以蚌粉置新瓦上焙久，拌以青黛少许，用淡盐汤滴香油数点调服，颇有神效。

姜末荷包蛋治久咳不愈

治疗因风寒引起的气管炎，可取生姜1小块，鸡蛋1只，香油少许。将生姜切碎，姜末撒入蛋中，卧荷包蛋熟后趁热吃下，每日两

次，数日后咳嗽即愈。此方疗效颇佳，久咳不愈肺部无异常者可尝试。

炖香蕉能止咳
Folk Prescription 33

日久不愈的咳嗽，备香蕉2只、冰糖30克。将香蕉剥皮，切成1厘米见方的小块，冰糖捣碎，加入半饭碗冷开水，入锅加水炖约10分钟，冰糖溶化冷后，即可食用。经过这样处理过的香蕉非常难吃，舌头会发麻，但若每晚服用1次，只需一星期咳嗽即可痊愈。

麦芽糖治咳嗽
Folk Prescription 34

买1500克麦芽糖，装在玻璃瓶中，病重时，每15～20分钟抓一撮拇指大小的麦芽糖吃下，随着病症的减轻，逐渐延长到30～60分钟吃一次，也就是感到喉咙痒想咳时就吃，如此最慢2个星期即可治好。发病期间，避免吃辛辣的东西。

常服百合汁可止咳
Folk Prescription 35

备野百合60克，甘蔗汁、萝卜汁各半杯。将百合煮烂后和入两汁，于临睡前服下，每日1次，常常服用效果好，对于虚弱的患者，于病后容易得气管炎或肺结核，吃了更为有效。

小枣蜂蜜润肠止咳
Folk Prescription 36

500克小枣洗净放入沙锅内，加清水750毫升烧开后，转入小火熬煮八成熟时加蜂蜜75克，再煮熟后晾凉，放

入冰箱内，加上保鲜纸，随食随取，有润肠、止咳的食疗作用。

加糖蛋清治咳嗽
Folk Prescription 37

有的患者咳得咽喉发痛，咳嗽很厉害。取几个新鲜的鸡蛋，只用蛋清，充分搅拌，加上适量白糖再搅拌，到成为泡沫状止，每半小时服用一匙，较严重的，可每隔1刻钟服1次，效果奇佳。

白糖拌鸡蛋治咳嗽
Folk Prescription 38

治疗慢性支气管炎引起的咳嗽不止，可取鲜鸡蛋1只，磕在小碗内，不要搅碎蛋黄、蛋白，加入适量白糖和一匙植物油，放锅中隔水蒸煮，在晚上临睡前趁热一次吃完。一般2～3次即可止咳。咳嗽顽固的可多吃几次。

蒸柚子治咳嗽气喘
Folk Prescription 39

老年人咳嗽气喘，取柚子1个去皮，削去内层白髓，切碎，放于盖碗中，加适量麦芽糖或是蜂蜜，隔水蒸至烂熟，每天早晚一匙，用少许热黄酒服下，止咳定喘的效果颇佳。

自制止咳秋梨膏
Folk Prescription 40

将梨洗净，切碎捣烂取汁液，小火熬至浓稠，加入蜂蜜搅匀熬开，放凉后即是秋梨膏，可常服，有润肺止咳的功效。

猪肺治咳嗽
Folk Prescription 41

用猪肺1个、萝卜1块、杏仁8克加水煮熟食用，可治疗因肺部衰弱引起的咳嗽。这里用猪肺来恢复肺部的机能，与中医上"同物同治"的说法相符，这是长年经验累积的结果。如果因肺部衰弱而常患感冒，则可安排在日常三餐中服用，可以使肺恢复原有功能。

麦竹汁治咳嗽
Folk Prescription 42

治疗咳嗽，可选择较新鲜的麦竹，将两节之间有30厘米的部分砍下，一头用火烤，另一头就会流出澄清的水来，以杯子接住此水，每天早、晚及饭前饮用，大有助益。

茄子治咳嗽
Folk Prescription 43

将茄子磨成汁，喝下一杯，或取茄子蒂晒干后，熬成汤汁饮服。此法对因咳嗽而无法入睡，或痰里杂有血液的情况，最为有效。

烤柑橘能止咳
Folk Prescription 44

将未完全熟透的柑橘去蒂，以筷子戳1个洞，塞入食盐约10克，放于炉下慢烤，塞盐的洞口避免沾到灰。烤熟时，塞盐的洞口果汁会沸滚，约5分钟后，取出剥皮食之，能止咳。咳嗽较严重者，可于果汁沸滚后先取出，加入一些贝母粉再烤熟，效果更佳。

烤红皮甘蔗能止咳
Folk Prescription　　45

取红皮甘蔗数节，长约17厘米，放在木炭火上或炉灶里烤熟后食用，可祛痰止咳。

深呼吸止咳法
Folk Prescription　　46

患支气管炎的人，夜间睡下总是咳嗽不止，彻夜难眠。这时用力做缓慢而深长的呼吸，很快就能止住咳嗽，安然入眠。如果中间醒来，继续用深呼吸法，仍能止咳入眠。

治小儿咳嗽一方
Folk Prescription　　47

有的小孩春夏季常轻咳不愈，治疗时可用百合10克、鸭梨半个、川贝1克煮水，每日1剂，分两次服，见效很快。

简单方法缓解哮喘
Folk Prescription　　48

哮喘发作时，可让患者安静、缓慢地从床上坐起或坐在椅子上，然后喝水，以喝热开水为宜，水温以不烫口为限，喝至周身发热后，哮喘可很快缓解。

哮喘发作期治疗方
Folk Prescription　　49

冬瓜子15克，白果仁12克，麻黄2克，白糖或蜂蜜适量。麻黄、冬瓜子用纱布包，与去壳白果同煮沸用后文火煮30分钟，加白糖或蜂蜜，连汤服食。本方具有清肺平喘之功效，适用于哮喘发作期。

仙人掌治哮喘
Folk Prescription　　50

仙人掌适量，去刺及皮后，上锅蒸熟，加白糖适量后服用，对哮喘病疗效甚佳。如一时不能根治，可多服几次。

炖紫皮蒜治哮喘
Folk Prescription　　51

紫皮蒜500克去皮洗净，和200克冰糖同放入无油、干净的沙锅中，加清水到略高于蒜表面，水煮沸后用微火将蒜炖成粥状，凉后早晚各服一汤匙，坚持服用到哮喘病愈。

萝卜荸荠猪肺汤治哮喘
Folk Prescription　　52

白萝卜150克，荸荠50克，猪肺75克。白萝卜切块，荸荠、猪肺切片。3味加水及作料共煮熟食用，可治疗痰热引起的哮喘症。

治哮喘家常粥
Folk Prescription　　53

芡实100克，核桃肉20克，红枣20颗。将芡实、核桃肉打碎，红枣泡后去核，同入沙锅内，加水500毫升煮20分钟成粥。每日早晚服食。本方补肾纳气，敛肺止喘，主治肺肾两虚型哮喘。

葡萄泡蜂蜜治哮喘
Folk Prescription　　54

治疗哮喘，可备葡萄、蜂蜜各500克，将葡萄泡在蜂蜜里，装瓶泡2~4天后即可食用，每天3次，每次3~4小匙。

栗子炖肉治哮喘
Folk Prescription　　55

治疗肾虚引起的哮喘，可准备栗子60克，五花肉适量、生姜3片。以上各料分别切丁，共炖食，常吃有效。

治冬季哮喘一方
Folk Prescription　　56

治疗冬季哮喘，可备蜂蜜、黄瓜子、猪板油、冰糖各200克。将黄瓜子用瓦盆焙干研成细末去皮，与蜂蜜、猪板油、冰糖放在一起用锅蒸一小时，捞出板油肉筋，装在瓶罐中。在数九第一天开始每天早晚各服一勺，温水冲服。

腌鸭梨治老年性哮喘
Folk Prescription　　57

准备鸭梨5千克，大盐粒2.5千克。将鸭梨洗净擦干，在干净的容器中撒上一层大盐粒，然后码上一层梨，再重复撒盐放梨，直到码完为止。从农历冬至腌到大寒即可食用。用此法腌制的鸭梨香甜爽口，对老年性哮喘疗效很好。

小冬瓜治小儿哮喘
Folk Prescription　　58

小冬瓜（未脱花蒂的）1个，冰糖适量。将冬瓜洗净，刷去毛刺，切去冬瓜的上端当盖，挖出瓜瓤不用。在瓜中填入适量冰糖，盖上瓜盖，放锅内蒸。取瓜内糖水饮服，每日2次。本方利水平喘，可辅治小儿哮喘症。

蒸南瓜治小儿寒性哮喘
Folk Prescription　　59

南瓜1只（500克左右），蜂蜜60毫升，冰糖30克。先在瓜顶上开口，挖去部分瓜瓤，纳入蜂蜜、冰糖盖好，放在盘中蒸1小时即

咳嗽、哮喘、气管炎

可。每日早晚各服适量，连服5~7天。

生姜黑烧治气管炎
Folk Prescription　60

急性的支气管炎会引起激烈的咳嗽，缓解咳嗽最好的特效药是黑烧生姜。做法是：把生姜放入平底锅里，盖上锅盖，用弱火烧，一会就冒出白烟，约4小时后变成青烟，这时就可熄火，待锅冷却后，打开盖子于睡前取2~3克的生姜，用开水冲服。一般到了次日早晨醒来，咳嗽就会痊愈。

丝瓜叶汁治气管炎
Folk Prescription　61

将丝瓜叶榨汁，即成丝瓜水，每次服50~60毫升，一日2~3次。本方对气管炎引起的吐脓痰、咳喘、咯血颇有疗效，也可治疗肺痈。

治慢性气管炎一法
Folk Prescription　62

治疗慢性支气管炎，可用桂圆肉、大枣、冰糖、山楂同煮成糊状，其中以大枣为主，桂圆肉一个冬天500克就够了，冰糖、山楂适量即可。这种糊一次可多煮些，放在冰箱冷藏室保存。每年从冬至开始，共服用81天，有明显效果。

南瓜汁治支气管炎
Folk Prescription　63

秋季南瓜败蓬，即不再生南瓜时，离根2尺剪断，把南瓜蓬茎插入干净的玻璃瓶中，任茎中汁液流入瓶内，从傍晚到第二天早晨可收取自然汁一大瓶，隔水蒸

过，每服30~50毫升，每日2次。此方治疗慢性支气管炎有良效。

百合粥治支气管炎
Folk Prescription　64

先用水将粳米50克煮成粥，将熟前放入百合50克，续煮至熟即可。加冰糖适量，晨起做早餐之。如无鲜百合可用干百合或百合粉，与米同煮做粥亦可。用于肺气虚弱型慢性支气管炎。

五味子泡蛋治支气管炎
Folk Prescription　65

有一些慢性支气管炎患者，一到冬季就病情加重，这与肾虚有关。治疗方法是：冬至前后，将五味子250克煮取汁液，待冷却后放入10个鸡蛋，浸泡6~7天，每天吃一个，沸水冲服。

萝卜糖水治急性支气管炎
Folk Prescription　66

将萝卜（红皮辣萝卜更好）洗净，不去皮，切成薄片，放于碗中，上面放麦芽糖2~3匙，搁置一夜，即有溶成的萝卜糖水，取之频频饮服，有止咳化痰之效，适用于急性支气管炎。

猪肺治慢性支气管炎
Folk Prescription　67

买猪肺1个（勿水洗）约1200克，将盐铺在铁锅底部，微温火煎约一个多小时，至熟为止。欲食时将猪肺切薄片，沾锅底之盐为三餐佐膳，1日吃不完，煎热再吃，但不可超过3天。

海带治老年慢性支气管炎
Folk Prescription　68

将海带浸洗后，切寸段，再连续用开水泡3次，每次半分钟。滗出水，以绵白糖拌食，早晚各一小碗，连服1周即有明显效果。此法对于一般老年慢性支气管炎有显著效果。

茄干茶治慢性支气管炎
Folk Prescription　69

当秋季慢性支气管炎发作、痰稠带血的时候，可在茄子茎叶枯萎时（9~10月间），连根拔出，取根及粗茎，晒干，切碎，装瓶备用。用时取茄干10~20克，同绿茶1克一起冲泡，10分钟后饮用，有很好的疗效。

冬季控制气管炎发作一法
Folk Prescription　70

备沙参50~100克，老母鸡一只。将老母鸡褪毛，去掉内脏后，把沙参装入鸡肚内缝上后煮熟，煮时不放调料。腊月数九天，每9天服1剂。用此方可控制气管炎在冬季发作。

食倭瓜治支气管炎
Folk Prescription　71

治疗支气管炎，可选大黄倭瓜一个，清水洗净，在把处挖一方口，装白糖500克，上锅蒸1小时，取出食用，1天3次食完为止，食用期间不可吃咸食。

腹泻、消化不良

FU XIE　XIAO HUA BU LIANG

平胃散鼻嗅法治腹泻

Folk Prescription　　1

买平胃散2包，用布包起，放在枕边嗅其气，每次30～50分钟，也可用布包好平胃散1包放脐上用热水袋熨之，每次30～50分钟，一般听到肠鸣，患者觉肚中发热再熨15～20分钟。每日2～3次。主治寒湿、虚寒泄泻。

核桃肉治久泻

Folk Prescription　　2

患慢性腹泻伴神疲乏力时，可每天取核桃肉20克，分2次嚼服。每次10克，连服2个月。此方在临床上治疗慢性腹泻多例，收效满意。

生熟麦水治急性肠炎腹泻

Folk Prescription　　3

得了急性肠炎，会有腹痛腹泻等症状，可将小麦300克放入铁锅中摊匀不翻动，用文火烫小麦至下半部分变黑色，加水800毫升煎沸，再将红糖50克放入碗内，把煎沸之生熟麦水倒入碗内搅匀，温服1剂，即可消腹痛，止腹泻。图

豌豆治腹泻

Folk Prescription　　4

将豌豆煮成豌豆泥食用，能促进肠的消导作用，对治疗腹泻有一定的帮助。因为豌豆含有豆沙质，故古代的《千金翼方》说豌豆能治泻痢。

醋拌浓茶治腹泻

Folk Prescription　　5

泡浓茶1杯，将茶叶沥出，加入少许醋调拌，即可饮用。古代就流传以茶止泻的说法，近来更发现茶有收敛肠、胃的功能，可以治疗肠、胃的发炎。醋本身是酸性的，酸能收敛肠、胃的肠滑泻痢，所以醋是很好的止泻剂。

大蒜治腹泻

Folk Prescription　　6

1.取大蒜10个洗净，捣烂如泥，和米醋250毫升，徐徐咽下，每次约5瓣，每日3次。本方有消炎止泻之功效，主治急性胃肠炎之腹泻，水样便。

2.大蒜2个放火上烤，烤至表皮变黑时取下，放入适量的水煮，患者食其汁液即可。

辣椒治腹泻

Folk Prescription　　7

用辣椒或辣油佐膳，可治好久泻，辣椒虽然辛辣，但正好借助其辛辣的功力，敛肠止泻。另外，

NO.3图

腹泻、消化不良

辣椒含有多种维生素，营养价值高，辣椒温中、散寒、除湿、治肠胃薄弱。故除了有止泻的功能外，它也有健胃的功能。

焦锅粑可治腹泻
Folk Prescription 8

服下烧至焦黑的锅粑一碗，肚子会有适感，再服一次，可治腹泻，这是多年传下的古方。如果将已蒸熟的馒头放在炭火上烤焦变黑，将烤焦的部分全吃掉，其效果是相同的。

焦米汤治风寒腹泻
Folk Prescription 9

将米一小杯（不必洗）倒进炒菜锅里（锅需洗净），不必放油，不停地翻炒，像炒花生仁一样，直到米粒变为焦黑为止，随即加水一碗及红糖少许，煮开后，将米汤盛起，趁热喝下（米粒不要吃）。这种汤甜甜的，且有焦米香，一喝此汤，肚子格外温暖舒服，腹泻也不药而愈。

青梅治腹泻
Folk Prescription 10

1.夏日痧气引起腹痛、呕吐、泻痢时，饮用适量青梅酒或吃酒浸的青梅一个，即可止呕、止痛、止泻。此法对食物中毒性的胃肠病同样有效。青梅酒的制法是以未熟的青梅若干，放置瓶中，用高粱酒浸泡，以浸没青梅高出3～6厘米为度，密封一个月后即可饮用。此酒越陈越好。青梅酒还可代替十滴水，作为外用药水。

2.4月中旬采下青梅

1.5～2千克，洗净去核，捣烂榨汁，贮于陶瓷锅中，置炭火上蒸发水分，使之浓缩如饴糖状，待冷却凝成胶状时装瓶。每日3～5克，溶于温水中，加白糖调味。饭前饮服，每日3次。小儿酌减。本方收敛止泻，适用于急性胃肠炎的辅助治疗。图

苦参子治腹泻
Folk Prescription 11

褥暑煎熬下，引发肚子绞痛泄泻，肛门紧痛，便如浆水带赤色时，用苦参子6克，水两碗煎成一碗的量温服，如不怕苦味，将研末直接以温开水送下亦可，一连用3次，马上见效。苦参子在一般中药铺有售，味辛性寒，有去湿杀虫之功，又能疗一切风热，为治腹泻良药。

风干鸡治腹泻
Folk Prescription 12

民间治腹泻有很多食疗方，风干鸡是比较有效的一种。备母鸡1只（1.5千克左右），葱节、姜片各60

克，山奈、白芷各3克，丁香2克，盐6克，料酒适量。从鸡的肛门上部剖一横口，挖去内脏，将膛洗净，用盐将鸡里外抹匀，把丁香、山奈、白芷及葱、姜各30克塞进膛内，把料酒6克撒在鸡身上，放入盒中，放冰箱内（1昼夜）。次日将鸡挂在通风的地方晾两天，然后用冷水洗净，把膛内的原料拣去不要。把鸡放在大盘里，下葱、姜各30克，料酒6克，隔水蒸烂为止。蒸烂后，拣去葱、姜，趁热将鸡骨剔净，把净肉放入原汤内浸泡，存入冰箱。吃时皮朝上切块即可。

吃鸡蛋治腹泻
Folk Prescription 13

1.将鸡蛋打碎搅匀，加15毫升白酒，沸水冲服。

2.将鸡蛋用醋煮熟，食之。

3.将鸡蛋用艾叶包好，放火中烧熟，去壳食蛋。

以上方均有补中止泄之功效，适用于脾虚腹泻。

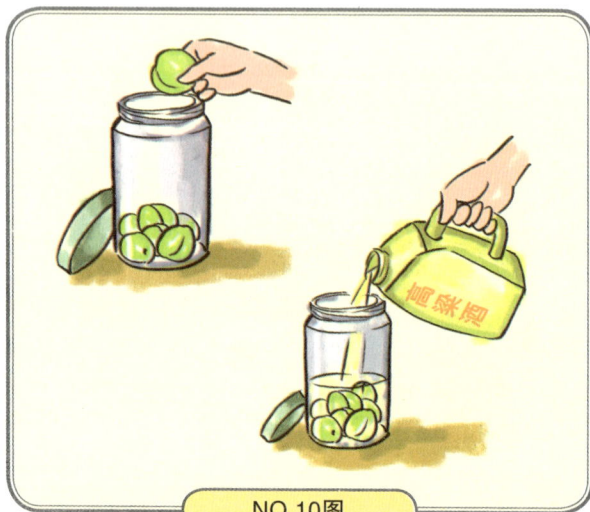

NO.10图

海棠花栗子粥治腹泻

Folk Prescription　　14

取秋海棠花50克，去梗柄，洗净；栗子肉100克去内皮洗净，切成碎米粒；粳米150克洗净；冰糖70克打碎；粳米、栗子碎粒放入锅内，加入清水适量，用旺火烧沸，转用慢火煮至米熟烂。加入冰糖、秋海棠花，再用小火熬煮片刻，即可食用。每日服食1~2次。本方健脾养胃、活血止血，适用于泄泻乏力、吐血、便血等症。

白醋治腹泻

Folk Prescription　　15

胃酸太少、消化不良引起腹泻的患者，以白醋调冷开水各半服下，如无不良反应，第2天可再饮1次，最严重的腹泻，只要服3次即会恢复正常，但对胃酸过多患者则不适用。

酱油煮茶叶治消化不良

Folk Prescription　　16

消化不良引起腹痛泄泻时，可先取茶叶9克，加水1杯煮开，然后加酱油30毫升，再次煮开，口服，1日3次，有消积止泻之功。⊗

蜜橘干治消化不良

Folk Prescription　　17

取蜜橘1只挖孔，塞入绿茶10克，晒干。成人每次1只，小儿酌减。吃这种蜜橘，治疗消化不良有效。

日饮定量啤酒治消化不良

Folk Prescription　　18

患有习惯性消化不良的人，喝啤酒是很好的治疗方式。一般在饭后30分钟及临睡前饮用，量不要超过300毫升。30天即有明显效果。

生姜治消化不良

Folk Prescription　　19

1.取适量米酒加热，注入生姜汁10毫升服用。主治消化不良引起的厌食恶心。

2.干姜60克、饴糖适量共研细末，每次服4.5克，温开水送服。主治酒食停滞。

3.干姜、吴茱萸各30克共研细末，每次6克，温开水送下。主治伤食吐酸水。

双手运动促进消化

Folk Prescription20

平坐或盘坐，以一手插腰，一手向上托起，移至双眉时翻手，掌心向上，托过头顶，伸直手臂。同时，两目向上注视手

①

②

③

④

⑤

NO.16图

● 腹泻、消化不良 ●

背，先左后右，两手交替进行各5次。此法能调理脾胃，帮助消化。

焦锅粑末治消化不良
Folk Prescription 21

用焦锅粑炒成炭，研为细末，每次服3～6克，温水送服，可改善消化不良症状。

治消化不良二方
Folk Prescription 22

1.因胃弱引起消化不良，可以香菜子、陈皮各6克，茅术10克水煎服用。

2.将干果切成小粒，炒至半焦，加适量白糖，开水冲泡，以之代茶饮，有开胃助消化的功能。

吃红薯粉治消化不良
Folk Prescription 23

将红薯粉加红糖与水拌合，倒入锅中，以中火煮，不时搅动，待全部开透，即成半透明之浓糊状，此时倒少许酒进锅，继续翻动数下，盛起即可食用。此物可当药食，也可当点心，一副见效，因易调易服，价廉味美，平常可自己做来吃。

处理积食一法
Folk Prescription 24

如一时疏忽，吃多了东西，引起积食难化，即以饭团一小块，约鸡蛋般大，放在火里，将它烧成灰（必须彻底完全成灰，不可稍留焦物，取出时也不能有其他附着物），尽管让它冷却，再放进锅里煮成药汤，每次一小碗，可煎2～3次。这是在民间广为人知的验方，治消化不良效果不错！图

NO.24图

吃萝卜缓解胃酸过多
Folk Prescription 25

年糕属于酸性食品，吃太多会导致胃酸过多，胃口会难受两三天。此时将萝卜连皮一起擦，擦好后，连萝卜带汁吃下。在擦萝卜泥时，不可太快速，慢慢的擦，才会减轻辣味，否则辣味太重，对胃肠不利。不宜放入醋或酱酒，这样虽能减少辣味，但消化力也会相对减低。

吃过多粽子积食的处理
Folk Prescription 26

粽子吃多了，会有饱胀感，此时将吃过粽子留下来的干粽叶烧成灰，研末，以温水送下，胀感即可马上消除。

喝咖啡也能治消化不良
Folk Prescription 27

消化不良引起的胃痛，以开水冲泡3克的咖啡粉饮用。咖啡粉用来治胃痛，是一种新发现。它有排除食积的作用，所以消化不良需要灌肠时，服用咖啡粉，可帮助多余食物的排除。

治宿食不消二方
Folk Prescription 28

1.食用荤腥鱼肉，宿食不消，引起心腹冷痛、呕吐泄泻时，以白胡椒、吴茱萸、橘皮（陈皮）等分，共研细末，以温开水送服，每次6克，每天1～2次。

2.以白胡椒、生姜和紫苏各3克，以水煎服，效果是一样的。

胃痛、呃逆（打嗝）

WEI TONG E NI（DA GE）

生姜治胃寒痛

Folk Prescription　　　1

1.买上好的老姜，用小火（电炉或炭火较好，勿用煤气炉）烤干，切成细块，每天早晨空腹拌饭吃，怕辣的人，可用香油炸至有点焦黄（不能太焦，否则味苦又无效），和饭一起炒一下，趁热吃，一般需要连用两个月才有效果。

2.取老生姜500克（越肥大越好）不用水洗，放入灶心去煨，用烧过的木炭，或木柴之红火炭埋住，次晨将姜取出，姜已煨熟，刮除外面焦皮，也不必水洗，再把姜切成薄片，如姜中心未熟透，把生的部分去掉，然后拿60克的冰糖研碎成粉，与姜片混合，盛于干净的瓶中，加盖盖好。约过一周，冰糖溶化而被姜吸收，取姜嚼食，吞入胃中，每日2～4次。

归参敷贴方治胃痛、胃溃疡

Folk Prescription　　　2

胃痛老犯时，可用当归30克、丹参20克、乳香15克、没药15克，另备姜汁适量。将上药前4味粉碎为末后，加姜汁调成糊状。取药糊分别涂敷于上脘、中脘、足三里穴，每日3～5次。

蒸猪肚治胃溃疡

Folk Prescription　　　3

猪肚1个洗净，老姜切成硬币厚的宽度5片，放入猪肚中，入蒸锅中蒸烂，连汤吃下，可分2次食用。猪肚能健胃，《本草纲目》上说它能补虚损，作治胃之用。图

治疗胃寒症一方

Folk Prescription　　　4

有的胃寒症者，胃部特别怕冷，遇寒风则隐隐作痛，吃了凉的东西会更痛。这类患者的普通症状是心中忧闷，饮食无味，食积不消。用干姜12克，生白术10克，茯苓、香附、砂仁、淮山各6克，炙草、半夏、陈皮各5克，另备生姜5片，大枣5颗。以上诸药煎水服用，治疗胃寒症有良效。

柚子蒸鸡治胃痛

Folk Prescription　　　5

寒冷时腹痛、胃痛，可取柚子1个（留在树上，用纸包好，经霜后采下）切碎，童子鸡1只（去内脏），放于锅中，加入黄酒、红糖适量，蒸至烂熟，1～2日吃完。柚子属于柑橘类，它与陈皮有相同的功能，能排除淤积在器官中的滞留物，特别适用于有消化不良症状的胃寒症患者。

NO.3图

● 胃痛、呃逆（打嗝）●

巧用荔枝治胃痛
Folk Prescription　　　6

荔枝也可治胃寒，食荔枝干少许，可治胃寒引起的疼痛，因它有暖胃之功，但不能多吃，只要感到胃部恢复正常，就可停食。荔枝性热，如食用太多，会使人发热烦渴，甚至牙龈发肿、鼻孔流血。如果吃太多，引起头昏、胃不舒服时，可用荔枝的外壳煮汤，饮用后，即可消除这种情形。对于妇女经期腹部寒冷，隐隐作痛时，可吃荔枝干5～6个，便能渐渐回暖，如痛势严重，用荔脯10枚、生姜1片、红糖少许，煮成糖水喝，也能止痛。

煎羊心可治胃痛
Folk Prescription　　　7

在胃痛时或过后数天，吃东西难以下咽，吃冷食也感到很不舒服，小便带红色，口中发苦，用手指轻按胃部，似有硬块，但不痛时，又与常人无异，每逢情绪烦燥或气候不佳时就会引起胃痛。有此类病症的患者可服用以下一方：羊心1个洗净开一个小洞，放进20粒白胡椒，用香油煎来吃，最好是以平底锅小火，不停地翻煎、煎到里外皆熟为止。就寝前，白胡椒、羊心一同吃，连续吃几个，就可见效。

青木瓜汁治胃痛
Folk Prescription　　　8

青木瓜汁是公认的治胃痛良药。将长到拳头大的青木瓜用水洗净，然后割下切开，取出子，放进榨汁机，

NO.8图

用细布过滤其渣，一碗可分3次喝，虽然难喝，但已有多人试过，有胃病因而断根的，不妨一试。图

花生油治胃痛
Folk Prescription　　　9

花生油是常用的日常调味品，它是将花生去皮后，以冷压的方式榨出来的淡黄色液体，有调节胃功能的作用。每天早晨，服用2大匙的花生油，对胃病的康复大有裨益。

鱼鳔猪肉汤治胃痛
Folk Prescription　　　10

以鱼鳔30克、猪瘦肉60克、冰糖15克，放适量水煮，熟后食用。鱼鳔脱水称为鱼肚，鱼肚有青花鱼的小鱼肚和鲨鱼的大鱼肚两种，均有补精益气的功能，可以补充消耗过多的体力；猪肉能补充营养，冰糖也有调理肠胃的功能。

烤黄雌鸡治胃痛
Folk Prescription　　　11

脾胃虚弱而有下痢的患者，可买黄雌鸡1只，掏净内脏，以盐、酱、醋、茴香、小椒等拌匀，刷于鸡上，用炭火炙烤，空腹食用，可治心胃刺痛。

巧治打嗝
Folk Prescription　　　12

人们由于吃饭受凉，或者吃得太快，使膈肌痉挛，造成打嗝的现象，十分难受。制止打嗝的方法非常简单，即分别用自己的左右手指指甲，用力掐住中指顶部，大约过1～2分钟以后，即可达到制止打嗝的目的了。此外，也可用指甲掐"内关穴"，此穴位于手腕内侧6～7厘米处，即第一横纹下约2横指的距离，也可有效制止打嗝。

南瓜蒂汤治打嗝
Folk Prescription　　　13

在寒冷天气里，有的

人会因胃寒而导致打嗝不止。治疗时可用南瓜蒂4个用水煎服，连服3～5次，即可有效止嗝。

黄草纸烟熏治打嗝
Folk Prescription　14

犯了呃逆（即俗称的打嗝），久呃不止时，可用黄草纸一张，卷成纸条点燃，随即吹息，趁浓烟冒起放在患者鼻前，让其深呼吸一次，呃逆便可停止。

韭菜子治打嗝
Folk Prescription　15

韭菜子适量，研末，日服3次，每次9克，温开水送服，连服可愈。本方主治脾肾虚弱之呃逆。

雄黄高粱酒治打嗝
Folk Prescription　16

大病之后元气亏虚、呃逆不止时，可将雄黄2克研粉，与高粱酒12克调匀，放在水杯内。备一大碗（沙锅亦可）盛水，碗下加温，把盛药水杯放入大碗内隔水炖煮，以鼻闻之，会有一股热力由鼻孔钻入直冲顶门，经后脑直下项背，再由背至尾闾。5分钟即可止呃。阴亏血虚者及孕妇忌服。图

绿豆粉茶治打嗝
Folk Prescription　17

打嗝伴烦渴不安等，可取茶叶、绿豆粉等份，白糖少许。将绿豆粉、茶叶用沸水冲泡，加糖调匀后顿服，很快可止嗝。

拔罐法治打嗝
Folk Prescription　18

拔罐是治疗呃逆不止的常用方法。取大小适宜的玻璃火罐，用酒精棉球点燃后投入罐内，不等烧完即迅速将罐倒扣在膻中穴上，罐即吸着皮肤。留罐约20～30分钟。中途火罐如有松动脱落，要重新吸拔。

姜汁蜂蜜治打嗝
Folk Prescription　19

因胃中寒冷导致的呃逆，可取生姜汁60克，白蜂蜜30克调匀，加温服下，一般1次即止，不愈再服1次。

治顽固性呃逆方
Folk Prescription　20

取柿蒂6个，生姜2片，大茴香2个，用开水泡茶频频饮下，对呃逆有良效。

① ② ③ ④ ⑤

NO.16图

医

Folk Prescription■
生活中来窍门3000例

失眠、盗汗

失眠、盗汗

SHI MIAN　DAO HAN

按摩耳部治失眠

Folk Prescription　　　1

　　晚上失眠时，索性起来靠在床上，用双手搓两耳的内外和耳垂，一会儿就打哈欠，有睡意了，但不要就此停手，要继续搓十几分钟，等睡意浓时再睡下去，会睡得很香。

阿胶鸡蛋汤治失眠

Folk Prescription　　　2

　　先将米酒500毫升用小火煮沸，入阿胶40克，溶化后再下4只蛋黄及盐，搅匀，再煮数沸，待凉入净容器内。每日早晚各1次，每次随量饮服，治失眠有良效。

吃大蒜可治失眠

Folk Prescription　　　3

　　大蒜有治疗失眠的作用。患者可于每天晚饭后或临睡前，生吃两瓣大蒜。如果不习惯生吃大蒜，可把蒜切成小碎块，用水冲服。

五味子蜜丸治失眠

Folk Prescription　　　4

　　习惯性失眠的人，可用五味子250克，水煎去渣浓缩，加蜂蜜适量做丸，贮入瓶中。每服20毫升，每日2~3次。

枸杞蜂蜜治失眠

Folk Prescription　　　5

　　治疗失眠，可取饱满新鲜的枸杞，洗净后浸泡于蜂蜜中，1周后每天早中晚各服一次，每次服枸杞15粒左右，并同时服用蜂蜜。蜂蜜用槐花蜜最佳。新鲜枸杞也可选质量上乘的干品替代，但要在蜂蜜中多泡几天。

按摩胸腹可安眠

Folk Prescription　　　6

　　治疗失眠有一简单方法：每晚睡觉时躺平仰卧、用手按摩胸部，左右手轮换进行，由胸部向下推至腹部。每次坚持做3~5分钟，即可睡着。本方舒肝顺气，能提高消化系统的功能。

猪心治失眠

Folk Prescription　　　7

　　患有失眠症的人，可试用的食疗法：猪心1个，用清水洗净血污，再把洗净的柏子仁10克放入猪心内，放入瓷碗中，加少量水，上锅隔水蒸至肉熟。加食盐调味，日分2次吃完。本方安神养心，有助于恢复正常的睡眠。图

桂圆泡酒治失眠、健忘

Folk Prescription　　　8

　　用桂圆肉200克，60度白酒400毫升，装瓶内密封，每日振动1次，半月后饮用。每日2次，每次10~20毫升。对失眠、健忘有一定疗效。

NO.7图

醋蛋液治失眠
Folk Prescription　　9

患有多年失眠症的人，可将一只红皮鸡蛋洗净，用酸度8°～10°的米醋150～180毫升泡在广口瓶里，置于20～25℃处。48小时后搅碎鸡蛋，再泡36小时即可饮服。

灵芝酒治失眠
Folk Prescription　　10

治疗因神经官能症引起的失眠，可备灵芝25克，白酒500毫升。灵芝用水洗净，放进白酒瓶内，盖封严；酒逐渐变成红颜色，一周就可饮用，每晚吃饭时或睡觉前根据自己的酒量，多则喝20毫升左右，酒量小的也可少喝一点。

蚕蛹泡酒治失眠
Folk Prescription　　11

蚕蛹100克，米酒500毫升。将蚕蛹在酒中浸泡1月后饮用，每次饮2匙，每日2次。

鲜果皮有安眠作用
Folk Prescription　　12

将鲜桔皮或梨皮、香蕉皮50～100克，放入一个不封口的小袋内。晚上睡前把它放在枕边。上床睡觉时，闻到一股果皮散发的芳香，即可安然入睡。

酸枣仁熬粥治失眠
Folk Prescription　　13

经常失眠、心情烦躁的人，可用酸枣仁15克与大米50克共熬成粥，每晚于临睡前食下。这种粥有养心安神、健脑镇静的作用，对失眠有一定疗效。

NO.14图

红枣葱白汤治失眠
Folk Prescription　　14

先将红枣20颗用一大碗清水煮20分钟，加3根大葱白，再煮10分钟，晾凉后吃枣喝汤，每晚睡觉前1小时吃，催眠效果很好。红枣也可用黑枣代替。图

莲子心治失眠
Folk Prescription　　15

将莲子心30个水煎，食前加盐少许，每晚睡前服。本方有养心安神的功效，失眠患者常服，病症定能减轻。

药粉贴脚心治失眠
Folk Prescription　　16

买吴茱萸适量，每次取9克研成细末，米醋调成糊，敷于两足涌泉穴，盖以纱布，胶布固定，每次敷贴1次，治失眠很有效。

摩擦脚心治失眠
Folk Prescription　　17

晚上躺在床上失眠时，可将一只脚的脚心放在另

一只脚的大拇趾上，做来回摩擦的动作，直到脚心发热，再换另一只脚。这样交替进行，大脑注意力就集中在脚部，时间久了，就有了睡意。

默数入睡法
Folk Prescription　　18

失眠不寐时，可仰卧床上，头、躯体自然放平，两手心相合，五指交叉，握置于丹田上，先用左手大拇指轻轻按摩右手，默数1～120；再换用右手大拇指轻轻按摩左手，默数1～120。如此往复2～3遍，便可入睡。

干姜粉治失眠
Folk Prescription　　19

将干姜30克研为细末，贮罐备用。每晚服3克，米汤送下，然后令患者盖被取微汗，以加强疗效。

按摩穴位治失眠
Folk Prescription　　20

有的人晚上入眠快，但半夜容易醒，然后就失眠了，这

NO.22图

时可用穴位按摩法重新入睡。所选穴位是：百会、太阳、风池、翳风、合谷、神门、内外关、足三里、三阴交、涌泉。按摩次数以失眠程度为准，失眠轻少按摩几次，失眠重多按摩几次。按摩后立即选一种舒适的睡姿，10分钟左右可入睡。如果仍不能入睡，可继续按摩一次。

花生叶治失眠
Folk Prescription   21

治疗神经衰弱、经常性失眠，可将花生叶50克放到锅里，以水浸没，上火煎，水开后微火再煎10分钟，然后将煎得的水倒入小茶杯中饮服。每天早晚各服一杯，一般连服3日，即可见效。

柿叶楂核汤治失眠
Folk Prescription   22

在经常失眠的人中，青少年学生为数不少，有的甚至每晚需服安眠药才能入睡，但久服安眠药对智力发育不利。因此，建议使用下方：备柿叶、山楂各30克，先将柿叶切成条状，晒干；再将山楂核炒焦，捣裂。每晚1剂，水煎服。7天为1疗程。一般1疗程即可见效。图

摇晃促进入眠
Folk Prescription   23

每晚临睡之前，在床上坐定，呈闭目养神之式，然后开始左右摇晃头颈和躯体。每次坚持做摇晃动作10分钟。可感到心情怡静，头脑轻松，大有入眠之意。

大枣煎汤治失眠
Folk Prescription   24

取大枣120克，连核捣碎，煎汤饮之，煎时以红糖12克入汤。如兼有盗汗症，则加黄芪10克，与红糖同入汤煎饮，效果更佳。

西洋参治失眠
Folk Prescription   25

每天晨起空腹，以6克西洋参用开水泡在碗里，约密盖半小时后饮用，晚上临睡前，用早上泡剩的渣再泡饮1次，不但夜晚容易入眠，而且次晨醒来时头脑清爽，精神百倍。本方还可兼治便秘。

核桃仁粥治失眠
Folk Prescription   26

每次取核桃仁50克，碾碎；另取大米若干，洗净加水适量，用小火煮成核桃仁粥。吃这种粥，治失眠效果不错。但要注意核桃仁不宜多吃。

百合酸枣仁治失眠
Folk Prescription　　27

有的失眠症因虚烦所引起，这时可用新鲜百合300克，清水泡24小时，取出洗净，然后将酸枣仁10克煎水去渣，加入百合，煮熟食用，治失眠疗效很好。

红果核大枣治失眠
Folk Prescription　　28

适量红果核（中药店有售），洗净晾干，捣成碎末。每剂40克，加撕碎的大枣7个，放少许白糖，加水400毫升，用沙锅温火煎20分钟，倒出的汤汁可分3份服用。每晚睡觉前半小时温服，可治失眠。

麦枣甘草汤治失眠
Folk Prescription　　29

取小麦60克、大枣10枚、甘草30克，与4杯量的水一起放入锅中，煮至剩1杯水的量，沥去残渣，喝其汁液，分2次食用，早、晚各一次。小麦、大枣、甘草都是家常食材，也是中医治疗精神状态异常的药剂。失眠所引起的情绪异常、打呵欠等，可用此三种药材来治疗。

百合蜂蜜治失眠
Folk Prescription　　30

取生百合6～9克、蜂蜜1～2匙，拌和蒸熟，临睡前适量食用，对睡眠不宁、惊悸易醒的失眠患者有所助益，但要注意：服用此方，睡前不可吃得太饱。

老年人失眠简单治
Folk Prescription　　31

老年人大多喜欢早睡早起，但对于失眠的人来说，不妨把睡眠时间拖后一些，可以看看书或电视，直到凌晨一两点才睡，这样上床很快就能睡着，睡眠质量很高。起床时间应比平常稍晚一些。

静坐治失眠
Folk Prescription　　32

因工作疲劳而导致失眠的人，可于睡前睡后各静坐半小时，坚持几天就可见效。

小麦治盗汗
Folk Prescription　　33

1.将浮小麦用大小火炒为末，每服7.5克，米汤送服，1日3服，也可煎汤代茶。治虚汗、盗汗有效。

2.小麦1撮、白术25克共煮干，去小麦研末，每服3克，以黄芪汤送服，此方可治愈老少虚汗。

3.对于热病的虚汗，用黑豆10克、浮小麦10克水煎服，也有良效。

胡萝卜百合汤治盗汗
Folk Prescription　　34

胡萝卜100克，百合10克，红枣2颗。将胡萝卜洗净切块，与红枣、百合共放沙锅中水煮，熟后，饮汤食胡萝卜、百合、红枣。主治乏力盗汗病症，也适用于久咳痰少、咽干口燥的调治。图

牡蛎蚬肉汤治阴虚盗汗
Folk Prescription　　35

用干牡蛎60克、蚬肉60克、韭菜根30克全部入锅，加水煮，熟后食用。盗汗的原因是阴虚，即身体阴气不足的结果。无论是生牡蛎还是干牡蛎，均有"滋阴"作

NO.34图

用。蚬能增强牡蛎的作用，也是有名的治疗药，韭菜根则能帮助体力的恢复。

羊脂治盗汗
Folk Prescription　　36

老是汗出不止的人，可买羊脂（或牛脂）适量，再准备一些黄酒，将羊脂用温酒化服，经常饮用，必有效果。

紫米、麸皮治盗汗
Folk Prescription　　37

紫米10克，小麦麸皮10克，共炒后研成细末，用米汤冲服。或用熟猪肉蘸食，每日1次，连服3次。可治盗汗、虚汗不止。

医

Folk Prescription■
生活中来窍门3000例■

肾病、泌尿系统疾病、结石症

肾病、泌尿系统疾病、结石症

SHEN BING MI NIAO XI TONG JI BING JIE SHI ZHENG

荠菜鸡蛋汤治急性肾炎
Folk Prescription   1

急性肾炎的食疗，可买鲜荠菜100克，洗净放入瓦锅中，加水3大碗，煎至1碗水时，放入鸡蛋1只（去壳拌匀），煮熟，加盐少许，饮汤，吃菜和蛋。每日1～2次，连服1个月为1疗程。

玉米须茶治急性肾炎
Folk Prescription   2

取玉米须30～60克、松萝茶（其他绿茶亦可）5克，同置杯中以沸水浸泡15分钟，即可饮用，或加水煎沸10分钟也可。每日1剂，分2次饮服。

贴脚心治急性肾炎
Folk Prescription   3

治疗急性肾炎，可取大蒜2～3头，蓖麻子70粒，合捣成末，敷于脚心，以纱布固定，每12小时换药1次，连用1周可见效。图

治肾炎浮肿一法
Folk Prescription   4

备葫芦壳50克、冬瓜皮30克、红枣10颗，加水400毫升煎至150毫升，去渣饮用。每天1剂，服至浮肿消退为度。

治慢性肾炎古方二则
Folk Prescription   5

《本草纲目》中载有二方，可治慢性肾炎。

1.备猪肾2个（去膜切片），大米50克，葱、生姜、五香粉、盐等调料适量。猪肾与大米合煮做粥，将熟时入葱、姜等调料，晨起作早餐食之。

2.黑豆100克浸泡2小时，猪瘦肉500克切丁，二者同放锅中炖2小时，汤成后以少量的低钠盐调味，饮汤，吃黑豆和猪瘦肉。一天内分2次食用，每次间隔12小时，连服15～20天。适用于面色苍白、头昏耳鸣、疲劳无力的慢性肾炎患者。

蚕豆糖浆治慢性肾炎
Folk Prescription   6

治慢性肾炎，可用带壳陈蚕豆（数年者最好）120克，红糖90克，同放沙锅中，加清水5茶杯，以文火熬至1茶杯，分数次服用。一般在早上空腹时服用，分5天饮完。

治慢性肾炎一方
Folk Prescription   7

取炙龟板、薏仁各15克，生黄芪10克。先煎龟板1小时，再加入黄芪、薏仁，煎浓去渣，1日2次分服，连服1～2个月。本方对慢性肾炎有良效。

柿叶泡茶治肾炎
Folk Prescription   8

约9～10月采柿叶4千克，切碎，蒸30分钟，烘干后备用，每次使用时取绿茶2克、柿叶10克，加开水400～500毫升，浸泡5分钟，分3次，饭后温服，日服1剂。本方对急、慢性肾炎均有良效。

NO.3图

鳖肉治肾炎
Folk Prescription   9

治疗肾炎，可采用如下食疗方：取鳖肉500克、大蒜100克，共入锅内，炖至鳖肉烂熟，加调料适量，食肉饮汤，早晚各1次。

黄精粥治慢性肾炎
Folk Prescription   10

治慢性肾炎，可先将黄精30克洗净切碎，与大米50克同煮做粥，分2次量，晨起作早餐之。该方见于清代医书《饮食辨录》。

鲤鱼治肾炎水肿
Folk Prescription   11

鲤鱼剖腹留鳞，去肠杂、腮，洗净，将大蒜瓣填入鱼腹中，用纸将鱼包严，以棉线扎紧，外面糊上一层和匀的黄泥，将其置于烧柴禾的炉灶火灰中煨熟。剥去封泥，揭纸，淡食鱼肉。1日吃完。此方对慢性肾炎水肿不退者有效，可常食用。

西瓜方缓解肾炎不适
Folk Prescription   12

肾盂肾炎患者在盛夏季节，往往有多汗、小便短赤的症状，此时可每日饮西瓜汁，或用西瓜皮50～100克煎饮代茶，或配冬瓜皮30克同煎汤，均有治疗作用。

巧用蝼蛄治肾盂肾炎
Folk Prescription   13

捉蝼蛄2～3只，用黄土泥封，微火烧煅，去黄土泥，研末冲酒服。或取蝼蛄7只，瓦上焙干研末，黄酒冲服。对肾

NO.13图

盂肾炎均有较好疗效。图

酒煮山药治肾盂肾炎
Folk Prescription   14

古代养生著作《寿亲养老新书》中载有一方，可治肾盂肾炎。做法是：取生山药500克刮去皮，以刀切碎，研令细烂；将适量水、酒煮沸后下入山药泥，不得搅，待熟后适当加盐、葱白，并再适当加酒，顿服之。

苦瓜代茶治肾盂肾炎
Folk Prescription   15

治疗肾盂肾炎，可取鲜苦瓜1只，把上端切开，去瓤，装入绿茶，阴干后，将外部洗净擦干，连同茶叶切碎，和匀，每取10克，放入保温杯中，以沸水冲泡，盖严温浸半小时，经常饮用。

鲜拌莴苣治肾盂肾炎
Folk Prescription   16

取鲜莴苣250克，去皮洗净，切丝，放适量食盐、黄酒调拌，佐餐食用。用于肾盂肾炎引起的小便不利、尿血及目痛。使用本方要注意：凡体寒脾虚者不宜多食。

治肾盂肾炎一方
Folk Prescription   17

治疗肾盂肾炎，可把白茅根、干西瓜皮、芦根、鲜丝瓜秧各等份，熬水当茶饮，1天数次，1周即可见效。

小叶石苇治肾盂肾炎
Folk Prescription   18

治疗肾盂肾炎，可每日将小叶石苇25～50克放入沙锅，加适量水煎服。

贴脐治肾炎水肿
Folk Prescription   19

生姜、青葱、大蒜各适量，共捣如泥，烘热敷脐上，外以纱布覆盖，胶布固定。每天换药3～4次，10天为1疗程。主治急、慢性肾炎水肿。

肾病、泌尿系统疾病、结石症

NO.23图

白瓜子辅治前列腺肥大

Folk Prescription 　　20

　　前列腺肥大症患者，会有尿频、排尿困难等现象，除常规治疗外，还可常吃些白瓜子（即南瓜子）用来辅助治疗。

绿豆车前子治前列腺炎

Folk Prescription 　　21

　　治疗慢性前列腺炎，可取绿豆50克，车前子25克（用细纱布包好），同置于锅中加5倍的水烧开，而后改用温火煮到豆烂，再将车前子去掉，把绿豆吃下，一次吃完，每天早晚各吃一次。坚持一段时间，前列腺炎可大为减轻。

猕猴桃汁治前列腺炎

Folk Prescription 　　22

　　买新鲜猕猴桃50克，将猕猴桃捣烂加温开水250毫升，调匀后饮服，能治前列腺炎和小便涩痛。

马齿苋治前列腺炎

Folk Prescription 　　23

　　治疗前列腺炎，可选新鲜马齿苋500克左右，洗净、捣烂，用纱布分批包好，挤出汁来，加上少许白糖和白开水一起喝。每天早、晚空腹喝2次，坚持一段时间就有效果。图

治中老年尿频一方

Folk Prescription 　　24

　　中老年尿频患者，可坚持每天用枸杞、葡萄干各20粒，红枣、桂圆、核桃仁各2个，干杏1个，泡开水喝，控制尿频效果不错。本方对中老年腿脚浮肿亦有良效。

西瓜蒸蒜可治尿频

Folk Prescription 　　25

　　夏季买几个小西瓜，在瓜蒂上方切口，挖出少量瓜瓤后将剥好的蒜瓣放入，与瓜瓤搅拌在一起，然后把原来切下瓜蒂的部分盖上，放盆碗内加水煮20分钟左右，连蒜带瓜瓤一起服下，治疗泌尿系统感染引起的尿频疗效独特。

按摩治前列腺肥大

Folk Prescription 　　26

　　治疗前列腺肥大、尿频，可采取按摩法。方法是：稍用力按摩左右脚跟上面的内侧，这是前列腺的反射区。一天按摩两次，每次6～8分钟，很快见效。

草莓治尿频
Folk Prescription 27

治疗尿频，可用草莓熬汤加白糖饮食。据文献报道：草莓性味酸甜，功能清凉解热，生津止渴。对尿频、糖尿病、腹泻等症有疗效。

拍打后腰可治尿频
Folk Prescription 28

每天晚上睡觉前，用左右手掌拍打左右侧后腰部，有节奏地拍打150～200下，长期坚持即可治愈尿频。

栗子煮粥治尿频
Folk Prescription 29

用栗子、大米煮粥，佐以生姜、红糖、红枣食用，能治尿频、脾胃虚弱等症。

紫米糍粑治夜尿频数
Folk Prescription 30

紫米糍粑50克，生大油50克。用大油将糍粑煎至软熟，温黄酒或温米汤送服，待肚中无饱感时入睡，当夜即止。

丝瓜水治尿频
Folk Prescription 31

出现尿频或尿痛时，可用嫩丝瓜放沙锅中水煮，煮熟后加白糖。将丝瓜和水一同服下，连续服用1周，病症就可减轻直至消失。若症状较重，可多服几日。图

核桃仁治尿频
Folk Prescription 32

治疗因糖尿病而引起的尿频，可用核桃3～5个，取仁，加盐适量炒熟，嚼细后用白酒或黄酒送服。每日起

NO.31图

床后和晚睡前各1次。数日即可见效。

盐水助尿通
Folk Prescription 33

患有前列腺增生的人，不但尿频、尿急，还往往有尿不通的症状。碰到这种情况，可以喝1小碗盐开水，过半小时尿就通了。

捏指关节可通尿
Folk Prescription 34

患有老年性前列腺肥大症，发作时小便不畅，甚至闭尿。每逢这种情况发生，立即用左手捏右手小拇指关节，用右手捏左手小拇指关节，不但小便通畅，而且长期坚持能减少残留尿。

治尿滞不畅妙法
Folk Prescription 35

老年人患前列腺肥大者，每有尿滞不畅之苦。除了从根本上治疗前列腺疾患外，也可用一法辅助排尿：小便时打开自来水管发出滴水声，很快就可以把尿导引出来。一般而言，自来水管下端接一盆水或水桶，滴水声会更清脆，从而增强导尿效果。

田螺治小便不通
Folk Prescription 36

将田螺连壳捣烂，拌食盐涂于肚脐上；或摊在纸上，将纸贴于脚心，立即可以通尿。注意尿通后立即除去脚底的纸，否则直尿不止。

车前草治老年人零撒尿
Folk Prescription 37

一些老年人会有零撒尿的现象，治疗时可将车前草除草根，洗净，煮水当茶饮，每天3～4次。1个月内可见效。

治老年遗尿一法
Folk Prescription 38

老年遗尿患者，可于每天早晨睡醒后，先排完尿，然后平躺在床上，按下述步骤练习：

第一步：将左手放在肚子上，右手扶在左手上，以逆时针揉肚子，手向上移时提肛、提肾。向下推时放松，转50圈。

第二步：用右手顺时针揉肚子，左手扶在右手上转50圈，也是手向上时提肛、提肾，手向下放松。

第三步：右手在下、左手在上，从上往下推肚子，双手先由腹部上端往下推，双手往上时提肛、提肾，连做50下。

根据上法每日做3次，必可见效。

肾病、泌尿系统疾病、结石症

猪尿泡煮饭治遗尿
Folk Prescription 39

治疗遗尿，可将猪尿泡用温水洗净，装进适量大米，用白线封好口，放锅内煮熟或蒸熟。不要加任何作料，也不要就菜，1次将猪尿泡及米饭吃下。每天1次，一般吃3~4次即可治愈。

鲜蒿子治急性膀胱炎
Folk Prescription 40

急性膀胱炎发病急，疼痛难忍，治疗后又多易复发。现介绍一简便易行的方法，即取新鲜蒿子（杂草丛生处有）洗净，煮水，然后坐盆熏洗，能很快控制病情，数次后即可治愈。

泌尿系感染食疗方
Folk Prescription 41

治疗泌尿系感染，可用大红枣、红糖、赤小豆、核桃仁、花生仁各150克（红小豆、花生米先用温水泡两小时），加适量水，用锅煮30分钟成豆沙状，装盆放好。每天早、晚空腹各服1~2匙。一般5剂即可奏效。

鸡蛋治肾结石
Folk Prescription 42

备川芎3克、大黄3克、鸡蛋1只，将川芎、大黄研细末，再将鸡蛋一头打开小口，将蛋清倾出少许，然后装入药末，用湿纸将口封固，置炭火上炙熟。去壳，研为细末。按上述剂量配制，每只鸡蛋为一剂，温黄酒或白开水送下，每早晚空腹各服1

次，每次服1只，服药后盖被，以微出汗为宜。

胡桃酥治肾结石
Folk Prescription 43

备胡桃仁250克、香油150克、冰糖250克。胡桃仁入香油中炸酥，加冰糖，研成糊状。每次吃1匙，每日4次，连续服完为1疗程，可用1~3个疗程。这里介绍的胡桃酥有补益脾肾的功效，用于尿路结石、小便不利而脾肾虚弱者。若结石久停不排，应分析病情，在医生指导下使用。

蚯蚓治肾结石
Folk Prescription 44

古验方：取大条金颈蚯蚓4条，在新瓦上焙干研末，和冰糖冲开水炖服。大条金颈蚯蚓在中医里被称为"地龙"，是一味常用中药，可治疗包括肾结石在内的多种疾病。

薏仁治肾结石
Folk Prescription 45

1.薏仁60克洗净，装入纱布袋内，扎紧口，放入装满500毫升白酒的罐中。盖好盖，浸泡7天即成，可根据自己的酒量饮用。本方有利于肾结石的排除，但兼有肝病者不宜。

2.取薏仁茎、叶、根适量（鲜草约250克，干草减半），水煎去渣，1日2~3次分服，对肾结石颇有疗效。

鲜葫芦治尿路结石
Folk Prescription 46

备鲜葫芦、蜂蜜适量。

将鲜葫芦捣烂绞汁，调入蜂蜜适量。每次半杯，1日2次，连服数周。鲜葫芦性平味甘淡，有利尿通淋的功效，在中医里常用于尿路结石的辅助治疗。

金钱草粥治结石症
Folk Prescription 47

金钱草60克、海金砂30克（包）水煎，去渣留汁，加入粳米50克兑水煮粥。粥成加适量白糖，可当点心服食。每日1料。本方清热利水通淋，用于治疗石淋、砂淋（包括肾结石、输尿管结石、膀胱结石等），也可用于胆道结石和黄疸型肝炎。

化石草治肾结石
Folk Prescription 48

化石草鲜品1束（干品15克），加冰糖30克（干品则加红糖30克）水煎，5剂为1疗程。化石草性微寒，味甘微苦，能清热去湿、消炎解毒，因为常用来治疗各种结石，所以被称作化石草。化石草药性较强，孕妇及膀胱无力者，务须小心使用。

荸荠治肾结石
Folk Prescription 49

得了肾结石，被中医诊为酸性者，可将生荸荠的皮削掉，每天生吃500克左右，对结石的排除大有裨益。

猪腰治肾结石
Folk Prescription 50

取猪腰1个，切开一小口，去白心，洗净后，用芒硝6克，研末填入其中，再放于碗中，置外锅，隔水蒸服，一般服数次即可见效，也有常吃而痊愈的。

葱煨猪蹄治胆、肾结石
Folk Prescription　　　51

取生葱250克，连根带须洗净，用猪蹄一段煨汤，熟烂后将汤喝下，葱与猪蹄吃或不吃均可。轻症者在服用本方之后，小便即可畅通。重症者可持续服用到痊愈为止。

治尿道结石方
Folk Prescription　　　52

取芥菜1千克、马蹄菜500克、冬瓜皮60克，切块共放入锅中，加适量水煮，煮好后沥出残渣，喝其汁液。芥菜有疏通尿道的作用，马蹄菜可消积，除去体内的硬块，而冬瓜皮是上二味的辅助剂，能帮助结石顺利排出。治疗尿道结石，应常用本方。

向日葵治尿道结石
Folk Prescription　　　53

患了尿道结石，可取向日葵茎连白髓15～30克，水煎2～3沸（不要多煎），1日2次分服，数剂即可见效。此方也可用于其他泌尿系感染的辅助治疗。

绿茶末治胆结石
Folk Prescription　　　54

取龙井等上好绿茶适量，晒干，磨成粉末，越细越好，用沸透的开水冲茶叶末，趁热连同茶叶末一起服下。每天晨起空腹时服一次，睡前服一次，其他时间随时可服。茶叶含有多量维生素C，且有清净胆汁浑浊和清除血液中废物的作用。制茶叶末时，可用多种茶叶混合在一起。

玉米须治胆结石
Folk Prescription　　　55

玉米须（中药店有售）每天30克，以5大碗水煮沸20分钟，当茶饮用，结石症可减轻以至痊愈。据《古今中药集成》记载，玉米须为"最佳之利胆剂，促胆汁分泌，缓冲胆中之沉渣，减低其黏稠性及胆红质的含量。"

高血压、高脂血症、贫血
GAO XUE YA　GAO ZHI XUE　PIN XUE

按摩缓解高血压症状
Folk Prescription　　　1

1.头顶部，用五指指端操作，以百会穴（近于头顶正中部）为主，同时点叩头痛处或不适处。也可以用食指、中指及无名指指端捏住膝后脚窝内大筋，强力揉捻2～3分钟。还可以摩擦脚心。

2.先搓热两手掌，擦面数次，然后按摩前额，用五指和掌心稍用力推按前额中央至两侧太阳穴部，再向后至枕部，接着沿颈后向下推按，最后按压两肩背部，按摩3～5分钟。

洋葱治高血压二方
Folk Prescription　　　2

1.洋葱半个切成块，加适量水放榨汁机里榨汁，1次服下，经常服用，可治高血压，保护心脏。

2.将洋葱50克捣烂，在100毫升葡萄酒中浸泡1天，饮酒食洋葱。每天分成3～4次服用。治疗高血压。

高血压患者宜常吃西红柿
Folk Prescription　　　3

对高血压患者来说，西红柿是极好的食疗水果，可于每日晨起空腹食用鲜西红柿1～2个。15天为一疗程，会有明显效果。

治疗高血压一方
Folk Prescription　　　4

精选山里红1.5千克、

生地50克、白糖适量。山里红洗净去子，放不锈钢锅内煮烂，放入白糖，煮熟凉后放冰箱储藏。每天不计时食用，就像吃零食。

萝卜荸荠汁降血压
Folk Prescription　　　5

治疗原发性高血压，可准备白萝卜750克，荸荠500克，蜂蜜50毫升。前2味切碎捣烂，置消毒纱布中挤汁，去渣，加入蜂蜜，1日内分2～3次服完。

花生壳治高血压
Folk Prescription　　　6

将平日吃花生时所剩下的花生壳洗净，放入茶杯一半，把烧开的水倒满茶杯饮用，既可降血压又可调整血中胆固醇含量，对高血压患者有效。图

香菇炒芹菜可降血压
Folk Prescription　　　7

香菇3～6只，芹菜段50克，植物油少许。每天取香菇3～6只，与芹菜段下油锅

炒至熟，长期食用，对高血压有一定疗效。

刺儿菜治高血压
Folk Prescription　　　8

将农田里（秋后时期最好）采来的刺儿菜200～300克洗净（干刺儿菜约10克），加水500毫升左右，用温火约熬30分钟（干菜时间要长些），待熬好的水温晾至40℃左右时一次服下，把菜同时吃掉更好。每天服1～2次，1周可见效。常喝此药，即可稳定血压。

银耳羹治高血压、眼底出血
Folk Prescription　　　9

干银耳5克用清水浸泡一夜，于饭锅上蒸1～2小时，加入适量的冰糖，于睡前服下。主治高血压引起的眼底出血。

天地龙骨茶降血压
Folk Prescription　　　10

治疗高血压，可用天麻40克、地龙30克、龙骨100克捣碎如茶状，小火煎沸10

分钟，离火，去渣代茶，分2日口服。上述3药中药店均有售。

山楂代茶饮可降血压
Folk Prescription　　　11

山楂10克置于大茶杯中，用滚水冲泡，代茶饮用，每天1次，多服即可。山楂可消除血脂肪（胆固醇），对高血压引起的血管硬化有治疗作用。

喝莲心茶降血压
Folk Prescription　　　12

治疗高血压，可取莲心干品3克、绿茶1克，一起放入茶杯内，用沸开水冲泡大半杯，立即加盖，5分钟后可饮，饭后饮服。头泡莲心茶，饮之将尽，略留余汁，再泡再饮，至味淡为止。

臭蒿子治高血压
Folk Prescription　　　13

秋季时取野生黄蒿子（俗名臭蒿子）1把，放在脸盆中用开水冲泡，待稍凉后，洗头10分钟（每晚1次），水

NO.6图

凉后再加热，洗脚10分钟。每天坚持洗头洗脚，不要间断。本方能有效降血压。但要注意，黄蒿子不是熏蚊子的绿色蒿子，不可混同。

敷贴法降血压
Folk Prescription 14

取糯米5克，胡椒1.5克，桃仁、杏仁、山栀各3克，鸡蛋清适量。上述诸药共为细末，鸡蛋清调成糊状，临睡前敷于两脚心涌泉穴，次日洗掉，晚上再敷。主治高血压轻症。

明矾枕头降血压
Folk Prescription 15

取明矾3～3.5千克，捣碎成花生米大小的块粒，装进枕芯中，常用此当枕头，可降低血压。图

猪胆、绿豆治高血压
Folk Prescription 16

猪胆1个，绿豆适量。将绿豆粒装入猪胆内，装满为止，放置3个月后再用。每天1次，顿服7粒。服绿豆粒后，血压下降，继续服用白糖加醋，至痊愈为止。

香蕉皮水泡脚治高血压
Folk Prescription 17

初期高血压患者，若发现血压升高时，可取香蕉皮3个，煮水泡脚20～30分钟，水凉再加热水，连续3天，血压可降至正常。

芥末水洗脚可降压
Folk Prescription 18

将芥末面250克平分成3份，每次取一份放在洗脚盆里，加半盆水搅匀煮开；

NO.15图

稍放一会儿，免得烫伤脚。用芥末水洗脚，每天早晚1次，一般3天后血压就降了，再用药物巩固一段时间，效果更好。

小苏打洗脚治高血压
Folk Prescription 19

治疗高血压，可以采用小苏打洗脚的方式。先把水烧开，放入二三勺小苏打，等水温能放下脚时开始洗，每次20～30分钟即可，长期坚持必可奏效。

大蒜降血压
Folk Prescription 20

1.每天早晨空腹食用糖醋大蒜1～2头，连带喝些糖醋汁，连吃10～15天。该法能使血压比较持久地下降，对于哮喘和顽固咳喘也很有效。

2.大蒜30克入沸水中煮片刻后捞出，大米100克加水煮粥，粥将熟时加入大蒜，再

煮片刻后调味，趁热服。本方春季使用效果最佳。

巧用食醋降血压
Folk Prescription 21

1.醋大半瓶，黄豆适量。黄豆炒熟，装入瓶中占1/3，倒入醋，盖上盖子，1周即成。每日1匙，腹泻减量。

2.冰糖500克，放入醋100毫升溶化，每次10毫升，每日3次，饭后服。需要注意，患有溃疡病、胃酸过多者不宜用本方。

荸荠芹菜汁降血压
Folk Prescription 22

治疗原发性高血压，可取荸荠十几个，带根芹菜的下半部分十几棵，洗净后放入电饭煲中或瓦罐中煎煮，取荸荠芹菜汁，每天服1小碗，降血压效果显著。如果无荸荠，也可用红枣代替，只是疗效略差。

①
②
③
④
⑤

NO.25图

赤豆丝瓜饮降血压
Folk Prescription　23

　　治疗高血压，可取赤小豆30克、丝瓜络20克放入沙锅中，加水适量，煎30～40分钟，滤汁分早晚两次空腹服。

羊油炒麻豆腐降血压
Folk Prescription　24

　　用150克羊油炒500克麻豆腐。不吃羊油可用其他食用油炒，但麻豆腐必须是以绿豆为原料加工制成的。炒麻豆腐时可放盐适量及葱花、鲜姜等调料。每当血压不稳定或升高时可如法炮制，疗效显著。

海带拌芹菜治高血压
Folk Prescription　25

　　海带50克，鲜芹菜30克，香油、醋、盐、味精适量。鲜芹菜洗净切段，海带洗净切丝，然后分别在沸水中焯一下捞起，放在一起倒上调料拌和食用。常服能防治早期高血压。脾胃虚寒者慎食。图

茭白、芹菜降血压
Folk Prescription　26

　　茭白、芹菜各20克，水煮喝汤，每日2～3次，长期服用，可治疗高血压。

芦笋茶治高血压
Folk Prescription　27

　　取鲜芦笋100克洗净，切碎，与绿茶3克同入沙锅，加水500毫升，煮沸10分钟后，去渣留汁。代茶，频频饮用，当日服完。本方清肝降压、平肝明目，适用于临界高血压，对兼有眼结膜充血者尤为适宜。

治高血压一方
Folk Prescription　28

　　鲜藕1250克，切成条或片状；生芝麻500克，压碎后，放入藕条（片）中；加冰糖500克，上锅蒸熟，分成5份，凉后食用，每天1份。一般服用1副（5份）即愈。

芦荟叶治高血压
Folk Prescription　29

　　治疗高血压，可取芦荟鲜叶10g，煮熟后食用。每日3次，饭前30分钟服用。使用时需要注意的是，不可突然停止正在服用的降压药。应随着病情的好转，待血管逐步恢复弹性，血压稳定后再慢慢减少降压药的用量。

苹果治高血压
Folk Prescription 30

1.苹果皮50克，绿茶1克，蜂蜜25克。苹果皮洗净，加清水至450毫升，煮沸5分钟，加入蜂蜜绿茶即可。分3次温服，每日服1剂。

2.苹果2个。将苹果洗净，榨汁服，每次100克，每日3次，10天为1疗程。

玉米穗治疗老年性高血压方
Folk Prescription 31

治疗老年性高血压病，可从自然成熟的老玉米穗上采"干胡子毛"（即雌花的细丝状干花柱）50克，煮水喝，连用两剂，即有降压的作用，缓解头晕、头痛等症状。

热姜水泡脚降血压
Folk Prescription 32

血压升高时，可用热姜水浸泡双脚15分钟左右。这样可反射性引起外周血管扩张，使血压下降。

治高脂血症一方
Folk Prescription 33

胡萝卜120克，绿豆100克，大藕3节。绿豆用水泡半日；胡萝卜捣泥，2味加适量白糖调匀待用。在靠近藕节的一端用刀切下，将调匀的绿豆胡萝卜泥塞入藕洞内，塞满塞实为止。再将切下的部分盖好，用竹签插牢，上锅蒸熟，当点心吃。经常食用可降低血脂，软化血管。

自制药酒降血脂
Folk Prescription 34

取山楂片300克，红枣、红糖各30克，米酒1升。将山楂片、红枣、红糖入酒中浸10天，每天摇动1次，以利药味浸出。每晚睡前取30～60克饮服。实热便秘者忌用。

山楂柿叶茶降血脂
Folk Prescription 35

山楂15克，柿叶10克，茶叶3克。以沸水浸泡15分钟即可。每日1剂，不拘时，频频饮服。如没有柿叶，也可用荷叶代替。图

高脂血症患者宜常吃猕猴桃
Folk Prescription 36

每天取鲜猕猴桃2～3个，将鲜猕猴桃洗净剥皮，榨汁饮用。也可洗净剥皮后直接食用。每日1次，常服有效。本方主治高脂血症，并有防癌作用。

花生草汤治高脂血症
Folk Prescription 37

花生全草（整株干品）50克。将花生全草切成小段，泡洗干净，加水煎汤，代茶饮。每日1剂，不拘时饮服。本方养肝益肾，主治高脂血症。

海带绿豆治高脂血症
Folk Prescription 38

海带150克，绿豆100克，红糖80克。将海带发好后洗净，切成条状，绿豆淘洗干净，共入锅内，加水炖煮，至豆烂为止。用红糖调服，每日2次，连续服用一段时间，必见效果。

高脂血症食疗方
Folk Prescription 39

黑芝麻60克，桑葚40

克，大米30克，白糖10克。将黑芝麻、桑葚、大米分别洗净后同放入瓷罐中捣烂。沙锅中先放清水1升，煮沸后入白糖，水再沸后，徐徐将捣烂的碎末加入沸汤中，不断搅动，煮至成粥糊样即可。可常服之。

红枣熬粥治贫血
Folk Prescription 40

红枣15颗洗净，与大米50克同置锅内，加水400毫升，煮至大米开花，表面有粥油即成。每日早晚温热服。适用于贫血、营养不良等症。患有实热症者忌食。

龙眼小米粥治贫血
Folk Prescription 41

龙眼肉30克，小米50～100克，红糖适量。将小米与龙眼肉同煮成粥。待粥熟，调入红糖。空腹食，每日2次。这道粥品有补血养心、安神益智之功效，对贫血患者极为有益。

治贫血一方
Folk Prescription　　42

治疗贫血，可用花生红衣30克、大枣10颗、蜂蜜15克，水煎服。每日1剂，连服20天为1疗程。

香菇蒸鸡治贫血
Folk Prescription　　43

水发香菇50克，红枣10克，鸡肉150克。以上各料加盐隔水蒸熟，每天吃1次。可治疗贫血引起的体质虚弱、四肢无力等症状。

藕粉糯米饼可补血
Folk Prescription　　44

糯米250克，藕粉、白糖各100克。以上各料加水适量，揉成面团，放于蒸锅中蒸熟。分餐随量煮吃或煎食均可，连续食用5～10天。本方有补虚、养胃之功，适用于贫血患者。

吃猪血可防治贫血
Folk Prescription　　45

每次取猪血100克，醋30毫升，植物油、盐各适量。炒锅下植物油，加醋将猪血炒熟，加盐调味，1次吃完，每日1次，对防治贫血均有良效。

葡萄蜂蜜治贫血
Folk Prescription　　46

治疗贫血，可备葡萄250克，蜂蜜2.5升。将葡萄洗净，装入净纱布包，挤汁于碗中，再将蜂蜜放锅内沸滚2～3分钟，二者相合，每次服15～30毫升，每日2次。

治贫血食疗二方
Folk Prescription　　47

1.鳝鱼250克，红枣5颗，盐、料酒、植物油各适量。将鳝鱼宰杀，去内脏，洗净，油锅烧热，下鳝鱼煎至两面微黄时，加水、红枣炖煮至熟，调以料酒、盐即可，食鱼肉饮汤。

2.乌贼200克，生甘草30克，白糖30克。把生甘草洗净，切片；乌贼洗净，切4厘米见方的块，把甘草、乌贼放锅内，加水300毫升炖煮至熟。每日1次，佐餐食用。

糖尿病
TANG NIAO BING

洋葱治糖尿病
Folk Prescription　　1

1.洋葱150克切成片，按常法煮汤，加少许盐食用，每日1剂，宜常服。

2.洋葱500克洗净，切成2～6瓣，放泡菜坛内淹浸2～4日（夏季1～2日），待其味酸甜而略带辛辣时，佐餐食用。

3.将拳头大的洋葱1个平分成8份，浸入500～750毫升红葡萄酒中，8天后饮用。每餐前空腹吃洋葱1份，喝酒

NO.1图

60～100克。可长期服用。（图）

蚕蛹治糖尿病
Folk Prescription　2

蚕蛹20枚洗净，用植物油翻炒至熟，也可将蚕蛹加水煎煮至熟。炒的可直接食用，煮的可饮用药汁。每日1次，可连用数日。本方可调节糖代谢，主治糖尿病及合并高血压病。

银耳菠菜汤治糖尿病
Folk Prescription　3

水发银耳50克，菠菜（留根）30克，味精、盐少许。将菠菜洗净，银耳泡发煮烂，放入菠菜、盐、味精煮成汤。适用于脾胃阴虚为主的糖尿病。

山药黄连治糖尿病
Folk Prescription　4

取山药30克，黄连10克。水煎，共2次，将2次煎液混匀，分早晚2次服用，每日1剂，10剂为1疗程。主治糖尿病口渴、尿多、易饥。

猪脾治糖尿病
Folk Prescription　5

1.山药120克切片，猪脾100克切成小块。先将山药炖熟，然后猪脾放入片刻，熟后趁热吃，猪脾和汤须吃完，山药可以不吃，若要吃则须细嚼，始可咽下，此方每天早晨吃1次。主治亢进性糖尿病。

2.薏米30克，猪脾1个。猪脾、薏米水煎，连药代汤全服，每日1次，10次即可见效。

3.枸杞15克，蚕茧10克，猪脾1个。加水适量，将

上物煮熟后服食。每天1剂，常食。适用于糖尿病伴小便频多、头晕腰酸者。

红薯藤、冬瓜皮治糖尿病
Folk Prescription　6

治疗糖尿病，可备干红薯藤30克，干冬瓜皮12克。同入砂锅，水煎服。可经常服用。

鸡蛋、醋、蜜治糖尿病
Folk Prescription　7

生鸡蛋5个（打散），醋400毫升，蜂蜜250毫升。生鸡蛋与醋150毫升混合，泡约36小时，再用醋、蜜各250毫升与之混合，和匀后服，早晚各服15毫升。

西瓜皮汁治糖尿病
Folk Prescription　8

将吃西瓜剩下的西瓜皮削去红肉和外层绿皮，剩白肉部分，用适量清水煮，煮到白肉部分烂后捞掉，取其汁液，口渴时喝，不渴也可以喝，自西瓜上市一直喝到西瓜淡季为止，会有很大功效。对于胃冷的人来说，西瓜皮水若喝多了，胃会有不舒服的感觉，则可用玉米须来代替西瓜皮。

枸杞蒸蛋治糖尿病
Folk Prescription　9

鸡蛋2只，枸杞10克，味精、盐少许。把蛋打入碗内，放入洗净的枸杞和适量的水及味精、盐少许，用力搅匀，隔水蒸熟。本方补肾滋阴，益肝明目，适用于肾阴虚为主的糖尿病。

冬瓜皮、西瓜皮治糖尿病
Folk Prescription　10

冬瓜皮、西瓜皮各15克，天花粉10克。上药同入沙锅，加水适量，文火煎煮取汁去渣，口服，每日2～3次。本方清热养阴润燥，主治口渴多饮、尿液混浊之糖尿病。

蔗鸡饮治糖尿病
Folk Prescription　11

治疗糖尿病，可取蔗鸡90克洗净，置陶罐中，加清水2.5升，以文火煎至500毫升，去渣，汤汁贮于保温瓶中备用。每日1剂，不拘时温服。注：蔗鸡为禾本科植物甘蔗节上所茁出之嫩芽，其功效专治消渴病，一般中药店即有售。

降糖饮配方
Folk Prescription　12

白芍、山药、甘草各等份。上药研成末，每次用3克，开水送服，每天早、午、晚饭前各吃1次，一般1周就可见效。主治上消型糖尿病，适用于口渴而饮水不止的糖尿病患者。

南瓜汤辅治糖尿病
Folk Prescription　13

患了糖尿病的人，往往口渴多饮、形体消瘦、大便燥结，治疗可用南瓜100克，煮汤服食，每天早晚餐各用1次，连服1个月。病情稳定后可间歇食用。

鲫鱼治糖尿病
Folk Prescription　14

1.活鲫鱼500克，绿茶10

克。将鱼去内脏洗净，再把绿茶塞入鱼腹内，置盘中上锅清蒸，不加盐。每日1次。

2.鲫鱼胆3个，干生姜末50克。把姜末放入碗中，刺破鱼胆，将胆汁与姜末调匀，做成如梧桐子大小的药丸。每次服5~6丸，每日1次，米饭送下。

茅根饮治糖尿病
Folk Prescription   15

生白茅根60~90克，水煎当茶饮，1日内服完。连服十几日即可见效。本方消胃泻火、养阴润燥，主治糖尿病。

糖尿病患者宜常吃苦瓜
Folk Prescription   16

鲜苦瓜60克。将苦瓜剖开去子，洗净切丝，加油盐炒，当菜吃，每日2次，可经常食用。这道菜有清热生津的作用，主治口干烦渴、小便频数之糖尿病。图

田螺汤治糖尿病
Folk Prescription   17

治疗糖尿病，可买田螺10~20个，放清水中3~5天，使其漂吐去泥沙，取出田螺肉，加黄酒半小杯拌和，用清水炖熟，食肉、饮汤，每日1次。

乌龟玉米汤辅治糖尿病
Folk Prescription   18

取鲜玉米须60~120克（干品减半），乌龟1~2只。用开水烫乌龟，使其排尿干净，去内脏、头、爪，洗净后将龟甲肉与玉米须一起放入瓦锅内，加清水适量，慢火熬煮，饮汤吃龟肉。主治口渴多饮、形体消瘦之糖尿病。

芡实老鸭汤辅治糖尿病
Folk Prescription   19

取老鸭1只，芡实100~200克。将老鸭去毛和肠脏，洗净，将芡实放入鸭腹中，置瓦锅内，加清水适量，文火煮2小时左右，加食盐少许，调味服食。本汤对糖尿病有辅助疗效。

①
②
③
④
⑤

NO.16图

便秘、痔疮、肛周疾病

BIAN MI　ZHI CHUANG　GANG ZHOU JI BING

按摩腹部通便
Folk Prescription　　　1

1.用按摩腹部方法可解除或缓解便秘症状。方法是：用右手从心窝顺摩而下，摩至脐下，上下反复按摩40～50次，按摩时要闭目养神，放松肌肉，切忌过于用力，如按摩时腹中作响，且有温热感，说明已发生良好作用。另在按摩时，适量喝一点优质蜂蜜水更好。

2.在步行时捶打腹部，以不痛为限度，以30分钟大约捶打1000次为宜，每日1次。

3.大便之时，将双手交叉压于肚脐部，顺时针方向揉，然后逆时针揉，交替进行；或作腹部一松一缩的动作亦可。

葱头拌香油治便秘
Folk Prescription　　　2

将紫洋葱头洗净切丝，生拌香油，视个人情况每日2～3次，与餐共食。治疗顽固性便秘有良效。

吃猕猴桃治便秘
Folk Prescription　　　3

患便秘的人，不妨趁猕猴桃上市的时候，每天坚持吃，效果很好。此法既保养身体又治病。

治习惯性便秘一方
Folk Prescription　　　4

草决明100克，微火炒一下，注意别炒糊。每日取5克，放入杯内用开水冲泡，加适量白糖，泡好后饮用，喝完可再续冲2～3杯，连服7～10天即可治愈习惯性便秘。注意：因草决明有降压明目作用，血压低的人不宜饮用。（图）

煮黄豆治便秘
Folk Prescription　　　5

黄豆200克，温水泡涨后放铁锅内加适量清水煮，快煮熟时加少许盐，豆熟水干后捞至碗中，趁热吃。一般每天吃50克左右，三四天即可见效。

葡萄干能通便
Folk Prescription　　　6

老年人患便秘，可于每天晚饭后食用20～30粒葡萄干，10天左右见效。经常食用便秘可除。

指压法防治便秘
Folk Prescription　　　7

在便前或如厕时，用双手的食指按压迎香穴（鼻翼两侧的凹陷处），按压5～10钟，以局部出现触痛感即可。

四季治便秘良方
Folk Prescription　　　8

治疗便秘，可采用冬吃白萝卜、夏喝蜜的方法，效果极佳。方法是：每年冬春

NO.4图

069

● 便秘、痔疮、肛周疾病 ●

① ② ③ ④ ⑤

NO.12图

季节，把萝卜洗净切成小块，用清水煮，每天食用250～500克，分早晚两次吃。夏秋季节，每晚睡前将1汤匙蜂蜜加入1小杯开水中饮用，同样可收到良效。

食醋可通大便
Folk Prescription　9

每日清晨空腹饮用1大杯加入1勺醋的白开水，饮后再饮1杯白开水，然后室外散步30～60分钟，中午即可有便意，长年坚持服用效果尤佳。

冬瓜瓤治便秘
Folk Prescription　10

取冬瓜瓤500克，水煎汁300毫升，一日内分数次服下，有润肠通便之功。

炒葵花子可治便秘
Folk Prescription　11

治疗便秘，可每天吃些炒葵花子，以100～150克为宜，最好不间断。同时还要养成定时大便的习惯，尽可能少吃或不吃抗菌消炎药。

菠菜面条治便秘
Folk Prescription　12

取菠菜择洗干净，放在清水中煮烂，做成菠菜汁，晾温后，倒入面粉中和好制成面团，再擀成薄片叠起来切成条，煮熟后即可捞出，浇上自己喜爱的卤汁食用。经常食用可防治便秘。图

洋葱拌香油治老年便秘
Folk Prescription　13

治疗老年便秘，可买回洋葱若干，洗净后切成细丝，500克细丝拌进75克香油，再腌半个小时，一日三餐当咸菜吃，1次吃150克，常吃可防治便秘。

芹菜炒鸡蛋治老年便秘
Folk Prescription　14

取芹菜150克，和鸡蛋1只炒熟，每天早上空腹吃，治疗老年便秘有特效。

菠菜猪血汤治便秘
Folk Prescription　15

患有习惯性便秘，可用菠菜猪血汤来治疗。做法是：鲜菠菜500克洗净，切成段；鲜猪血250克，切成小块，和菠菜一起加适量的水煮成汤，调味后于餐中当菜吃，每天至少吃2次，常吃有效。

黑豆治便秘
Folk Prescription　16

治疗便秘，可将黑豆用清水洗净，晾干备用。每天清晨空腹服49粒，此方效果不错，而且无痛苦、无副作用。

炒红薯叶治便秘
Folk Prescription　17

治疗便秘，可取鲜红薯叶500克，花生油适量，加盐适量炒熟后当菜吃，每日1次以上。

生土豆汁治便秘
Folk Prescription　18

取当年生新鲜土豆1个，擦丝，用干净白纱布包住挤出汁，加凉开水及蜂蜜少许，兑成半玻璃杯左右，清晨空腹饮用，对治疗习惯性、老年性便秘有显著疗效。

空腹喝紫菜汤可治便秘
Folk Prescription　19

每日早起空腹喝1～2碗紫菜汤，对便秘有显著疗效，但注意要喝热紫菜汤，喝时加少许醋则疗效更好。

空腹吃桔子可治便秘
Folk Prescription　20

便秘患者可在早晨起床后空腹食用桔子2个（小的3～4个），约1小时后大便即可顺利解下。

空腹吃梨可缓解便秘
Folk Prescription　21

每天早晨起床后空腹吃梨2个，连服2周以上，有润肠之功，可有效缓解便秘。

芦荟治便秘
Folk Prescription　22

芦荟鲜叶内含有大量的大黄素甙，可健胃、通便、消炎。便秘患者可于饭后生食鲜叶3～5片，每日3次，也可根据个人爱好煎服、泡茶、榨汁兑饮料，泡酒也可，服用几次就见效。需要注意的是，芦荟一次服用不宜超过9克，否则可能中毒。

便秘防脑血管破裂法
Folk Prescription　23

便秘是老年人的常见病、多发病。因为便秘，排便时用力过猛，导致脑血管破裂，脑溢血，危及生命。今有一方简便易行，即在排便用力时，以双掌紧捂两耳，可保无虞。

治老年习惯性便秘一方
Folk Prescription　24

生附子15克，苦丁茶、炮川乌、白芷各9克，胡椒3克，大蒜10克，共捣碎炒烫，装入布袋，置神阙（肚脐），上加热水袋保持温度，每日2次，治老年习惯性便秘。

红薯粥治老年便秘
Folk Prescription　25

老年便秘患者，可用大、小米各100克，加红薯200克，熬成红薯稀饭，晚饭前后食用，翌日早上，大便即可缓解。可常食，无副作用。

自制苹果醋治便秘
Folk Prescription　26

苹果1000克，洗净晾干后切成小块；冰糖400克加水以小火煮化；酒曲1个碾碎；将苹果、冰糖水、酒曲混合后装入干净的小缸内密封；两周后，每天打开搅拌10分钟，使空气进入，这样做两周后，苹果醋就做成了。常喝苹果醋不但能根除便秘，还能促进皮肤的新陈代谢。

番泻叶治便秘
Folk Prescription　27

番泻叶20～30克水煎服，每日1剂代茶饮可治便秘。老年、体弱、产后不宜服。

郁李仁治便秘
Folk Prescription　28

治疗便秘，可用郁李仁20克，打碎，水煎去渣，加白糖适量，1次顿服，每天1剂。

蒲公英汤治小儿热性便秘
Folk Prescription　29

小儿热性便秘，可取蒲公英60～90克，加适量水煎至50～100毫升，每日1剂，1次服完，年龄小服药困难者可分次服。每当犯病，服1～2剂即可。

痔疮熏洗疗法
Folk Prescription　30

治疗痔疮可用熏洗法，做法是：用地龙（即大蚯蚓，中药房有售）20克，放在盆里或新痰盂内，用一壶刚烧开的水倒入盆内，坐盆，用热气熏治，如熏时发痒发痛，因热气足，可以移动变化位置，逐渐适应。待水温下降到不烫手时，再用纱布蘸水轻洗患部，每天1次。

便秘、痔疮、肛周疾病

水菖蒲根治痔疮
Folk Prescription　　31

取水菖蒲根200克（鲜者加倍），加水2升，煎沸后10分钟去渣（药渣可保留作第2次用，1剂药可连用2次），取药液先熏后坐浴10～20分钟。坐浴时取1小块药棉，来回擦洗肛门，洗完后药液可保留，下次煮开消毒后可重复使用。每天2次，连洗1～3天。此方一直用于痔疮的临床治疗，效果很好。

无花果治痔疮
Folk Prescription　　32

治痔疮，可采用无花果叶适量，用水熬汤半小时后熏洗，一般洗两次即可见效。若用无花果茎、果熬汤熏洗，效果更好。

蒲公英汤治痔疮
Folk Prescription　　33

取鲜蒲公英全草100～200克（干品50～100克），水煎服，每天1剂。止血则炒至微黄后使用。对内痔嵌顿及炎性外痔配合水煎熏洗。一般1天后可止血，渗出物大为减少，2～4剂即可消肿止痛。

治痔疮一方
Folk Prescription　　34

犯痔疮久治不愈者，可于臭椿树阴面地下半米深处取根200克，与梨1个共同捣碎取汁备用。再将鲜姜、红糖各100克捣碎，和上汁搅匀，用开水沏开喝下，1次即可见效。

牡丹皮饼治痔疮
Folk Prescription　　35

比较严重的痔疮，患者便后会有点滴状便血，而且往往痔核脱出肛外，不能自行回纳。这时可取牡丹皮、糯米各500克，共为细末后和匀。每天100克，以清水调合，捏成拇指大小的饼，用菜油炸成微黄色，早晚2次分吃，若嫌硬，可稍蒸软后再吃。连用10天为1疗程，一般服用1～2个疗程后即可痊愈。

花椒治痔疮
Folk Prescription　　36

花椒1把装入小布袋中，扎口，用开水沏于盆中，患者先是用热气熏洗患处，待水温降到不烫，再行坐浴。全过程约20分钟，每天早晚各1次。图

枸杞根枝治痔疮
Folk Prescription　　37

取枸杞根枝适量，将上面的泥洗净，将根枝断成小节（鲜干根枝都可以），放入沙锅煮20分钟即可。先熏患处，等水温能洗时泡洗5～10分钟。用过的水可留下次加热再用。一般连洗1周即愈。

痔疮坐浴疗法
Folk Prescription　　38

1.艾叶50克（鲜品250克），以1升的水煎至半量，加入热水中，实行坐浴，这是腰部以下浸入热水中的沐浴法，浸到上半身冒汗的程度即可。

2.干萝卜叶2～3株，用2升的水煎至半量后加入浴水中，实行坐浴。

3.洗澡时，先用棉花浸入热开水，拿出在肛门周围慢慢轻贴，待热气渐入肤内，肛门肌肉可以耐热，便慢慢浸入，一泡半小时，待水温度全散，才可起来。

以上3种坐浴法，都可促进患部血液循环，一般连续治疗10多天，可完全治好。但要注意的是，坐浴时，上半身要披上毛巾或穿上浴衣，以防热气丧失。

NO.36图

河蚌水治痔疮

Folk Prescription 39·

以活河蚌一个，掺入黄连粉约0.3克，加冰片少许，待流出蚌水时，用碗承接，以鸡毛扫涂患部，一日数次，治疗痔疮有奇效。

蜂蜜香蕉治痔疮

Folk Prescription 40

痔疮便血患者可于每日清晨，空腹吃下抹上蜂蜜的香蕉2～3根，香蕉愈熟愈好，蜂蜜则愈纯愈佳，重症患者服用40～50日，轻症患者服用30日，一般就可见效。

皮炎平治痔疮

Folk Prescription 41

患有外痔的人，若涂抹痔疮膏不见效，可试用皮炎平药膏，往往会有意想不到的效果。有人涂抹两三次即告愈。

龟肉利于治痔疮

Folk Prescription 42

凡患痔疮与痔漏的人，常用龟肉加葱、酱煮食，有滋阴清热、消炎止血的功效。但要注意，煮龟肉时不要用醋。

姜水洗肛门治外痔

Folk Prescription 43

治疗痔疮，可取适量鲜姜或老姜，切成1毫米左右的薄片，放在容器内加水烧开，待水不烫手时洗痛处，泡洗最佳。每次洗3～5分钟即可，每日洗3～5次。

气熏法治痔疮

Folk Prescription 44

将鲜胡桃叶100克盛于瓦罐内，加清水100毫升，用纸封闭罐口，煮沸20分钟，将药罐放在提桶内，撕开药罐口上封纸。立即坐在提桶上，利用蒸汽对准患处熏30分钟，然后将药液带渣倒在盆内，待水温冷却至50℃左右，坐浴30分钟，并用药渣擦洗患处，每日3次，连用5日。

马齿苋治肛周脓肿

Folk Prescription 45

治疗肛周脓肿，可将采来的鲜马齿苋洗净，去根，把茎叶一齐捣烂，午睡和晚间休息时敷贴在肛周患处，无需胶布固定，之后和晨起用晾温的开水洗净，保持清洁卫生。第二天即可见效，连用7天。再将其余的马齿苋放在沸水锅里煮一下，做成凉拌菜食用，效果更好。

治肛裂一方

Folk Prescription 46

用椿根白皮，每次30克，煎2次，每晚服1次，药煎好后放30克红糖，拌匀冲服。如果肛裂严重，可买几根猪或羊带肛门部位的大肠头，10厘米左右长，放锅内和药一起煎（每次用1个大肠头），剩多半碗药即可。如此数次即愈。

田螺敷贴治脱肛

Folk Prescription 47

患了脱肛，可取田螺数只用米酒适量拌匀，以芭蕉叶

NO.47图

包住，埋于热火灰下，待热，敷肚脐、背部、尾骨。最好是在睡前使用。图

五倍子治脱肛

Folk Prescription 48

脱肛患者往往面色萎黄，口唇淡白而干燥起皮，渴欲饮水而饮则不多，舌尖略红、苔根淡黄微腻。此时，取五倍子适量，研末，直接外敷在脱出的肛门黏膜上，然后再行回纳，一般即告成功。此方治疗脱肛，确有良效。

柳枝治肛周湿疹

Folk Prescription 49

得了肛周湿疹的人，便后如针刺般疼痛，出现这种情况，可取新鲜柳枝（梗）300～400克，剪成短节，苦参20克，同放锅内，加水一起煎熬，洗浴患处。日洗3次，煎好的药水下次加热后仍可继续使用。洗浴2～3次即愈。

各种外伤
GE ZHONG WAI SHANG

鱼肉贴敷治刀伤
Folk Prescription 1

皮肤若不慎被刀破伤，导致发炎溃烂。可用活鲫鱼一条洗净捣烂，放入少许冰片和五味子，搅拌后贴敷伤口。数天内就可痊愈。此法治刀斧伤、经久不愈的伤口效果很好。

巧止鼻血
Folk Prescription 2

1.鼻子流血时，自己双手的中指互勾，一般一会儿就能止血。幼儿不会中指互勾，大人用中指勾住幼儿的左右中指，同样可止血。

2.出鼻血者在颈后、鼻翼两侧冰敷，可止血。

巧用白糖止血
Folk Prescription 3

身上有伤口流血时，可立即在伤口上撒些白糖，因为白糖能减少伤口局部的水分，抑制细菌的繁殖，有助于伤口收敛愈合。

巧用生姜止血
Folk Prescription 4

如果切菜时不小心弄伤了手，把生姜捣烂敷在伤口流血处，范围以敷满伤口为宜，止血效果很好。

赤小豆治血肿及扭伤
Folk Prescription 5

摔伤碰伤引起血肿，尚未破溃时，可用适量赤小豆磨成粉，凉水调成糊，于当日涂敷受伤部位，厚约0.5厘米，外用纱布包扎，24小时后解除，涂数次即可见效，此外本方还可治疗小关节扭伤。

香油治磕碰伤
Folk Prescription 6

当摔倒或因其他原因，身体某部位被磕碰时，马上用小磨香油涂抹患处，并轻轻揉一揉，如此处理过后，患处既不会起肿块，也不会出现青斑。

用韭菜治外伤淤血
Folk Prescription 7

身体磕碰或跌伤，皮肤往往会出现红肿、黑紫，经久不散，此时可用韭菜100～150克，洗净捣碎，用纱布包好，搽抹伤痛部位，即有消肿感，红肿、黑紫部位颜色也会变浅。每天搽2～3次，一般数天即可痊愈。

柿子蒂助伤口愈合
Folk Prescription 8

外伤或手术遗留伤口，可将吃剩下的柿子蒂用旧房瓦焙干，研成粉末待用。把伤口洗净消毒，然后把研好的柿子蒂粉末涂在伤口上。一般治疗数次，即可使伤口愈合。

刺菜、茉莉花茶可止血
Folk Prescription 9

1.手指等部位若不慎被利器划伤，可采几颗刺菜，把刺菜水滴在伤口处，血很快就会止住。如果伤口大，把刺菜砸烂糊在伤口上，用手按几分钟就能止血。用布包扎住刺菜末，时间长些效果更好。

2.不小心碰伤流血时，只要捏一小撮茉莉花茶放进口里嚼成糊状，贴在伤口处（不要松手），片刻即可将血止住。

柳絮可促进伤口愈合
Folk Prescription 10

每年柳絮飘飞之时，拣一些干净的储存起来备用。受了一般外伤，如手指划破等，可敷上柳絮毛，可立即止血、镇痛，一般一天多伤口便愈合了。

蜂蜜可治外伤
Folk Prescription 11

皮肤肌肉发生小面积的外伤，可用蜂蜜医治。具体用法：取市售蜂蜜，以棉棒蘸取适量直接涂于伤口上，稍大面积的伤口，涂抹后用无菌纱布包扎，每日涂2～3次，一般伤口3～5天即愈。另外，用蜂蜜外涂，还可以治疗因感冒发烧引起的口角单纯疱疹、水火烫伤等。据《本草纲目》载：蜂蜜有清

NO.12图

热、补中、解毒、润燥、止肌肉、疮疖之痛等功效。

土豆治打针引起的臀部肿块
Folk Prescription 12

有的小孩打完针，臀部容易起肿块，这时可将新鲜土豆切开，从中削取0.5～1厘米厚的一片，大小比肿块略大些，将它盖在肿块上，用胶布固定好，一天后取下，肿块可消失。图

土豆生姜治各种红肿、疮块
Folk Prescription 13

用土豆2份、老姜1份洗净，捣烂如泥，用量以能盖住患处为准。如捣后过干可加冷水或蜂蜜，过湿可加面粉，以浆糊状为宜，摊于塑料薄膜上，每晚贴于患处，用布带缠紧，早上揭去。如有痛感，可涂上少许香油再贴药。用此法外敷，适用于腮腺炎、乳腺炎、急性关节炎红肿、睾丸炎等炎症、红肿。打针后的肌肉硬结也能消除。

治闪腰一法
Folk Prescription 14

不小心闪了腰以后，可

用桔子皮、茴香秆各50克，加2碗水，煮到剩1碗水时，把汤倒进碗里，加适量红糖，晚上睡觉前趁热服下，每天1次。一般连服三四天就好了。注：如没有茴香秆，可用茴香代替。

槐树枝治外伤感染
Folk Prescription 15

取一些槐树枝烧成灰，研成粉末，用香油拌好，再把一节约14厘米长的粗葱白切成两半，用沙锅将一些醋烧开，然后用葱白蘸着烧开的醋洗抹患处，以感觉不很烫为度，洗的时间越长越好。洗完后再抹上香油拌的槐树枝灰末。每天2次，几天后药干了即好，如不好可以再用。

槐子治开水烫伤
Folk Prescription 16

若不慎被开水烫伤，可去中药店买100克槐子，炒焦碾碎过筛成细面，放在热花生油内，拌成厚粥状，敷在烫伤处，用严格消毒过的纱布包好。本方可促进伤势复原，而且不落疤痕。

大白菜治烫伤
Folk Prescription 17

烫伤以后，可立即将大白菜捣碎，敷患处，立时便不觉疼痛。大白菜上面会冒热气，待不冒了就又感觉疼痛，马上换敷新捣碎的大白菜，如此数次，伤处就一点也不痛了。此时用纱布包好，不久就可痊愈。

小白菜叶治水火烫伤
Folk Prescription 18

小白菜去掉菜帮，用水洗净，在阳光下晒干。然后用擀面杖将其碾碎，越细越好。用香油将其调成糊状，稀稠程度以不流动为宜，装瓶待用。遇有水火烫伤时，不论是否起泡或感染溃烂，用油膏均匀地涂于伤处（不要用纱布或纸张敷盖）。每日换药1次，数日即可痊愈，此方除愈合快外，还可减少疼痛。

黑豆汁治小儿烫伤
Folk Prescription 19

小儿不慎烫伤后，可用黑豆25克加水煮浓汁，涂搽

075

伤处，疗效很好。

紫草治烫伤
Folk Prescription　20

把碾碎的紫草（中药店有售）粉装入干净的器皿中或玻璃瓶中，倒入香油，使香油漫过紫草粉，放在笼屉上，上锅蒸1小时，进行消毒，并使紫草和香油充分溶合。把消毒好的紫草油放凉，用油涂于烫伤处，用消毒纱布敷盖好。要保持烫伤处经常湿润，不等药油干，就再涂药油，直到伤处痊愈。涂药油的小刷子或药棉也要消毒，经常保持伤处的清洁，避免感染。

枣树皮治烫伤
Folk Prescription　21

枣树皮适量（新、老树皮都可），用开水洗净，烤干（不要烤焦），碾成粉末后加香油拌稀，抹于烫伤处。几次擦抹后即可结痂，不留伤痕。

鸡蛋油治烫伤
Folk Prescription　22

取煮熟的鸡蛋黄2个，用筷子搅碎，放入铁锅内，用文火熬，等蛋黄发糊的时候用小勺挤油。放入小瓶里待用。每天抹2次，3天以后即可痊愈。注意熬油时火不要太旺，要及时挤油，不然蛋黄就焦了。图

大葱叶治烫伤
Folk Prescription　23

遇到开水、火或油的烫伤，即掐一段绿色的葱叶，劈开成片状，将有黏液的一面贴在烫伤处，烫伤面积大

的可多贴几片，并轻轻包扎，既可止痛，又防止起水泡，1～2天即可痊愈。

浸鲜葵花治烫伤
Folk Prescription　24

用干净玻璃罐头瓶盛放小半瓶生菜子油，将鲜葵花洗净擦干，放入瓶中油浸，像腌咸菜一样压实，装满为止，如油不足可再加点，拧紧瓶盖放阴凉处，存放2个月即可使用。存放时间越长越好。使用时，一般需再加点生菜子油，油量以能调成糊状为度。将糊状物擦在伤处，每天两三次，轻者3～5天，重者1周可见效，不留伤痕。

地榆绿豆治烧伤、烫伤
Folk Prescription　25

轻度烧伤、烫伤，可取地榆（中药店有售）、绿豆各25克，香油100克。将地榆、绿豆研为细末加入香油调匀，熬成膏状备用，盛药

容器应消毒。用时可用消毒棉签蘸药涂抹患处。

虎杖根治开水烫伤
Folk Prescription　26

若不慎被开水烫伤，出现水泡，可取虎杖根（中药店有售）50克，用擀面杖细细捣碎研末，先用香油薄薄涂于伤处，后用虎杖粉均匀撒于患处，用卫生纱布包扎。伤口敷药后不得沾水。半日后疼痛减轻，次日水泡消失。每日换药1次，数日即可痊愈，而且皮肤无损。

巧用生姜汁治烫伤
Folk Prescription　27

烫伤后可将生姜捣烂，取其汁液，然后用药棉蘸上姜汁擦患处，此法可使起泡者消炎除泡，破皮者促进结痂。

NO.22图

绿豆治烧伤
Folk Prescription **28**

取生绿豆100克研末，用白酒或75%酒精调成糊状，30分钟后加冰片15克，再调匀后敷于烧伤处。用此方法，痛苦小，结痂快，愈后不留疤痕。

巧治烫伤三法
Folk Prescription **29**

1.只烫坏表皮，看上去发红，不起泡，但相当痛，应立即在干净的凉水里浸泡，不仅止痛，还能减少肿痛感。

2.可以涂抹一些紫药水、动植物油或者牙膏，不必包扎，都有止血止痛的效果。

3.若烫坏了真皮层，起了水泡，不要把泡弄破，可用酒精轻轻涂擦水泡周围的皮肤，再用涂有凡士林的纱布轻轻包扎。（图）

巧用土豆治烫伤
Folk Prescription **30**

将干净的土豆皮削下后，敷在烫伤处，并用消毒纱布固定，一般烫伤后3～4天即可痊愈，且不留疤痕。

巧用鸡蛋治烫伤
Folk Prescription **31**

1.将蛋壳碾成末外敷，有止痛消炎的功效。

2.用鸡蛋清、熟蜂蜜或香油，混合调匀涂敷在受伤处，有消炎止痛作用。

3.揭下蛋壳的里面一层薄薄的蛋膜，敷在烫伤的伤口上，经过10天左右，伤口就会愈合了。蛋膜还有止痛的功效。

巧治擦伤
Folk Prescription **32**

皮肤小面积擦伤会导致局部肿胀，这时可在伤口处涂些牙膏，不仅具有止痛、止血、减轻肿胀的功效，还有防止伤口化脓的作用。

巧治戳伤
Folk Prescription **33**

戳伤时不可热敷，在伤部冰敷可减轻血管出血，防止血肿形成。用冷湿布或者冰块冷却患处，用厚纸作夹板固定受伤手指，再用绷带包扎好。普通扭伤或脱位，可自行将患处整复好，恢复原状。

豆腐白糖治烫伤
Folk Prescription **34**

烫伤以后，可将新鲜豆腐一块、白糖50克拌在一起调匀，敷于伤面，干了即换，连换4～5次。上方配制时，如加入大黄

NO.29图

末3~5克，其疗效更佳。

韭菜敷贴治踝关节扭伤
Folk Prescription　　35

将新鲜韭菜250克切碎，放盐末3克拌匀，用小木锤将韭菜捣成菜泥，外敷于软组织损伤表面，以清洁纱布包住并固定，再将酒30克分次倒于纱布上，保持纱布湿润为度。敷3~4小时后去掉韭菜泥和纱布，第2日再敷1次。主治足踝部软组织损伤。

熏蒸法治踝关节扭伤
Folk Prescription　　36

取松木锯末500克、陈醋500毫升。上述药物加水400毫升煮沸后，将患足置于药盆上，距20厘米左右，再覆盖上宽大毛巾，进行蒸熏20~40分钟，每日1~2次，5~7次为1疗程。主治气滞型踝关节扭伤。熏蒸时，注意保持温度，不要太低。

酢酱草糊剂治踝关节扭伤
Folk Prescription　　37

踝关节扭伤后，一般会导致局部肿痛、皮下淤血、踝关节活动受阻，治疗时可将鲜酢酱草适量用清水洗净，加少许食盐，捣成稀糊，直接敷于扭伤处，用纱布或绷带包扎即可。每天换药1次。关节扭伤轻症患者，只需用此方治疗3天，肿胀即可消退。

自制药液治关节肿胀
Folk Prescription　　38

若不慎发生手脚挫伤，关节处肿胀难忍，尤以指腕处为多。治疗时可取花椒、香菜和葱白各一把、盐2匙置盆中，加适量水，煮开后先用热气熏伤处，再用毛巾蘸药液热敷（勿烫），最后可将伤处浸在药液中。1天几次，一般1~2天即肿消痛止。药液可反复使用，但每次要加热。

治踝关节扭伤一方
Folk Prescription　　39

若踝关节不慎扭伤，可用铁树的叶子熬水，然后卧一只鸡蛋，不放盐和任何作料，待煮熟后吃鸡蛋，喝水。这个方法对接骨大有好处。

八角枫叶糊剂治踝关节扭伤
Folk Prescription　　40

八角枫叶适量研细末，与醋调和成糊饼状，外敷于患处，绷带外固定，每天换药1次。效果显著。

白芷散治关节积水
Folk Prescription　　41

白芷适量研细末，黄酒调敷于局部，每天换药1次。此方治疗关节积水有良效，一般7~10天关节积水即可吸收。

韭菜治关节肿痛
Folk Prescription　　42

治疗关节肿痛，可取鲜韭菜数根，放手掌搓出汁，擦患部，间隔1小时擦1次，连续10天即愈。擦时须循序渐进，不可操之过急。

土鳖泡酒治闪腰岔气
Folk Prescription　　43

治疗闪腰岔气，可用如下偏方：取土鳖虫7个，白酒30毫升。先将土鳖虫用瓦片焙干后，泡浸于白酒中，等24小时后去渣取酒，每天3次，1天服完。重者4~5次即痊愈。

关节炎、风湿症、腰腿痛

GUAN JIE YAN　FENG SHI ZHENG　YAO TUI TONG

药粥治关节炎

Folk Prescription　　　1

备糯米50克，米醋15克，姜5克，连须葱7茎。先用糯米洗净后与姜入沙锅内煮一二沸。再放葱白，待粥熟后加入米醋调匀，空腹趁热顿服。服后若不出汗宜即盖被静卧，以微微出汗为佳。本粥有祛风散寒之功，但需要注意的是：凡风热及关节红肿者禁用。

羊肉串治关节炎

Folk Prescription　　　2

将嫩羊肉250克切成桂圆大小的块，串在10个烤签子上，另备人参、杜仲、桂心、甘草各15克，研为细末，掺入细精盐少许。将羊肉串放在炭火上，烤熟撒上药末即可酌量食用。这样处理过的羊肉串更具补气养血、强肾壮骨之功效，可辅

助治疗类风湿性关节炎。（图）

姜糖膏治关节炎

Folk Prescription　　　3

取鲜生姜1千克捣烂如泥，红糖500克用水溶化，与姜泥调匀，用小火熬成膏，每天早、中、晚各服1汤匙。本方可温阳散寒、活血止痛，主治下部受寒，两腿疼痛之关节炎。

五加皮鸡汤治风湿

Folk Prescription　　　4

五加皮60克，老母鸡1只。将老母鸡去头、足及内脏，洗净，二者加水炖熟。吃鸡饮汤。待症状减轻，隔3～5天再服1剂。这种鸡汤有温阳通络补虚之功效，主治日久不愈之风湿症。

炖牛肉治关节炎

Folk Prescription　　　5

取无筋膜之嫩牛肉250

克，切大块，与薏仁、白藓皮各100克共炖，不加盐，肉烂即可。食肉饮汤，1日3次。这道菜有祛湿益气、健脾消肿之功效，辅助治疗关节炎肿痛。

花椒水缓解关节炎疼痛

Folk Prescription　　　6

取花椒60克，入锅加水600毫升，煎至200毫升，用干净布盖上，放屋外高处露一夜，次晨取回，冷服，盖被取汗。本方温阳散寒、通络止痛，可缓解关节炎疼痛。

芝麻叶治关节炎肿痛

Folk Prescription　　　7

取新鲜芝麻叶100克，洗净切碎，水煎服，每日2次。冬季无叶，可用芝麻杆水煎服。本方补血通络散寒，主治风寒引起的关节炎肿痛。

NO.2图

药酒治关节炎
Folk Prescription 8

1.备白桑葚500克，白酒1升。将桑葚放入酒中浸1周，滤渣，每日早晚各服15毫升。本方滋阴补血、活血止痛，主治风湿性关节炎。

2.丝瓜络150克，白酒500毫升。将丝瓜络入白酒中浸泡7天，去渣饮酒，每次1盅，日服2次。本方活血通络止痛，主治关节炎疼痛。

墨鱼干治风湿性关节炎
Folk Prescription 9

取墨鱼干（带骨）2只，陈酒250毫升，共炖熟，食鱼喝汤，每日2次，连食数日。本方主治风湿性关节炎，对心脏病、肝脏病及肾炎也有疗效。

狗骨粉治风湿性关节炎
Folk Prescription 10

取狗四肢骨若干，剔去筋肉，砸碎，装入罐中密封后置入烤箱（以120℃为宜），烤酥，取出研为细末，装瓶备用。每服12克，睡前黄酒送服。主治风湿性关节炎。

山楂树根治风湿性关节炎
Folk Prescription 11

取山楂树根30～60克，入锅加水适量，煎煮30～40分钟，滤汁饮汤。每日1次。本方活血通络，主治风湿性关节炎。

葱、醋热敷治疗关节炎
Folk Prescription 12

得了急性关节炎，患部肿痛难忍，这时可将好醋500克煎至250克，再加入洗净切细的葱白30克，煮沸2～3遍，过滤后用布包好，趁热敷于患部关节，每日2次，有止痛促康复之功。

治关节肿痛一方
Folk Prescription 13

备红辣椒皮500克、嫩松树叶与嫩松枝各250克，分别焙干，研成末。3味拌匀，加黄酒适量，炼成药丸，如梧桐子大小，饭后服，每次服3克，每日2～3次。主治关节肿痛、肌肉瘦削、四肢不遂等。

桑葚治关节炎
Folk Prescription 14

患者关节疼痛、肢体麻痹之时，可取黑桑葚50克洗净，入沙锅，加水适量，文火煎煮服用，或将桑葚熬制成膏，每次服1汤匙，开水和少许黄酒送服，每日1～2次。

鲜桃叶治关节炎
Folk Prescription 15

备鲜桃叶适量，白酒250毫升。白酒烧热，桃叶用手稍揉，蘸酒洗患处，每晚睡前1次。治疗风湿性关节炎有良效。（图）

生姜缓解关节炎疼痛
Folk Prescription 16

1.先用生姜适量（切片）蘸香油反复擦抹痛处，然后将生姜在炭火中煨热，捣烂敷于痛处，盖以纱布，包扎固定。

2.姜用擦菜板擦成细碎片，放入小布袋中，在盆中注满热水，将小布袋在水中来回摇荡，姜汁就会渗透出来，再以毛巾浸入水中，拧干，贴于疼痛的部位，凉了就换，如此反复数次，即可缓解关节疼痛。

柳芽泡茶预防关节炎复发
Folk Prescription 17

备柳芽（清明前嫩芽尚未飞花者，若无，可用嫩叶、嫩枝代之）2克、绿茶2克，用开水冲泡，代茶饮，可预防关节炎复发。

NO.15图

陈醋熏法治疗关节炎

Folk Prescription 18

　　得了关节炎，除了吃药、食疗以外，还可试试下面的方法：备陈醋300毫升、新砖数块。将砖烧红后放入陈醋中吸透，趁热放在关节下烟熏（先以纱布1块浸热醋后裹于关节），以能耐受为度，并以被子包住，防止热、醋走失，砖冷即止，隔日1次。

黄豆治风湿性关节炎

Folk Prescription 19

　　黄豆含维生素A、维生素B特多，除治疗脚气肿胀之症外，民间也常用于治疗风湿。方法是用黄豆和鸭睾丸（或羊睾丸）一同熬汤，豆熟后吃豆喝汤。医学界认为，风湿症或许是性腺缺乏某种物质造成，所以在发病后，不妨试试这个疗法。

酒烧鸡蛋治关节炎

Folk Prescription 20

　　将3个鸡蛋洗净，放入干净的小锅内，倒入50度以上的白酒，以白酒刚好没过鸡蛋为度。先把锅底稍加热一会儿，关火，再把锅内白酒点燃，火自行熄灭后，待鸡蛋和残酒冷却至温热时，将鸡蛋去壳连同残酒一起吃下，然后上床捂上被子睡觉，让身上出一场透汗，每星期做一次。提示：点燃白酒时一定不要离开，注意防火。

换季时缓解关节疼痛二方

Folk Prescription 21

　　1.晒干的桑根与艾叶各10克（鲜品桑根40克，艾草60克），以500毫升的水煎至剩300毫升为止，分为3等份，每餐后服1次。持续服用，1个月就会减轻痛楚。

　　2.桑根、决明子、薏仁各20克，用700毫升的水煎至500毫升即可，分为3次，1天内喝完，约10天即可收效。

　　桑根与艾叶都是止神经痛的特药；慢性风湿性关节炎患者，有的是到了季节更换时，特别感到疼痛，上述2法最具特效。

敷贴法治关节炎

Folk Prescription 22

　　患有慢性风湿性关节炎，可取壳仓中稻草（愈陈愈好），烧成灰，浇小便，借其热气，盖关节上，约1周，即可行动自如。或者将柳树皮捣碎，涂在干净布上，敷痛处，也可达到止痛的效果。

童子鸡治风湿症

Folk Prescription 23

　　小红公鸡（童子鸡）1只去肠杂，洗净，将木香、木瓜、当归、红花、甘草各3克以纱布包好，纳入鸡腹，将鸡头提起，从

NO.23图

切口处灌入黄酒1/3瓶，再予缝合（提起鸡头，是恐黄酒自鸡头流出）。将鸡放瓦盆或陶器罐，加盖，锅中放水，隔水蒸1小时左右，以鸡烂为度。先吃鸡，再喝汤，1次服完，盖被发汗，以感觉脚心发汗为止，起而拭汗，更衣，再休息。此时绝对不能见风。风湿症轻者1剂，重者2剂即可治好。图

酒炖鲤鱼治风湿
Folk Prescription　24

北杜仲15克，当归、龟板各12克，蜜黄芪10克，甘杞、五加皮各6克，上药与米酒1瓶，置酒缸中浸泡7天备用。另买鲤鱼1尾（约1.5千克重），养于清水中，约1小时换水1次，经6～7次换水，使其肚中粪污排泄净尽，再趁其活着时入蒸罐（不可去鳞或剖腹），将泡好的酒浸入，密封放锅中隔水炖烂。把炖好的鲤鱼盛碗中，用筷子轻轻刮去鱼鳞，连汤喝下。此方不但可去风湿，对平日精力衰退、腰酸骨痛及病后失调，都非常有效。

乌鸡汤治关节炎
Folk Prescription　25

得了关节炎，反复发作，天气不好则疼痛加剧。此时可备雌乌鸡1只，麻黄、牛蒡子各12克。先将乌鸡捏死或吊死，勿见铁器，去毛及内脏，洗净，放入沙锅内，加水淹没鸡为度。用纱布将麻黄、牛蒡子包裹，同时放入锅内炖煮，可加少量食盐调味，勿加别的调味品，以肉熟烂为度，取出麻黄、牛蒡子，食肉喝汤，早晚各服1次。

宣木瓜治关节不利
Folk Prescription　26

宣木瓜煮水或浸酒饮服，能化湿行筋，治脚气湿痹，腰膝坠重，四肢关节不利。木瓜有两种，一种叫宣木瓜，另一种叫番木瓜。宣木瓜是硬且坚的果实，有一种强烈的气味，略带酸味，不能作为生果进食，可作治理风湿的药品，《本草纲目》（别录）中提到"木瓜主治湿病"可见其效用。

桑树根蒸猪蹄治关节炎
Folk Prescription　27

猪蹄1只（约600克重）切成小块，和米酒一并入大碗中，放进桑树根（又名桑白皮，用鲜品更佳）适量，隔水蒸至两物熟烂为止，趁热分早、晚2次喝，最好连肉吃下，连吃3只，即可见效。

辣椒、陈皮治老年性关节炎
Folk Prescription　28

老年人膝、肘关节或腿痛是常见病，治疗时可取小尖红辣椒10克、陈皮（橘皮）10克，用白酒500毫升浸泡7天，过滤后，每天服2～3次，每次2毫升，可有效缓解或制止疼痛。不能饮酒者，用此药涂于疼痛处来回擦，而后用麝香止痛膏贴于患处，也有效果。

芝麻叶汤治关节炎
Folk Prescription　29

取鲜芝麻叶200克放沙锅内，注入清水，待煎至水剩1碗时，趁热喝下，每天1次，此法可治关节炎。

治关节炎一方
Folk Prescription　30

用嫩苍耳子适量，将其捣烂成泥状，敷于患处，再用纱布或布条扎紧，敷40分钟即可。如病情重也可敷长些时间。用此方拔的水泡越大，效果越好。

粗沙子渗醋治关节炎
Folk Prescription　31

患有关节炎，可用粗沙渗醋的土方医治。方法是：取粗沙若干，淘净沥干后装入布袋里，用时以醋渗透，再放到蒸锅上蒸烫，取下敷于患处。每晚1次，每次约半小时，坚持半年见效。

药水熏蒸治膝关节痛
Folk Prescription　32

膝关节发炎疼痛者，可用核桃树枝切成10厘米长，入锅煮1小时，倒入盆中。盆上盖盖，中间挖一孔，让蒸汽从孔中蒸其痛处，每晚睡前进行，时间长短不限，水凉为止。连用数周即可治愈。

妙法治疗肩周炎
Folk Prescription　33

取一只白色无毒的塑料薄膜袋，剪成比患部稍大些的面积，然后将水烧开，待水温降至30℃～40℃时，滴少许白酒于温水中，再将塑膜置于温水中浸润1～2分钟，然后将其贴于患处，蘸些许温水于塑膜上，快速穿上内衣。因塑膜有渗入酒精成分的水汽及排出汗液的吸附力，一般不易脱落。塑膜1天换1次，白天夜间都坚持按

以上方法贴敷。坚持一段时间即有效果。

治骨结核、腰椎结核一方
Folk Prescription　　34

寻找一种北京叫牛角弯，山东叫大葛蒌的多年生蔓生草本植物，取其根50克，放沙锅内用文火煎4小时后过滤，余渣再煎服1次，用白酒或黄酒早晚2次送服。服用2周后，瘘口大量流浓，要坚持继续服，直至瘘管自愈，3个月为1疗程，可连续服两三个疗程。外敷消炎生肌药痊愈更快。

麦麸加醋治腰腿痛
Folk Prescription　　35

老年人腰腿常痛，可用麦麸加醋热敷治疗。做法是：在1.5千克麦麸之中加入500克陈醋，一起拌匀，炒热，趁热装入布袋中，扎紧袋口后立即热敷患处，凉后再炒热再敷，每3小时敷1次，1次敷30分钟，效果明显。

芥菜治腿痛
Folk Prescription　　36

老年人容易犯腿痛病，一活动骨节就会发出响声。治疗时可将芥菜研碎后贴于患处，必有效果。

倒行治腰腿痛
Folk Prescription　　37

老年人练倒行可解除腰腿背部疾患。方法是：找一平坦地，双手插腰，腰背挺直，两眼直视正前方，向后退着走，速度可适当加快。若在练倒行时，再加做几下腰部运动，更好。

转体治腰痛
Folk Prescription　　38

腰痛是老年人的常见病，今有一法可治：闲坐时，两腿保持20～30厘米的距离，以腰椎为中心，体稍左倾，转动36次，再体稍右倾，也转动36次，然后坐正，身体小范围的前倾后仰72次，整个活动，形成1个周期，大概用5～6分钟即可完毕。每天早晚各1次，不过要注意身体左右倾转动时，向下以不低于腰带为度。坚持就会有效。

治膝盖痛一法
Folk Prescription　　39

治疗膝盖痛，可取花椒100克压碎，鲜姜10片、葱白6段切碎，混和在一起，装豆包布内，将药袋放膝痛处，药袋上放一热水袋，盖上被子，热敷30～40分钟，早晚各1次。也可以膝痛处在上，药袋在下。每袋用7天为1疗程。

喝骨头汤预防腿脚抽筋
Folk Prescription　　40

有些人腿脚经常抽筋，可能是由于缺钙引起，常喝点骨头汤，就能治好腿脚抽筋的毛病。

熏洗治老寒腿
Folk Prescription　　41

取生姜200克，醋250克，加水1升，煮开后熏洗患处，每天2次，用后的姜醋不要倒掉，第二天用时再加些生姜、醋、水，用过六七次再换新的，直至治愈。

NO.42图

热姜水治腰肩疼痛
Folk Prescription　　42

先在热姜水里加少许盐和醋，然后用毛巾浸泡再拧干，敷在患处，反复数次，此法能使肌肉由张变弛、舒筋活血，缓解疼痛。图

红果加红糖治腿痛
Folk Prescription　　43

治疗腿部酸痛无力，可用500克红果（去核）加500克红糖，加水熬煮成糊状，趁热服用，以出汗为宜，并用棉被盖上双腿。这样连服3～5次即见成效。如果效果不显，可多服几次。

自制药酒治腿酸痛
Folk Prescription　　44

治疗风寒性腿脚痛，可买1瓶白酒，1瓶蜂蜜，1把姜末，将酒与蜂蜜按1：1的比例混合在一起，将姜末泡入其中。10天后就可以服用，喝1小酒杯即可，同时吃一点

姜末。

热药酒治老寒腿
Folk Prescription　　　45

治疗老寒腿，可将红花、透骨草各50克放入瓦盆内倒两碗水，文火煎半小时后加入白酒50毫升，略放一会儿。患者坐在床上，就热将瓦盆放在双腿膝盖下，用棉被蒙在双腿上盖严，以热药酒气熏腿，注意别烫着。最好在秋冬，每晚临睡前熏1次，持之以恒，定能有效。

火酒治疗腰腿痛
Folk Prescription　　　46

由于环境潮湿导致腰腿痛，可用火酒法治疗：取白酒约40克，倒入碗内点燃，用手快速蘸取冒着蓝火苗的火酒搓患部。操作时动作一定要快，并迅速将火苗搓灭。每天1次，7～10天即可治愈。

手脚干裂、麻木
SHOU JIAO GAN LIE　MA MU

大枣外用治手脚裂
Folk Prescription　　　1

取大枣数颗，去掉皮核，洗净后，加水煮成糊状，像抹脸油一样，涂抹于裂口处，轻的一般2～3次即愈。

橘皮治手足干裂
Folk Prescription　　　2

手足干裂的时候，可取橘子皮2～3个或更多，放入锅或盆里加水煎2～5分钟后，先洗手再泡脚，至水不热为止，每天最少要洗1次，连洗多天，就有明显的效果。

麦秸根治手脚干裂
Folk Prescription　　　3

取麦秸切成约10厘米长的小段，清晨取1把，用清水浸泡1天，晚上在火上煮约10分钟后浸泡手或脚，3天换1次水和麦秸，1周见效。

抹芥末治脚裂口
Folk Prescription　　　4

治疗脚裂口，可用40℃左右的温水洗脚，泡10分钟左右，然后擦干；用温水调好芥末，成浆糊状，不要太稀，用手抹在患处；穿上袜子以保清洁；第二天再用温水洗脚，再抹，一般2～3次即愈。（图）

洗面奶治手脚干裂
Folk Prescription　　　5

秋冬时节，许多老年人手足皮肤干燥皲裂，十分难受。可于每天早晨穿袜子前，用洗面奶少许擦双足，并用手轻轻揉搓，待稍干后穿上鞋袜，晚上睡觉前用温水洗脚，

NO.4图

长期坚持必有效果。

"双甘液"治脚皲裂

Folk Prescription　　　6

治疗脚皲裂，可备甘草100克，甘油半瓶，酒精半瓶。将甘草装空瓶中，然后将酒精倒入甘草瓶中浸没甘草，用盖封好。1周之后，用纱布过滤液体，再将等量的甘油倒在同一个瓶中混合后即可使用。每天晚上用温热水洗脚泡20分钟，擦干后用药棉花蘸"双甘液"擦在皲裂处，早晨起床后再擦一遍，3~4天即可痊愈。

冬季常喝果汁防治手脚干裂

Folk Prescription　　　7

冬季手脚干裂的人，如果每天喝一杯果汁，并坚持一段时间，就会有明显的好转。冬季手脚干裂，既由气候寒冷干燥造成，同时冬季新鲜蔬菜摄取量相对减少也是重要因素。

蔬菜水治脚干裂

Folk Prescription　　　8

将菜帮、菜叶及水果皮煮沸，晾到适温后洗脚，每次洗30分钟左右，每天1次，1个月左右，患脚即光滑无痛。

食醋治手脚裂

Folk Prescription　　　9

手脚容易干裂的人，可取500毫升食醋，放在铁锅里煮，开锅后5分钟，把醋倒在盆里，待温后把手脚泡在醋里10分钟，每天泡2~3次，7天为1疗程。一般2个疗程即可治愈。

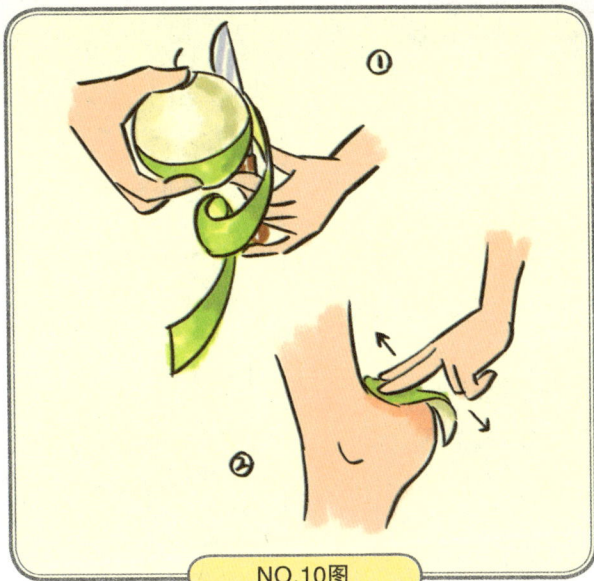

NO.10图

苹果皮治脚跟干裂

Folk Prescription　　　10

将削苹果剩下的果皮搓擦足跟患病处，一般只需搓擦3~5次，足跟干裂处就愈合光滑了。图

治脚跟干裂一法

Folk Prescription　　　11

脚跟干裂疼痛难忍时，可用热水泡一下脚，然后拿酒精消毒过的刀片，将脚跟的硬皮和干皮一层层削掉，一直到露出软皮部分为止，将凡士林油纱布裹在脚跟上，再用绷带固定好。隔3天换2次油纱布，一般1周后就可治愈。

黄蜡油治手脚裂

Folk Prescription　　　12

治疗手脚裂，可备香油100克、黄蜡（中药店可买到）20~30克，用火将香油热熬，放黄蜡，待黄蜡溶化即成。先用温热水泡洗手（脚）部10~15分钟，待手（脚）

泡透擦干，擦蜡油于患处，用火烤干，当时就有舒适感。每日2次，一般1周即愈。

治脚跟干裂一方

Folk Prescription　　　13

脚跟干裂的人，可取用过的干净塑料袋，对角剪开，取带底部的一半（呈三角形的一个兜儿）。晚上洗完脚或第二天早晨，将塑料兜儿套在脚后跟处，穿上袜子，一天下来，脚后跟湿润润的，一点儿干裂都没有，每隔2~3天（视干裂程度）套1次即可，效果极佳。

桔子皮治手脚干裂

Folk Prescription　　　14

将新鲜的桔子皮汁，涂擦在手脚裂口处，可使裂口处的硬皮渐渐变软，裂口愈合，另外，还可将晾干的桔子皮泡水洗手洗脚，也可收到同样的效果。但要经常使用，最好连续2周。

创可贴防治冬季手脚干裂
Folk Prescription 15

冬季手脚容易干裂的人，先用温水将脚洗净擦干，然后用"创可贴"止血膏对准裂口贴上，数天后即可见效。裂口和疼痛会逐渐消失，随之恢复正常。待皲裂再次发生时，继续以此法治之。

牛奶治脚跟干裂
Folk Prescription 16

治疗脚跟干裂，可用鲜牛奶在洗过的脚跟处擦抹，数次即可见效。不但能促进裂口愈合，脚跟皮肤也会变得柔软光滑。

香蕉治皮肤皲裂
Folk Prescription 17

1. 选熟透的、皮发黑的香蕉1个，放火炉旁烤热、涂于患处，并摩擦一会儿，可以促使皲裂皮肤很快愈合。

2. 用香蕉皮内皮擦患处，坚持3～5天，每天擦1～2次，也可见效。

软柿子治手皲
Folk Prescription 18

先用温水洗手，然后把软柿子水挤在手上，来回反复用力搓一搓，连续几个晚上就能见效。图

巧去脚后跟干裂现象
Folk Prescription 19

涂抹少许凡士林在肌肤干裂处，裹上保鲜膜，经过一个晚上，脚后跟就会变得细嫩而光滑。

NO.18图

用蜂蜜巧治手皲裂
Folk Prescription 20

治疗手皲裂，可于每日早饭后，将双手洗净擦干，将蜂蜜涂于手心、手背、指甲缝，并用小毛巾揉搓5～10分钟，双手暖乎乎的。晚间睡觉前洗完手，再用上述办法双手涂蜂蜜揉搓。

凤仙花根茎治脚跟痛
Folk Prescription 21

治疗脚跟痛，可找约30厘米高的指甲草（又名凤仙花）五六棵，取根茎洗去泥土，放入盆里，加上可漫过脚的水煮开后，添1小勺盐，稍微搅一搅。开始水太烫，可先用棉垫盖上盆，脚伸进去熏一熏痛处，稍后就要复洗泡，直至水凉为止。第二天加点水煮开继续洗。每天1次，数次即可见效。

治脚跟痛一方
Folk Prescription 22

去中药店购买针麻20

克、湖脑50克，将两者捣碎合拌一起，分5份装入缝制好的小布袋里，每次1袋垫在脚跟痛点上，1周换1次，用3～5次即可治愈。

新鲜苍耳治脚跟痛
Folk Prescription 23

治疗足后跟干裂疼痛，可将鲜苍耳叶数片垫于袜内足跟处，24小时更换新叶1次，通常7次即可痊愈。

治脚趾关节骨质增生
Folk Prescription 24

脚趾关节长出大圆包，疼痛难忍，一般是骨质增生的表现。治疗时可用醋2大碗（以没过脚面为度），将50克干黄花菜放醋里，用慢火煎熬至黄花菜涨开，用来烫脚，两三次即可痊愈。

捏手指法治手麻
Folk Prescription 25

有的人一遇急事就会手麻，此时可用拇指和食指，用力抻有犯麻的手指，后用食指托着那个犯麻的指甲；再用大拇指的指甲用力捏那个犯麻的手指肚顶部；如整手麻就按五指顺序以上述方法捏，然后再用食指和拇指用力抻每个被捏过的手指，这个过程多捏几次，就有效果。

手脚麻木食疗方
Folk Prescription 26

栗肉100克，猪瘦肉50克，红枣5颗，盐少许。以上各料同煮，连服1周，可见效。此方也可治病后虚弱、手足酸软麻木。

点刺放血治手脚麻木

治疗手脚麻木，可采用指（趾）端点刺放血的办法，能很快解除病痛。操作办法：先将趾端和三棱针用酒精棉球消毒（缝衣针、注射针头也可）。对准麻木的趾（指）端刺后挤压出少许鲜血。注意起针出血后仍要消毒，不可人为感染。若不愈，隔5天再针刺直至痊愈。

掐人中穴治手脚抽筋

如果手或者脚抽筋了，可立即用拇指和食指掐住上嘴唇以上的人中穴，持续用力掐20~30秒钟后，抽筋的肌肉即可松弛，疼痛也随之消除，用此法对付手指或脚抽筋，有效率可达95%以上。

汗脚、脚气
HAN JIAO　JIAO QI

"硝矾散"治汗脚

白矾25克，芒硝25克，萹蓄根30克（中药店均有售）。制法：将白矾打碎与芒硝、萹蓄根混合，水煎2次，煎出液约有2升，放盆内备用。洗脚时，把脚浸泡在药液内，每日3次，每次不得少于30分钟，临睡前洗脚最好。每副药可使用2天，洗时再将药液温热，6天为1疗程。

治汗脚一法

治疗汗脚，可取0.5毫克乌洛托品（西药）2~4片，压成细粉，待脚洗净擦干后，用手将药粉揉搓在脚掌趾内，每日1次，连用4~8天，可保脚干燥50天。

无花果叶治脚气

取无花果叶数片，加水煮10分钟左右，待水温合适时泡洗患足10分钟，每日2次，一般3~5天即愈。

冬瓜皮治脚气

脚气病重时会导致溃烂流水，这时可买1个冬瓜，削下瓜皮熬水洗脚，方便又便宜，治疗效果不错。图

吃栗子鸡治脚气

得脚气的人很多是由于脾肾不足，吃栗子鸡能健脾补肾，对脚气病大有裨益。

图NO.4

栗子鸡的做法很简单：备栗子250克，母鸡1只，料酒、酱油少许。将栗子去壳，一切为二，母鸡洗净切成块，加料酒、酱油煨蒸至熟烂即可。

嫩柳叶治脚气
Folk Prescription　　6

采一把嫩柳叶，加水煎熬，而后洗脚，数次即可见效。如果仅是脚趾缝溃烂，可将嫩柳叶搓成小丸状，夹在趾缝，晚上夹入（可穿上袜子），第二天即见效。

白茅根治脚气
Folk Prescription　　7

采集白茅之根，水洗去细砂，于日光下晒干，切细，用10~15克煎汁，将此汁代茶饮用，对治脚气很有效。图

巧用白糖治脚气
Folk Prescription　　8

脚用温水浸泡后洗净，取少许白糖在患脚气部位用手反复揉搓，搓后洗净（不洗也可以）。每隔两三天洗1次，3次后一般轻微脚气患者可痊愈，此法尤其对趾间脚气疗效显著。

小枣煮海蜇头治脚气
Folk Prescription　　9

备小红枣500克、黄酒250毫升、海蜇头500克。用沙锅文火将小红枣、海蜇头煮熟，随意吃并饮黄酒。本菜是治疗脚气的佳品，但在食用时要忌荤腥油腻之物。

花生治脚气
Folk Prescription　　10

花生是脚气病的克星。脚气症初起，用花生连衣熬成浓汤饮服，每次120克，1天4次，连服3天，对单纯性的脚气病有治疗良效。如系慢性脚气病，宜每天用花生150克煮汤，持久饮服。

白皮松树皮治脚气
Folk Prescription　　11

把白皮松树的树皮剥下烧成灰，用香油调成糊，涂抹在患处。每天1~2次，注意不能洗脚，要连续抹。一般用此方2周就能痊愈。

烫脚可治脚垫、脚气
Folk Prescription　　12

治疗脚垫、脚气，有一个非常简单的方法，即每晚睡前用热水烫脚，每次烫10多分钟，如水温下降，中间可再加热水。烫完脚后打上肥皂，用大拇指擦脚趾缝30~50次。

NO.7图

蒜头炖龟治脚气
Folk Prescription 13

用龟1只洗净切块，将蒜头5枚略为捣烂，放入锅中，清炖乌龟，每天1次，4～5天可消肿胀，治疗脚气病有效，对老年人更为适宜。

花椒盐水治脚气
Folk Prescription 14

花椒10克、盐20克，加入水中稍煮，待温度不致烫脚了，即可泡洗，每晚泡洗20分钟，连续泡洗1周即可痊愈。用过的花椒盐水，第二天经加温，可连续使用。已溃疡感染者慎用。

治脚气一方
Folk Prescription 15

有些脚气病患者，足背浮肿，延至脚踝，连小腿部分也微胀不适，如用手指按之有凹坑，很久才会回复原状。此时可用花生仁、赤小豆、大蒜头（去皮）各120克，煮服数次即愈。不可加盐，否则无效。

高锰酸钾水治脚气
Folk Prescription 16

用半盆温水放入2粒（小米粒大小）高锰酸钾，水成粉红色，双脚浸泡3～5分钟即可。每月泡1次，可治脚气并防复发。

啤酒泡脚可治脚气
Folk Prescription 17

患脚气久治不愈的人，可试着用啤酒治疗。方法是：把瓶装啤酒倒入盆中，不加水，双脚清洗后放入啤酒中浸泡20分钟再冲净。每

周泡1～2次，即可见效。

芦荟治脚气
Folk Prescription 18

治疗脚气病，可于每晚洗完脚后，揉搓芦荟叶叶汁往脚上挤抹，自然风干，没味，也无疼痛感觉，每次1只脚用1叶，一般3～5次即可见效。

夏蜜柑治脚气
Folk Prescription 19

每日饭后吃夏蜜柑，能帮助消脚气肿。食用时为减少酸味，可略加些盐，但不可用砂糖。

治脚气一方
Folk Prescription 20

用市场上常见的"紫罗兰"擦脸油（增白的，约4～5元）1瓶；用醋根据情况调匀（陈醋效果最佳），一般调至颜色暗淡为宜，涂抹到患处。该处方适于治疗有异味、奇痒、一挠就破呈溃疡状或脚上有网状小眼等症状的脚气病。

预防脚气冲心一方
Folk Prescription 21

取干姜、木香、陈酒各4克，李子2克。加水400毫升，煎至半量，此煮汁为1日量，分3次饮服，可预防脚气冲心症。

吃鲫鱼利于治脚气
Folk Prescription 22

鲫鱼1尾清理干净，和大蒜60克、赤小豆60克、陈皮3克、老姜30克共放入锅中，加适量的水煮，熟后食用。脚气病与脾、胃有连带关

系，所以恢复脾、胃的正常功能即能消除脚气水肿。赤小豆和鲫鱼都有消除水肿的功能；陈皮、老姜也各具辅助作用，能使小豆与鲫鱼充分发挥它们的功能。

老盐汤治脚气
Folk Prescription 23

腌水芥（疙瘩头）的老盐汤，取少许，可踮起脚跟，浸泡十趾，每晚泡1次，每次浸泡15分钟左右，稍停片刻再用清水冲洗干净。已溃疡者慎用。

醋蒜治脚气
Folk Prescription 24

取鲜大蒜3头去皮捣碎，再放入500毫升老醋中泡40小时。将患脚泡进溶液，1天泡3～4次，每次半小时，一般24小时见效。

煮黄豆水治脚气
Folk Prescription 25

用150克黄豆打碎煮水，用小火约煮20分钟，加水1000毫升左右，待水温能洗脚时用来泡脚，可多泡会儿。治脚气病效果极佳，脚不脱皮，而且皮肤滋润。一般连洗3～4天即可见效。

黄精食醋治脚气
Folk Prescription 26

黄精250克、食醋2千克，都倒在搪瓷盆内，泡3天3夜（不加热、不加水）后，把患脚伸进盆里泡。第一次泡3个小时，第二次泡2个小时，第三次泡1个小时。泡3个晚上即有效果。

APC药片治脚臭
Folk Prescription　　27

脚奇臭的人，可试着将一两片APC药片碾成粉状，分别撒在两只鞋里，1～2天投1次即可，独特有效。

萝卜水洗脚除脚臭
Folk Prescription　　28

用白萝卜半个，切成薄片，放在锅内，然后加适量水，用大火熬3分钟再用小火熬5分钟，随后倒入盆中，待降温适度后反复洗脚，连洗数次即可除去脚臭。

姜水洗脚除脚臭
Folk Prescription　　29

1.热水中放适量盐和数片姜，加热数分钟，不烫时洗脚，并搓洗数分钟，不仅除脚臭，脚还感到轻松，可消除疲劳。

2.将脚浸于热姜水中，浸泡时加点盐和醋，浸约15分钟左右，抹干，加点爽身粉，脚臭便可消除。

土霉素去脚臭
Folk Prescription　　30

将土霉素研成末，涂在脚趾缝里，每次用量1～2片，能保证半月左右不再有臭味。图

NO.30图

鸡眼、赘疣
JI YAN　ZHUI YOU

乌梅肉治鸡眼
Folk Prescription　　1

乌梅4～6克放在小玻璃瓶内，加20～30毫升好食醋，浸泡7天。用时取乌梅外层皮肉，研碎成糊状外敷。嘱患者用热水浸洗患处后，医者用刀削平表层角化组织，以有血丝渗血为度。视病灶大小，取胶布1块，中间剪1小孔，贴在皮肤上，暴露病变部位；取乌梅肉糊敷在患处，外盖一层胶布封闭。3天换1次。此方治疗鸡眼，一般3～5次可愈。

芹菜叶治鸡眼
Folk Prescription　　2

芹菜叶洗净，将水甩掉，捏成一小把，在鸡眼处涂擦，至叶汁擦干时为止。每日3～4次。1周后鸡眼即被吸收。

乌桕叶治鸡眼
Folk Prescription　　3

春季取乌桕之嫩叶，用时折断其叶柄，取断叶柄分泌之乳白色汁直接搽鸡眼上，每只鸡眼连搽5分钟，每天上午搽2次（因上午其汁最多），晚上用热水泡浸，并刮去软化之角质，连用10～15天，必见其效。

葱白治鸡眼
Folk Prescription　　4

脚上若长鸡眼，可用葱白医治。方法是：晚上用热水泡脚后，剪一块比鸡眼稍大点的葱白贴在患处，用伤湿止痛膏固定，连用数次即可治愈。

循序渐进除鸡眼二法
Folk Prescription　　5

1.以脚盆盛热水，倒入米酒约1杯，将脚浸入，至水

冷为止，再拭干脚，以不含化学成分的醋，滴于患处，并速以刀片轻轻刮除四周之鸡眼皮，对中间之"眼珠"切勿猛然割除，如此持续日久，鸡眼自会平复。

2.以20%的浓碘酒少许，用牙签裹棉花蘸碘酒涂患部厚皮部，切记不可擦到上面普通皮肤上，以免灼伤。如此每日1～2次，2～3天后患部就会脱下一层厚皮，鸡眼的根就出来一点了，可以不再刺伤脚底，持续此法几天，鸡眼的根部会变小变浅，最后就可脱出而消失。

盐水治鸡眼
Folk Prescription　　6

脚掌长了鸡眼，可用一汤匙食盐加生水煮沸，或用开水化开，待稍凉后烫脚，烫后擦干即成，不要用清水洗。每天烫脚2次，约1周左右，鸡眼自然脱落，不易再犯。

葱蒜花椒治鸡眼
Folk Prescription　　7

用大蒜头1个、葱白10厘米、花椒3～5粒共捣如泥，敷患处，卫生纸搓一细条围

绕药泥，并包扎、密封，24小时后去药，3日后鸡眼变黑，逐渐脱落，半月即可完全脱落。

大蒜治鸡眼
Folk Prescription　　8

脚上长了鸡眼，走路很痛，可用大蒜进行治疗。方法是：把大蒜砸成泥，摊在布上备用。把脚洗净，沿鸡眼周围用针挑破，以见血丝为宜，然后把摊在布上的蒜泥贴到患处包好。一般用此方数次，鸡眼即可消失。图

韭菜汁治鸡眼
Folk Prescription　　9

韭菜连茎带根切碎，用研钵磨过，再以纱布过滤，绞出黏液，用来涂患部，每天1次，约10天左右即可见效。

芦荟除鸡眼
Folk Prescription　　10

脚上长鸡眼是一件非常难受也非常麻烦的事情，而要消除鸡眼有个很有效的方法，就是可以把芦荟果冻状的部分切成适当大小敷在鸡

眼处，再用纱布包起来，每天更换1次，不久鸡眼就会脱落。

贴豆腐治鸡眼
Folk Prescription　　11

患了鸡眼，可于睡觉前将患处用温水洗净，把市售豆腐切成片贴在患处，用塑料袋裹好，外套袜子固定。次日起床后，去掉豆腐，用温水洗脚。此法治疗鸡眼效果显著，而且不易复发。

银杏叶治鸡眼
Folk Prescription　　12

取20～30枚的银杏叶子，放入平底锅用弱火烧（盖上盖子），然后把烧焦的叶子用研钵磨成粉末，加入饭粒使之带黏性，将它敷于患处，以纱布扎牢，重复几天后，鸡眼表皮就会显得腐烂，把它除去，再换，几次以后，鸡眼就会消失。

荔枝核治鸡眼
Folk Prescription　　13

将荔枝核在太阳下晒干，或置瓦片上（忌用铁器）焙干，碾压成粉，用不

NO.8图

鸡眼、赘疣

①
②
③
④
⑤

NO.18图

加色素的米醋，混和如泥，涂抹患处，荔枝核粉泥须把周围僵硬的皮盖着，上覆脱脂棉，用纱布包扎，每晚将脚烫洗后换洗1次，轻者3～5天后，突出部分会日渐脱落，若鸡眼长于手上，用此法也可治愈。

醋蛋治鸡眼
Folk Prescription　14

鸡蛋3只，醋适量。将鸡蛋泡进醋里，密封7天，然后捞出煮熟吃，一般5～6天后，鸡眼里即生长出嫩肉，把患处逐渐顶高。这时每天临睡前用热水将患处泡软，再用刀刮去硬皮，持续7～8天，鸡眼即可全部脱落。

巧用荞麦、荸荠除鸡眼
Folk Prescription　15

备荸荠6枚，荞麦12粒。每晚以温水洗脚后，先用针尖轻轻剔鸡眼（不必深剔），去其浮污，将2粒荞麦放口中，以门牙咬碎，去其柔韧之黑皮，以指头将荞麦面涂在鸡眼里，填平鸡眼，抹点唾液润在荞麦面上。另以洗净之荸荠，切成如鸡眼大小如铜钱厚，贴敷在鸡眼的荞麦面上，以薄布包好，以免散落，如此持续约1周，鸡眼会不知不觉地消失。

煤油治鸡眼
Folk Prescription　16

脚上长了鸡眼，可先用热开水泡一会儿脚，然后用刀将鸡眼老皮削去，点上一滴煤油就好了，屡试屡验。

薏仁治赘疣
Folk Prescription　17

先将连壳的薏仁15克敲碎，加上1杯水，煎至剩半量为止，如此煎出的就是黏黏的浓液，这是1天的分量，成年人服用10天即可治好，如是皮肤柔嫩的孩童，3天就会好转，至于老人，则需2～3个星期的时间。如果不喝煎汁，也可将粉末调成泥状，利用它来涂抹患部，分早、午、晚，1天3次，约10天即可痊愈。

鸡蛋拌醋治寻常疣
Folk Prescription　18

治疗寻常疣，可取鲜鸡蛋7个煮熟去壳，用竹筷刺若干小孔后切成4等份装入杯中，加入食醋70毫升。拌匀加盖放置6小时。空腹连蛋带醋一次服食尽，每周1次，1～2次可见效。使用本方忌盐、酱油及碱性食物、药物。图

黄豆芽汤治寻常疣
Folk Prescription　19

治疗寻常疣，可取适量黄豆芽入锅内，加水适量，煮熟即

可食用，吃豆喝汤。连续3日作为主食。使用本方忌食油和其他粮食。

丝瓜叶治软疣
Folk Prescription　20

软疣俗称水瘊子，是一种皮肤病。此病如不及时诊治，极易反复发作，重者蔓延胸背四肢，让人心烦。治疗方式是：将丝瓜叶揉搓后涂擦于患处，两三天后身上的疣体开始变小，直至消失。

鲜丝瓜叶治寻常疣
Folk Prescription　21

取鲜丝瓜叶数张，用清水洗净备用。用一小片丝瓜叶反复擦搓患处，以叶片搓烂、水汁渗出为度，每天2次，每次10分钟左右。此方治疗寻常疣，一般连用5~7天即愈。

鱼香草治寻常疣
Folk Prescription　22

先用75%酒精消毒疣体及周围皮肤，用消毒刀片将疣的表面削去一部分，后取适量鲜鱼香草（土薄荷）搓绒，擦疣体表面，每天3次。此方治疗寻常疣，一般3~6天痊愈。

注：鱼香草为唇形科植物圆叶薄荷的茎叶或嫩枝头，性凉味辛，有散风热、消肿毒之功。

鲜半夏治寻常疣
Folk Prescription　23

将疣局部用温水泡洗10~20分钟，用消毒刀片轻轻刮去表面角化层；再将7~9月间采挖的鲜半夏洗净去皮，在寻常疣局部涂擦1~2分钟，每天3~4次。一般只

涂擦初发疣（母疣）即可，若继发疣较大较多时，可逐个进行涂擦，效果更好。

薏仁霜治疣
Folk Prescription　24

薏仁100克研细末，用适量雪花膏调和，洗脸后用此霜涂擦患部，每天早晚各1次。此方治疗扁平疣有良效。一般周余以后，赘疣即全部脱落而愈。

木香薏仁汤治扁平疣
Folk Prescription　25

取木香、生薏仁各100克，香附150克。加水1升，浸泡30分钟，煎煮1小时后倒出药液；药渣再加水500毫升，用同法煎煮。合并2次药液待用。用前以热水洗净患部，将药液加热至30℃左右，外洗患部，并用力摩擦，直至患部发红，疣破为度。再取鸦胆子5粒，去壳捣烂，用1层纱布包如球状，用力摩擦，每次10分钟，以上

治疗早晚各1次，1周为1疗程。外洗宜每3天1剂，鸦胆子每天更换1次。此方治疗扁平疣有良效。

马齿苋治扁平疣
Folk Prescription　26

采适量马齿苋，将其洗净，剁成细末，纱布包好挤出汁液，每日早晚各1次涂抹于患处，一般2周后，扁平疣即可消失。

牙膏治寻常疣
Folk Prescription　27

用牙膏适量（每次刷牙的量）擦于患部，再用喝剩下的冷茶及茶叶来洗掉牙膏，2~3分钟后，再以清洁毛巾擦净，连续数天，可收奇效。此法治全身发痒也很有效。

蜈蚣油治瘊子
Folk Prescription　28

把1~3条活蜈蚣用香油浸泡在瓶子里，3天后用棉签

NO.28图

蘸油擦瘊子，每天2～3次。轻者擦几次就好，重者擦1周或稍长时间也会好的。图

荞麦苗治瘊子
Folk Prescription　　29

治疗瘊子，可于夏末荞麦生长季节，取鲜荞麦苗揉擦患处，1次即可见效，特别神奇。

蜘蛛丝治瘊子
Folk Prescription　　30

用蜘蛛丝系在瘊的根部，不到顿饭功夫，瘊的根就变得尖尖细细，每天使用此法，不到1周，瘊的根部就会有腐烂的现象，只要用手轻轻一拔，就会应手而落，且不再复发，这是民间流传很久的古方，如果是以蜘蛛刚吐出的鲜丝来治，效果更是立竿见影。

"鸭蛋子"治瘊子
Folk Prescription　　31

用消过毒的针，在瘊的左右扎破3～4针，到中药铺买"鸭蛋子"（中药名）10余粒去皮，留仁捣烂，加少许香油拌和成糊状（不可过稀），涂在瘊子上及其四周，再用胶布粘着不使脱落，约1周左右愈，无痕无色，有奇效。

鲜芝麻花治瘊子
Folk Prescription　　32

治疗瘊子，可用鲜芝麻花在患处轻轻摩擦，一般使用数十次后，患处即开始干裂，并逐步自行脱落，不留疤痕。

茉莉花子治瘊子
Folk Prescription　　33

取草茉莉花子适量，碾成粉末，拌上大油，糊在瘊子上，数天后可使瘊子连根去除，不痛不痒。

"病毒灵"治瘊子
Folk Prescription　　34

用水把病毒灵药片化开，涂在长瘊子的地方，连续3～7天，瘊子便可脱落。

双极磁银针治刺瘊
Folk Prescription　　35

用双极磁银针在刺瘊上进行刺激，经几次按压后，可用手掐瘊子，一般不出血便可自然脱落。

生大油治瘊子
Folk Prescription　　36

用生大油（或肥肉）每天抹几次患处，1个月左右瘊子便可自行脱落，而且不留疤痕。

蓖麻仁治顽瘊
Folk Prescription　　37

取鲜蓖麻仁1枚，分成两半，以其切面反复涂擦母瘊。每天1～2次，每次数分钟，1周内治愈顽瘊。

紫药水治瘊子
Folk Prescription　　38

紫药水是治皮肤损伤用的，但也有人用它治好了瘊子。方法很简单，用棉花蘸紫药水涂在瘊子上，每天6～7次，约1周后即可见效。

无花果汁治瘊子
Folk Prescription　　39

取无花果实适量，将无花果的白汁滴在瘊子上（不用将瘊子刮破），几日后瘊子会自行结痂脱落，再继续滴用，直至瘊子完全脱去。

枸杞泡酒治瘊子
Folk Prescription　　40

取数十粒枸杞浸泡白酒中，月余后，用枸杞沾酒涂在瘊子上，每天坚持数次，轻者数日就好，重者几周痊愈。本方治愈率极高，而且不痛不痒。

涂热烟灰治手掌刺瘊
Folk Prescription　　41

治疗手掌刺瘊，可先用唾液将刺瘊浸湿，然后涂上吸烟时的热烟灰，每天1次，连用1周。每次涂后都有痛感，但患处慢慢结痂，痂掉后皮肤即光滑如初。

蒲公英治瘊子
Folk Prescription　　42

将新鲜的蒲公英整朵黄花折下，花茎就会流出乳白色的汁液，把汁液在瘊子上反复涂抹，每天涂1～2次，10天左右瘊子就会消失。

皮炎、湿疹、荨麻疹

PI YAN SHI ZHEN QIAN MA ZHEN

红皮蒜治皮炎
Folk Prescription   1

治神经性皮炎，可取红皮蒜适量，去皮捣烂如泥状，敷患处约5毫米厚，盖以纱布，胶布固定，每天换药1次，7天为1疗程。

猪蹄甲治皮炎
Folk Prescription   2

新鲜猪蹄甲焙干，研细末，每次15～30克，以黄酒60～90毫升冲服，服后盖被至病灶发汗。每周1～2次，10次为1疗程。主治神经性皮炎。

治皮炎一方
Folk Prescription   3

陈茶叶（1年以上）、陈艾叶各25克，老姜（捣碎）50克，紫皮大蒜2头（捣碎）。上药水煎，加食盐少许，分2次外洗。主治神经性皮炎。

醋蛋液治皮炎
Folk Prescription   4

备新鲜鸡蛋3～5只，好浓醋适量。将鸡蛋放入大口瓶内，泡入好浓醋，以浸没鸡蛋为度，密封瓶口，静置10～14天后，打开取出蛋，并将蛋清蛋黄搅和，涂患处皮肤上，经3～5分钟，稍干再涂1次，每日2次。如涂药期间皮肤发生刺激现象时，减少涂药次数。

水浸松树皮治皮炎
Folk Prescription   5

治疗皮炎，可取水浸松树皮适量（最好用浸在水中的年久的松树桩皮），研极细末，调醋搽患处。

丝瓜叶治皮炎
Folk Prescription   6

将鲜丝瓜叶适量搓碎，在患处摩擦，以患处发红为止。每天1次，3次为1疗程。

食醋糊剂治皮炎
Folk Prescription   7

取食醋500克（瓶装山西老陈醋最佳）放入铁锅内煮沸浓缩成50克，装入干净大口瓶内。将苦参20克、花椒15克洗净，放入瓶内，浸泡1周后可用（浸泡时间越长越好）。温开水清洗患部，用消毒棉签蘸食醋糊剂涂擦病变部位，每天早晚各1次。图

海带水洗浴治皮炎
Folk Prescription   8

治疗神经性皮炎，可取海带50～100克，先洗去盐和杂质，用温开水泡3小时，捞去海带、加温水洗浴，数次即可见效。

姜汁治皮炎
Folk Prescription   9

鲜姜250克捣碎，挤取全汁盛杯内，再用10%盐水1升

NO.7图

皮炎、湿疹、荨麻疹

洗净患处，擦干，用棉签蘸姜汁反复涂搽，至姜汁用完为止。每周1次。头部有感染时可用复方新诺明1克，每天2次，连服5天，待炎症消失后再用上方；涂姜汁后患处有时剧痛，一般不用服止痛药物，3天后疼痛可消失。此方治疗头部脂溢性皮炎疗效显著，连用2～3次即愈。

陈醋木鳖子治皮炎
Folk Prescription 10

将木鳖子（去外壳）30克研成细末，放250毫升陈醋内浸泡7天，每天摇动1次。用小棉签或毛刷浸蘸药液涂搽受损之皮肤，每天2次，7天为1疗程。此方治疗神经性皮炎有良效。

小苏打洗浴治皮炎
Folk Prescription 11

用小苏打溶于热水中洗浴，全身浴用小苏打250～500克，局部浴用50～100克。主治神经性皮炎。

韭菜糯米浆治皮炎
Folk Prescription 12

取韭菜、糯米各等份，混合捣碎，局部外敷，以敷料包扎，每天1次。此方治疗接触性皮炎疗效甚佳，一般3～5天即可痊愈。

自制明矾皮炎茶
Folk Prescription 13

治疗皮炎，可备茶叶、明矾各60克，用500毫升水浸泡30分钟，然后煎煮30分钟即可。外用，每次用此茶水浸泡患处10分钟，不用布擦，使其自然干燥。

NO.18图

桑葚百合汤治湿疹
Folk Prescription 14

治疗湿疹，可用桑葚、百合各30克，大枣10颗，青果9克。上药共同煎服。每天1剂，连续服用10～15剂，必有效用。

绿豆香油膏治湿疹
Folk Prescription 15

治疗湿疹，可取适量绿豆粉炒呈黄色，晾凉，用适量香油调匀涂患处，每天1次。

双甘煎汤治湿疹
Folk Prescription 16

取甘蔗皮、甘草各适量，煎汤洗患处，每天2次。此方治疗湿疹有效。

松叶泡酒治湿疹
Folk Prescription 17

治疗湿疹，可取松叶200克细切，以酒1000克煮至200克，日夜服尽，处温室中，汗出即愈。

干荷叶、茶叶外敷治湿疹
Folk Prescription 18

干荷叶不拘量，茶叶适量。将荷叶焙干研成极细末，或烧灰，用茶叶煎成浓汁，调荷叶末或灰成糊状。外用，每日1～2次，涂敷患处。本方是治疗湿疹的著名古方，见于《本草纲目》。图

核桃仁粉治湿疹
Folk Prescription 19

治疗湿疹，可取适量核桃仁捣碎，炒至呈黄色出油为度，研成粉状，敷于患处，每天2次。

海带绿豆汤治湿疹
Folk Prescription 20

治疗急性湿疹，可将海带30克、鱼腥草15克洗净，同绿豆20克煮熟。喝汤，吃海带和绿豆。每天1剂，连服6～7天。

茅根薏仁粥治湿疹
Folk Prescription 21

鲜白茅根30克先煮，20

分钟后，去渣留汁，纳入生薏仁300克煮成粥。本方有清热凉血、除湿利尿的作用，适用于湿疹的治疗。

牡蛎烧慈菇治湿疹
Folk Prescription　　22

取牡蛎肉100克（切片），鲜慈菇200克（切片），调料适量。将牡蛎肉煸炒至半熟，加入鲜慈菇后同煸，纳调料，加清汤，武火烧开，文火焖透，烧至汤汁稠浓即可，有清热凉血、除湿解毒之功效。

玉米须莲子羹治湿疹
Folk Prescription　　23

莲子50克（去心），玉米须10克，冰糖15克。先煮玉米须20分钟后捞出，纳入莲子、冰糖后，微火炖成羹即可。本方有清热利尿、除湿健脾之功效，适于治湿疹。

清蒸鲫鱼治湿疹
Folk Prescription　　24

治疗湿疹，可备鲫鱼1条（约重300克），陈皮10克（切丝），调料适量。将陈皮、姜放入鲫鱼肚内，加调料、清汤，同蒸至熟烂即可。这道食疗方有健脾除湿、滋阴润燥之功效，湿疹患者不妨常吃。

山药茯苓膏治湿疹
Folk Prescription　　25

治疗湿疹，可备生山药200克（去皮），茯苓100克，大枣100克，蜂蜜30克。先将生山药蒸熟，捣烂。大枣煮熟，去皮核留肉。茯苓研细粉，与枣肉、山药拌匀，上锅同蒸成糕，熟后淋

上蜂蜜即可。

冬瓜莲子羹治湿疹
Folk Prescription　　26

冬瓜、莲子都有健脾除湿、清热利尿之功效，可用于治湿疹的食疗。做法是：取冬瓜300克去皮、瓤，莲子200克去皮、心，另备调料适量。先将莲子泡软，与冬瓜同煮成羹。待熟后加调料。每日1剂，连服1周。

土豆泥治湿疹
Folk Prescription　　27

将土豆洗净，切细，捣烂如泥，敷于患处，用纱布包扎，每天换药4～6次，如此过2天，患部即呈明显好转，3天后，即可大致消退。

蜂蜜治湿疹
Folk Prescription　　28

适量的蜂蜜放入一小杯水中溶化，用它来涂抹患部，1天2～3次，如果患处是在大腿、手臂等衣服隐蔽处，则可在涂抹后施以包扎，约2天，即可止痒，1周后即可痊愈。蜂蜜在民间被广泛利用，有不少人用它来医治外伤及皮肤炎，且可防止伤口化脓。

嫩柳叶治湿疹
Folk Prescription　　29

将新鲜嫩柳叶（或泡柳）3～5千克装入布袋，用木棒捶击，压榨，取其清汁备用。使用前加热至45℃～60℃为宜，并加入75%的酒精适量，将患处浸熏洗，每晚1次，每次约1小时。严重湿疹，白天可在鞋内放一层鲜柳叶，行

走时能踩碎柳叶，其汁自出，与脚掌充分接触，达到治疗目的。此方治疗足部湿疹有奇效。

川椒冰片油治阴囊湿疹
Folk Prescription　　30

将鸡蛋数只煮熟，取蛋黄放在铁勺内搅碎，用文火熬炼即得蛋黄油。取上油40毫升，兑入川椒粉1.5克，五倍子粉3克、冰片粉2克，摇匀后备用。主治男性阴囊湿疹，一般1周内见效。急性湿疹渗出多时，本方不宜使用。

治阴囊湿疹一方
Folk Prescription　　31

取黄花蒿100克，紫苏、艾叶各50克，冰片10克。前3味药加水适量，煎取药液约100毫升，再加入研细的冰片粉，混匀备用。用时取纱布或药棉蘸药液湿敷患处30分钟，若洗浴30分钟则效果更好。另外，每天以此药外搽患处4～6次。治疗期间，忌饮酒及辛辣鱼腥。此法治疗阴囊湿疹效果不错。

芋头炖猪排治荨麻疹
Folk Prescription　　32

治疗荨麻疹，可准备芋头茎（干茎）30～60克，猪排骨适量。将芋头茎洗净，加适量猪排骨同炖熟食。每天1次。

韭菜涂擦治荨麻疹
Folk Prescription　　33

荨麻疹俗称"风疹块"，是一种过敏性的皮肤疾患。治疗时可采鲜韭菜1把，将韭菜放火上烤热，涂擦患

部，每日数次，必可见效。

鲜木瓜生姜治荨麻疹
Folk Prescription　34

取鲜木瓜60克，生姜10克，米醋100毫升。将上药共入沙锅煎煮，醋干时，取出木瓜、生姜，分早晚2次服完。每日1剂，至愈为止。

浮萍涂擦治荨麻疹
Folk Prescription　35

将鲜浮萍60克洗净捣烂，以250克醇酒浸泡于净器之中，经5日后开封，去渣备用。用时取适量涂擦患处，见效很快。

火罐法治荨麻疹
Folk Prescription　36

患者取仰卧位，准备玻璃罐头瓶1个，大于脐眼的塑料瓶盖1个，酒精棉球若干。

NO.36图

治疗时用一枚大头针扎入塑料盖，将酒精棉球插到大头针尖上并点燃，立即将玻璃瓶罩在肚脐上面，待吸力不紧后取下，连续拔3次。每日治疗1次，3天为1疗程，主治急、慢性荨麻疹。⊙图

葱白汤治荨麻疹
Folk Prescription　37

准备葱白35条。取其中15条水煎热服，另20条水煎局部温洗。一般用药后瘙痒即明显好转。风团基本消失后，可再服1～2剂以巩固疗效。

野兔肉治荨麻疹
Folk Prescription　38

取野兔肉适量，切成块，加茶油炒熟，加调味品后食用，每次250克，15天服1次，共食3次。此方治疗慢性荨麻疹有良效。

艾叶酒治荨麻疹
Folk Prescription　39

治疗荨麻疹，可备生艾叶10克，白酒100克，共煎至药酒剩50克左右，顿服，每天1次，连服3天。此方治疗荨麻疹效果显著。

蝉蜕糯米酒治荨麻疹
Folk Prescription　40

将蝉蜕15克焙酥或晒干研细，糯米60克炒至焦黄。将炒糯米装入瓷缸内，加水150毫升，用文火煮15分钟，再加入蝉蜕末和黄酒60毫升，用武火煎1～2分钟即可。每晚临睡前一次顿服，

服后盖被取微汗效更佳。此剂量为一般成人用量，可随年龄及体质情况酌情增减。蝉蜕生用效果最佳。无黄酒时用醪糟代替亦可。

梅干防治荨麻疹
Folk Prescription　41

经常身患荨麻疹的人，最好能每天吃2～3个梅干，就可以预防荨麻疹的发生，就算长出来也不会太严重。梅干是最具代表性的碱性食品，对荨麻疹颇具疗效。

巧用洋葱治荨麻疹
Folk Prescription　42

一旦吃错东西而长出荨麻疹，应急的方法是把洋葱对切成半，把切口按在患部，慢慢地擦，如果1次不能止痒，则可多擦几次，洋葱成分中的硫化丙烯能够止痒，且黏膜有保护皮肤的作用。

治荨麻疹一方
Folk Prescription　43

如果荨麻疹已有逐渐蔓延的趋向时，可把10克的当药（龙胆科）和同量的青蒿放入水中煎10分钟，分成3～4次于1天服完。第一天可减轻热与痒的感觉，到第三天就会完全好好。如果单独以当药或青蒿煎汤服用也可以，但分量要增加到20克。青蒿能促进肚脏的解毒作用，当药则是健胃整肠药，药虽苦，但能将酸性化的体质改变为碱性的，效果不错。

癣、斑、冻疮、蚊虫叮咬

大蒜韭菜泥治牛皮癣
Folk Prescription　　　1

治疗牛皮癣，可将韭菜与去皮的大蒜各50克共捣如泥，放火上烘热，涂擦患处，每日1~2次，连用数日即见效。

鸡蛋治牛皮癣二方
Folk Prescription　　　2

1.将鸡蛋2枚浸泡于米醋中7日，密封勿漏气。取出后用鸡蛋搽涂患处，经1~3分钟再涂1次。每日涂2~3次，不可间断，以愈为度。

2.将鸡蛋5个去清留黄，硫磺、花椒各50克混放鸡蛋内，焙干后同蛋一同研末，去渣，加香油适量调成糊状，外贴患部。图

老茶树根巧治牛皮癣
Folk Prescription　　　3

将老茶树根30~60克切片，加水煎浓。每日2~3次空腹服，治疗牛皮癣有良效。

治牛皮癣一方
Folk Prescription　　　4

用泡过的茶叶捣烂敷患处，使角质层软化，再用小刀削去角质层，用芦荟和甘草（研末）调醋外搽；或大蒜、韭菜合捣烂敷患处。

紫皮蒜治花斑癣
Folk Prescription　　　5

治疗花斑癣，可用紫皮蒜2头，捣烂涂擦患处，以局部发热伴轻微刺激痛为度，使用2次就有效果。

土茯苓治牛皮癣
Folk Prescription　　　6

土茯苓60克研粗末，水煎，分早晚2次服。每日1剂，15天为1疗程。本方清热利湿、解毒消炎，主治牛皮癣。

芦笋治皮肤疥癣
Folk Prescription　　　7

芦笋15克洗净，切片，加水煎汤服或煎水薰洗，或捣烂涂敷患处，治疗各种皮肤疥癣均有效果。

治牛皮癣一法
Folk Prescription　　　8

治疗牛皮癣，可取露蜂房一个，明矾、冰片各适量。将蜂房各孔内杂物剔除干净，明矾粉填满各孔，文火待明矾枯干为度，研细末入冰片适量装瓶备用。患处用肥皂水洗净，将药粉用香油调敷患处，每日1次。

药粥治牛皮癣
Folk Prescription　　　9

薏米30克，车前子15克（布包），蚕砂9克（布包），白糖适量。把车前子与蚕砂加水煎成3碗，再加入

NO.2图

薏米煮成稀粥，用白糖调服。每天1剂，连服8～10剂。本方清热凉血活血，主治牛皮癣属血热型者。

白芨、五倍子治牛皮癣
Folk Prescription　　10

将白芨30克、五倍子60克分别捣细研末，先将五倍子粉与老陈醋适量混匀呈稀汤状，置锅内文火煎熬，待稍稠后入白芨粉，调成糊状备用。用时将药糊涂敷患处。本方主治牛皮癣，但切记有皮损者不可用。

荸荠治牛皮癣
Folk Prescription　　11

治疗牛皮癣，可取鲜荸荠10枚去皮，切片浸适量陈醋中，与醋一起放锅内文火煎10余分钟，待醋干后，将荸荠捣成泥状备用。用时采少许涂患处，用纱布摩擦，当局部发红时再敷药泥，贴以净纸，包扎好。每天1次，至愈为止。图

简易灸法治牛皮癣
Folk Prescription　　12

取大蒜4头捣烂如泥状，敷患处，点燃艾条隔蒜灸之，以痛为度，主治牛皮癣。

醋熬花椒治癣
Folk Prescription　　13

将1把花椒在醋中熬半小时，放凉后将花椒水装入瓶中，用一小毛笔刷花椒水于患处，每天坚持早、午、晚刷涂患处，可治癣。

治牛皮癣简法
Folk Prescription　　14

治牛皮癣，可采几条鲜榆树枝，挤压出汁液抹在患处。每天1次，连抹10天即可根治。要注意此汁液只能用1次。

芦荟叶治脚癣
Folk Prescription　　15

治疗脚癣，可取鲜芦荟叶适量以冷开水洗净，压取汁液，涂搽或调水浸泡患处。每日2～3次，每次15分钟。

三七治脚癣
Folk Prescription　　16

得了脚癣或脚痒难忍的时候，摘一把带叶、茎、花的三七，用凉水洗净后，捣烂成糊状，稍放点盐，涂敷患处，每次约20分钟，1天3次，连续3天，患脚就不痒了。

①
②
③
④
⑤

NO.11图

西红柿治脚癣
Folk Prescription　　17

治疗脚癣，可取西红柿叶20克，西红柿汁10克，将西红柿叶洗净，捣汁，与西红柿汁混合均匀，涂患处，每日4~5次。

醋水浸泡治手癣
Folk Prescription　　18

用醋120克对水100毫升，浸泡患处，每天1次，可治手癣。

韭菜汤水治手癣、脚癣
Folk Prescription　　19

买1把韭菜，洗净切细，放入盆中捣碎成糊状，然后倒入开水冲泡（量够浸泡手脚即可），待水温降至温热，将手、脚放入浸泡，搓洗患处，约30分钟。一般泡2次即可见效。

治白癜风一方
Folk Prescription　　20

备补骨脂200克，骨碎补100克，花椒、黑芝麻、石榴皮各50克。上药装入瓶内，加75%酒精500毫升，浸泡7天。用此液外搽皮损处，每天2~3次。每次搽药后在阳光下照射局部10~20分钟，30天为1疗程。一般用药10~30天，皮损处表面微红微痒，30天以上皮肤由红变成微黑，有明显痒感，表皮部分脱落，留有少量色素沉着，6个月以后色素慢慢消退。

生姜治白癜风
Folk Prescription　　21

取生姜1块，切去1片擦患处，姜汁擦干后再切去1片，擦至皮肤灼热为度，每日3~4次。

巧用苦瓜治汗斑
Folk Prescription　　22

治疗汗斑，可取苦瓜2条，密陀僧10克。将密陀僧研细末、苦瓜的心子去尽。取密陀僧末灌入苦瓜内，放火上烧熟，切片，擦患处，每天1~2次。此方治疗汗斑，一般擦5~6次即愈。

陀硫粉治汗斑
Folk Prescription　　23

取密陀僧50克，硫黄40克，轻粉10克。上药共研细末，过120目筛，装瓶备用。先用食醋擦洗患处，再取鲜生姜1块，切成斜面，以斜面蘸药末，用劲在患处擦至有灼热感为度，每天2次。擦药后患处渐转变为褐色，继而脱屑痊愈，不损害皮肤，亦无不良反应。复发时再按此方治疗有效。

乌贼桃仁治黄褐斑
Folk Prescription　　24

乌贼1只，桃仁6克。先将乌贼去骨皮洗净，与桃仁同煮，鱼熟后去汤，只食鱼肉。可作早餐食之。本方可美肤乌发，除斑消皱，适用于黄褐斑及皱纹皮肤者。

芦荟绿豆外用治黄褐斑
Folk Prescription　　25

芦荟300克，绿豆150克，分别研末。每日1次，取适量粉末以鸡蛋清调成糊状（夏季用西瓜汁调），覆盖于面部或患处。每日1次，1个月为1疗程。

桔皮生姜治冻疮
Folk Prescription　　26

治疗冻疮，可取鲜桔皮3~4个，生姜30克。上药加水约2升，煎煮30分钟，连渣取出待温度能耐受时浸泡并用药渣敷患处，每晚1次，每次30分钟，如果冻疮发生在耳轮或鼻尖时，可用毛巾浸药热敷患处。

蒜泥防冻疮
Folk Prescription　　27

暑伏时，取大蒜适量去皮捣烂如泥状，敷在上年生过冻疮之处，盖以纱布，胶布固定，过24小时洗去，隔3~4日后再敷1次，可以有效预防冻疮。

蜂蜜凡士林治冻疮
Folk Prescription　　28

熟蜂蜜、凡士林等量调和成软膏，薄涂于无菌纱布上，敷盖于疮面，每次敷2~3层，敷盖前先将疮面清洗干净，敷药后用纱布包扎固定，主治冻疮。未溃者可不必包扎。

云南白药治冻疮
Folk Prescription　　29

患了冻疮，可取云南白药适量，用白酒调成糊状外敷于冻伤部位。破溃者可用干粉直接外敷，消毒纱布包扎。一般用药2~3次即可。

辣椒酒治冻疮
Folk Prescription　　30

冻疮初起，局部红肿发痒之时，可取辣椒6克，用白酒30毫升浸10天，去渣，频搽患处，每日3~5次。

癣、斑、冻疮、蚊虫叮咬

巧用生姜治冻疮
Folk Prescription 31

用生姜1块在热灰中煨热，切开搽患处。适用于冻疮未溃者。图

河蚌壳治冻疮
Folk Prescription 32

将冻疮溃烂面洗净后，取河蚌壳适量，煅后研末敷患处，经常使用。此方曾临床治疗冻疮溃烂患者多例，均在撒药1周内痊愈，比一般的冻疮膏效果更好。

山楂细辛膏治冻疮
Folk Prescription 33

取成熟的北山楂若干枚（据冻疮面积大小而定），用灰火烧焦存炭捣如泥状；细辛2克研细末，合于山楂泥中，摊布于敷料上，贴于患处，每天换药1次，一般4～5次即可痊愈。

治冻疮药洗方
Folk Prescription 34

取茄梗、辣椒梗、荆芥各60～80克。上药加水2～3千克，煮沸后热洗患处，每天1次。此方治疗冻疮，一般3～4天痊愈。

预防冻疮一法
Folk Prescription 35

入冬前将紫皮大蒜捣烂，擦在常患冻疮处，每日1次，连擦5～7天，可预防冻疮发生。若有皮肤起泡的情况，可暂停用。

浸冷水可治冻疮
Folk Prescription 36

寒冷季节，有时会冻

NO.31图

得脚趾和手指都呈紫色，其痒无比，脚部会呈一块块的青紫，像淤血一般，温度愈高愈痒，连药物都无效。这时将患处浸在冷水中约30分钟，就不再痒了，每天1次，不出1周即可痊愈。

山药治冻疮初起
Folk Prescription 37

冻疮初起，可将鲜山药捣烂，涂敷于患部，干即更换，数次即消。或加蓖麻子仁数粒一同捣烂，外敷更好。

防冻疮一方
Folk Prescription 38

冻疮初起未溃时，用白萝卜1个，生姜、桂枝各15克，白附子1.5克一同煎水，分成两等份，每天早、晚各洗1次。趁热洗过后，不至于疼痛和发痒，连洗2天，即可全好。

大油蛋清治冻疮
Folk Prescription 39

以大油1份和蛋清2份

的量混合，轻轻的抹擦患部，每晚睡前1次，3次就可痊愈。大油合蛋清只要擦上皮肤10～20分钟后，就会自结干壳，不必顾虑会弄脏衣服，且涂抹很简便。

紫草根治冻疮
Folk Prescription 40

紫草根15克切薄片，先将橄榄油90克加热至沸，再将切片之紫草根投入油内，随即离火，趁热过滤去渣，将滤油装入瓶内，待冷却后外用，涂于溃疡面，一日1～3次。

凡士林治冻疮
Folk Prescription 41

用凡士林，冻疮较轻则涂2～3次即愈，重者则应在涂凡士林后尚须点燃蜡烛，晃动烤熔，使凡士林透于肌里，必能止痛，伤口合起而愈，光润如常。

猪蹄甲治冻疮
Folk Prescription　42

猪蹄甲烧成灰，患部洗净擦干后，搭上猪蹄甲灰，每天洗换1次。如果溃烂的范围过大，1～2天都未结疤，则至中药铺购冰片3克，同猪蹄甲灰一起擦，即可见效。治疗期间，要用棉花保温，冻疮结疤后，须让它自然脱落，结疤后如附近发痒，可用治疗冻疮初起的方法煎洗。图

纳凉避蚊一法
Folk Prescription　43

炎热的夏季，大家都喜欢在外面纳凉，但可恶的蚊子使人无法安宁。现介绍一避蚊妙法：用2个八角茴香泡半盆温水来洗澡，蚊子便不敢近身。

苦瓜止痒法
Folk Prescription　44

将苦瓜捣烂取汁，外搽皮肤，可祛湿杀虫，治癣除痒。

蚊虫叮咬后用大蒜止痒
Folk Prescription　45

用切成片的大蒜在被蚊虫叮咬处反复擦一分钟，有明显的止痛去痒消炎作用，即使被咬处已成大包或发炎溃烂，均可用大蒜擦，一般12时后即可消炎去肿，溃烂的伤口24小时后可痊愈。但皮肤过敏者应慎用。

洗衣粉止痒法
Folk Prescription　46

被蚊子叮咬后不仅红肿起包且刺痒难忍，可用清水冲洗被咬处，不要擦干，然后用一个湿手指头蘸一点洗衣粉涂于被咬处，可立即止痒且红肿很快消失，待红肿消失后可用清水将洗衣粉冲掉。

食盐止痒法
Folk Prescription　47

遭蚊子叮咬后，用湿手指蘸点盐搓擦患处可去痛痒。

肥皂止痒法
Folk Prescription　48

遭蚊子叮咬后，用湿肥皂涂患处即刻止痒，红肿渐消。

眼药水止痒法
Folk Prescription　49

被蚊虫叮咬后，可立即涂搽1～2滴氯霉素眼药水，即可止痛止痒。由于氯霉素眼药水有消炎作用，蚊虫叮咬后已被抠破有轻度感染发炎者，涂搽后还可消炎。

葱叶止痒止痛
Folk Prescription　50

遭蚊虫叮咬后，将鲜大葱叶剥开，用葱叶内侧擦拭

被毒虫咬过的红肿痒处，反复擦几遍后就可止痒，红肿也很快消失。

瓜皮止痒消肿
Folk Prescription　51

被蚊子叮咬后，可用西瓜皮反复涂抹1分钟，再用清水洗净，几分钟就能止痒，并很快消肿。

母乳消肿法
Folk Prescription　52

婴幼儿被蚊子叮咬处，常常肿起红斑，经日不消。可用母乳点患处，每日3～4次，3日见效，皮肤可恢复原状，且不留斑痕。

五官疾病
WU GUAN JI BING

川椒拌面治口腔溃疡
Folk Prescription　　　1

口腔溃疡若因脾胃虚寒所引起，可先将挂面100克煮熟，川椒5克用温火焙干，研成细末。植物油烧热，加入川椒末和少许酱油，拌面食用。本方温中健脾，治疗口腔溃疡有良效。

莲心治口腔溃疡
Folk Prescription　　　2

每天取20粒莲子心，用开水泡，喝茶水一样到无苦味为止，治疗口腔溃疡有良效。

口腔溃疡速治一法
Folk Prescription　　　3

取维生素C药片适量（根据情况自定），取一纸对折，把药夹其中，用硬物在外挤压碾碎，把药面涂在口腔溃疡患处，一两次即见效。图

桔叶薄荷茶治口腔溃疡
Folk Prescription　　　4

桔叶、薄荷各30克洗净切碎，代茶饮。宜温凉后饮用，避免热饮刺激口腔溃疡疼痛。桔叶味苦性平，功能舒肝行气；薄荷辛散，理气解郁，因含挥发油，能使口腔黏膜血管收缩，感觉麻木，故可止口腔溃疡疼痛。

荸荠煮水治口腔溃疡
Folk Prescription　　　5

将20多个洗净的大荸荠削皮，然后放到干净的搪瓷锅里捣碎，加冰糖和水煮熟，晚上睡前饮用，冷热均可，治口腔溃疡效果极佳。

嚼茶叶治口腔溃疡
Folk Prescription　　　6

口腔溃疡突发而疼痛时，可立即嚼花茶一小撮，半小时后吐掉，就能止痛。

枸杞沏水喝治口腔溃疡
Folk Prescription　　　7

治疗口腔溃疡，可每天用枸杞10～20粒沏水喝，早、中、晚各1杯，最后连枸杞一起吃了。1周内即可见效。

苹果片擦拭治口腔溃疡
Folk Prescription　　　8

生了口腔溃疡，可把削了皮的苹果切成小片，用苹果片在有口腔溃疡的地方来回轻轻擦，擦拭后很舒服。一般每天擦3～4次，一两天就见效。

治口舌溃疡一法
Folk Prescription　　　9

治疗口舌溃疡，可用吴茱萸10克研成细末，取鸡蛋清调和，敷贴双足心，每天换药1次，连用3～5天。本方若以米醋调敷，则可以治小儿支气管炎。

①　②　③

NO.3图

绿豆蛋花治慢性口腔溃疡
Folk Prescription 10

将一小撮绿豆洗净熬水，水量约1碗，上火煮5分钟，以水呈绿色为准，趁热倒入装有一只已搅化鸡蛋的碗内冲之，立即饮用。症状较重时，可早晚各1次，鸡蛋搅化均匀成蛋花更佳。

腌苦瓜治口腔溃疡
Folk Prescription 11

取2～3个苦瓜，洗净去瓤子，切成薄片，放少许食盐腌制10分钟以上，将腌制的苦瓜挤去水分后，放味精、香油搅拌，就饭一起吃。吃数次即可治愈。

生食青椒治口腔溃疡
Folk Prescription 12

挑选个大、肉厚、色泽深绿的青椒，洗净蘸酱或凉拌，每餐吃2～3个，连续吃3天以上，治口腔溃疡有效。

芦荟胶治慢性口腔溃疡
Folk Prescription 13

治疗慢性口腔溃疡，可用芦荟胶外擦，一般连用3～4次，症状即可完全消失。

葱白皮治口腔溃疡
Folk Prescription 14

从葱白外用刀子削下一层薄皮，有汁液的一面向里，贴于患处，每天2～3次，3～4天后即愈。

含白酒治口腔溃疡
Folk Prescription 15

口腔溃疡，可含一口高度数的白酒（如北京二锅头），用气将酒顶向口腔溃疡的部位，两三分钟后，咽下或吐掉都行，1天2～3次，第二天就不痛了。再过一两天后就会好。

牙膏交替使用防治口腔溃疡
Folk Prescription 16

防治口腔溃疡，可备用两种牙膏，早上用一种，晚上用另一种，而且刷牙最好是在饭后立即进行。此法能将口腔溃疡的发病率减少到最低程度。

热姜水治口腔溃疡
Folk Prescription 17

治疗口腔溃疡，可用热姜水代茶漱口，每日2～3次。一般用过6～9次后，溃疡面即可收敛。

蜂蜜治疗口腔溃疡
Folk Prescription 18

治疗口腔溃疡，可用不锈钢勺取蜂蜜少量，直接置于患处，让蜂蜜在口腔中存留时间长些最好，然后用白开水漱口咽下。每天2～3次，2天即愈。

核桃壳煮水治口腔溃疡
Folk Prescription 19

治疗口腔溃疡，可取核桃8～10枚，砸开后去肉，取核桃壳，用水煮开20分钟，以此水代茶饮，当天可见效，疼痛减轻，溃疡面缩小，连服3天可基本痊愈。

女贞子叶汁治口腔溃疡
Folk Prescription 20

从女贞子树上采摘较嫩叶片，洗净捣碎取汁，用药棉蘸汁敷在口腔溃疡部位，每敷5～10分钟，1天2次，此汁对溃疡部位有清凉麻醉感觉，敷后口腔内呈黑色。每次敷后吐出药棉，并以水漱口，不要将叶汁吞入腹内。

明矾治口腔溃疡
Folk Prescription 21

将25克明矾放在勺里，在文火上加热，待明矾干燥成块后，取出研成细面，涂

NO.21图

于溃疡患处，每天4～5次。一般1周内即可痊愈。（图）

口香糖治口腔溃疡
Folk Prescription　22

把口香糖咀嚼到没有甜味，再用舌头卷贴住创面，对口腔溃疡有不错的疗效。

蒲公英叶治口腔炎
Folk Prescription　23

取蒲公英鲜叶几片，洗净，有空就放在嘴里咀嚼，剩下的渣或吞或吐。连嚼几个月无妨，可有效治疗口腔炎、口臭。蒲公英鲜叶越嫩、汁越多越好。

漱口法治口腔炎
Folk Prescription　24

黄连15克、明矾10克（用纱布包好），放入沙锅内加3杯水文火煎熬，剩水1杯时滤去药渣，放冷。用药汁频频漱口，如扁桃体或喉头发炎要仰漱，使药汁作用于患处，连漱30剂即可见效。

治口苦二方
Folk Prescription　25

1.口苦初起时，用山楂15～20粒，刀背拍扁；红萝卜4枚，刀切成片，加紫苏叶6克，以水熬成汤，趁热进食，1天饮3～4次，口苦即可解除。

2.口苦兼有饮食失常、肠中滞积时，可再加上山楂12克、麦芽12克、炒鸡内金10克，方有效用。

马蹄通草茶治口苦
Folk Prescription　26

口苦不退引起发热，为防热退后引发黄疸，故宜清解湿热，饮食力求清淡。用马蹄10个、车前子15克，加通草6克同煎，以此煎汁泡茶饮服。每天最少3～4次。

鲫鱼治口腔炎
Folk Prescription　27

治疗口腔炎，可取小活鲫鱼1条，洗净后放器皿中，加白糖适量，鱼身渗出黏液后，用黏液涂患处，1日多次，效果极佳。

蒸汽水治烂嘴角
Folk Prescription　28

治疗烂嘴角，可用做饭、做菜开锅后，刚揭锅的锅盖上或笼屉上附着的蒸汽水，趁热蘸了擦于患处（须防烫伤），每日擦数次，几日后即可脱痂痊愈。（图）

荠菜治口角炎
Folk Prescription　29

患口角炎可用荠菜疗法，每天吃1次，2天后炎症自然消失。荠菜是一种鲜甜的野菜，可做汤或炒食。将它洗净用开水烫一下，挤水

NO.28图

后放冰箱冰室内储存，随用随取。

治口舌生疮一方
Folk Prescription　30

将西瓜红瓤吃完，将青瓤部分切成小薄片含在口中，最好贴在生疮部位，如含3～5片即可减轻，照此法，轻的2～3次即可痊愈，重者晚间临睡前加用淡盐水漱口，效果更好。

香蜜蛋花汤治咽炎
Folk Prescription　31

犯了咽喉炎，可备生蜂蜜20克，鸡蛋1只，香油数滴。将鸡蛋打入碗内，搅匀，以极沸水冲熟，滴入香油及蜂蜜，调匀顿服。每日2次，早晚空腹服食。使用本方忌烟酒及辛辣。

糖腌海带治咽炎
Folk Prescription　32

治疗慢性咽炎，可将水发海带500克洗净，切丝，放锅内加水煮熟，捞出，拌入白糖250克，腌渍1天后食用，每服50克，每日2次。本方有软坚散结、清利咽喉之功。

罗汉果巧治咽炎
Folk Prescription　33

罗汉果250克洗净，打碎，加水适量煎煮。每30分钟取煎液1次，加水再煎，共煎3次，最后去渣，合并煎液，再继续以小火煎煮浓缩到稍稠黏要干锅时，停火，待冷后，拌入干燥白糖100克把药液吸净，混匀，晒干，压碎，装瓶备用。每次10克，以沸水冲化饮用，次数不限，治疗咽喉炎有良效。

嚼芝麻叶治咽炎

Folk Prescription 34

鲜芝麻叶6片洗净，嚼烂慢慢吞咽。每日3次，连服3天有效。本方滋阴生津、润咽消炎，主治急慢性咽炎。

盐腌藕节治咽炎

Folk Prescription 35

将生藕1节去皮洗净，放入食盐里贮存2周以上备用。用时取出藕节，以开水冲洗后放入口中含服。每天2次，每次1枚。此方治疗急性咽炎效果绝佳，一般含1～4枚即可痊愈。

治咽炎贴方

Folk Prescription 36

治疗慢性咽炎，可取吴茱萸60克研末，分成4份，每次1份，以盐水调敷于足部涌泉穴，每天1次。

自制止咳清音合剂

Folk Prescription 37

将鲜苍耳根茎250克洗净，加水1升，煎沸20分钟即可，加食盐调味，每天1剂，代茶频饮。此方治疗咳嗽失音有效。

治声音沙哑一方

Folk Prescription 38

抽烟过多、饮酒过量、油炸食物吃多了，往往会使身体干燥、发热、喉咙沙哑，讲不出话来，这时可取陈年茶叶、竹叶各3克，咸橄榄5个，乌梅2个，加1杯水放进锅中，煮好后沥去残渣，在汁液中加少许砂糖，调拌后即可食用。

鸡蛋治失音

Folk Prescription 39

1.每天早晨用鲜鸡蛋1只，微微热，挖2个小孔，放在唇边吮吸至净尽，味尚清润可口，连吃10余天，可使喉部润泽，发音清亮。

2.砂糖或冰糖适量作成糖汤，煮沸后，冲泡生鸡蛋1～2只食用，每天傍晚服用1次。

3.取2只鸡蛋，将其蛋白放入碗中，像做蛋糕一样，打至起泡为止，再用滚水冲茶（乌龙茶最佳，红茶亦可）1杯，加入些许冰糖，待溶解后，倒入蛋白内，趁热喝下，蛋白的泡沫会浮在上面，若将蛋白的泡沫大口吞咽，效果更好。图

香菜冰糖茶治声音沙哑

Folk Prescription 40

备香菜1束、冰糖2小块、茶叶1大匙、盐适量。一起放进大茶碗中，用滚开水冲入，随即从火炉中挟起一块烧红的木炭，投入大碗内，用盖子将碗盖好，待5分钟后，即可倒出饮

NO.39图

用，轻者1次，重者2～3次即愈。该方对于风寒侵袭引起的喉咙沙哑、失音者，效果极佳。

治慢性咽炎一方
Folk Prescription　41

治疗慢性咽炎，可取黄花菜（金针菜）干品30克，石斛20克，麦冬15克，开水冲泡代茶饮，每日1剂。

防治声音嘶哑三法
Folk Prescription　42

1．将萝卜和姜捣烂取汁，每次喝少许，嘶哑的嗓子可逐渐恢复。

2．将雪梨捣烂取汁，慢慢含咽，可治突然失音。

3．香油能增加声带弹性，以讲、唱为职业者，常喝少量香油能使嗓音圆润清亮，但注意不可过量。

热姜水治咽喉肿痛
Folk Prescription　43

用热姜水代茶漱口，早晚各1次。如喉咙痛痒，可在热姜水内加少许食盐饮用，每日2～3次，一般9次左右便可化解炎症、消除痛痒。

巧用葱白治鼻炎
Folk Prescription　44

取葱白10根，捣烂绞汁，涂鼻唇间；或用开水冲后，趁温熏口鼻。有通鼻利窍之功效，对鼻炎颇有助益。

吸玉米须烟治鼻炎
Folk Prescription　45

玉米须（干）6克，当归尾3克。玉米须晒干切细丝。当归尾焙干切碎，混合装

入烟斗，点燃吸烟，让烟从鼻腔出。每日5～7次，每次1～2烟斗。本方有活血通窍之功效，主治鼻炎。

姜枣糖水治急性鼻炎
Folk Prescription　46

取生姜、大枣各9克，红糖72克。前2味煮沸加红糖，当茶饮。主治急性鼻炎、鼻寒、流清涕。图

辛夷花治急性鼻炎
Folk Prescription　47

取辛夷花30克，研末，瓶贮备用。用时取药适量吹鼻。1日3～5次，3日为1疗程。主治急性鼻炎。

桃叶塞鼻治鼻炎
Folk Prescription　48

桃树嫩叶1～2片。将嫩叶片揉成棉球状，塞入患鼻10～20分钟，待鼻内分泌大量清涕不能忍受时，弃掉塞药，每日4次，可连用1周。主治萎缩性鼻炎。

巧用蜂蜜治鼻炎
Folk Prescription　49

准备蜂蜜适量。先用温水洗去鼻腔内的结痂和分泌物，充分暴露鼻黏膜后，再用棉签蘸无腐败变质的生蜂蜜涂鼻腔患处，每日早晚各涂药1次。至鼻腔无痛痒、无分泌物、无结痂，嗅觉恢复为止。这个方法有润燥消炎之功效，主治萎缩性鼻炎。

大蒜汁治鼻炎
Folk Prescription　50

大蒜适量捣取汁，以生理盐水配成40%的大蒜液，用时以棉卷蘸取涂布鼻腔，每

NO.46图

日3次。主治萎缩性鼻炎。

香油巧治慢性鼻炎
Folk Prescription　51

治疗慢性鼻炎，可将香油置锅内以文火慢慢煮炼，待其沸腾时保持15分钟，待冷后迅速装入消毒瓶中。初次每侧鼻内滴2～3滴；习惯后渐增至5～6滴。每日3次。滴药后宜稍等几分钟让药液流遍鼻黏膜。一般治疗2周后显效。

味精止牙痛
Folk Prescription　52

用筷子头蘸上一点味精放在疼痛的牙齿上，疼痛会得到缓解。一次不要用太多。

冰块可缓解牙痛
Folk Prescription　53

可取冰块置于合谷穴上，即人们俗称的虎口处。左侧牙痛，冰右侧合谷穴；右侧牙痛冰左侧，一般冰5～7分钟，牙痛即可以止

住。止痛时间可以维持2小时左右。一般冰一侧穴位即可以止痛，如冰冻两侧，止痛效果更佳，维持止痛的时间会更长些。

五倍子漱口治虫牙痛
Folk Prescription　　54

俗话说"牙痛不是病，痛起来真要命"，牙痛多由虫牙引起，治疗时可用五倍子15克，煎浓汁含漱口，每天数次，一般2天内牙痛即消。

牙痛急救五法
Folk Prescription　　55

1.用花椒一枚，嚼于龋齿处，疼痛即可缓解。

2.将丁香花（中药店有售）1朵，用牙咬碎，填入龋齿空隙，几小时牙痛即消，并能够在较长的时间内不再发生牙痛。

3.用水摩擦合谷穴（手背虎口附近）或用手指按摩压迫，均可减轻牙痛。

4.用盐水或酒漱口几遍，也可减轻或止牙痛。

5.牙若是遇热而痛，多为积脓引起，可用冰袋敷颊部，疼痛也可缓解。

黄髓丸治牙痛
Folk Prescription　　56

牙痛若因胃热及虚火引起，可用大黄60克研极细末，后取新鲜猪脊髓（或猪骨髓）适量（以能把大黄粉全部调成面团状为度），同杵为丸如梧桐子大，烘干或晒干备用。根据不同体质条件，每次用量由3克递增至6克口服。使用此方，一般1~3天痊愈或显效。

酒煮鸡蛋治牙周炎
Folk Prescription　　57

治疗牙周炎，可将白酒100毫升倒入瓷碗，用火点燃，鸡蛋1只打入白酒，不搅动，不加调料，待火熄蛋熟，冷后1次服下，每日2次，1~3次即可。

五谷虫治牙周炎
Folk Prescription　　58

将五谷虫20个以油炙脆，与冰片0.3克共研细末，装瓶备用。温水漱口，药棉拭干，将药末撒于齿龈腐烂处，每天5~6次。此方治疗牙周炎（牙瘠），一般1~2天可愈合。

含话梅核可预防牙周炎
Folk Prescription　　59

吃完话梅，将核多在口中含一会儿，使之在口中上下翻滚，再用舌头将核推至外唇里，用唇挤压，这时会有牙龈被按摩的感觉。不断地用舌头挪动话梅核，不断地挤压，使牙龈普遍得到按摩，这对预防牙周炎，坚固牙齿大有益处。同时这种口腔运动产生许多口水，对消化系统也颇有好处。

月黄雄黄治牙周炎
Folk Prescription　　60

治疗牙周炎，可选用老月黄（即藤黄）10克、雄黄5克共研细末，装瓶备用。在患处搽少许即可，应注意勿口服。月黄有"止血化毒，箍毒杀虫，治虫牙龋齿"的功用。雄黄也有燥湿杀虫的作用。

热姜水治牙周炎
Folk Prescription　　61

犯了牙周炎，可先用热姜水清洗牙石，然后代茶饮，每日1~2次，一般6次左右即可消炎。

嚼食茶叶治牙龈出血
Folk Prescription　　62

每餐后半小时嚼食茶叶2~3克，不但可治牙龈出血，也可消除口腔异味。嚼的时候要细细嚼，让茶叶在口中磨嚼成细粉末，再含化用唾液服下。

治牙龈炎食疗法
Folk Prescription　　63

每天早上用小火煮适量绿豆，煮熟后加一些小米、炖至极烂，加白糖少许，早晚各服两碗。中午，准备100克猪肉、500克苦瓜，切片，先炒肉片至熟，再放入苦瓜片炖半小时，加盐少许，出锅即可。如此吃1周即可见效。

两根汤治红眼病
Folk Prescription　　64

得了红眼病，症状为结膜充血、两目涩痛，治疗时可用板蓝根、白茅根各60克，水煎分早晚饭后服，每天1剂。小儿则少量频服。此方治疗红眼病，一般3剂痊愈，重者6剂便可。使用本方时忌食辛辣。

敷贴法治结膜炎
Folk Prescription　　65

取生地15克、红花10克、当归尾8克，将上药捣烂敷患眼，每天敷1次。此方外敷治疗眼结膜炎，效果显著。

清热桑花饮治结膜炎
Folk Prescription 66

治急性结膜炎,可取桑叶30克,野菊花、金银花各10克。上药置沙锅内,加水500毫升浸泡10分钟左右,文火煎沸15分钟即可。先用热气熏患眼10分钟,过滤药液,用消毒纱布蘸药液反复洗患眼5分钟,每天3次。一般3天即可痊愈。

小指运动可治眼病
Folk Prescription 67

人的身体有12条经络,有6条是通过手。坚持手指运动,就会对这些经络的穴位有按摩刺激作用,每天坚持早晚各做一遍小指向内折弯,再向后扳的屈伸运动,每遍进行50次,并在小指外侧的基部用拇指和食指揉搓50~100次。这种方法治疗眼

病功效良好。

蒜味熏眼治红眼病
Folk Prescription 68

将大蒜捣烂装入小瓶中,以瓶口对着患眼,让大蒜气味熏蒸眼部,每日数次。此方对"结膜炎"、"偷针眼"有奇效。

菖蒲甘草汤治中耳炎
Folk Prescription 69

耳鸣伴头晕目眩、腰膝酸软等症,当属肾精亏损所致,可取石菖蒲60克、生甘草10克,水煎分2次服,每天1剂。病久者同时服六味地黄丸或汤剂。此方治疗耳鸣效果显著。

蒲公英汁治中耳炎
Folk Prescription 70

治疗化脓性中耳炎,可

采鲜蒲公英全草,用清水洗净晾干,剪成碎片,捣成糊状,用双层消毒纱布包住,用力拧挤取汁,干净器皿盛接。每天早、中、晚用滴管吸取药汁滴入耳孔。滴药前,先将耳道脓血消除干净。

滴耳油治中耳炎
Folk Prescription 71

核桃仁10个去壳,取仁研烂,用布包裹,用力挤压取核桃油约10毫升。将冰片2克研末兑入油中调匀即成。治疗时患者侧卧,患耳朝上,先用双氧水清洗外耳道3次,擦干耳道后滴入滴耳油5~7滴,用干棉球堵住耳道口。每天1次,7天为1疗程。治愈后要用3%双氧水清洗耳道,以免结痂阻塞耳道,影响听力。此方治疗慢性化脓性中耳炎疗效显著。

田螺黏液治中耳炎
Folk Prescription 72

将大活田螺洗净外壳,放置冷水中让其吐出污泥。放置时间越长,吐纳就越清洁。用时先用棉签蘸生理盐水或双氧水反复拭干耳内脓液,然后侧卧,使患耳朝上;将田螺剪开尾部(螺尖)呈漏斗状,对准患耳的外耳道,用物刺激田螺盖,使田螺体收缩,释出清凉黏液滴入患耳,滴完后患者应继续侧卧片刻。每天1次。此方治疗中耳炎,轻者1次即愈,重者3~5次可愈。图

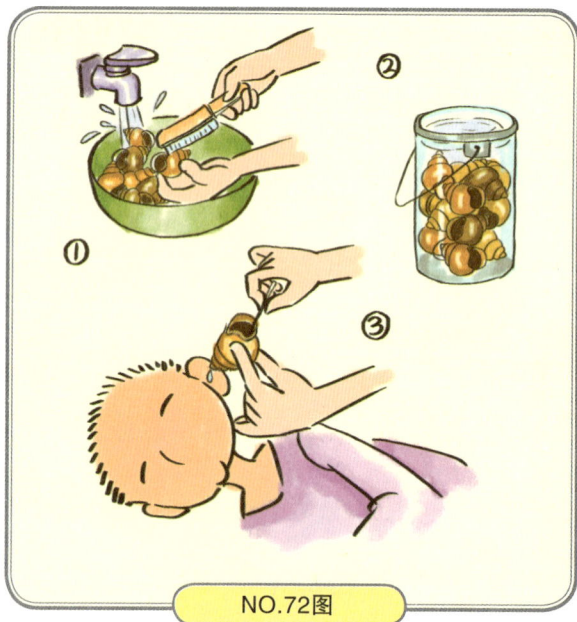

NO.72图

男科疾病

NAN KE JI BING

鸡肝粥治遗精
Folk Prescription 1

备雄鸡肝1只，菟丝子15克，粟米100克，葱白、椒盐少许。将鸡肝切细，菟丝子研末，与粟米同煮粥，将熟时加葱、椒盐调和，再煮一二沸即可食用。该方录于古医书《太平圣惠方》中，经长期临床实践证明，该方治疗男子遗精颇具效验。

韭菜子治遗精
Folk Prescription 2

韭菜子性温，味辛、甘，具有滋补肝肾、助阳固精之功效，在中医里常用于治疗男子遗精。以下是两副民间验方：

1.韭菜子5～10克，粳米60克，盐适量。将韭菜子研细末，与粳米一起煮粥。待粥沸后，加入韭菜子末及食盐，续煮为稀粥，空腹食用。

2.韭菜子10克水煎，用黄酒适量送服，每日2次。

酒炒螺蛳治遗精
Folk Prescription 3

螺蛳500克洗净泥土，置铁锅中炒热，加适量白酒和水，煮至汤将尽时起锅食用。用针挑螺蛳肉蘸调料吃。这道菜为佐餐佳品，可以经常食用。螺蛳性寒，味甘咸，有清热利尿止遗之功效，适用于湿热引起的遗精、小便白浊不利之证。

山药茯苓包子治遗精
Folk Prescription 4

备山药粉、茯苓粉各100克，白糖300克，面粉200克，九制陈皮、大油适量，发酵后做包子皮的软面。将山药粉、茯苓粉放碗内，加水浸泡成糊，蒸半小时，调入面粉、白糖、九制陈皮、大油，和匀成馅。取发酵后的软面，擀成包子皮，裹馅成包。蒸熟即可，随意食用，有固肾止遗之功效。

山药核桃饼治遗精
Folk Prescription 5

备生山药500克，核桃仁100克，面粉150克，蜜糖（即蜂蜜1汤匙、白糖100克、大油少许，加热而成）。生山药洗净，蒸熟去皮，放盆中加入面粉、核桃仁（碾碎），揉成面团，擀成饼状，在蒸锅上蒸20分钟，出锅后在饼上浇一层蜜糖即成。每日1次，每次适量，当早点或夜宵食用。用于肾阴亏虚导致的男子遗精。

核桃衣治遗精
Folk Prescription 6

核桃衣15克加水1小碗，文火煎至半小碗，临睡前1次服下。核桃衣性温味甘，有固肾涩精之功，民间常用此药治疗肾气不固的遗精、滑精。

山药酒治遗精
Folk Prescription 7

山药60克研末，加水适量煮糊，煮熟后调入米酒1～2汤匙，温服。主治肾虚遗精，小便频数清长。

蝎子末治遗精
Folk Prescription 8

全蝎2只焙黄研末，用黄酒送服，汗出而愈，主治遗精白浊。蝎子是我国传统的名贵药材，具有抗癌、解毒、止痛等功能，对于男子遗精也有不错疗效。

药敷肚脐治遗精
Folk Prescription 9

五倍子10克、白芷5克共烘脆研为极细粉末，用醋及水各等份调成面团状，临睡前敷于肚脐（神阙穴）上，外用消毒纱布盖上，橡皮膏固定，每天换药1次。此方治疗遗精，一般连敷3～5天即可收到明显效果，且无副作用。

淡菜治梦遗
Folk Prescription 10

凡梦遗患者，用大淡菜酒洗，空腹代点心食之，或与鸡蛋一同炖食，有补肾固精的作用。淡菜为海产介类的一种，壳呈三角形，肉呈红紫色，味道鲜美。

111

猪肾核桃仁治遗精
Folk Prescription　　11

治疗肾虚引起的遗精，可用猪肾2个、桃仁30克，加适量水入锅中煮烂后即可食用。这种食物对于遗精所引起的头晕、耳鸣、腰痛、倦怠、消瘦等都有很好的治疗效果。根据中医同物同治的原理，吃猪肾对肾虚大有裨益。只要使肾的功能恢复正常，包括遗精在内的各种症状自然消失。

蚕茧治遗精
Folk Prescription　　12

将蚕茧10个放入火中烤，待表皮呈黑色后，泡开水饮用。利用蚕脱壳后的茧，来治疗体内排泄过多的各症状，是中医常用的处方。蚕茧除了有治疗遗精的功能外，对血便、血尿、子宫出血、糖尿病及皮肤病的治疗，都有很大的帮助。图

金樱子膏治遗精
Folk Prescription　　13

遗精早泄患者，可取金樱子1.5千克，捣碎，加水煎煮3次，去渣，过滤后再浓煎，加蜂蜜使成膏状，每日临睡前服1匙，可用开水冲服。

治遗精、早泄一方
Folk Prescription　　14

治疗遗精、早泄，可用草莓30克（干品15克），芡实15克，覆盆子10克，韭菜子（炒）10克，水煎服。本方还可治疗尿频及小儿遗尿等症。

黄花鱼海参治阳痿、早泄
Folk Prescription　　15

海参50克泡发，与净黄花鱼1尾同煮，加盐少许后服食。适用于体虚纳呆、阳痿早泄等症。

白果鸡蛋治阳痿
Folk Prescription　　16

生白果仁2枚，鸡蛋1只。将生白果仁研碎，把鸡蛋打一小孔，将碎白果仁塞入，用纸糊封，然后上蒸笼蒸熟，每日早晚各吃1只鸡蛋，可连续食用至愈。清心泻火，滋肾养阴，主治阴虚火旺型阳痿。

苦瓜子治阳痿、早泄
Folk Prescription　　17

苦瓜子、黄酒适量。苦瓜子炒熟，研成细末，每次服10克，每日2～3次，黄酒送服，10天为1疗程。

韭菜治阳痿、早泄方
Folk Prescription　　18

1.韭菜30～60克洗净切细；粳米60克先煮为粥，待粥沸后，加入韭菜细末、盐，同煮成稀粥，每日1次。阴虚内热、身有疮疡及患有眼疾的人忌用。炎夏季节亦不宜食用。

2.韭菜150克，鲜虾仁150克，鸡蛋1只，白酒50毫升。韭菜炒虾仁，鸡蛋作佐餐，喝白酒，每天1次，10天为1疗程。

3.韭菜子、覆盆子各150克，黄酒1500克。将上2味炒熟、研细、混匀，浸黄酒中7天，每日喝药酒2次，每次100克。

蚕蛹核桃治阳痿、滑精
Folk Prescription　　19

治疗肾虚引起的阳痿、

NO.12图

滑精等症，可取蚕蛹50克（略炒），核桃肉100克。隔水蒸，去蚕蛹。分数次服。

牛睾丸治阳痿、早泄
Folk Prescription　　20

牛睾丸2个，鸡蛋2只，白糖、盐、豉油、胡椒粉各适量。将牛睾丸捣烂，鸡蛋去壳，6物共拌均匀，锅内放少许食油烧热煎煮，可佐餐食。本方补气益中，主治中气不足导致的阳痿、早泄。

栗子梅花粥治阳痿
Folk Prescription　　21

栗子10个去壳与粳米50克兑水，文火煮成粥，然后将梅花3克放入，再煮二三沸，加适量白糖搅匀即可。空腹温热服。用于抑郁伤肝、劳伤心脾的阳痿不举。（图）

治阳痿、早泄食疗方
Folk Prescription　　22

1.黄芪羊肉粥：羊肉100

NO.21图

克，黄芪30克，粳米150克。黄芪加水，文火煎20分钟去渣留汁，加入洗净的粳米，添水煮粥。至煮半熟时，再加入洗净切末的羊肉，搅匀，煮烂熟即可随意食用。1～2天内服完。用于阳痿、早泄及身体虚弱畏寒者。暑热天不宜食用；发热、牙痛、便秘及痰火内盛者忌食。

2.黑豆狗肉汤：黑豆50克，狗肉500克。狗肉切成块，黑豆先用水浸泡，然后共放锅内加水炖烂，吃肉喝汤，每日2次，10天为1疗程。本方具有温肾扶阳之功效，主治肾阳衰弱型阳痿、滑精、早泄等。

妇科疾病
FU KE JI BING

侧身碰墙缓解痛经
Folk Prescription　　1

离高墙或树约0.5米的地方，侧身站立，抬起一个胳膊，和肩一样平，肘部弯曲，由前臂和手掌贴在墙上或树上，另一手叉腰，用力把近墙边的胯部靠拢墙或树，这样每天练几十回。两侧交替做。尤其月经疼痛时这样做更好。

小腹贴墙缓解痛经
Folk Prescription　　2

站在离墙或树0.5米的地方，面对着墙，两手在胸前互抱，抬起来和肩平。先让小肚子尽量去贴墙或树，然后再离开，如此反复做30下。

黄芪乌骨鸡治痛经
Folk Prescription　　3

乌骨鸡（1～1.5千克）

去皮及肠杂，洗净；黄芪100克洗净，切段，置鸡腹中。将鸡放入沙锅内，加水1升，煮沸后，改用文火，待鸡烂熟后，调味服食。每料为5天量。月经前3天服用。

川芎煮鸡蛋治痛经
Folk Prescription　　4

治疗痛经，可用鸡蛋2个、川芎9克、黄酒适量，加

NO.7图

水300毫升同煮，鸡蛋煮熟后取出去壳，复置汤药内，再用文火煮5分钟，酌加黄酒适量，吃蛋饮汤，日服1剂，5剂为1疗程，每于行经前3天温服。

双椒治痛经法
Folk Prescription　　5

用花椒10克、胡椒3克共研细粉，用白酒调成糊状，敷于脐眼，外用伤湿止痛膏封闭，每日1次，此法最适宜于寒凝气滞之痛经。

姜枣花椒汤治痛经
Folk Prescription　　6

取干姜、大枣各30克洗净，干姜切片，大枣去核，加水400毫升，煮沸，然后投入花椒9克，改用文火煎汤，每日1料，分2次温服。5剂为1疗程。临经前3天始服。

叉腰摆腿缓解痛经
Folk Prescription　　7

两手叉腰，一腿站稳，另一只腿前后摆动20下左右，两腿交替进行，先幅度小再幅度大，先慢后快。图

三花茶治痛经
Folk Prescription　　8

取玫瑰花、月季花各9克（鲜品均用18克），红花3克，上3味制粗末，以沸水冲泡闷10分钟即可。每日1剂，不拘时温服，连服数天，在行经前几天服为宜。

山楂酒治痛经
Folk Prescription　　9

干山楂200克洗净去核，放入500毫升的酒瓶中，加入60度白酒300毫升，密封瓶口。每日摇动1次，1周后便可饮用。饮后可再加白酒浸泡。本方适用于淤血性痛经。

韭菜月季花治痛经
Folk Prescription　　10

备鲜韭菜30克，月季花3～5朵，红糖10克，黄酒10毫升。将韭菜和月季花洗净压汁，加入红糖，兑入黄酒冲服。服后俯卧半小时。本方理气活血止痛，适用于气滞血淤之痛经，效果较好。

黄芪膏治痛经
Folk Prescription　　11

生黄芪、鲜茅根各12克，淮山药10克，粉甘草6克，蜂蜜20克。将黄芪、茅根煎十余沸，去渣澄汁2杯。甘草、山药研末同煎，并用筷子搅动，勿令药末沉锅底。煮沸黄芪膏即成，调入蜂蜜，令微沸。分3次服下，可治痛经。本方有健脾益肾、补气养血之功效。

桑葚子治痛经
Folk Prescription　　12

取新鲜熟透桑葚子2.5千克，玉竹、黄精各50克，天花粉、淀粉各100克，熟地50克。将熟地、玉竹、黄精先用水浸泡，文火煎取浓汁500毫升。入桑葚汁，再入天花粉，文火收膏。每次服30毫升，每日3次。本方补益肝肾，用于肝肾虚损之痛经，长期服用，有改善阴虚体质的治本作用。

煮鸭蛋治痛经
Folk Prescription　　13

青壳鸭蛋3个（去壳），

酒半碗，生姜25克。鸭蛋与姜、酒共煮熟，以白糖调服。主治来经时小腹或胃部疼痛，不思饮食。

莲花茶治痛经

Folk Prescription 14

每年7月间采开放的莲花或含苞未放的大花蕾，阴干，和绿茶3克共研细末，白开水冲泡，代茶饮，每日1次。主治淤血腹痛、月经过多等症。

贴关节镇痛膏治痛经

Folk Prescription 15

治疗各种痛经，可于行经前3天，剪取大小适中的痛舒宁（关节镇痛膏）小块，贴关元、中极、三阴交、肾俞、次髎穴，2天换1次。经净停贴，连续3个月。

乳香没药治痛经

Folk Prescription 16

乳香、没药各15克。将上两药混合碾为细末，备用。于经前取药5克，调黄酒制成药饼如五分硬币稍厚大，贴在患者脐孔上，外用胶布固定。每天换药1次，连用3～5天。主治妇女痛经。经前后和来潮时痛均可治。

耳窍塞药治痛经

Folk Prescription 17

1.痛经轻者，可备75%酒精50毫升，用消毒棉球蘸后塞耳孔中，5～30分钟内见效。

2.痛经重者，可将大蒜适量捣汁状，用消毒棉球蘸汁后塞耳孔中。1次见效。

樱桃叶糖浆治痛经

Folk Prescription 18

以樱桃叶（鲜、干品均

可）30克、红糖20克水煎，取液汁300～500毫升，加入红糖溶化，1次顿服。经前服2次，经后服1次。此方治疗痛经有良效。

金樱当归汤治闭经

Folk Prescription 19

取参樱根15～30克，当归5克，瘦猪肉适量。上药与瘦猪肉加水适量煮，去药渣，临睡前作1次服。经未潮，次日晚再服1次。此方治疗闭经有效。

猪肤汤治经期鼻出血

Folk Prescription 20

新鲜猪皮（去净毛）250克，糯米粉30克，蜂蜜60克。先将猪皮洗净加水约3升，文火煎取1升，去渣，加糯米粉、蜂蜜稍熬至糊状，放冷，装瓶备用。每于经前1周早晚各空腹温开水送服3匙。忌食辛辣刺激之物。此方治疗经行鼻衄（鼻出血）收效显著。图

治不孕症一方

Folk Prescription 21

备茶树根、小茴香和凌霄花各15克。于月经来时，将前2味药同适量黄酒隔水炖3小时，去渣加红糖服。月经完后的第二天，将凌霄花炖老母鸡，加少许米酒和食盐拌食，每月1次，连服3个月，治疗女子痛经不孕有良效。

狗头骨治不孕症

Folk Prescription 22

全狗头骨1个，黄酒、红糖适量。将狗头骨砸成碎块，焙干或用砂炒干焦，研成细末备用。月经过去后3～7天开始服药。每晚睡时服狗头散10克，黄酒、红糖为引，连服4天为1个疗程。服药期间正常行房，忌食生冷食物。服1个疗程未成孕者，下次月经过后再服。连用3个疗程而无效者，改用其他方法治疗。此方适用于宫寒、子宫发育欠佳不能受孕者。

NO.20图

参乌汤治不孕
Folk Prescription　23

乌梅、党参各30克，远志、五味子各9克。上药水煎服，每天1剂。主治肾气不足所导致的不孕。

川芎煎剂治子宫出血
Folk Prescription　24

取川芎24～28克，白酒30毫升。川芎、酒置容器内，再加水250毫升浸泡1小时后，用文火炖煎，分2次服。不饮酒者可单加水炖服。此方治疗功能性子宫出血有良效。

党参汤治子宫出血
Folk Prescription　25

治疗功能性子宫出血，可取党参30～60克水煎，每天1剂，早晚各服药1次。月经期或行经第一天开始，连续服药5天，必有显效。

旱莲牡蛎汤治子宫出血
Folk Prescription　26

对于子宫出血偏阴虚者，可备旱莲草30克，牡蛎20克，阿胶、大黄炭各15克，卷柏炭12克，川芎、甘草各6克。上药水煎服，每天1剂。

核桃皮煎剂治子宫脱垂
Folk Prescription　27

治疗子宫脱垂，可取生核桃皮50克，加水煎成2升，早晚用药液温洗患部1次，每次20分钟，7天为1疗程。

芦荟叶治乳腺炎
Folk Prescription　28

鲜芦荟叶适量洗净捣碎，敷在患处，外面用纱布盖住，用胶带贴牢，次日再换一次，2～3日后，症状可完全消失。

治带下病一方
Folk Prescription　29

取鲜鸡冠花、鲜藕汁、白糖粉各500克，将鸡冠花洗净，加水适量煎煮，每20分钟取煎液1次，加水再煎，共煎3次，合并煎液，再继续以文火煎煮浓缩，将要干锅时，加入鲜藕汁，再加热至黏稠，停火，待温，拌入干燥的白糖粉把煎液吸净，混匀，晒干，压碎，装瓶备用。每次10克以沸水冲化，顿服，每日3次。图

NO.29图

小儿常见病
XIAO ER CHANG JIAN BING

听婴儿哭声辨病
Folk Prescription　1

1.啼哭声忽缓忽急、时发时止，多是患腹泻；哭声嘶哑，多是脾胃不佳，消化不良；啼哭声时断时续、细弱无力，多是腹泻脱水。

2.夜间哭闹，伴有睡眠不安、易惊、多汗等症，是因钙磷代谢失调引起的佝偻病。

3.哺乳时身贴母亲怀中发出啼哭，伴有用手抓耳动作，多患中耳炎、外耳疖肿等病。

4.喂奶进食即哭，多患口腔疾病。

5.哭声突然发作，声音尖锐宏亮，多为疼痛疾病。如果是肠绞痛，伴有烦躁不安、翻身，哭后入睡；如果是急腹症肠套叠，则伴有面色苍白、出冷汗，苹果酱样稀便。

6.啼哭声无力，伴呼吸急促，口唇发绀、呛奶、呕吐，多为肺炎及心力衰竭。

7.啼哭声调高，伴尖叫声、发热、呕吐、抽搐等症状，多为脑及神经系统疾病。图

NO.1图

小儿常见病

白菜冰糖饮治百日咳
Folk Prescription 2

取大白菜根2个、冰糖30克，水煎服，每日3次。适用于百日咳的初咳期。

金橘干炖鸭喉治百日咳
Folk Prescription 3

杀鸭时取下鸭喉（气管）1条，洗干净备用，另备金橘干5个、生姜5片。将金橘干与鸭喉一同放锅内，加水煎，煮沸后喝汤吃果，每日3次。治疗小儿百日咳有良效。

胆汁绿豆粉治百日咳
Folk Prescription 4

治疗小儿百日咳，可取鲜猪胆汁250克加热，浓缩成膏状，加绿豆粉50克搅匀，烘干，粉碎成面粉口服，每次3克，每日2次。

童便鸡蛋清治百日咳
Folk Prescription 5

取鸡蛋清1个，童便（小儿哺乳期小便）60毫升。将鸡蛋清与童便搅匀，以极沸清水冲熟，顿服。每日早、晚各1次。治疗小儿百日咳效果极佳。

蛋黄治百日咳
Folk Prescription 6

取熟鸡蛋黄适量，用铁锅以文火将蛋煎熬出油饮用。5岁以下小儿用3个蛋黄油，每日2次；5岁以上者可酌加，均连服半月即愈。

花生红花茶治百日咳
Folk Prescription 7

备花生、西瓜子（去壳）各15克，红花1.5克，冰糖30克。将西瓜子捣碎，连同红花、花生、冰糖放入锅内，加水烧开煮半小时，取汁作茶饮，另取花生食之。

川贝鸡蛋治百日咳
Folk Prescription 8

取鸡蛋1个打一小孔，再将川贝6克研粉后倒入小孔内，外用湿纸封闭，蒸熟食用。每日1个。本方润肺止咳，治疗百日咳有良效。

鸡苦胆治百日咳
Folk Prescription 9

治疗小儿百日咳，可将鸡苦胆汁适量加入白糖，再以开水送服。1岁以下小儿，3日服1个鸡胆汁；2岁以下2日服1只；2岁以上每日1只。

核桃炖梨治百日咳
Folk Prescription 10

取核桃仁30克，冰糖30克，梨100克。3物共捣烂，入沙锅，加水适量，文火煎煮取汁。每次服1汤匙，日服3次，治百日咳有效。

大蒜敷贴治百日咳
Folk Prescription 11

大蒜适量去皮洗净，捣烂如泥，均匀摊于纱布上，厚约1厘米，临睡前敷贴于患儿两足底。为防止起泡，先涂少许凡士林油或大油。症状重者，每晚1次，连敷3～5次。症状轻者，可隔日1次。

雪里蕻煮猪肚治百日咳
Folk Prescription 12

取猪肚1个、姜3片、洋葱半个、雪里蕻30克，加水同煮至猪肚烂熟，加盐少许即可。每日1次，连汤吃1/3个猪肚，连吃15天。用于百日咳初咳期的食疗，体质虚弱者食用更佳。

117

鸡胆百合散治百日咳
Folk Prescription　　　13

鸡胆1个焙干，与百合10克共研细末。1岁以内分3天服；1~2岁分2天服；3~6岁1天服完；7~10岁以上药量加倍。此方治疗百日咳，一般用药4~10天即愈。

鸡蛋蘸蝎末治百日咳
Folk Prescription　　　14

将全蝎1只炒焦研末，再将去壳熟鸡蛋1个蘸全蝎末食，每天2次。3岁以下酌减，5岁以上酌增。此方治疗百日咳效果很好，一般4~7天即愈。

治百日咳一方
Folk Prescription　　　15

苏叶、枇杷叶各10克，龙胆草6克，花椒1克，红糖15克。上药用清水煮沸10~15分钟，加入红糖微火溶化，少量频服，2天1剂。此方治疗小儿百日咳，特别是百日咳的中后期疗效

尤佳。

车前草治百日咳
Folk Prescription　　　16

把10克车前草的种子放入1碗水中，煎至70%的浓度时，再分1~3次空腹饮用，幼儿只能服此量的1/10，3岁以上服1/5。车前草含有一种称普列塔金的成分，是治百日咳的良药，如果咳嗽伴有痰的话，可在上方中加入2~3克的黄柏粉末。

百日咳初起治疗二方
Folk Prescription　　　17

1.百日咳初起，拿活鲫鱼1条（约250克），鱼腹洗净，和白糖15克摆在盘中蒸熟，食鱼肉喝汤。

2.冬瓜子15克（即连壳的冬瓜仁），水煎，加蜂蜜调服，适用于百日咳初期患者。

板栗叶玉米穗治百日咳
Folk Prescription　　　18

在锅中放入板栗叶15

克、玉米穗30克，加3杯水，慢火熬至剩1杯，沥去残渣，于汁液中加冰糖少许调服，1天内分3次喝完。

大枣侧柏叶治百日咳
Folk Prescription　　　19

以大枣10克、侧柏叶15克加水煮好，残渣沥去，即可服用。百日咳严重时，会发生痉挛的现象，甜味的食物能缓和肌肉的紧张，大枣即是这一类的食品。侧柏叶则有很强的镇咳止痰的作用。

核桃治小儿百日咳
Folk Prescription　　　20

治小儿百日咳，可选皮薄的核桃1个，放烧着的草灰里烧，不要烧焦，略带黑色即取出。然后分别将核桃壳和肉砸碎成面状，再将核桃壳和肉调和一起，加点白糖，用温开水送服。日服3次，一般吃完即好。

柚子皮治小儿肺炎
Folk Prescription　　　21

买一个柚子，吃完留皮，晾干，撕成不大不小的几块，放进锅里加水一起煮，连着几次后，把煮好的汤倒进碗里，给患儿喝下去，连着喝几次有良效。⑧

黄花菜汤治小儿口腔溃疡
Folk Prescription　　　22

先用黄花菜50克煎汤半杯，再加蜂蜜50克调匀，缓缓服用，每天分3次服完，连服4~6剂，治小儿口腔溃疡有良效。

NO.21图

香油治小儿口腔溃疡
Folk Prescription 23

治小儿口腔溃疡，可用香油数十滴，冲化于1汤匙的盐水中，每次滴入口内4～5滴，每日十余次。

治小儿口腔溃疡一方
Folk Prescription 24

香油50克倒入小锅内加热，打入鲜鸡蛋1只，炸黄后取出，油凉后倒入小碗里。将五倍子10克和鸡蛋壳7个放入锅内焙黄，研为末；冰片5克压碎，同放在鸡蛋油里即成。用时，取一块干净白布条卷在食指上，蘸少许鸡蛋油抹在小儿口中患处，每日2次，当日即可见效。

敷贴法治小儿口腔溃疡
Folk Prescription 25

莱菔子、白芥子、地肤子各10克，食醋适量。前3味以文火用沙锅炒至微黄，研成细末，调醋成膏状，涂于2厘米见方的纱布或白布上，膏厚2毫米，1厘米见方，贴于患儿足心稍前涌泉穴处，胶布固定，每日1次，连用3～5天。主治小儿鹅口疮。

地龙白糖浸液治口腔溃疡
Folk Prescription 26

将地龙（大蚯蚓）10～15条用清水洗净后置于杯中（不要弄断），撒上白糖50克，用镊子轻轻搅拌，使其与白糖溶化在一起呈黄色黏液，盛于消毒瓶内备用。用棉签蘸此液涂在疮面上，3～5分钟后用盐水棉签擦掉即可，每天3～4次，夜晚疼痛时可再外涂1次。此方治疗小儿鹅口疮，一般3～5天可治愈。

药贴涌泉穴治婴儿鹅口疮
Folk Prescription 27

婴儿鹅口疮是初生小儿易患的一种口腔炎，其症状是口腔黏膜、舌上出现外形不规则的白色斑块，高出黏膜面，影响婴儿吮乳。治疗时可用吴茱萸15克碾为细末，与醋调成糊状。取药糊涂于双脚涌泉穴，固定，每日1换，痊愈为止。此疗法简单、实用，无痛苦，很适合于婴儿。图

荞麦面鸡蛋清治麻疹
Folk Prescription 28

治疗小儿麻疹，可用鸡蛋清、荞麦面、香油各适量，调匀如面团之状，搓搽患儿胸、背、四肢等处。

金针香菜饮治麻疹
Folk Prescription 29

瘦肉15克切片，沸水下肉片，金针菜15克略炖，后下香菜10克及油、盐佐味。让患儿食菜饮汁，每日3次。

①

②

③

④

NO.27图

萝卜荸荠饮治麻疹
Folk Prescription 30

将萝卜250克、荸荠150克洗净切片，加4茶杯水，煎成2茶杯，去渣。加入切碎的香菜50克，趁热喝1杯，半小时后再温服1杯。本方清热解毒，助小儿麻疹透发。

老丝瓜治麻疹
Folk Prescription 31

用尾部近根的老丝瓜1个（长10～13厘米），悬挂通风处阴干，研为细末备用。每次服6克，开水送服，1日3次。主治小儿麻疹。服用本方时不宜食酸涩之品。

鼻嗅法治麻疹期哮喘
Folk Prescription 32

鲜葱250克纳入大嘴茶壶中，隔水炖，以纸套套壶口，让患儿鼻对壶口近尺许，使葱气吸入，每次吸20分钟，隔1～3小时吸1次，次数不限。用于麻疹期哮喘的辅助治疗。

治小儿疹发不畅一方
Folk Prescription 33

治小儿疹发不畅，可备鸡蛋1只、生葱3株、香菜2.5克。将鸡蛋连壳放入后2味所煎药汤内煮熟，取蛋备用。趁热用蛋搓患者，从头面到躯干，次至上肢、下肢，蛋凉再煮再搓，连续3～4遍后，盖衣被取微汗，每日1次，连用2次为1疗程。

樱桃核助麻疹透发
Folk Prescription 34

在麻疹将发未发时，以樱桃核10～15克，用水煎服，或是以等量的樱桃核和

香菜子加黄酒和水合煎，趁温喷抹胸颈间，这时要注意室内温度，防止着凉，喷几次就可使麻疹透发，如果麻疹已透发者请勿使用此法。

黄花鱼汤助麻疹透发
Folk Prescription 35

小儿发热数日，麻疹不易透发，可用黄花鱼略加香菜熬汤喝。民间认为黄花鱼是一种发食，可助小儿麻疹透发。

治小儿麻疹一方
Folk Prescription 36

马蹄菜、甘蔗各500克，胡萝卜250克，与适量的水一起入锅煮，将残渣沥去，其汁当茶饮。马蹄菜熬出的汁甘甜可口，与甘蔗都有清热作用，因为麻疹乃热气侵入体内而造成的，所以采用有清热作用的食物。胡萝卜能强化消化器官，增加体力，促进麻疹康复，而且无白萝卜的辣味，小儿都很爱服用。

鲫鱼豆腐汤治麻疹
Folk Prescription 37

用鲫鱼2条、豆腐250克加水煮熟，喝其汁液。鲫鱼能治疗发疹，对皮肤上的疮、溃烂等的治疗效果也很好，豆腐亦有治疗发疹与清热的作用。

山椒治小儿蛔虫
Folk Prescription 38

有些小孩会突然感到肚子疼痛，大多数是因体内有蛔虫寄生，这时可用山椒种子作为驱虫剂，每次服食10粒，晚餐禁食，第二天早晨，蛔虫就随大便出来了。如果这方法还治不好的话，可以将30～40

克的山椒树皮放入水中，煎至剩下一半的量，空腹趁热饮用，驱虫效果更好。

蝼蛄蛋治小儿疳积
Folk Prescription 39

先将1只鸡蛋戳一小孔（约蚕豆大），再将蝼蛄（活者为佳）放入蛋内用纸封固，或用胶布贴封，然后将蛋煨熟，每天吃1只，1次吃完。此方治疗小儿疳积有良效，轻者吃3只，重者间隔1周后再吃3只即可生效。图

热姜水治蛲虫病
Folk Prescription 40

每天睡眠前，先用热姜水清洗肛门周围，然后再饮用热姜水1～2杯，持续约7天左右即可治愈。

治小儿蛲虫二法
Folk Prescription 41

小孩若体内有蛲虫，肛门会痒得不能安眠，常搔抓可致湿疹糜烂，虫体也可导致肠炎腹泻。

1.将大蒜捣碎，调入凡士

NO.39图

①

②

NO.47图

林，临睡前涂于患儿肛门四周。第二天，将肛门清洗干净。

2.若在睡前，于肛门口周涂食醋，蛲虫闻到食醋，则全部涌到肛门外，经过几次即可杀清。

鸡肝治疳积
Folk Prescription   42

1.小孩疳积，腹胀现青筋，则可买鸡肝一副不落水，雄黄0.6克研为末，瓷碗盛好，用好酒少许纳入鸡肝内，放饭上蒸熟食用。

2.用白芙蓉花少许阴干研末，放入鸡肝内，蒸熟食用，效果更好。

止涎散治小儿流涎
Folk Prescription   43

黄连4克，儿茶12克（此为3岁以下剂量）。将药研细末，分4份，每早晚各服1份，用梨汁或甘蔗汁1～2汤匙将药粉搅匀吞服。此方治疗小儿脾胃湿热型流涎（滞颐），有较好的疗效。

白益枣汤治小儿流涎
Folk Prescription   44

白术、益智仁各15克，红枣20克（此为5岁用量，可视年龄大小增减）。每天1剂，水煎，分3次服。此方治疗小儿流涎症有良效。

摄涎汤治小儿流涎
Folk Prescription   45

益智仁、鸡内金各10克，白术6克，水煎服，每天1剂，分3次服。一般以此方治疗数剂后，流涎即可减少或停止。

天南星治小儿流涎
Folk Prescription   46

治疗小儿流涎，可用天南星研成细末，以食醋调成糊，涂敷两足心，用纱布固定。每日1次，过夜即洗去，连敷数日。此方也可治口腔炎。

鹌鹑粥治小儿食欲不振
Folk Prescription   47

鹌鹑1只（最好在11月至次年2月间捉取），糯米100克、葱白3段。鹌鹑去毛及内脏洗净，炒熟，放白酒20毫升稍煮，加水适量入糯米100克，粥成加入葱白，再煮1～2沸即可，每日食2次。本粥益气补脾，对小儿食欲不振、肚腹胀实等症有一定疗效。⑤图

鹌鹑蛋治小儿遗尿
Folk Prescription   48

治疗小儿遗尿，可于每天早晨空腹吃1个蒸熟的鹌鹑蛋，连吃2周即可见效。蒸鹌鹑蛋时一次可多蒸几个，每天吃时用开水泡热即可。

山药散治小儿遗尿
Folk Prescription   49

炒淮山药适量研末备用，每天服3次，每次6克，用温开水冲服。此方治疗小儿遗尿症，效果甚好。

治小儿遗尿症一方
Folk Prescription   50

小儿遗尿非肾脏疾病引起的，可用葱白治疗。方法是：取7只连根须的葱白头，洗净，捣碎，拌上硫磺粉成糊状，涂在布上，晚上睡时包在肚脐处。第二天早晨拿掉，晚上另换新的，一般10天即愈。

龙骨蛋汤治小儿遗尿
Folk Prescription   51

先煎龙骨50克，去渣，

121

打入1只鸡蛋煎熟。吃蛋喝汤，睡前服。每天1剂，10天为1疗程。此方治疗小儿遗尿疗效显著，一般治疗1个疗程，个别需要2个疗程。

黑胡椒粉治小儿遗尿
Folk Prescription　52

若孩子尿床频繁，可在每天晚上睡觉前，把黑胡椒粉放在孩子肚脐窝里，填满为宜，然后用伤湿止痛膏盖住，防止黑胡椒粉漏掉，24小时后去掉，7次为1个疗程。

大黄甘草散治小儿夜啼
Folk Prescription　53

大黄、甘草以4：1配制，研为末备用。每天服3次，每次0.6克。并以适量蜂蜜调服。此方治疗小儿夜啼属胃肠积滞者有效。

自制五倍子止啼汤
Folk Prescription　54

五倍子1.5克加水浓煎80毫升，于睡前顿服，每天1剂。此方治疗小儿夜啼，治愈率很高。

灯芯草搽剂治小儿夜啼
Folk Prescription　55

将灯芯草适量蘸香油烧成灰，每晚睡前将灰搽于小儿两眉毛上。此方治疗小儿夜啼效果不错。一般连搽1~2晚见效，3~5晚即愈。

牡蛎粉治小儿疝气
Folk Prescription　56

治疗小儿疝气，可用牡蛎粉40克，调成糊状，涂在小儿阴囊上，每天涂1次，至愈为止。

乌鸡蛋治小儿疝气
Folk Prescription　57

将乌鸡蛋1个用食醋搅拌匀后，把一块生铁烧红，用它把蛋醋液烫熟，趁热吃后盖被休息，最好出点汗。每天晚上吃1个，7天为1疗程，1个疗程即可见效。

荔枝冰糖治小儿疝气
Folk Prescription　58

每天用干荔枝（鲜荔枝也行）5~6个去壳，用水煮20分钟，加冰糖适量再煮10分钟（可以连煮3次）。每天当水饮用，3~4个疗程可治愈。

丝瓜瓤治小儿疝气
Folk Prescription　59

治疗小儿疝气，可用丝瓜瓤2根，剪成数段，每次用几段放在药锅中煎熬半小时，每日当水饮用（不加任何东西），2周后即可治愈。成人病情较顽固，治疗时间要长些。

贴内关穴治小儿惊吓
Folk Prescription　60

小儿受到惊吓，轻则寝食不安，重则引发高烧或低热不退，治疗时可取生栀子4枝、葱白2根、面条碎段适量，共碾为末，以健康者唾液调稠，即刻敷扎在小儿"内关"穴（即腕横纹上2寸，屈腕时两筋之间），男敷左、女敷右。多数一次见效。少数效果欠佳者，3日后再换1次便可治愈。

侧柏叶糊剂治小儿腮腺炎
Folk Prescription　61

取鲜侧柏叶250克，鸡蛋

清1个。侧柏叶捣烂如泥，加入鸡蛋清调匀摊于纱布上，贴于患儿肿胀部位，每天更换1~2次。此方治疗小儿腮腺炎，多在1~2天内消肿退热。

木鳖子治小儿腮腺炎
Folk Prescription　62

木鳖子适量去壳取仁，用瓷碗或碟将木鳖子仁加少许清水磨成浆糊状，以棉签蘸涂于患处，每天10余次。干后即涂，保持湿润。此方治疗小儿腮腺炎有良效。

梧桐花汁治小儿腮腺炎
Folk Prescription　63

有的腮腺炎患儿，两耳下红肿疼痛，张口咀嚼困难，伴头痛、恶寒等症，可采鲜梧桐花20朵，捣烂外敷患处，药干后再换，1天数次。此方治疗小儿腮腺炎，一般会在36小时内退热消肿。

维生素E胶丸治婴儿脸部裂纹
Folk Prescription　64

每天晚睡前用刀切开一粒维生素E胶丸，均匀地涂抹在患处，半个月左右，孩子脸上的裂纹便可消失。

解除婴儿打嗝法
Folk Prescription　65

先将婴儿抱起，用一只手的食指尖在婴儿的嘴边或耳边轻轻地搔痒，一般至婴儿发出哭声，打嗝的现象就会自然消除了。

其他疾病
QI TA JI BING

毛豆煮猪脑治神经衰弱
Folk Prescription　　　1

患了神经衰弱，可用毛豆煮猪脑或鱼脑，加天麻6克作羹汤，于临睡前进食，多食数次，自见功效。毛豆所含的卵磷脂成分很丰富，特别是对于消瘦的神经衰弱患者，最为适用。

百合蛋黄汤治病后神经衰弱
Folk Prescription　　　2

治疗病后神经衰弱、坐卧不安，或妇女歇斯底里最有效的方法，是取百合7个，用水浸1夜，以泉水煮取1碗，去渣，冲入生鸡蛋的蛋黄1个，每次服半碗，1日2次。此药方取自《金匮要略》之记载，确有良效。

向日葵头治头晕
Folk Prescription　　　3

患高血压头晕，可取向日葵头1个，切成块放到药锅里，水要没过它，用火煎。水开了后，再文火煎15分钟，然后将煎得的水倒入3只茶杯中，每天服用1杯，连服3次即可见效。

治眩晕症一法
Folk Prescription　　　4

取龙牙草60克、鲜贝150克，水煎服，每日1剂，分两次服用，10天为1疗程，停2天再服，一般3～5疗程即可。

本方专治美尼尔氏眩晕症。

菊花汤治眩晕
Folk Prescription　　　5

治疗由高血压引起的眩晕，可用菊花、山楂、乌梅各15克，水煎，入白糖15克于药液中服用。一般服本方2剂后眩晕即止，续服数剂以巩固疗效。

天麻蒸蛋治眩晕
Folk Prescription　　　6

治疗高血压引起的眩晕，可采用"天麻蒸蛋"的食疗方。做法是：鸡蛋1～2只去壳、打碎、蒸蛋羹，待半熟时加入天麻粉5～10克，略搅匀，继续蒸熟后调味服。一般服食半月即可见效。

姜粉配制饮料治晕车
Folk Prescription　　　7

用调味的姜粉配制饮料，乘车前半小时喝半包，能防止头晕恶心，而且没有嗜睡等副作用。

自制药酒治坐骨神经痛
Folk Prescription　　　8

取大红枣30颗，杜仲50克，灵芝50克，冰糖300克，高粱酒1.5升，将上面4味放入酒中，密封浸泡1周，每天早晚各喝1次，每次10毫升，喝完后将药渣再泡一次。此方治坐骨神经痛，一般1个月好转，3个月基本治愈。

腰腿功治坐骨神经痛
Folk Prescription　　　9

取站立姿势，两腿叉开同肩宽，挺胸直腰，头尽量后仰，双臂同时垂直上举向后震颤。同时双腿挺直，交替向后踢。也可在床上练，俯卧在硬板床上，双手臂置于胯侧，手背紧贴硬板，躺平后双腿伸直往上翘，头部也随胸部抬起。此功法对腰椎间盘突出、腰部骨质增生均有良效。图

NO.9图

治坐骨神经痛一方
Folk Prescription 10

治疗坐骨神经痛，可取小麦粒60克，菜根、甘草各30克。将3味药水煎服。每日1剂，连服见效。

土鳖治坐骨神经痛
Folk Prescription 11

将20个土鳖烤干，砸碎，分成7等份，每晚1份用黄酒冲服（黄酒多点更好）。1周为1疗程，一般10个疗程即好。

自制药丸治中风瘫痪
Folk Prescription 12

治疗中风瘫痪，可用五灵脂100克、草乌25克（炮制去毒），共研细末，再用核桃仁100克，去油后与药末混合，醋糊为丸，如梧桐子大，晚间用白酒送服；初次服3克，取微汗禁风；次日服4.5克；后增服至6克为止。

补脑汤治偏正头风
Folk Prescription 13

治疗偏正头风，可用川芎、白芷各10克，共为末，再备黄牛脑髓1副，切碎同药末入器皿内，加白酒炖熟，趁热和酒食之。

辛芷散治偏正头风
Folk Prescription 14

治疗偏正头风，可用细辛、白芷等份为末，热痛用水调，风痛用白酒调，用毛笔蘸涂痛处。

陈小麦米醋治丹毒
Folk Prescription 15

备陈小麦（愈陈愈好）、米醋各适量。陈小麦研粉，下锅里炒成黄黑色，冷定研末，米醋调成糊，熬如黑漆，以瓷罐收之。涂在丹毒部位，有较好疗效。

油菜治丹毒
Folk Prescription 16

1.取油菜适量煮汤饮用，可以常饮之。

2.将油菜捣烂用洁净纱布绞汁1小杯（约30毫升）饮用。每天3次，连服3～5天。

3.油菜叶捣烂敷患处，每天更换2次，连敷4～5天。

赤小豆糊治丹毒
Folk Prescription 17

取赤小豆面30克，鸡蛋清2个。将赤小豆面以鸡蛋清调和如糊状，涂敷患处，以愈为度。此方见录于古代医书《圣济总录》中，是治丹毒的良方。

外敷治丹毒一方
Folk Prescription 18

明代医典《摄生众妙方》记载一方，可治丹毒。做法是：将等量的槐花与绿豆粉同炒，如象牙色为度，研末备用；另将细茶30克加水适量，煎汤汁1碗，露一夜，备用。外敷，每日1次，每次用槐花与绿豆粉之研和末9克，用露夜茶汁调敷患处。

芙蓉花叶治丹毒
Folk Prescription 19

干木芙蓉花或叶适量研极细末，过120目筛，在粉中加入凡士林，按1：4比例配方，调匀贮瓶备用。用其涂敷患处，涂敷面宜超过患处边缘

1～2厘米。涂后即觉清凉，疼痛减轻，患处明显变软。每天涂敷3～4次。

敷贴治丹毒三法
Folk Prescription 20

1.鲤鱼去骨，将其皮肉捣烂，敷于患处，干了再取换，可以预防丹毒扩延。

2.取活蚯蚓6条、白糖45克，将蚯蚓与白糖共同捣烂如糊状，调敷患处。

3.野外稻田、湖水、沼田自生之小水草，取这类浮萍绞汁敷患部，有止痛的功能。

豆腐樟脑糊治下肢丹毒
Folk Prescription 21

下肢丹毒，可用豆腐1碗与樟脑末3克，调成糊状，涂敷在患处，豆腐变干燥时更换，1天需换5～6次，这是冷敷之法。另有用豆腐捣烂，加面粉贴患部的做法，也要经常更换。

荞麦糊治下肢丹毒
Folk Prescription 22

荞麦面炒黄，用米醋调如糊状，涂于患部，早晚更换，有很好的消炎、消肿作用，治疗下肢丹毒疗效佳。

泥鳅炖豆腐治黄疸
Folk Prescription 23

泥鳅500克去腮、内脏，洗净后放锅中加食盐少许、水适量。清炖至五成熟，加入豆腐250克，再炖至鱼熟烂即可。吃鱼和豆腐，喝汤，分次服之。本方清热利湿、益气和中，适用于治黄疸。

柚子炖鸡治黄疸

Folk Prescription 24

柚子1个，雄鸡1只（约1千克）。将柚子肉放入鸡肚内，加清水适量炖熟，饮汤吃鸡。每2周1次，连用3次。本方补血益气开胃，用于黄疸的治疗。

田螺汤治黄疸

Folk Prescription 25

大田螺10～20只、黄酒半小杯。田螺洗净，取出螺肉加入黄酒拌和炖熟，饮汤。每日1次。主治湿热黄疸（阳黄），小便不利。

梨子泡醋治黄疸

Folk Prescription 26

梨子适量，切片泡入食醋里，每天吃3次，每次吃10片。中医的说法，黄疸是由胃、脾湿热所引起，梨子有解热的功能，对黄疸有益。另外，在医学古籍《金匮要略》载有以"黄芪芍药桂枝苦酒汤"来治疗黄疸，其中所指之"苦酒汤"就是醋，可见，以醋治疗黄疸，由来已久。

烤冬瓜治黄疸

Folk Prescription 27

2.5千克左右的冬瓜1个，挖黄土用水拌成稀泥，以此稀泥将冬瓜厚厚封裹，然后用火烤，一直到冬瓜外屑的稀泥干裂即可取出，将瓜上泥巴去掉，于瓜上切一小口，将瓜内的汁液倒出，患者喝过6～7个烤冬瓜的汁液后，即可治好黄疸。图

猪胆汁治黄疸

Folk Prescription 28

每天用新鲜猪胆1个，取汁冲开水作饮料，可治一切黄疸，因为猪胆汁含卤性盐类，为苦味健胃药，有促进胆液分泌，消减胆道内一切病原细菌，及排出结石的功能。

蛤蜊汤治黄疸

Folk Prescription 29

新鲜的蛤蜊500克，剖开倒出壳中的沙，并挖出肉，锅中放少许油炼熟，将蛤蜊肉倒入，再加点水（因蛤蜊本身太咸，加水可冲淡咸味，较易入口），待汤沸一二滚后起锅，连汤带肉吃下，这是1天的量，分2～3次吃下。本汤对急、慢性黄疸患者，都能收到较好的效果。

黄疸患者多吃蜂蜜

Folk Prescription 30

全身变黄的黄疸称为阳黄，呈黑黄色现象则称为阴黄，每次食60克的蜂蜜，对于前者的治疗有很好的成效。

NO.27图

125

其他疾病

冬瓜薏仁汤防治黄疸
Folk Prescription 31

口苦发热，如在热退后，小便含深浓黄色水液，那就是小便中已有浓厚的胆汁色素，这时就要饮用冬瓜薏仁汤。做法是：冬瓜皮30克、薏仁15克，共煎成汁液，连饮4～5天。如果成了黄疸，须10～30天的时间，始得痊愈。

鳗鱼油治肺炎
Folk Prescription 32

1.取活大鳗鱼数尾，清水洗净，先于锅中煮沸清水，再将活鳗投入，加盖煮2～3小时，鳗油浮于水面，取油加食盐少许，每次吃半匙，一天吃2次，饭后服用。

2.将鳗切成寸段，纳于铁皮筒内（大如竹管），筒的一头用泥封住；另一头用铁丝绕成围塞住，将铁皮筒架于炭火上烧，塞铁丝的一头向下，筒口以碗承之，待烧到鳗鱼焦时，鳗油就流入碗中，加入食盐少许，食用方法与上面相同。

白果治慢性肺炎
Folk Prescription 33

生白果（银杏）去壳，置于罐中，香油煎沸冲之，封罐，埋于地下70厘米深处，1月后，取白果食用，第一天吃1粒，第二天吃2粒，渐增加到30粒，温水送服至愈为止。

烤大蒜治肺结核
Folk Prescription 34

把生的大蒜用厚纸包好，埋入炭火的灰中20～30分钟，饭后就吃一瓣，怕闻这种

味道的人，可用糯米纸包起来，用冷开水服下。这样的话，富有刺激的成分获得缓和，也不会有什么害处。(图)

仙人掌可解毒
Folk Prescription 35

遇到蜂蜇等毒伤，可剪下一块仙人掌，去刺削片捣烂，敷患处，立即止痛，并逐渐消肿，待浆汁被皮肤吸干后再换一次，即可痊愈。

治疝气一方
Folk Prescription 36

橘子的核30克、柚子的核15克、金橘2个、糖30克和水2杯，全部放入锅中煮，煮好后沥去残渣，喝其汁液。柚子与橘子的核，平常使用的机会很少，除了用于治疗疝气，几乎没有使用这种药材，它们的作用在于促进血液循环。

黄芪小枣治疝气
Folk Prescription 37

用上好黄芪90～120克，将它捶烂，撕成一丝丝，再加入小红枣40～50枚，置于瓷罐中，放上一锅水，用文火煨2～3小时，不可间断，待枣子裂开时，熄火，枣子可吃，黄芪煨干成渣弃之。

巧用黑豆治疝气
Folk Prescription 38

取黑豆约5～6大碗，用清水洗净，分为二份，将其中一份趁湿置于锅中，小火翻炒，时时洒以清水，片刻后，锅中即蒸汽飞腾，立刻将炒好的黑豆趁热包扎于黑色布中，马上给患者使用，包扎时不可

NO.34图

太紧，使黑豆在布包中有转动余地。治疗时以日落时候较适当，患者卧于床上（室不可通风），脱去下衣覆大被，将热豆布包置于生殖器官周围，慢慢移动而烫之，如温度降低，应马上再换新炒热之黑豆包，继续加烫，如此反覆约十数次，待患者全身汗出，疝气就好了。次日起床，裤宜稍厚，免下体受凉，因为疝气都是因为下体汗热之际，突受风寒而引起的。

仙人掌治淋巴结肿大
Folk Prescription 39

患了淋巴结，可用仙人掌进行医治，具体做法是：每天晚上取一新仙人掌，去外皮，贴患处，用橡皮膏或绷带固定好，到第二天晚上再换新的，坚持一段时间，必有效验。

杨梅酒治流行性乙型脑炎
Folk Prescription 40

将鲜杨梅500克洗净，

加白糖80克共装入瓷罐中捣烂，加盖（不密封稍留空隙）约7~10天，自然发酵成酒。再用纱布绞汁，即成约12度的杨梅露酒，然后倒入锅内煮沸，凉后装瓶密封保存，时间越久越佳。每次10~20毫升，每日1~2次。

吃粥治流行性乙型脑炎
Folk Prescription   41

将青蒿5克（或鲜用绞汁）、西瓜翠衣60克、赤茯苓12克入锅内共煎取汁（不宜久煎），去渣。将绿豆30克洗净后，与荷叶适量同煮为稀粥。待粥将成，入以上药汁再稍煮即成。绿豆与汤液一并缓缓服用，有清热解毒、辛凉透表之功效。

仙人掌球治流行性乙型脑炎
Folk Prescription   42

初罹流行性乙型脑炎时，以仙人掌球（俗名八卦红）去皮，捣烂，取汁加蜂蜜调拌服用，连服数日，对缓解症状有效。

萝卜麦芽膏治流行性乙型脑炎
Folk Prescription   43

将生萝卜用磨钵磨碎，取一大碗纯正麦芽膏，平平地摆在磨碎的萝卜上，10~20分钟，麦芽膏被浸散了，再压取其汁液，差不多1碗的量，给患者服下，就会渐渐退热，病重者多饮几次，如系处于昏迷状态时，可试用汤匙灌喂。此方解毒退热有效。

大蒜野菊花治流行性乙型脑炎
Folk Prescription   44

准备大蒜瓣60克，野菊花30克，加水煎成浓汁，漱口，每日数次。本方具有清热解毒的作用。此外，乙脑流行期间每日生吃大蒜，然后用盐水漱口，每日数次，亦有预防功效。

绿豆甘草饮治流行性乙型脑炎
Folk Prescription   45

取绿豆15克，生甘草3克，大蒜1头。上3味用水煎服，每日1~2次。本方中大蒜能解毒，绿豆既清热又解毒，甘草既可解毒又调和诸药。

日常保健
RI CHANG BAO JIAN

盐水浴可提神
Folk Prescription   1

夏日精神不足时，可在温水中加些盐洗澡，精神就会振作起来。

抗瞌睡穴位按揉法
Folk Prescription   2

1.欲睡时，反复按揉中冲穴（中指尖正中），双手交替按揉，当穴位出现痛感时，便可逐渐清醒。

2.昏昏欲睡时，用中指或铅笔末端扣打左右眉毛中间处，连扣2~3分钟，

既可缓解瞌睡，又可消除眼部疲劳。

巧用薄荷缓解午困
Folk Prescription   3

午间休息时如果不能打盹，可抹点薄荷膏或嚼嚼口香糖。薄荷膏的味道能使人恢复精神气爽，精神顿时为之一振。嚼口香糖也有同样的作用。

食醋可帮助睡眠
Folk Prescription   4

睡前，将1汤匙食醋倒入

1杯冷开水中，搅匀喝下，即可迅速入眠，且睡得很香。

巧用牛奶安眠
Folk Prescription   5

在睡前饮1杯牛奶或糖水，有较好的催眠作用。

水果香味可帮助睡眠
Folk Prescription   6

把橙子、橘子或苹果等水果切开，放在枕头边，闻其芳香气味，便可安然入睡。

127

小米粥可助睡眠
Folk Prescription 7

用小米加水煮成粥，临睡前食用，使人迅速发困，酣然入睡。

左手握拳可催眠
Folk Prescription 8

躺在床上，左手置身旁，左手四指微屈，慢慢抓拳，慢慢松开，一抓一放，连续进行，幅度为2厘米，约10～20秒钟1次。思想要完全集中在左手的动作上，一般15分钟内就可入睡。

茶叶枕的妙用
Folk Prescription 9

将泡用过的茶叶晒干，装在枕头里，睡起来柔软清香，可去头火。图

上软下硬两个枕头睡眠好
Folk Prescription 10

枕头用2个为好，每对高度不超过8厘米，以上软下硬为宜。上边的软枕便于调整位置，以达睡眠舒适。下边硬枕主要用于支撑高度。使用这样的枕头，睡眠舒适，解除疲劳快。

防止侧卧垫枕滑落法
Folk Prescription 11

病人侧卧时，背后需垫枕头，但此枕头常易滑落，患者无法保持舒适的位置。如果将枕头裹在横置的床单里，再将床单两头对齐双层垫于病人身下，拉紧折在褥下，就比较稳妥了。

酒后喝点蜂蜜水
Folk Prescription 12

一旦喝酒过量，可在酒后饮几杯优质蜂蜜水，不仅会使头痛头晕感觉逐渐消失，而且能使人很快入睡，第二天早晨起床后也不会头痛。

豆制品可解酒
Folk Prescription 13

吃些豆腐或其他豆制品，不仅对身体有很大好处，而且是解酒佳品。

巧用橘皮解酒
Folk Prescription 14

鲜橘皮煮水，再加少许细盐，可起醒酒作用。

吃水果可解酒
Folk Prescription 15

西瓜、西红柿、苹果、梨等水果，可以冲淡血液中的酒精浓度，加速排泄，醉酒后食用不但可解酒，还可解口渴。

热姜水代茶喝可醒酒
Folk Prescription 16

用热姜水代茶饮用，可加速血液流通，消化体内酒精。还可在热姜水里加适量蜜糖，让身体直接吸收，以缓解或消除酒醉。

简易解酒菜
Folk Prescription 17

将白菜心和萝卜切成细丝，加醋、糖拌匀，清凉解酒。

巧服中药不苦口
Folk Prescription 18

1.药煎好后，应注意把汤药凉至低于体温时再服用。因人的舌头味感同汤药的温度有一定的关系。当汤

NO.9图

药在37℃时，味道最苦。高于或低于这一温度，苦味就会减弱。因此，服药时应等药的温度降至37℃以下。

2.如果发现病人因厌恶药味而不愿坚持服药时，可让患者在服药前几分钟口中含些冰块，这样可使味蕾麻痹，服药较易。

巧法防口臭
Folk Prescription   19

用舌头在口腔里、牙齿外、左右、上下来回转动，待唾液增多时漱口10余下，分一口或几口咽下。这种方法可以使口腔内多生津液，以帮助消化并清洁口腔，防止口臭。

巧用茶叶去口臭
Folk Prescription   20

吃了大蒜后，嘴里总有一股异味，这时只要嚼一点茶叶（或吃几颗大枣），嘴里的大蒜气味可消除。喝上1杯浓茶亦有同样效果。

巧用牛奶除口臭
Folk Prescription   23

吃大蒜后喝1杯牛奶，臭味即可消除。

巧用盐水除口臭
Folk Prescription   24

用盐水漱口，或在口中含盐水片刻，能把引起口臭的细菌杀灭。

薄荷甘草茶治口臭
Folk Prescription   25

为消除口臭，可先备薄荷15克、甘草3克、绿茶1克。锅中加水1升煮沸，投入配方诸药，5分钟即可，少

NO.27图

量多次温饮，饮完后，加开水1升，蜂蜜25克，再如前法饮，每日1剂。

巧洗脸改善眼部循环
Folk Prescription   26

洗脸时，顺便用手掌将温水捧起，轻轻地泼在紧闭的双眼上，做20次；然后用冷水重复以上做法20次，可改善眼部循环。

冬天盖被子如何防肩膀漏风
Folk Prescription   27

可在被头上缝一条30厘米来宽的棉布，问题便得到很好的解决，因为不管你怎样翻身，棉布自然下垂总使您盖得很好。装被罩的被子可选比被子长的被罩用，也会收到很好的效果。图

常看电视应补充维生素A
Folk Prescription   28

看电视过久会消耗很多视网膜中的圆柱细胞中的视紫质，如不适当补充，久之会造

成维生素A供给不足，人的视力、视野就会逐渐减退缩小。因此，经常看电视应多吃些含维生素A的食物。

减少电脑伤害策略
Folk Prescription   29

1.连续工作1小时后应休息10分钟左右。

2.室内光线要适宜，且保持通风干爽。

3.注意正确的操作姿势。

4.保持皮肤清洁。

看电视要注意脸部卫生
Folk Prescription   30

1.保持室内的清洁卫生，打开电视机以后，不要扫地或干其他使尘土飞扬的事情。

2.看电视时，不要离电视屏幕太近，最好在2米以外。

3.每次看电视的时间不要过长，一般不要超过3小时。

4.看完电视后，要用温水把脸洗干净，并涂上一些护肤霜保护皮肤。

129

医 Folk Prescription■ 医大病用小偏方

日常保健

1

2

3

NO.35图

看完电视不宜立即睡觉
Folk Prescription
31

看电视时，人们静坐在一个位置不动，特别是老年人由于血液循环较差，长时间看电视会使下肢静脉受到压迫，血液循环不畅，严重时可出现类似坐骨神经痛的症状，如下肢麻木、酸胀、疼痛、浮肿，甚至出现小腿肌肉强直性痉挛等。因此，看完电视后，应走一走再上床，这样有利于血液循环，防止下肢静脉受压。

另外，有些人看完电视，特别是观看完一些容易使人心情激动的电视时，如果倒头便睡，电视中各种情节还留在脑海中继续活动，兴奋没有平息下来，长此以往，会引起神经衰弱。

巧抱婴儿
Folk Prescription
32

对于两三个月左右的婴儿，应该尽可能怀抱在母亲身体的左边。因为把宝宝抱在母体的左边可以让孩子感觉到母亲心脏跳动的声音。这种微微的跳动，就如同婴儿在胎内感受妈妈的心跳声音一样。因此，这样的氛围容易使得婴儿安静，不哭闹，不烦躁，表现出温和、宁静和愉悦的心情。

婴儿巧睡三法
Folk Prescription
33

1.睡在用羊毛织成的睡垫上，要比睡在普通纯棉物制成的垫子上成长得快些。

2.刚刚生下来的婴儿，头骨还是软的，要注意婴儿的睡姿。否则，头形偏了，以后就不能矫正了。婴儿躺着时，喜朝着有门窗的方向。所以每间隔一段时间，就应调换一下睡觉时头脚的方位，即让婴儿头部时常进行左右换向。

3.如果婴儿喜欢平躺着睡觉，可以做一个凹型枕头，头枕部就不会睡扁了。

婴儿止哭法
Folk Prescription
34

如果婴儿半夜醒来哭叫不停，可给孩子洗洗脸，孩子清醒了，便会停止啼哭，然后再喂点水，或是抱起来边亲吻边摇动，即可慢慢入睡。

防吐奶三法
Folk Prescription
35

1.在给宝宝喂完奶后，妈妈轻轻将她抱起；让宝宝的身体尽量竖直些，小头伏在妈妈的肩膀上，妈妈一手托好宝宝的小屁股，另一只手轻轻拍打或抚摩宝宝的背部，等到听到有气体从宝宝嘴里排除的声音即可。

2.宝宝坐在妈妈的腿上，妈妈用一只手撑住宝宝的胸脯，

但一定要给宝宝的头稍稍向前倾，注意不要往后仰。（图）

3.妈妈坐下，让宝宝的头和肚子贴在妈妈的腿上，然后用一只手扶好宝宝，另一只手轻轻地拍她的背。（图）

婴儿不宜多食炼乳
Folk Prescription　　36

家长把炼乳作为有营养价值的代乳品来喂养婴儿的做法很不科学。由于炼乳太甜，必须加5～8倍左右的水来稀释，以使糖的浓度下降；炼乳中蛋白质和脂肪含量高，作为婴儿主食会造成婴儿营养不良，还会使婴儿患多种脂溶性维生素缺乏症。

哺母乳的婴儿不必喂水
Folk Prescription　　37

6个月以内的婴儿，在母乳量足够的情况下，热量和水分已能充分满足婴儿的需求，故不必另喂水。否则，会增加婴儿心脏和消化道的负担，影响食欲和消化功能。但腹泻、服用磺胺药或盛夏出汗多时，必须另外喂水。

如何提高小儿饮流质的兴趣
Folk Prescription　　38

小儿因恐惧心理，常常拒服某些流质。如遇上这种情况，最好准备一支装饰有各种动物或花草、五颜六色的吸管，以此来提高孩子的兴趣，流质也就不知不觉地饮完了。

婴儿巧吃鲜橘汁
Folk Prescription　　39

出生1个月后的婴儿即需要每天加一次果汁或菜汁，以增加维生素的摄取量。为使婴儿在无菌的条件下能吃上鲜橘汁，其简便方法是：选新鲜稍大的无核橘子，剥开后取其一瓣，用手指捏住一头，将另一头用经开水消毒的针挑开一个小口，让婴儿去吮吸，吮一会儿，还可用手指在橘瓣上轻轻地捏一捏，以使橘汁充分溢出。

怎样使儿童乐意服药
Folk Prescription　　40

给小孩喂药是家长头疼的事。如果撕一小块果丹皮把药片包住，捏紧，再放在孩子嘴里，用水冲服，孩子就乐意服用。此法适用于3岁以上的儿童。

晒晒孩子骨头硬
Folk Prescription　　41

晒太阳是预防和治疗佝偻病最经济、最简便、最有效的方法。一般来说，孩子满月后，每天就应安排一定的时间抱孩子到室外晒太阳。晒太阳要尽量让阳光晒到孩子的头部、面部、手

NO.41图

足、臀部等部位的皮肤上。夏天阳光强，宜在清晨或傍晚或树荫下接受阳光的照射。冬季晒太阳要避免受凉，选择风和日丽的天气，最好在上午10点钟以后进行，并要穿好衣服，露出小脸和小手就可以了。冬季也可打开门窗在室内晒太阳，但隔着玻璃晒太阳是无效的，因为玻璃将紫外线挡住使其不能通过。晒太阳的时间从每天5～10分钟开始，逐渐延长，到每天1小时左右。若孩子生病中断了晒太阳，可待愈后再晒。（图）

两岁内幼儿莫驱虫
Folk Prescription　　42

由于大多数驱虫药用后，需经肝脏分解代谢或经肾脏排泄，而2岁以内宝宝的肝、肾等器官发育尚不完善，有的药物会伤害娇嫩的肝、肾脏，因此驱虫药多标明婴儿禁用或慎服字样。

巧治孩子厌食
Folk Prescription　　43

孩子越不愿吃，桌上的饭菜就越丰盛，这是普遍规律。家长的目的是诱发孩子的食欲，但适得其反，饭菜越丰盛，他越不肯吃，形成恶性循环。如果把饭菜减少到不抢着吃就要挨饿的程度，看看孩子还吃不吃？

红葡萄酒可降低女性中风率
Folk Prescription　　44

一项新的研究表明，年轻女性每天喝半杯酒，特别是红葡萄酒可使患中风的危险率降低60%。

NO.50图

使用卫生巾前要洗手
Folk Prescription 45

如果使用卫生巾前不洗手，那么在进行卫生巾拆封、打开、抚平、粘贴的过程，会把大量的病菌带到了卫生巾上。

卫生巾要勤换
Folk Prescription 46

普通卫生巾连续使用2小时后，表层细菌总数可达107个/厘米^2，卫生巾在此期间的二次污染会严重侵害女性健康。所以，不要一味追求大吸收量，懒于更换的做法是非常错误的。

预产期计算法
Folk Prescription 47

末次月经的月数加9个月（或减3个月），日期加7天。比如，末次月经是1月5日，则应在10（1+9）月12日左右分娩；如果末次月经是6月20日，就该在来年3（6-3）月27日左右分娩。

妊娠呕吐时间
Folk Prescription 48

停经1~3个月间会出现呕吐，3个月后就会自然消失。

蜂王浆可调节内分泌
Folk Prescription 49

蜂王浆中不仅含有丰富的营养素，还有多种活性酶类、有机酸和激素样成分等，具有延缓衰老、调节内分泌的作用，可提高食欲、增强组织再生能力和机体抵抗力。蜂王浆中所含的激素样物质对于调节中年女性的内分泌及抵抗衰老具有重要作用。

孕妇看电视要注意
Folk Prescription 50

电视会产生少量的X射线，为了使小宝宝们在母亲腹中长得更好，怀孕妇女在看电视时应注意以下几点：

1.与电视机保持一定的距离，最好在2米以上。

2.时间不宜过长，以防止因视力疲劳而引起其他方面不适，如恶心、呕吐、头晕等症。

3.经常改变体位和姿势，否则，坐的时间长了，引起下腹部血液循环障碍，会影响胎儿发育。

4.可多吃一些富含维生素A、类胡萝卜素和维生素B2的食物，如动物内脏、牛奶、蛋类及各种绿叶蔬菜。图

脚心测男性健康
Folk Prescription 51

脚心有一个涌泉穴，点燃香烟，接近到距涌泉穴半厘米处，如是健康的正常人，10~30秒之间就会感到热。若感觉到热的时间过长，或左右感觉不同的人，可能是交感神经已失去平衡、内脏疲劳或有某种疾病，应该彻底做健康检查。每月至少要用此法做一次健康检查，一有异样，即应前往医院做全身检查。

从嘴唇看男性健康
Folk Prescription 52

嘴唇是内脏的信号灯，从嘴唇的颜色，即可知此人的健康状态、体质、疾病。嘴唇苍白的男人必是贫血；呈紫色者是肺病，黑色的人肝脏患疾；发热的人是红色。例如，从镜子看到嘴唇微红而粗糙，且身体酸麻，就要多喝一些蜂蜜，并吃萝卜泥，不久之后热

会退去，粗糙情形也会好转。如因贫血而嘴唇发白，应吃一段时间的猪肝，之后必会红润起来。总之，嘴唇是健康的标志。

男子小便精力检查法
Folk Prescription　　53

喝完啤酒就想上厕所的人，是肾脏健康的证明。喝完啤酒，20岁的人在15分钟后、30岁的人在20分钟后、40岁的人在30分钟以内上厕所，就是健康身体。总之，肾脏越强，上厕所时间也越早。

老年人夜间口渴怎么办？
Folk Prescription　　54

老年人容易夜间口渴，喝凉茶或其他饮料，容易引起失眠和腹痛。可以适量喝些温开水，并用凉茶漱口，效果最好。漱后很快觉得口腔清爽，即可安眠。

老年人穿双丝袜睡眠可保暖
Folk Prescription　　55

常有人冬天睡觉脚冷，老年人尤其是这样。可以穿一双干净、稍觉宽松的短筒丝袜睡觉，一会儿脚就温热起来。注意不要穿长统袜和线袜，可常备一双专用睡袜。睡时双脚不要收缩，要自然伸出，待脚感到太热时，双脚交互一捋便脱下了。

萝卜加白糖可戒烟
Folk Prescription　　56

把白萝卜洗净切成丝，挤掉汁液后，加入适量的白糖。每天早晨吃一小盘这种糖萝卜丝，就会感到抽烟一点味道都没有。时间一长便可戒烟。

口含话梅可戒烟
Folk Prescription　　57

每当想抽烟时就口含一颗杏话梅。活梅很顶劲儿，一颗能含老半天，且效力持久，而抽烟时嘴里觉得不对味儿，就不大想抽烟了。

老年人晨练前要进食
Folk Prescription　　58

对于老年人来说，空腹晨练实在是一种潜在的危险。在经过一夜的睡眠之后，不进食就进行1～2小时的锻炼，腹中已空，热量不足，再加上体力的消耗，会使大脑供血不足，让人产生不舒服的感觉。最常见的症状就是头晕，严重的会感到心慌、腿软、站立不稳，心脏原本有毛病的老年人会发生突然摔倒甚至猝死的意外事故。

每日搓八个部位可防衰老
Folk Prescription　　59

1.手：双手先对搓手背50下，然后再对搓手掌50下，可以延缓双手的衰老。

2.搓额：左右轮流上下搓额头50下，可以清醒大脑，延缓皱纹的产生。

3.搓鼻：用双手食指搓鼻梁的两侧，可使鼻腔畅通，起到防治感冒和鼻炎的作用。

4.搓耳：用手掌来回搓耳朵50下，通过刺激耳朵上的穴位来促进全身的健康，并可以增强听力。

5.搓肋：先左手后右手在两肋中间"胸腺"穴位轮流各搓50下，能起到安抚心脏的作用。

6.搓腹：先左手后右手地

轮流搓腹部各50下，可促进消化、防止积食和便秘。

7.搓腰：左右手掌在腰部搓50下，可补肾壮腰和加固元气，还可以防治腰酸。

8.搓足：先用左手搓右足底50下，再用右手搓左足底50下，可以促进血液的循环，激化和增强内分泌系统机能，加强人体的免疫和抗病的能力，并可增加足部的抗寒性。

晒太阳可降血压
Folk Prescription　　60

自2月19日"雨水"后，气温逐渐回升，春日暖阳普照大地，在户外晒10分钟的太阳，血压可下降6个毫米汞柱。因为太阳光的紫外线照射可使机体产生一种营养素——维生素D3，而维生素D3与钙相互影响可控制动脉血压，所以适当晒太阳能使血压下降。

做个圈圈来健身
Folk Prescription　　61

买两个压力锅密封圈，把旧绒裤剪成布条，将两圈捏紧包严，再用花色鲜艳的结实布条将圈包严密缝。此圈适合老年人互相扔接，可近可远，活动眼、手、肩、腰等。

搓衣板可代"健身踏板"
Folk Prescription　　62

足部按摩对人体有益，可找来搓衣板平放在地上，穿着袜子将双脚踏上去即可。中老年人一边看电视，一边踩踏、搓动双脚，便可以进行自我保健。

NO.64图

手"弹弦子"可保健
Folk Prescription 　　63

　　双手每天坚持做"弹弦子"颤动锻炼，要快速进行，可促进上肢血液循环，增强手、臂的活动功能，对局部麻木、手臂痛和肩周炎等不适之症，都可起到良好的辅助治疗作用。

明目保健法
Folk Prescription 　　64

　　1.起床后，双手互相摩擦，待手搓热后用一手掌敷双眼，反复3次。然后用食指和中指轻轻按压眼球或按压眼球四周。

　　2.身体直立，两脚分开与肩宽，头稍稍向后仰。头保持不动，瞪大双眼，尽量使眼球不停转动。先从右向左转10次，再从反方向转10次，稍事休息，再重复3遍。

　　3.身体下蹲，双手抓住双脚五趾，稍微用力地往上扳，同时尽量朝下低头。

　　4.坐在椅子上，腰背挺直，用鼻子深吸气，然后用手捏住鼻孔，紧闭双眼，用口慢慢吐气。

　　5.小指先向内弯曲，再向后扳，反复进行30~50次，并在小指外侧的基部用拇指和食指揉捏50~100次。每天早晚各做一次。这种方法不但能够明目养脑，对白内障和其他眼病者也有一定疗效。

　　上述方法可以单独做，也可任选则几种合做，长时间坚持能够起到明目的作用。图

主妇简易解乏四法
Folk Prescription 　　65

　　1.梳理一下头发，洗个脸，重新化一下妆，用不了20分钟，就可收到调节紧张情绪的效果。

　　2.做10分钟轻松的散步，舒展一下身体。

　　3.躺下来，全身放松，什么事也不要想，休息静养10分钟，可使精神得到恢复。

　　4.打开窗子，做1分钟的深呼吸，疲乏感会立即减轻。

以脚代手巧健身
Folk Prescription 　　66

　　沐浴时不妨翘起一只脚，以足代手开关水龙头，这可使许多关节得到活动，脚趾灵活。

牙线护牙效果好
Folk Prescription 　　67

　　每天晚上睡觉前，坚持用牙线清理一下牙齿，可使患牙龈病的概率降低85%。

叩齿运动保护牙齿
Folk Prescription 　　68

　　叩齿是一种古老的保健方法，能促使其血脉畅通，又可以

保护牙齿。叩齿的方法是：口唇微闭，先叩臼齿50下，再叩门齿50下，然后再错牙叩齿50下。

按摩牙龈巧防病
Folk Prescription 69

食指放在牙龈上，做局部小圆旋转的移动按摩动作，使每个牙齿所属的牙龈区都受到按摩。每日3次，最好在饭后进行，每次上下按摩牙龈10~15次，按摩后漱口。

巧用电话健身
Folk Prescription 70

接电话时，电话机离身不远，可能够得着时，不动脚而尽量伸展手臂，这也是一种全身运动。图

拾东西健身法
Folk Prescription 71

1.向院里丢出1枚硬币或其他什么小玩意儿，再尽力把它找回来。

2.准备十几粒黄豆，将其撒在地板上，弯腰（不是下蹲）一粒一粒地拣起来。

公交车健身法
Folk Prescription 72

坐公共汽车时，女性可将收缩的动作专注在阴道、尿道上，持续重复着一缩一放的频率。骨盆越好说明阴道越紧，每天坚持做5分钟这样的运动，阴道肌肉会呈现较为紧绷的状态，做爱时会有"握紧"的感觉，同时还能防止老年性尿失禁。

放松双肩法
Folk Prescription 73

工作一阵后，记得用力

NO.70图

耸双肩，尽量贴近双耳，夹紧两臂，然后放松，重复10次。这一动作通过使颈、背发力，刺激血液循环从而达到放松颈背的效果，以免落下腰酸背痛的毛病。

全身摇摆可缓解腰痛
Folk Prescription 74

身体直立，轻闭双目，双臂自然下垂或向上举起，双肩放松，使全身瘫软般地左右摇摆，每次3~5分钟。这种方法可以消除周身疲劳并减轻腰背疼痛，也可以坐着做。

骑自行车恢复体力法
Folk Prescription 75

下班骑车时，全身肌肉放松，内脏放松，思想放松，什么也不想，抬头平视前方，在惯性的基础上小腿稍稍给力，使自行车匀速前行，保持20分钟左右即可。到家后会感到体力恢复，精神饱满。

剩茶水洗脚可消除疲劳
Folk Prescription 76

茶水洗脚不仅可除臭，

还可消除疲劳。用茶水洗脚，洗时就像脚上用了肥皂一样光滑，洗后顿感轻松舒服，能有效缓解疲劳。

两人互背消除疲劳
Folk Prescription 77

二人背靠背，相互挽住胳膊，一人慢慢弯腰，将对方背起再放下，对方也重复上述动作，反复多次。通过两人互背可使全身血液循环加快，消除腰部疲劳。

巧用石子健身
Folk Prescription 78

在一个比较大的塑料盆里，底部垫上硬纸片，上面放上半盆洗净的比较圆滑的小石子。这样，在家里就可以随时踩踩石子进行足部按摩保健了。

梳头可益智
Folk Prescription 79

每天早晨起来，什么事也不干先梳头，由左至右向后梳，梳时用一点力，使头皮有微痛感，反复来回梳，要快些梳头皮就会有热感，大约2分钟满头皮都有热感后，就停梳，再用双手拍头，拍1~2分钟，要用一点力拍，头顶多拍几下，过20分钟再吃早饭。梳2~3个月后要停一段时间再梳。血压高的和血压低的人不要用此法，晚上不要梳。

手指运动防老年痴呆
Folk Prescription 80

手和大脑关系密切，老年人经常活动手指关节刺激手掌有助于预防老年痴呆症的发生。

1.将小指向内弯曲，再向

后拨，反复做屈伸运动10次。

2.用拇指及食指抓住小指基部正中，揉捏刺激10次。

3.将小指按压在桌面上，用手或其他物反复刺激。

4.双手十指交叉，用力相握，然后突然猛力拉开。

5.刺激手掌中央（手心），每次捏掐20次。

6.经常揉擦中指尖端，每次3分钟。

每天可在上述方法中选择2～3种交替使用，要尽量利用各种机会活动手指。

眼睛疲劳消除法
Folk Prescription 81

1.用双手中指按住上眼睑向上轻提，连做3次，再用中指按住下眼窝向下按3次。

2.用双手中指从左右外眼角向太阳穴按去，经太阳穴再向耳边按去，反复3～4次。

3.轻闭双目，用中指轻轻揉按10秒钟即可。

搓脚心可防衰老
Folk Prescription 82

每晚温水（30℃～40℃）洗脚，水没过足踝，水凉了续上热水，多洗一会儿。洗完后用双手各搓左右脚心300下。此法可以改善机体循环和神经泌尿等系统功能，提高免疫力，抗老防衰。对头晕、头痛、失眠多梦及血管神经性头痛、关节炎、坐骨神经痛、陈旧性损伤等也有良好的疗效。图

运用脚趾可强健肠胃
Folk Prescription 83

胃经始于脚的第二趾和第三趾之间。胃肠功能较弱的人，若每天练习用脚二趾、三趾夹东西，或用手

NO.82图

指按摩足趾36下，并持之以恒，胃肠功能会逐渐好转。

搓双足可清肝明目
Folk Prescription 84

摩擦两足，可使浊气下降，并能清肝明目，对治疗神经衰弱、失眠、耳鸣、高血压等均有疗效，具有祛病健身、延年益寿之功效。

敲手掌可调节脏腑
Folk Prescription 85

手掌正中有劳宫穴，若每天早晚握拳相互敲打左右手劳宫穴各36下，再按摩整个手掌，能疏通气血津液、调节脏腑功能，达到强身保健的目的。

拍手背防治寿斑
Folk Prescription 86

手背为手之阴阳两经汇聚交接之处，若每天早晚各拍打手背36下，可调和阴阳，疏通经络，加速血液循环，预防寿斑出现，促使寿斑消失。

捶腰背可强肾壮腰
Folk Prescription 87

通过对背部穴位的刺激，达到疏通经脉、调和脏腑之目的，可防治腰背酸痛、腰膝无力、阳痿等症。方法是，双手握拳，用拳的虎口部敲击腰部脊柱两侧。

睡前锻炼胜于晨练
Folk Prescription 88

睡前锻炼比早晨锻炼效果好。睡前锻炼胜于晨练的主要优势，在于睡前给身体带来的热不仅能调节全身的代谢，而且运动后良性疲劳，会通过一夜睡眠得到恢复，特别是锻炼后洗个澡，能使人非常舒服地进入梦乡。

春练注意避风保暖
Folk Prescription 89

春天锻炼时，应选择避风向阳、温暖安静、空气新鲜的旷野或草坪进行锻炼。不要顶风跑，更不宜脱衣露体锻炼。出汗时，运动强度可小些，千万不可马上脱衣服。

心理保健

XIN LI BAO JIAN

清晨减压法
Folk Prescription　1

在洗漱室抬眼就能看见的地方挂上一幅赏心悦目的风景画，每天刷牙前先想象一下自己就在那幅画里面。让自己冥想几分钟，体内压力荷尔蒙的水平顿时会下降很多。

巧用名言激发工作热情
Folk Prescription　2

在头脑中酝酿一句能对自己产生积极和强烈共鸣的名言警句，每天出发上班前，在头脑中将这句话回放5分钟，会使心绪更积极向上，以更好的热情投入到工作中。

利用塞车时间放松身心
Folk Prescription　3

塞车时，别光顾着抱怨交通的糟糕状况，不妨进行呼吸放松。集中丹田（小腹）位置，做4：7：8呼吸法——先呼气，再以鼻吸气，默数4下，闭气7下，再用口呼气，带出"咻"声，默数8下。这样做不但可以使浮躁的心灵平静，还可以缓解失眠症状。

指压劳宫穴去心烦
Folk Prescription　4

每天指压劳宫穴约30分钟，可解除烦躁不安。劳宫穴认穴方法：握拳，中指的指尖所对应的部位就为劳宫穴。

多闻花香心情好
Folk Prescription　5

植物和花卉可舒缓神经紧张，给人带来轻松愉悦的好心情。

办公室头脑清醒法
Folk Prescription　6

每天上班，到了办公室以后，深呼吸一下，用手指尖顺着头发的方向用力在头部循环梳理一下头发，可清除头部的紧张感，让头脑有清醒感，更好地投入工作。

抱抱婴儿可缓解低落心情
Folk Prescription　7

心情低落时，多抱婴儿（别人的也行），会激发潜藏在心底的爱，让人变得包容、

NO.7图

关怀、勇敢和积极。触摸老人家的手也有相同效果。图

长吁短叹有益健康
Folk Prescription　8

长吁短叹是人们在遇到悲伤、忧虑、哀思、痛苦或者不顺心的事时，人体产生的一种生理现象。当人们在悲哀愁怅的时候，长吁短叹几次，有安神解郁的坦然感，在工作、学习紧张疲劳的时候，长吁短叹一番，会有胸宽神定的豁达感；就是心满意足，愉快兴奋之时，长吁短叹一次，也会顿觉轻松愉快。

深呼吸可缓解压力
Folk Prescription　9

当感觉到情绪开始紧张或者焦虑时，做几个深呼吸，对于缓解压力，消除焦虑和紧张有很大帮助。因为当人的情绪开始焦虑或紧张时，心脏跳动会加速，通过深呼吸可以调节呼吸的频率，从心理上认为焦虑情绪已经过去。

唱歌可培养自信
Folk Prescription　10

如果情绪低落，人缘欠佳，做事多阻碍，最好去唱歌。唱歌能练气，抒发情绪，培养自信心。

呼吸平稳可减轻精神压力
Folk Prescription　　　11

当感情冲动或精神紧张时，人会不由自主地屏住呼吸，或者呼吸短促，这只会加重精神压力。此时应调整呼吸，尽量让自己恢复正常呼吸。

回忆过去可缓解压力
Folk Prescription　　　12

常回忆童年趣事，拜访青少年时的朋友，这样故地重游，旧事重提，仿佛又回到童年时代，可以暂时释放压力。

多与人交往，摆脱孤独
Folk Prescription　　　13

每个人都有一种归属的需要，会习惯的把自己视为社会的一员，并希望从团体中得到爱。研究发现人际交往有助于身心健康，心情低落时，千万不要因为怕别人不高兴而把自己同他人隔绝开来，孤独只会使抑郁状态更加严重。

散步有利身心健康
Folk Prescription　　　14

周末或假日散步于树林里，将食指、中指、无名指并拢于肚脐下方，做深呼吸，同时轻轻按下肚子——这是恢复元气、使人兴奋的主要区域，这一动作可重复15次。

多糖饮食缓解抑郁
Folk Prescription　　　15

糖类可透过血清素的提升来舒缓压力和改善情绪，当焦躁不安和精神沮丧时，适当进食一些甜品和果汁，能让心情放轻松，使紧绷的神经得到舒缓。

心情低落应避免喝咖啡
Folk Prescription　　　16

研究证明，大量饮用咖啡的精神障碍患者更可能患抑郁症，而且咖啡成瘾者都有抑郁症状。如果是焦虑症患者，长期饮用咖啡进行提神，就会加重焦虑症的症状。可乐等现代饮料中也含有咖啡因，均能引起神经亢奋。所以心情低落时，尽量避免喝这类饮品。

跑步可缓解压力
Folk Prescription　　　17

研究表明，跑步时大脑分泌一种功能类似吗啡的化学物质，它不但能止痛，还能给人以愉快感，对减轻心理压力具有独特的作用。选择跑步时间在傍晚为宜，每周至少3次，每次坚持30分钟以上，可以快跑、慢跑和快走相结合。

指压法缓解抑郁
Folk Prescription　　　18

情绪抑郁时，屈曲右膝关节，将拇指置于膝内侧皱折处，正好在膝关节下方，按压1分钟左右，然后重复左腿。每条腿按压2～3次，可有助于改善抑郁症状。

香精油的妙用
Folk Prescription　　　19

香精油能够缓解精神疲劳，帮助睡眠。心情低落时可以将香精油放置于一碗蒸馏水中（2～3滴）、浴缸中（5～6滴）或在枕边（1～2滴）。图

"斗鸡眼"缓解心情烦躁
Folk Prescription　　　20

在白纸上画两个点，两

NO.19图

点相隔2.5厘米左右。盯住两点之间的距离，但要使其处于眼睛的焦距之外，盯着看，直到两点重叠。放松，然后重复3次。很快浮躁的心情就会平静下来。

巧用光亮消除抑郁
Folk Prescription 21

日光及明亮的光线能够预防忧郁，在天气阴暗的日子里，最好待在灯火通明的室内，另外，每人接受2小时的晨光对消除忧郁很有帮助。

倾诉流泪减压法
Folk Prescription 22

心情极为难过时，向好朋友倾诉内心的感受和心事，不要把所有事情都闷在心里。当愈说愈难过时，不妨尽情地哭一场。流眼泪是一种绝佳的发泄方式，尤其在知道自己为何而哭时。

适当发泄有助减压
Folk Prescription 23

愤慨难当时，可以找个安静的角落大骂几句，但是要保证发泄简短、私密并有一定控制。也可以将洋葱剁成碎片，将牛排砸成肉酱，或者将花生磨成粉末，这种对他人无害的破坏是提升情绪的根本方法。

信笔涂鸦可减压
Folk Prescription 24

心情烦闷时，不妨立刻坐下来画画，颜色能洞悉情绪。例如，选用红色可能代表愤怒，黑色代表悲伤，灰色代表焦虑。通过选择不同颜色，可以安全地释放内心的焦虑和烦躁。

情绪不佳时避免做重大决定
Folk Prescription 25

当人情绪不佳时，判断力也会受到影响，这个时候作出的决定往往是错误的、偏激的。清醒之后，反而会为自己的行为感到更加烦恼。生活里的重要决定都要留待情绪稳定时才做。

白袜子可提升情绪
Folk Prescription 26

白袜子会让人顿时感觉到有一股运动气息，更自由、更轻快、更开朗。

按摩法消除紧张
Folk Prescription 27

1. 用大拇指指腹轻轻按住太阳穴，顺时针揉按15下左右，可以松弛颈部和其他部位的肌肉。

2. 用手按揉印堂、百会、气海、涌泉等穴位1～2分钟，对于这些穴位的按摩，能起到很好的安神作用，对焦虑症患者的失眠症状有非常好的缓解效果。

热水泡澡可缓解焦虑
Folk Prescription 28

当人处于紧张和焦虑的状态下，身体的血液循环较慢，而且流到四肢的血液量随之减少。而热水可以起到促进血液循环的作用，帮助消除焦虑的一些不良反应，使身体得到放松。如果在睡前30分钟洗浴，对于睡眠也有很大的帮助。

转移注意力可减压
Folk Prescription 29

当焦虑紧张的情绪来袭时，不妨将手头的事情放一放，眺望一下远方，或者闭上眼睛小憩一会，去走廊里走一会等等。这些方法都能够起到缓解焦虑的作用。

家庭安全与急救
JIA TING AN QUAN YU JI JIU

生石灰入眼的处理
Folk Prescription 1

若是生石灰溅入眼睛，不能用手揉，也不能直接用水冲洗。因为生石灰遇水会生成碱性的熟石灰，同时产生大量热量，反而会伤眼睛。正确的方法是，用棉签或干净的手绢一角将生石灰拨出，然后再用清水反复冲洗伤眼，至少15分钟，冲洗后勿忘去医院检查和接受治疗。

①

②

③

④

⑤

NO.8图

橙皮巧治鱼刺卡喉
Folk Prescription　2

鱼刺卡喉时，可剥取橙皮，块窄一点，含着慢慢咽下，可化解鱼刺。

维生素C可软化鱼刺
Folk Prescription　3

细小鱼刺卡喉，可取维生素C一片，含服慢慢咽下，数分钟后，鱼刺就会软化清除。

鱼刺鲠喉化解法
Folk Prescription　4

吃鱼时若不慎将刺卡在了喉咙里，立即用橄榄核煎汤一碗，稍冷，一小口一小口地慢慢咽下，尽量使橄榄核汁接触喉中鱼刺的时间长些。这样，待这碗橄榄核汁喝完，鱼刺便被溶化了。此法效果神奇。

巧夹鱼刺
Folk Prescription　5

先试着用汤匙或牙刷柄压住舌头的前半部，在亮光下仔细观察舌根部、扁桃体及咽后壁，如果能找到鱼刺，可用镊子或筷子夹出。

巧除软刺
Folk Prescription　6

仙人掌之类的植物软刺扎进皮肤时，可用伤湿止痛膏贴在扎刺的部位，在灯泡下烘烤一会儿，然后快速将其揭去，刺就会被拔出。

巧除肉中刺
Folk Prescription　7

木刺、铁屑、玻璃屑等刺入皮肤难以拔出，可取蓖麻子或油菜子适量，捣烂如泥，包敷患处，24小时后，异物就会退出皮肤表面，很容易拔以来。

解食物中毒五法
Folk Prescription　8

1.食蟹中毒，可用生藕捣烂，绞汁饮用，或将生姜捣烂用水冲服。

2.食咸菜中毒，饮豆浆可解。

3.食鲜鱼和巴豆引起中毒，可用黑豆煮汁，食用即解。

4.食河豚中毒，可用大黑豆煮汁饮用，或将生橄榄20枚捣汁饮用。

5.误食碱性毒物，大量饮醋能够急救。图

牙齿磕掉怎么办
Folk Prescription   9

把牙齿捡起来，尽量不要使牙齿污染，争取在2小时内赶到医院。如果掉下来的牙已经很脏了，可以就近用清洁的水轻轻冲洗，注意不要用手或刷子使劲地刷，那样会破坏牙根表面的组织，影响牙的再植效果。如果离医院较远，要将牙齿含在口腔内，如在舌头底下含着，使牙齿有适宜的温度及保持牙齿表面的湿润，这是牙齿再植成功的有利条件。

巧去鼻子内异物
Folk Prescription   10

若一侧的鼻孔内塞入异物，可用一张纸条，刺激另一个鼻孔，人就会打喷嚏，鼻子里的异物自然会被喷出来。

巧排耳道进水
Folk Prescription   11

1.重力法：如果左耳进水，就把头歪向左边，用力拉住耳朵，把外耳道拎直，然后右腿提起，左脚在地上跳，水会因重力原因流出来。

2.负压法：如果左耳进水，可用左手心用力压在耳朵上，然后猛力抬起，使耳道外暂时形成负压，耳道里的水就会流出来。

3.吸引法：用脱脂棉或吸水性强的纸，做成棉棍或纸捻，轻轻地伸入耳道把水吸出来。

昆虫入耳的急救
Folk Prescription   12

1.安慰伤者并让其坐下。

2.用手电筒照着耳道，吸引昆虫爬出来。

3.如未成功，小心地用食油或大约37℃的温水灌入伤者耳中，令昆虫有机会浮出来。如果无效，应寻求医疗援助。

巧除耳朵异物
Folk Prescription   13

能看到的异物可用小镊子夹出，但如果是圆形小球，不能用镊子取，应立即送医院。豆、玉米、米、麦粒等干燥物入耳，不宜用水或油滴耳，否则会使异物膨胀更难取出，可先用95%的酒精滴耳，使异物脱水缩小，然后再设法取出。原有鼓膜穿孔者，不宜用冲洗法。

颈部受伤的急救
Folk Prescription   14

1.止血：如果颈部有大血管出血，应立即用无菌纱布或干净的棉织物填塞止血，然后将健侧的上臂举起，紧贴头部做支架，对颈部进行单侧加压包扎。切不可用纱布环绕颈部加压包扎，否则会压迫气管引起呼吸困难，并可能因压迫静脉影响回流而发生脑水肿。

2.通气：气管、食管损伤时，为防止窒息，应想方设法将口腔、气管的分泌物、血液或异物予以清除。

3.固定：将毛巾或报纸等卷成圆筒状围在颈部周围，防止伤员头部左右摇摆，加重颈椎脊髓损伤。

4.转运：转运过程中务必使患者平稳。其标准的做法，就是先找一块木板轻轻塞进患者身下，而后抬木板

至担架上，接着用颈圈固定患者颈部，再以大宽布把患者身体与木板紧紧地从头缠到脚。

5.安慰病人。

巧治落枕
Folk Prescription   15

取米醋300～500毫升，准备一块棉纱布（或纯棉毛巾）浸入米醋中，然后平敷在颈部肌肉疼痛处，上面用一个70℃～80℃的热水袋热敷，保持局部温热20～30分钟。热水的温度以局部皮肤感觉不烫为度，必要时可及时更换热水袋中的热水。热敷的同时，也可以配合活动颈部，一般治疗1～2次，疼痛即可缓解。

心绞痛病人的急救
Folk Prescription   16

1.让患者保持最舒适坐姿，头部垫起。

2.如随身携带药品则给患者用药。

3.松开紧身的衣服使其呼吸通畅。

4.安慰患者。

胆绞痛病人的急救
Folk Prescription   17

患者发病后应静卧于床，并用热水袋在其右上腹热敷，也可用拇指压迫刺激足三里穴位，以缓解疼痛。

胰腺炎病人的急救
Folk Prescription   18

可用拇指或食指压迫足三里、合谷等穴位，以缓解疼痛，减轻病情，并及时送医院救治。

老年人噎食的急救
Folk Prescription 19

意识尚清醒的病人可采用立位或坐位，抢救者站在病人背后，双臂环抱病人，一手握拳，使拇指掌关节突出点顶住病人腹部正中线脐上部位，另一只手的手掌压在拳头上，连续快速向内、向上推压冲击6～10次（注意不要伤其肋骨）。昏迷倒地的病人采用仰卧位，抢救者骑跨在病人髋部，按上法推压冲击脐上部位。这样冲击上腹部，等于突然增大了腹内压力，可以抬高膈肌，使气道瞬间压力迅速加大，肺内空气被迫排出，使阻塞气管的食物（或其他异物）上移并被驱出。

老年人噎食的自救
Folk Prescription 20

如果发生食物阻塞气管时，旁边无人，或即使有人，自己已不能说话呼救，必须迅速利用两三分钟左右神志尚清醒的时间自救。此时可自己取立位姿势，下巴抬起，使气管变直，然后使腹部上端（剑突下，俗称心窝部）靠在一张椅子的背部顶端或桌子的边缘，或阳台栏杆转角，突然对胸腔上方猛力施加压力，也会取得同样的效果——气管食物被冲出。

咬断体温表的紧急处理
Folk Prescription 21

体温表内的水银（汞），是一种有毒金属，吃进人体后，一般能从肠道排出。万一咬断体温表，可立即服生鸡蛋清2～3只，以减少人

体对汞的吸收，并注意检查近期内的粪便，如水银长时间未排出，应送医院处理。

游泳时腿部抽筋自救
Folk Prescription 22

若在浅水区发生抽筋时，可马上站立并用力伸蹬，或用手把足拇指往上掰，并按摩小腿可缓解。如在深水区，可采取仰泳姿势，把抽筋的腿伸直不动，待稍有缓解时，用手和另一条腿游向岸边，再按上述方法处理即可。

呛水的自救
Folk Prescription 23

呛水时不要慌张，调整好呼吸动作即可。如发生在深水区而觉得身体十分疲劳不能继续游时，可以呼叫旁人帮助上岸休息。

游泳时腹痛的处理
Folk Prescription 24

入水前应充分做好准备工作，如用手按摩腹脐部数分钟，用少量水擦胸、腹部及全身、以适应水温。如在水中发生腹痛，应立即上岸并注意保暖。可以带一瓶藿香正气水，饮后腹痛会渐渐消失。

游泳时头晕的处理
Folk Prescription 25

游得时间过长或恰好腹中空空，可能会头晕、恶心，这是疲劳缺氧所致。要注意保暖，按摩肌肉，喝些糖水或吃些水果等，很快可恢复。

溺水的急救
Folk Prescription 26

将溺水者抬出水面后，应立即清除其口、鼻腔内的水、泥及污物，用纱布（手帕）裹着手指将溺水者舌头拉出口外，解开衣扣、领口，以保持呼吸道通畅，然后抱起溺水者的腰腹部，使其背朝上、头下垂进行倒水。或者抱起溺水者双腿，将其腹部放在急救者肩上，快步奔跑使积水倒出。或急救者取半跪位，将溺水者的腹部放在急救者腿上，使其头部下垂，并用手平压背部进行倒水。

煤气中毒的急救
Folk Prescription 27

1.迅速打开门窗使空气流通。

2.尽可能把中毒者转移至通风处，同时注意保暖。

3.保证呼吸道通畅，及时给氧，必要时做人工呼吸。

雨天防雷小窍门
Folk Prescription 28

雷雨降临时，最好不要在使用太阳能的热水器下冲淋；不要靠近窗户、阳台；家电及时断电，但一定不要在正打雷时断电，以防不测。

户外防雷小窍门
Folk Prescription 29

1.雷电天气如果从事户外活动应尽快撤离到安全地带，但不要奔跑或快速骑行。

2.如果正在空旷地带一时无处躲避，应尽量降低自身高度并减少人体与地面的接触面，或者双脚并拢蹲下，头伏在膝盖上，但不要跪下

或卧倒。

3.远离铁栏铁桥等金属物体及电线杆,不要呆在山顶、楼顶等制高点。

儿童电击伤的急救
Folk Prescription　　30

1.立即切断电源:一是关闭电源开关、拉闸、拔去插销;二是用干燥的木棒、竹竿、扁担、塑料棒、皮带、扫帚把、椅背或绳子等不导电的东西拨开电线。

2.迅速将受电击的小儿移至通风处。对呼吸、心跳均已停止者,立即在现场进行人工呼吸和胸外心脏按压。人工呼吸至少要做4小时,或者至其恢复呼吸为止,有条件者应行气管插管,加压氧气人工呼吸。

3.出现神志昏迷不清者可针刺人中、中冲等穴位。

电视机或电脑着火的紧急处理
Folk Prescription　　31

电视机或电脑着火时,先拔掉插头或关上总开关,再用毯状物扑灭火焰。切勿用水或灭火器救火,因机体仍可能导电,会引致电击。

电热毯着火的紧急处理
Folk Prescription　　32

电热毯失火时应先拔掉插头,然后向床泼水灭火,切勿揭起床单,否则空气进入,冒烟的床容易着火。如情势严重,则立即通知消防队。

巧救油锅着火
Folk Prescription　　33

油锅着火后,只要盖上锅盖或用湿布一压即可熄灭。千万不能用水浇,因为油比水轻,浇水会使烧着的油四处炸溅或漂到上面,反而助长火势。⑧

火灾中的求生小窍门
Folk Prescription　　34

1.如在火焰中,头部最好用湿棉被(不用化纤的)包住,露出眼,以便逃生。

2.身上的衣服被烧着时,用水冲、湿被捂住,或就地打滚,以达到灭身上之火的目的。绝对不能带火跑,这样会使火越着越大,增加伤害。

NO.33图

3.遇有浓烟滚滚时,把毛巾打湿紧按住嘴和鼻子上,防烟呛和窒息。

4.浓烟常在离地面30多厘米处四散。逃生时身体要低于此高度,最好爬出浓烟区。

5.逃出时即使忘了带出东西,切忌再不要进入火区。

6.家门口平时不要堆积过多的东西,以便逃路通畅。老人小孩应睡在容易出入的房间。⑧

NO.34图

火灾报警小窍门
Folk Prescription　　35

1.遇有火灾，第一是大声呼救或立即给"119"打电话报警。

2.报警时，要报清火灾户主的姓名，区、街、巷、门牌号数以及邻近重要标记。

3.派人在巷口等引消防队，以免耽误时间。

如何拨打"120"
Folk Prescription　　36

1.把病人当前最危急的病情表现和以前的患病史、给病人服用了什么药等简要地说清。

2.把患者发病现场的详细地址说清楚，包括街道、小巷或小区的标准名称，门牌号或楼号、单元及房间号。最好讲出附近的标志性建筑。

3.留下手机和固定电话以便调度人员联系。

4.如果是在路边或其他场所发现无人看管的倒地的伤病人员，病人身份不明又无人照

看，在拨打"120"的同时也应拨打"110"，由他们到现场协助处理。如果是在公园、商场、剧场等场所发现不相识又不能说话的病人时可以向该单位的人员反映，由他们照看病人并向急救中心呼救。

如何进行人工呼吸
Folk Prescription　　37

急救者位于伤员一侧，托起伤员下颌，捏住伤员鼻孔，深吸一口气后，往伤员嘴里缓缓吹气，待其胸廓稍有抬起时，放松其鼻孔，并用一手压其胸部以助呼气。反复并有节律地（每分钟吹16~20次）进行，直至恢复呼吸为止。

如何进行胸外心脏按摩
Folk Prescription　　38

让伤员仰卧，背部垫一块硬板，头低稍后仰，急救者位于伤员一侧，面对伤员，右手掌平放在其胸骨下段，左手放在右手背上，借

急救者身体重量缓缓用力，不能用力太猛，以防骨折，将胸骨压下4厘米左右，然后松手腕（手不离开胸骨）使胸骨复原，反复有节律地（每分钟60~80次）进行，直到心跳恢复为止。

护送急症病人时的体位
Folk Prescription　　39

如病人处于昏迷状态，还应将其头部偏向一侧，以免咽喉部分泌物或呕吐物吸入气管，引起窒息。心力衰竭或支气管哮喘病人适用坐位；一侧肺炎、气胸、胸腔积液病人适用侧卧位，且歪向患侧，有利保持呼吸功能。

家庭急救需注意
Folk Prescription　　40

胃肠病人不可喝水进食；烧伤病人不宜喝白开水；急性胰腺炎病人应禁食；昏迷病人不可强灌饮料，否则易误进呼吸道引起窒息。

家庭急救箱配置小窍门
Folk Prescription　　41

1.首先要准备一些消毒好的纱布、绷带、胶布和脱脂棉。

2.体温计是常用的量具，必须准备。

3.医用的镊子和剪子也要相应地配齐，在使用时用火或酒精消毒。

4.外用药大致可配置酒精、紫药水、红药水、碘酒、烫伤膏、止痒清凉油、伤湿止痛膏等。

5.内服药大致可配置解热、止痛、止泻、防晕车和助消化等类型的。图

NO.41图

美

Hairdressing

[美容秘方DIY]

美白护肤
手足养护
美目护齿
化妆技巧
护发美发
减肥塑形

HAIRDRESSING
3000 Tips for easy life

美白护肤
MEI BAI HU FU

软米饭洁肤
Hairdressing　　　　1

米饭做好后，挑些比较软、温热的揉成团，放在面部轻揉，直到米饭团变得油腻污黑，然后用清水洗掉，这样可使皮肤呼吸通畅，减少皱纹。图

巧用米醋护肤
Hairdressing　　　　2

每次在洗手之后先敷一层醋，保留20分钟后再洗掉，可以使手部的皮肤柔白细嫩。在洗脸水中加一汤匙醋洗脸，也有美容功效。

黄酒巧护肤
Hairdressing　　　　3

取黄酒1瓶倒入洗脸水中，连洗2周，肌肤会变得细腻。

干性皮肤巧去皱
Hairdressing　　　　4

用1只鸡蛋黄的1/3或全部，维生素E油5滴，混合调匀，敷面部或颈部，15～20分钟后用清水冲洗干净，此法适用于干性皮肤，可抗衰老，去除皱纹。

干性皮肤保湿急救法
Hairdressing　　　　5

先用5分钟高水分补湿面膜，或用蜜糖、杏仁油加适量面粉敷面，再涂上滋润性强的润肤乳或凡士林，可以令干燥皮肤迅速补充水分。

蒸汽去油法
Hairdressing　　　　6

用蒸汽蒸面10分钟，可起到疏通毛孔，抑制皮脂分泌之作用。每天或隔天或三五天蒸1次，要视皮肤油腻程度定，皮肤越油蒸面次数可越勤，皮肤油减少则可减少蒸面次数，时间也可减少到每次8分钟。蒸面后用暗疮针清洁皮肤。

自制蜂蜜保湿水
Hairdressing　　　　7

做法：将1茶勺蜂蜜、10毫升甘油、100毫升水混合，搅拌均匀即可。每天早晚洁面后，将蜂蜜保湿水倒在化妆棉上，轻轻拍打脸部，直到保湿水被肌肤完全吸收。因为蜂蜜可以维持肌肤水分和油分平衡，而保湿效果超强的甘油可以将水分和营养成分牢牢锁在肌肤里，使水分不易流失。这款保湿水适用于中性或中性偏干肤质，可以使肌肤柔软有弹性，给肌肤24小时的全面呵护。

巧法使皮肤细嫩
Hairdressing　　　　8

皮肤粗糙者可将醋与甘油以5：1比例调和涂抹面部，每日坚持，会使皮肤变细嫩。

NO.1图

淘米水美容
Hairdressing　　　9

　　将淘米水沉淀澄清取澄清液，经常坚持用澄清液洗脸后再用清水洗1次，不仅可使面部皮肤变白变细腻，还可除去面部油脂。

草茉莉子可护肤
Hairdressing　　　10

　　将草茉莉子去外皮留下白色粉心，晾干磨碎，泡在冰糖水内，过两三天即可用来搽脸、搽手，能增白、护肤，并有一种清淡宜人香味，没有任何副作用。

白萝卜汁洗脸美容
Hairdressing　　　11

　　将白萝卜切碎捣烂取汁，加入适量清水，用来洗脸，长期坚持，可以使皮肤变得清爽润滑。

西瓜皮美容
Hairdressing　　　12

　　将西瓜皮切成条束状（以有残存红瓤为佳），直接在脸部反复揉搓5分钟，然后用清水洗脸，每周2次，可保持皮肤细嫩洁白。

快速去死皮妙招
Hairdressing　　　13

　　为除去面部死皮，打1只鸡蛋加1小匙细盐，用毛巾蘸之在皮肤上来回轻轻擦磨，犹如使用磨砂膏一般。找回美丽，简单而快捷。

豆浆美容
Hairdressing　　　14

　　每晚睡前用温水洗净手脸，用当天不超过5小时的生

NO.15图

鲜豆浆洗手脸约5分钟（时间长更好），自然晾，然后用清水洗净即可，皮肤光亮白嫩。

黄瓜片美容
Hairdressing　　　15

　　要睡觉的时候，拿小黄瓜切薄放置脸上过几分钟拿下来，由于皮肤吸收了天然瓜果中的营养成分，1个月后您的脸就会变得白嫩。图

豆腐美容
Hairdressing　　　16

　　每天早晨起床后，用豆腐1块，放在掌心，用以摩擦面部几分钟，坚持1个月，面部肌肤就会变得白嫩滋润。

猪蹄除皱法
Hairdressing　　　17

　　取猪蹄数只，洗净，熬成膏。每晚临睡前用来搽脸，次晨洗去，坚持两周，去皱有神效。

南瓜巧护肤
Hairdressing　　　18

　　南瓜性温平，能消除皱纹、滋润皮肤。将南瓜切成小块，捣烂取汁，加入少许蜂蜜和清水，调匀搽脸，约30分钟后洗净，每周3～5次。

丝瓜藤汁美容
Hairdressing　　　19

　　秋季，丝瓜藤叶枯黄之前，离地面约60厘米处，将藤蔓切断，此时切口便有液汁滴出。把切口插入干净的玻璃瓶（为防止雨水或小虫进入瓶内，应把瓶口封好），这样经过一段时间就可收集到一定数量的丝瓜液，用此液搽脸（如能滴入几滴甘油、硼酸和酒精，更能增加润滑感，并有杀菌作用），对皮肤的养护效果十分显著。

巧用橘皮润肤
Hairdressing　　　20

　　把少许橘皮放入脸盆或

①

②

③

④

⑤

NO.22图

浴盆中，热水浸泡，可发出阵阵清香，用橘皮水洗脸、浴身，能润肤，治皮肤粗糙。

盐水美白法
Hairdressing　21

每天早上用浓度为30%的盐水擦脸部，然后用大米汤或淘米水洗脸，再配合护肤品擦面，半个月后，皮肤可由粗糙变白嫩。

西红柿美白法
Hairdressing　22

西红柿性微寒，含有大量维生素C。将西红柿捣烂取汁，加入少许白糖，涂于面部等外露部位皮肤，能使皮肤洁白、细腻。图

牛奶护肤
Hairdressing　23

用牛奶数滴搽脸、搽手，可使皮肤光滑柔松，其效果不亚于化妆品。

简易美颜操
Hairdressing　24

1.闭嘴，面对镜子微笑，直到两腮的肌肉疲劳为止。这个动作能增强肌肉的弹性，保持脸形。早上起床后也应做几次。

2.把眼睛睁大，睁得越大越好，绷紧脸部所有的肌肉，然后慢慢放松。重复4次。这个动作有利于保持脸部肌肉的弹性。

3.皱起并抽动鼻子，不少于12次。这个动作能使血液畅流鼻部，保持鼻肌的韧性。

4.将注意力集中于腮部，双唇略突，使两腮塌陷。重复几次，这个动作能防止嘴角产生深皱纹。

5.鼓起两腮，默数到6。重复1次，这个动作能保持腮部不变形。

上网女性巧护肤
Hairdressing　25

电脑辐射最强的部位是显示器的背面，其次是左右两侧。屏幕辐射产生静电，最易吸附灰尘，长时间面对面，容易导致斑点与皱纹。因此上网前不妨涂上护肤乳液，再加一层淡粉，使之与脸部皮肤之间形成一层"隔离膜"。上网结束后，第一项任务就是洁肤，用温水加上洁面液彻底清洗面庞，将静电吸附的尘垢通通洗掉，然后涂上温和的护肤品。久之可减少伤害，润肤养颜。

巧用吹风机洁肤
Hairdressing　26

洗脸时，拿起吹风机，远远的对脸部稍微吹拂，可使毛细孔张开，清洁更加彻底。

冰敷改善毛孔粗大

Hairdressing　　　27

把冰过的化妆水用化妆棉沾湿，敷在脸上或毛孔粗大的地方，可以起到不错的收敛效果。

水果敷脸改善毛孔粗大

Hairdressing　　　28

西瓜皮、柠檬皮等都可以用来敷脸，它们有很好的收敛柔软毛细孔、抑制油脂分泌及美白等多重功效。

柠檬汁洗脸可解决毛孔粗大

Hairdressing　　　29

在洗脸的清水中滴入几滴柠檬汁，这样做不仅可以收敛毛孔，也能减少粉刺和面疱的产生。这种方法适合油性肌肤的人，要注意柠檬汁的浓度不可太浓，而且更不可将柠檬汁直接涂抹在脸上。

吹口哨可美容

Hairdressing　　　30

吹口哨可"动员"脸部肌肉充分运动，因而可以减少面部皮肤皱纹，收到美容之效。吹口哨还能使脉搏减

缓、血压降低。

去除抬头纹的小窍门

Hairdressing　　　31

1.多做脸部放松运动，例如闭上眼睛静坐冥想，将注意力放在下巴上。

2.每周使用1～2次保温面膜，让肌肤提高含水度，以减轻皱纹的纹路。

夏季皮肤巧补水

Hairdressing　　　32

外出时携带喷雾式的矿泉水，在离脸部15厘米处均匀喷洒于面部，可随时补充肌肤水分。

花粉能有效抗衰老

Hairdressing　　　33

花粉含有200多种营养保健成分，具有抗衰老、增强体力和耐力、调节机体免疫作用等保健功能。尤其对于中年女性来说，是副作用小、安全性高、效果显著的美容滋补品。

鸡蛋巧去皱

Hairdressing　　　34

做菜时，将蛋壳内的软

薄膜粘贴在面部皱纹处以及脸颊、下巴部位，任其风干后再揭下来，用软海绵擦去油性皮肤的死皮；如果是干性皮肤，应涂些植物油再擦去死皮，最后洗净。

巧法去黑头

Hairdressing　　　35

小苏打加适量的水，一般混合后的水有点白色就可以了。拿一片化妆棉浸湿，挤干一些，敷在鼻子上。15分钟后，拿去。用纸巾轻揉（擦或挤的动作）鼻翼两侧，慢慢黑头就出来了。清洗一下，拍上适量的收敛水。图

鸡蛋橄榄油紧肤法

Hairdressing　　　36

将鸡蛋打散，加入半个柠檬汁及一点点粗盐，充分搅拌均匀后，将橄榄油加入鸡蛋汁里，使二者混合均匀，1周做1～2次就可以让肌肤紧实。

栗子皮紧肤法

Hairdressing　　　37

用栗子的内果皮，将其捣成粉末状，再添加一定的蜂

NO.35图

蜜均匀搅拌，涂于面部，可以使脸部光洁、富有弹性。

香橙美肤法
Hairdressing　38

将两个橙子的汁挤到温暖的浴水里，躺在浴缸内浸10分钟，能使人体皮肤吸收维生素C，促进健美。

蜜水洗浴可嫩肤
Hairdressing　39

在洗温水浴时，加进1匙蜜糖，浴后会使人精神一振，皮肤光滑非常。

海盐洗浴滋养皮肤
Hairdressing　40

将2茶匙海盐，1匙半香油及半匙鲜柠檬汁混合，倒进温水中搅匀洗浴，能营养皮肤。

酒浴美肤法
Hairdressing　41

洗澡时，在浴水中加入一些葡萄酒，可使皮肤光滑滋润，柔松而富有弹性。此法还对皮肤病、关节炎有一定疗效。

促进皮肤紧致法
Hairdressing　42

沐浴时，用喷水头靠近皮肤，使水有力地喷射在身上，可使皮肤光洁，紧绷有弹性。从不同的角度喷射，能够增加刺激，促进血液循环和新陈代谢。

颈部保湿小窍门
Hairdressing　43

首先把热毛巾敷在颈部的皮肤上，使毛孔完全张开。然后把橄榄油涂抹在脖子上，10分钟后再把冰块或者是冷毛巾敷于颈部，使毛孔完全闭合。坚持用这种方法护理脖颈，可以达到润肤、锁水、抗皱的功效。

颈部美白小窍门
Hairdressing　44

先制作一些土豆泥，在刚刚做好的热土豆泥中加入1勺植物油，再放入1只鸡蛋清，搅拌均匀。把搅拌好的混合物趁热敷于颈部，一定要趁热敷，以不烫皮肤为准。经常用这种方法保养颈部，可使颈部的皮肤变得白嫩。

洁尔阴治紫外线过敏
Hairdressing　45

紫外线过敏后，脖子、胳膊和手上会起许多小疹子，奇痒无比。每晚临睡前将患处洗净后，用一小团纱布蘸洁尔阴在患处反复擦洗，开始会有痛痒的感觉，待第二天早晨再清洗干净（不掉色）即可。

凉水冷敷缓解日晒
Hairdressing　46

日晒出汗后要彻底洗净身上盐分，再用蘸有凉水的棉花，在肩部、面部或背部等发烫的部位，轻拍并冷敷约半小时，帮助收缩和保养皮肤，缓解日晒后的肌肤。

鸡蛋祛斑妙招
Hairdressing　47

取新鲜鸡蛋1只，洗净揩干，加入500毫升优质醋中浸泡1个月。当蛋壳溶解于醋液中之后，取1小汤匙溶液掺入1杯开水，搅拌后服用，每天1杯。长期服用醋蛋液，能使皮肤光滑细腻，扫除面部所有黑斑。图

巧除暗疮
Hairdressing　48

西红柿汁加柠檬汁和酸乳酪，搅匀，用来敷脸，可治过度分泌油脂，保持皮肤干爽，消除暗疮。

NO.47图

巧用芦荟去青春痘

若有又红又大的带脓青春豆，可用芦荟的果冻状部分敷贴于患部，可以消肿化脓。一般较小的青春痘则可用芦荟轻轻按摩或敷面。

夏季除毛小窍门

1.由于毛发过长会不容易将其剃除干净，先将欲除毛部位的过长的毛发修剪至约0.5厘米左右。

2.淋浴2～3分钟让毛发软化，切忌淋浴太久，因为水分会让皮肤产生褶皱及膨胀感，在除毛时会因为不够服贴而很容易伤到肌肤。

3.顺着毛发生长的方向除毛，并将较难除毛的部位先剃除，再除较好剃的部位。

4.清洁保养。除毛后难免会有断掉的毛发沾在身上，可使用温水清洗除毛后的部位，再用毛巾擦拭干。最后再使用润肤乳液涂抹及保护除完毛的皮肤，让除毛后的肌肤更加滑顺柔亮。

柠檬汁可祛斑

柠檬中含有大量维生素C、钙、磷、铁等，常饮柠檬汁不仅可美白肌肤，还能达到祛斑的作用。方法很简单，只要将柠檬汁加糖水适量饮用即可。

食醋洗脸可祛斑

洗脸时，在水中加1～2汤匙食醋，可起到减轻色素沉着的作用。

巧用茄子皮祛斑

对于一些小斑点，可用干净的茄子皮敷脸，一段时间后，小斑点就不那么明显了。

维生素E祛斑

每晚睡前，洗完脸后将1粒维生素E胶丸刺破，涂抹于患部稍加按摩，轻者1～2个月，重者3～6个月可见效。或者将维生素E药片辗成粉状，再用温水调成糊状，每日抹在脸上，2周后斑可消失。

产后祛斑方

桃花（干品）1克，净猪蹄1只，粳米100克、细盐、酱油、生姜末、葱、香油、味精各适量。将桃花焙干，研成细末，备用；洗净粳米，把猪蹄皮肉与骨头分开，置铁锅中加适量清水，旺火煮沸，改文火炖至猪蹄烂熟时将骨头取出，加米及桃花末，文火煨粥，粥成时加盐、香油等调料，拌匀。隔日1剂，分数次温服。

牛肝粥治蝴蝶斑

牛肝500克，白菊花、白僵蛋、白芍各9克，白伏苓、茵陈各12克，生甘草3克，丝瓜30克（后6味放入纱布包内），大米100克，加水2升煮成稠粥，煎后捞出药包，500毫升汤分2日服用。吃肝喝粥，每日早晚各服1次，每个疗程10天。中间隔1周，连服3个疗程，不产生任何副作用。

醋加面粉祛斑

用白醋调面粉，成干糊状，涂在斑上，多用几次，斑就不明显了。

芦荟叶治雀斑

新鲜芦荟叶30～50克。将鲜芦荟叶捣烂，加水适量煮沸，取沉淀后的澄清液涂抹患处。治疗雀斑。

酸奶面膜减淡雀斑

酸奶100克，珍珠粉10克。将以上2料放在同一容器中搅匀，当做面膜，敷在脸上15分钟，用清水洗净面部。经常使用可减淡雀斑。

胡萝卜牛奶除雀斑

每晚用胡萝卜汁拌牛奶涂于面部，第二天清晨洗去。轻者半年，重者1年即愈。

搓揉法消除老年斑

老年斑刚出现时，经常用手反复搓揉，大部分斑痕可消失，有的颜色变淡。

色拉酱巧治老年斑

早起、晚饭后洗完脸，用食指蘸少量色拉酱往脸上擦，有老年斑处可多擦点。1瓶色拉酱可用1年。

巧治红鼻子

Hairdressing 　　63

红粉5克，梅片4.3克，薄荷冰3.7克，香脂100克。将3味药研成细末，与香脂调合，抹患处少许，1日2～3次。1副药用不完即可好。

麻黄酒治疗酒糟鼻

Hairdressing 　　64

生黄节、生麻黄根各80克，白酒1.5升。前2味药切碎，用水冲洗干净，放入干净铝壶中，加入白酒，加盖，即用武火煎30分钟后，置于阴凉处3小时，用纱布过滤，滤液装瓶备用。早晚各服25毫升，10天为1疗程。一般服药5～8天后，患部出现黄白色分泌物，随后结痂、脱落，局部变成红色，20～30天后，皮肤逐渐变为正常，其他症状随之消失。

鲜茭白治疗酒糟鼻

Hairdressing 　　65

鲜茭白剥去外皮，洗净捣烂，每晚涂抹鼻上薄薄一层，用纱布盖上，加胶布固定，次日晨洗去。白天则用茭白挤汁涂上，每日涂抹2～3次。同时用鲜茭白100克煎水，早晚各1次分服。按此法连续治1周，鼻子恢复正常，即可停止。如还有微红，可继续治疗，直到痊愈。图

食盐治酒糟鼻

Hairdressing 　　66

酒糟鼻患者，可常用精盐涂搽鼻赤部位，1日多次，日久好转。

NO.65图

手足养护

SHOU ZU YANG HU

自制护手霜

Hairdressing 　　1

要想有一双秀丽的手，可常涂调入醋汁的甘油。其方法是：1份甘油，2份水，再加5～6滴醋，搅匀，涂双手，可使双手洁白细腻。

自制护手油

Hairdressing 　　2

取植物油（香油、色拉油均可）100克，加50克蜂蜜，2只鸡蛋清，1朵玫瑰花或几滴玫瑰油，放在沙锅中，文火加热至皮肤可接受的温度，将手浸于其中约10分钟，有很好的滋润效果。

巧用橄榄油护手

Hairdressing 　　3

把橄榄油加热后涂满双手，然后戴上薄的棉手套，10分钟后洗净即可，双手会变得幼嫩光滑。如果有时间还可以戴上一副手套，效果会更好。

巧做滋润手膜

Hairdressing 　　4

将5勺奶粉倒入容器中，把适量的热水倒入容器中，用勺搅匀。将双手在奶粉溶液中浸泡5分钟。把半根香蕉切碎，放入容器中用勺子捣成泥状。再把1勺橄榄油倒入容器中，用勺子搅匀制成护手膜。将护手膜均匀地涂在指甲和手部的皮肤上。香蕉和橄榄油混合而成的护手膜具有滋润和营养手部皮肤作用，尤其是对于指甲崩裂、指甲旁边长出倒刺有预防和治疗作用。10分钟后将护手膜洗掉，会感到手部皮肤变得光润细滑，指甲周围的倒刺也消失了。

柠檬水巧护手

接触洗洁精、皂液等碱性物质后，用几滴柠檬水或食醋水涂沫在手部，去除残留在肌肤表面的碱性物质，然后再抹上润手霜。

巧用维生素E护手

用含维生素E的营养油按摩指甲四周及指关节，可去除倒刺及软化粗皮。

手部护理小窍门

将1勺食用白醋放入半盆温水调和，在洗净手之后，把手浸入盆中，并加以按摩，按摩的方法随意，毕竟手部皮肤没有脸上的脆弱，注意指关节也适当按摩一下就可以了。泡到水凉，此时手变得更白更细，马上涂上手霜加以按摩，有条件的话戴上棉质手套睡一觉。每周1次即可。图

敲击可促进手部血液循环

打字、弹或是用手指在桌面上轻轻敲打有助于促进双手的血液循环，同样的方法，也适用于冻疮的治疗。

秋冬用多脂香皂洗手

尽量使用多脂性香皂或是含有油性的洗手液洗手，洗后立即用毛巾擦干，涂上护手霜，可有效防止手部皮肤干裂。

巧除手上圆珠笔污渍

圆珠笔油弄到手上很难洗掉，可用酒精棉球（也可用白酒）放在手上被污染处，圆珠笔油很快就被吸附，再用清水冲洗即能洗净。

修剪指甲的小窍门

修剪指甲前要先用温水把指甲泡软，就不会使指甲裂开。

巧去指甲四周的老化角质

把适量的角质去光液涂在软皮、指甲的表面与内侧。再用棉花棒画圆似的压软皮，一边清洁指甲，一边修整指甲生长边缘的形状。此时可将手平放在桌上，比较好处理。

巧用化妆油护甲

在指甲上和指甲周围的皮肤上薄薄地涂上一层化妆油，细心地按摩，最好在洗澡时或洗澡后。平时可将化妆油滴入温水中，手指在其中浸1分钟。

使软皮变软的小窍门

软皮为覆盖指甲基部，保护指甲基部未成熟部分的重要部位。软皮易干燥会密合于指甲上，造成裂伤。所以有必要常保软皮的柔软度，使它与指甲分开。可把用指甲霜按摩的指尖，放入装有温水的碗中浸泡10分钟

美

Hairdressing

美容秘方DIY

手足养护

NO.7图

153

即可。特别是指甲四周硬的人，用洗面皂泡温水清洗，效果更佳。

巧用醋美甲

在涂指甲油前，先用棉球蘸点醋，把指甲擦洗干净。等醋完全干了以后，再涂指甲油，就不容易脱落了，可保持光亮生辉。图

加钙亮油护甲

在涂指甲油之前，涂沫加钙亮油，保护指甲，以免指甲变黄变脆。

去除足部硬茧的小窍门

将足部去角质乳霜涂在双足硬茧部位用手搓揉，不久就可将硬皮磨掉。

改善脚部粗糙的小窍门

1.每天浴后先以足部磨砂膏敷在局部，再以浮石磨去脚底硬皮，双足就可恢复纤柔细嫩了。

2.先用足部护理液浸泡双足10分钟以软化脚皮，再涂上足部磨砂膏，用打圈方式按摩脚部，最后用足部浮石或锉刀去除粗糙的表皮，擦干双足后涂上润足液。

柠檬水巧去角质

将双脚浸在洒了点柠檬汁的温水中，同样可以软化顽固的老废角质，并且具有美白效果。

脚部的健美运动

1.脚背：两手抓住脚，以大拇指沿着脚背的骨头顺摸，从大脚指直到脚踝，对每一个脚趾重复同样动作。

2.脚趾：以拇指和食指一个个按摩，由趾尖到尾端。换脚。

3.脚趾之间：将食指伸进脚趾缝中，轻轻按摩1分钟。换脚。

4.脚心：从脚趾尾端到脚跟，以指压法按摩，持续1分钟。换脚。

巧用莲蓬头按摩脚部

洗澡时，用莲蓬头冲脚掌下方那块突起的肌肉的中央部位，这个部位就是所渭的"大都"穴，来一个穴位按摩，能起到放松肌肤的作用。

去脚肿小窍门

每天固定花10分钟，用甘菊精油由下往上、从脚尖往小腿肚按摩双脚，不舒服的肿胀感很快就会消失。

泡脚小窍门

用热水泡脚，可成功杜绝双脚和双腿老化。将热水注入深及膝盖的小水桶中，水温以脚可忍受的热度为极限，每天至少泡10分钟，让额头微微出汗，然后去角质、擦乳液，以避免脚后跟过早老化，有效消除脱皮现象。如果龟裂情况严重，擦完乳液后穿上袜子睡觉，效果更好。

脚趾摩擦可护足

这是最简单而又有效的行功法，只要将脚的拇趾与第二脚趾互相摩擦即可。每天早晚各1次，每次两趾摩擦200次。最初也许只能做到10～20次，如感疲乏，先休息一下，然后再继续做。坚持下去，到第五天或第七天，就能轻松自

NO.15图

如地完成了。

双足放松小窍门
Hairdressing　　　　　　25

1.脱掉鞋子，卷屈脚趾夹住书本的边缘，当脚部柔韧性提高后，就能将书本翻页。这样做，可以解除疲劳，强壮脚部肌肉。

2.地板上放1只空瓶子，光脚踩在上面滚动，可以刺激血液循环并且起到按摩的作用。

3.用脚趾夹起木棍、铅笔，以此来拉抻韧带，松弛紧张的肌肉。

4.站久了，抬起脚趾，脚跟着地。重复几次，这项活动可以重新分布脚上所承受的压力。图

巧除手指烟迹
Hairdressing　　　　　　26

抽烟的人手指上常染有烟迹。可在一杯温水中滴上几滴浓氨水，把手指插入浸一会，烟迹便可除去。

氯霉素滴眼液去灰指甲
Hairdressing　　　　　　27

每天晚上睡觉前把手（或脚）洗干净，在灰指甲上（包括缝里）滴上几滴氯霉素滴眼液。滴数日后，从指甲根部开始逐渐正常，眼药液必须滴到完全长出新指甲，最好多坚持数天巩固一下更好。

凤仙花治灰指甲
Hairdressing　　　　　　28

取凤仙花（俗称指甲草）数朵，加少许白醋，捣烂成泥状，敷在指甲上，1小时后洗净，经两三次治疗即可痊愈。

韭菜汁治手掌脱皮
Hairdressing　　　　　　29

治疗手脱皮，可取鲜韭菜1把，洗净捣烂成泥，用纱布包好，拧出其汁，加入适量的红白糖，每日服1次，一般连服4次可愈。

柏树枝叶治指掌脱皮
Hairdressing　　　　　　30

患指掌脱皮的人，往往冬季尤重，直至皲裂流血，这时可用鲜柏树枝叶加水煮沸，浸泡患掌，坚持使用月余即可治愈。

黑云豆治手裂脱皮
Hairdressing　　　　　　31

治疗手裂脱皮，可将70克纯黑云豆煮烂，连汤带豆食用，每日2次，食用1500克为1个疗程。1个疗程后停食此方半个月，共3个疗程后即可治好。

①
②
③
④

NO.25图

美目护齿

MEI MU HU CHI

常梳眉毛粗又黑
Hairdressing   1

无论男女，眉毛如同头发一样需要护理。平日早晚梳头时，各梳眉毛20次，这样可促进眉部血液循环，又按摩了眼部，对提高视力起到了保护作用。

巧用茶叶祛黑眼圈
Hairdressing   2

把2个泡过茶的茶包泡在冰水中，稍微拧干后轻敷在双眼上。茶叶的成分能够安抚肌肤、促进循环，所以此方法对消除黑眼圈、浮肿和眼袋有不错的疗效。

苹果祛黑眼圈
Hairdressing   3

将苹果洗净切成片，敷于眼部15分钟后洗净。图

巧用酸奶祛黑眼圈
Hairdressing   4

用纱布蘸些酸奶，敷在眼睛周围，每次10分钟。

巧用蜂蜜祛黑眼圈
Hairdressing   5

洗脸后让水分自然干，然后在眼部周围涂上蜂蜜，先按摩几分钟，再等10分钟后用清水洗净，水不要擦去，使其自然干，涂上面霜即可。

妙法消除下眼袋
Hairdressing   6

先在眼睑下方均匀涂上具有改善浮肿功效的眼霜；将双手的中指按压在双眼两侧，用力朝太阳穴方向拉，直至眼睛感到绷紧为止；双眼闭张6次，然后松手，重复做4遍。另外，临睡前轻压眼睛正下方的部位也可以防止眼袋出现。

巧用黄瓜消除下眼袋
Hairdressing   7

在眼袋部位敷上小黄瓜片，用来镇静肌肤以减轻下眼袋现象。

奶醋消除眼肿
Hairdressing   8

早晨起来时，"眼皮肿"是常见现象。可用适量牛奶加醋和开水调匀，然后用棉球蘸着在眼皮上反复擦洗3～5分钟，最后用热毛巾捂一下，很快就会消肿。

冷热敷交替消"肿眼"
Hairdressing   9

红肿的双眼、鼓鼓的眼袋，使人看上去无精打采，这时可把冷毛巾和热毛巾交替敷在双眼上10多分钟，再用冰毛巾敷一会儿，疲倦不堪的双眼就会回复神采。

按摩法消除眼袋
Hairdressing   10

以站姿或坐姿皆可，两眼直视前方。先以左手或右手的拇指与食指捏揉左右睛明

NO.3图

穴；然后用左右手的食指沿下眼眶骨上沿眼球后下方抠揿即可，力量大小以自己觉舒适为宜。注：睛明穴在内眼角与鼻梁骨交接的凹陷处；承泣穴在下眼眶骨上沿中间与瞳孔直对的凹陷处。

按摩法改善鱼尾纹
Hairdressing　11

把适量的按摩膏放在指尖，然后在眼周做顺时针绕圈按摩，5分钟后用温水清洗，再涂上眼部收紧啫喱；用中指点一些眼霜，从眉心开始，向外沿着上下眼睑轻压，连续4～6次。手法一定要轻柔。

两分钟除皱按摩
Hairdressing　12

消除眼下皱纹（1分钟）：先在眼周涂上眼霜，然后将双手的食指按压在双眼两侧，用力朝太阳穴方向拉，直至眼睛感到绷紧为止。双眼闭张6次，然后松手，重复做4遍。

消除眼角皱纹（1分钟）：食指和中指按在双眼两侧，慢慢推揉眼侧皮肤，同时闭眼。当眼皮垂下时，手指缓缓地朝耳朵方向拉，从1数到5，然后松手。重复做6遍。

使用眼膜的小窍门
Hairdressing　13

1.彻底清洁后再使用眼膜，保养成分更容易被吸收。

2.把眼膜放进冰箱，加倍的冰凉感受敷起来会更舒爽。

3.用后的眼膜还有剩余的精华液不要浪费，涂在抬头纹或同样需要特别照顾的部位。

4.敷眼膜时，感到七八分干就最好清除掉，以免带走眼周肌肤水分。

5.大部分眼膜因含有高倍养分精华，建议不要每天敷用。

敷眼膜的最佳时间
Hairdressing　14

睡觉前敷用，可更好吸收；运动后，新陈代谢旺盛时吸收加速；生理期后1周，是体内雌激素分泌旺盛的时期，此时敷眼膜效果也不错。

按摩法消除眼袋
Hairdressing　15

上床后，用无名指轻按双眼下眼睑的中间部位10～12次，这样有助于眼周的淋巴循环，减少眼部积水。

熬夜巧护目
Hairdressing　16

熬夜时最好喝枸杞泡热水的茶，既可以解压，还可以明目。

巧用茶水增长睫毛
Hairdressing　17

将喝剩的茶水放凉，在睡前或隔天清晨，利用棉花棒沾湿眼睫毛，可达到增长睫毛的功效。

巧用橄榄油美唇
Hairdressing　18

睡前将橄榄油涂在嘴唇上吸收20分钟以上，然后擦净，坚持一段时间后，唇部就会湿润饱满。

巧用维生素润唇
Hairdressing　19

出门前、涂口红前和睡觉前，使用含有维生素C、维生素D和维生素E油等，具有良好保湿修复功能的润唇膏；再用柔和的面巾纸轻压唇部，达到双倍功效。

自制奶粉唇膜
Hairdressing　20

奶粉也有润唇的功效，可将2匙奶粉调成糊状，厚厚

NO.20图

地涂在嘴唇，充当唇膜。图

巧用保鲜膜润唇
Hairdressing　　21

在双唇上涂大量的护唇膏，再用保鲜膜将唇部密封好，接着再用温热毛巾敷在唇上，敷5分钟，也可增加润唇效果。

热敷去嘴唇角质翘皮
Hairdressing　　22

在嘴唇上敷蒸汽毛巾，利用热的蒸汽对付嘴唇上的角质翘皮。

巧用白糖清除嘴唇脱皮
Hairdressing　　23

冬天气候干燥，嘴唇就容易发干，甚至脱皮。如果马上需要上妆，但是脱皮现象又不能靠润唇膏在短时间内挽救，那就要靠白糖。用湿手蘸白砂糖少许，轻轻按摩嘴唇。特别是在脱皮的地方轻轻打圈，但是要轻柔。时间长短视脱皮情况而定。按摩完毕后清洗干净，涂上润唇膏。用吸油面纸擦去表面油层，再涂口红，唇彩，又会明艳动人了。白砂糖不仅能有效去除脱皮，还能使嘴唇红润。

巧去嘴唇死皮
Hairdressing　　24

嘴唇上的死皮千万不能用手撕，这样有可能将唇部撕伤；可先用热毛巾敷3～5分钟，然后用柔软的刷子刷掉唇上的死皮，再涂护唇霜；唇部总发干最好不要涂口红。

防唇裂小窍门
Hairdressing　　25

1.如果发现嘴唇太干，可在嘴唇上涂些甘油，使用时必须加50%的蒸馏水或冷开水。

2.在睡前往嘴唇上抹些蜂蜜，再涂上护唇膏，也可很快恢复嘴唇的柔嫩光滑。

维生素B$_2$治唇裂
Hairdressing　　26

冬天嘴唇干裂，可用维生素B$_2$片涂抹患处，2～3次后便可痊愈。

蜂蜜治唇裂
Hairdressing　　27

将蜂蜜抹在嘴唇上，每天早、中（午饭后）、晚（睡觉前）连续抹3次，2～3天后裂痕便会闭合了。

蒸汽治烂嘴角
Hairdressing　　28

做饭、做菜开锅后，刚揭锅的锅盖上或笼屉上附着的蒸汽水，趁热蘸了擦于患处（不会烫伤），每日擦数次，几日后即可脱痂痊愈。

按摩法去唇纹
Hairdressing　　29

清洁双手和唇部后，先在嘴唇上涂一层薄薄的油脂，如橄榄油，然后用大拇指和食指捏住上唇。食指不动，大拇指从嘴角向中心轻轻画圈揉按，然后逐渐返回嘴边，每做5个来回为1组，每次做5组。接下来，用食指和拇指捏住下唇，大拇指不动，轻动食指按摩下唇，反复做5组，可以减少嘴唇上的横向皱纹。

NO.30图

如果嘴角有了纵向皱纹，可以用两手中指从嘴唇中心部位向两侧嘴角轻推，让嘴唇有被拉长的感觉。先上唇，后下唇，同样以5次为1组，每次做5组。

按摩完用纸巾轻擦掉多余油脂，然后再搽一层无色润唇膏。

自制美白牙膏
Hairdressing　　30

取等量的食盐和小苏打，加水调成糊状，每日刷牙1次，3～4天可除牙齿表层所有色斑，使牙齿洁白。图

牙齿洁白法
Hairdressing　　31

用乌贼骨研细末拌牙膏，刷几次牙，可使黑黄牙变白。

选择牙刷的小窍门
Hairdressing　　32

1.牙刷头大小要适当，一般覆盖2～3个牙面，这样便于刷牙时面面俱到。

2.牙刷毛要由优质的尼龙丝制作，优质尼龙丝弹性好、吸水性差，可以防止细菌积存。

3.牙刷头要经过磨毛处理，用经过磨毛处理的牙刷刷牙时，可以避免参差不齐的刷毛对牙龈组织的创伤。

4.牙刷柄的长短要适当，便于握持。

芹菜可美白牙齿
Hairdressing　　　33

芹菜中的粗纤维的食物就像扫把，可以扫掉一部分牙齿上的食物残渣，美白牙齿，促进牙齿健康。

奶酪可固齿
Hairdressing　　　34

奶酪是钙的"富矿"，可使牙齿坚固。营养学家通过研究表明，一个成年人每天吃150克奶酪，再加1个柠檬，可有效固齿。

叩齿、按摩可坚固牙齿
Hairdressing　　　35

传统医学提倡早晚叩齿和按摩牙龈是最有效的固齿方法，每天晨起或睡下后上下牙齿轻轻对叩数十下，能促进牙体和牙周组织血液循环，同时在洗脸时，用食指上下旋转按摩牙龈，排除龈沟及牙周袋分泌物，可改善牙龈内血液循环，提高牙周组织抵抗力，从而防止牙周病。

巧用苹果汁刷牙
Hairdressing　　　36

用苹果汁刷牙，可消除口臭，还可保持牙齿洁白，但切记刷完后要再用牙膏刷一遍牙。

巧用花生除牙垢
Hairdressing　　　37

经常喝茶或咖啡的人，牙齿上容易遗留黄色污垢，难以清除。可把几粒生花生米放在嘴里嚼碎成糊状，不要咽下去，用此花生糊充当牙膏，像平时刷牙一样清洁牙齿，只需几次即可使牙齿洁白发亮。

巧除牙齿烟垢
Hairdressing　　　38

刷牙时将食醋滴在牙膏上刷牙，可消除牙齿上的烟垢。

化妆技巧
HUA ZHUANG JI QIAO

选购洁肤品的小窍门
Hairdressing　　　1

无论化妆品公司宣传得多么出神入化，洁肤品最终是会洗掉的，所谓包含了什么"神奇"成分，肯定没有想象的那么重要，但是质地和洗完后的触感却很重要。洗后面颊软扑扑的、不紧绷的洁肤品最好。含细微磨砂颗粒的也可以，但最好不要每天用。

选购化妆水的小窍门
Hairdressing　　　2

化妆水里含酒精是很常见的，但是如果酒精含量过高，用后肌肤会缺水。如果希望借助弱酸性的化妆水来平衡肌肤，那么至少用pH测试纸确认，pH应该为5~6。理想的化妆水，应该包含水、水溶性滋润剂、抗氧化成分、抗敏感成分，及微量的香料。

选购精华素的小窍门
Hairdressing　　　3

滋润型精华素的养分浓度最高，但要不黏不稠，迅速滋润肌肤，容易吸收。购买前可以在指尖指甲周围最干的部位试，看能否迅速软化滋润肌肤。

选购乳液（面霜）的小窍门
Hairdressing　　　4

乳液和面霜最重要的是具有滋润效果，质地要薄，很容易抹匀，不管搽多少都不能感到"黏"。

选购化妆品小窍门
Hairdressing　　　5

在选购化妆品时，不应只是看商标、生产厂家、使用说明书或宣传文字，而是要对化妆品的品质加以鉴定。

159

NO.5图

检验化妆品质地的方法是：用手指蘸上少许，轻轻地涂抹在手腕关节活动处（不是手背），涂抹要薄，然后将手腕活动几下。几秒钟后，如果化妆品会均匀而且紧密地附着在皮肤上，且手腕上有皱纹的部分没有淡色条纹的痕迹时，便是质地细腻的化妆品。

检验化妆品色泽的方法是：将其涂在手腕上，在光线充足的地方看颜色是否鲜明，同时还要看是否与自己的肤色相配。符合者则为较好的化妆品。

化妆品的气味要正，即指没有刺鼻的怪味。通常化妆品闻起来应有芬芳清凉的感觉，如果有刺鼻或使人发呕的感觉，或香得过分，就是味不正。图

化妆品保存小窍门
Hairdressing   6

1.夏天气温高，化妆品更要注意防晒，防高温。

2.很多爽肤水和香水都略含酒精成分，很容易挥发，每天用完要拧紧瓶盖，放在阴凉处。

3.保养品中油脂类的乳霜在太冷的环境里密封不好，油脂会析出。侧重保温的眼霜，如果不拧紧瓶盖，容易变稀，降低浓度，所以保养品和粉类放入冰箱时，一定要用塑料袋封，这样才能延长其使用寿命。

4.有很多冬春季节使用的化妆品都暂时用不上了，别将它们随意堆在窗台上，冰箱的冷藏室是它们最好的藏身之处。

粉扑的选购与保养
Hairdressing   7

制做粉扑的材质有很多种，目前市场上以化纤或混纺材质为多。皮肤差的人最好还是使用100%棉质粉扑，以减少对皮肤的刺激。当然，无论是哪种质地的粉扑，一旦用脏了都不利于皮肤健康，所以要常清洗。棉质粉扑在清洗后，由于附着香粉而易变硬，所以要用手揉搓使之柔软后再使用。

妆容持久的小窍门
Hairdressing   8

化妆前先用一片柠檬擦脸，或者化妆完毕后从离开面部一手臂的距离往脸上喷上保湿水，妆容可以更持久，看上去更清爽。

软化干面膜的小窍门
Hairdressing   9

未用完的面膜结块可以叫它软化再用。方法是：往装有干面膜的塑料容器内加入适量的白开水，用蒸馏水或纯净水更好，水量要适当，可根据留有的面膜量而定。然后盖紧容器的盖子，放入凉水锅里，加热到锅水50℃时，塑料容器的干面膜变软，便可继续使用了。

巧用化妆水
Hairdressing   10

睡前用最便宜的化妆棉加上化妆水完全浸湿后，敷在脸上20分钟，每周3次，皮肤会变得水亮清透。

巧用化妆棉

化妆时，先把微湿的化妆棉放到冰箱里，几分钟后把冰凉的海绵拍在抹好粉底的肌肤上，你会觉得肌肤格外清爽，彩妆也显得特别清新。

巧选粉底

以下颌与颈部连接的部位肤色来试粉底的颜色，最好与肤色完全一致或比肤色浅一度的颜色，切勿选太白或太暗，或与自己肤色差异较大的颜色。

巧选腮红

对于肤色较白的人，可以选粉红色系列；而肤色较深的人，应选用咖啡色系列，看起来更健康。有银光的腮红可用来显示额头。

选购口红的小窍门

浅色有银光的口红有使嘴巴显大的效果。皮肤较黑的人，应避免用黄、粉红、银色、淡绿或浅灰色口红，会与肤色形成鲜明的对比度，使之显得更为黯淡，可涂暖色系较偏暗红或咖啡系的口红，将皮肤衬托得较白且协调。而肤色较白的人则任何颜色皆可用。图

巧选香水

将香水搽一点在手上，等酒精挥发后再闻，只能闻到酒精和合成香料的味儿，而闻不到正宗的香味的为劣质香水。切忌一"嗅"钟情，因为香水接触肌肤后散发的气味，只会维持10分钟左右，随后的中调和基调才是持续伴随你的香气，所以不要在10分钟内下决定。

依季节搭配香水

晴日里香水会比温度低的日子浓烈；雨天或湿气重的日子香水较收敛持久；春天宜用幽雅的香型，夏天最好用清淡兼提神的香型，冬日则可选用温馨、浓厚的香型。

香水持久留香的秘诀

1.先涂手腕再移向全身。把香水先沾在手腕上，然后移向另一只手腕，等手腕温热后，再从手腕移至耳后，然后搽在所有的部位上。两只手腕千万不要互相摩擦，会破坏香水分子。

2.在搽香水之前，先搽上一点凡士林，留香时间会长一些。

3.在丝袜上擦香水的人很少，但在穿上之前，先用喷头喷一喷，就会有出乎意料的隐约气息，而且香味可以持久。

使用粉扑的窍门

拍香粉时同时用两个粉扑更合理些。先用一个粉扑沾上香粉，再与另一个对合按压一下，其中一个用来拍大面积的部分如前额和面颊，另一个用于拍细小不平的部位如鼻翼、眼周围以及发际周围。这种方法既可涂得均匀又节省时间。

粉底液过于稠密的处理方法

夏天里若嫌粉底液太稠密，则可于其中掺些化妆水，以造成水性化妆的清爽效果。这方法也适用于油性皮肤的人。粉底的涂法虽然见人见智，但在达到素净肌肤的要求

NO.14图

161

美

Hairdressing

美容秘方DIY

■

化妆技巧

下，这是极好的方式。

令皮肤闪亮的小窍门
Hairdressing   20

化妆品往往遮盖住皮肤上的自然光泽，使脸看上去呆滞得不自然，用一点儿收敛水即可妙手回春。在扑完妆粉之后，将一个棉球在收敛水里浸湿，取出棉球轻轻挤一挤，然后把它在脸上均匀地轻拍一遍，脸庞会立刻光彩照人。注意不要用这棉球拍鼻子，那样会使鼻子过于闪亮。

巧用粉底遮雀斑
Hairdressing   21

1.用指尖把粉底霜反复扑打在生雀斑的部位上。如用此法无效，可以在定妆粉里加些香粉型粉底霜试一试。

2.使用颜色介于雀斑和肤色之间的粉底霜。用这种方法（不必反复扑打），雀斑的颜色和皮肤的颜色趋向一致，就不那么明显了。

3.用有光泽粉底霜掩盖。皮肤有了光泽，多少有点雀斑也就不必那么担心了。这是一种用光泽压过雀斑的办法。

4.用突出个性的化妆法，分散注意力。例如眼角上有雀斑，要抹颜色显眼的口红；满脸都有褐斑，则要使眼睛化妆和口红轮廓清晰充实。

巧用粉底遮青春痘
Hairdressing   22

1.在布满粉刺疤痕的部位上涂敷香粉型粉底霜，不用液体型的或雪花膏型的粉底霜。只是使它们变得不明显，而不是把它们用涂料封死。

2.用收敛性粉底霜仔细修整，使毛孔收紧，然后再薄薄地涂上液体型或稍亮的粉底霜。这样，即使凹陷部位上积存着粉底霜，也不会因此而变得颜色发暗。为使整体颜色一致，可再涂些稍稍发暗的粉底霜。如果一开始就用深色的粉底霜，凹进去的地方被填死，颜色积起来，看上去发暗，反而会更显眼。

3.打消掩盖的念头，厚厚地涂上一层有光泽的粉底霜，用光泽转移人们的视线。此法适合症状轻的人使用。

4.干脆用覆盖力强的粉底霜浓妆艳抹。

掩饰黑痣的化妆技巧
Hairdressing   23

通常有两种方法：一种是使用油性的质浓的粉底，一种是用比皮肤暗一级的粉底，通过这两种粉底的施用巧妙地将之掩盖。

使用油的浓粉底，其关键在于抹普通粉底时先留下欲掩饰的地方不抹，然后在有黑痣的位置抹浓油粉底，并以黑痣等为中心向周围延伸，慢慢轻压，使颜色由浓转淡，但应注意一定要与先抹的普通粉底和这后来涂抹的浓油粉底相融合，而不留痕迹，然后在其上扑粉，这样一来就达到了掩饰及美饰的双重效果。

使用深色粉底时，可用多抹的方法，即涂抹两次粉底。这种方法可能会使有些人担心，是否会造成比原来肌肤更黑的印象，其实基本上是不会的，这些粉底单独看起来似乎深一些，但涂抹在脸上却是近于肤色的，又给人以减少了雀斑的印象。

另外，现在还有专门掩盖瑕疵的掩盖粉底，使用起来就更方便。但在选用时要注意选择尽可能接近肌肤色的粉底，不要过白或过深，涂抹时先用手指或海绵蘸上底粉，然后轻轻扣压在脸上，这样施粉底比较自然，掩盖效果也比较理想。

掩饰皱纹的技巧
Hairdressing   24

一旦产生皱纹，在化妆时就应当特别注意避免将人的注意力吸引在皱纹上，应突出局部化妆，以此来分散人的注意力。化妆开始前应特别滋润肌肤，先用护肤霜来保护皮肤，再施粉。粉底最好是乳液的，施用粉底时应在皱纹处轻轻按压，减缓皮肤的凹陷感。腮红最好用油质的，不要用粉质的，以避免粉过多地吸收皮肤中的油脂和水分。另外，在化妆时脸上有皱纹的地方应轻妆，以免将缺点反映出来。特别是不要扑粉，因为粉很容易吸收皮肤中的油脂和水分，使皮肤看起来干巴巴，毫无光泽感，同时还会加深皱纹。

长时间保持腮红的小窍门
Hairdressing   25

将液体腮红拍在化妆粉底上，然后再用相近颜色粉质腮红来定色。

化妆除眼袋
Hairdressing   26

化妆时用暖色粉底调整脸面的肤色，使眼袋部位的肤色与脸面协调，切忌在眼袋处涂亮色，否则会使之更明显。另外，可以适当加强眼睛、眉毛和嘴唇的表现力，转移别人对眼袋的注意。

巧化妆恢复双眼生气
Hairdressing　　　27

眼睛看上去疲劳、没有生气时，可在双眼内侧刷上一些银色的粉，会让双眼立刻充满活力。

巧化妆消除眼睛浮肿
Hairdressing　　　28

闭上眼睛用浸泡过温的收敛性化妆水的面纸盖住双眼，休息10分钟后取下。如果只用冷水拍洗脸部，然后就涂上粉底或灰褐色而有掩饰效果的化妆品，那只会更显眼部的浮肿。

化妆时可在上眼皮的中央涂以稍浓的眼影，周围的眼影则描淡些。眼影颜色以棕色为最佳。描眼线就沿上眉毛轮廓细细地画，并要画成自然的曲线。⑧图

NO.28图

肿眼泡的修饰
Hairdressing　　　29

肿眼泡是指上眼皮的脂肪层较厚或眼皮内含水分较多，使眼球露出体表的弧度不明显，人显得浮肿松懈没有精神。可以采用水平晕染，用深色眼影从睫毛根部向上晕染，逐渐淡化，眉骨部位涂亮色，肿眼泡的人尽量不使用红色系眼影。上眼线的内外眼角略宽，眼尾高于眼睛轮廓，眼睛中部的眼线要细而直，尽量减少弧度。下眼线的眼尾略粗，内眼角略细。

巧化妆消除眼角皱纹
Hairdressing　　　30

将乳液状粉底薄涂面部，然后在小皱纹处以指尖轻敲，使粉底有附着力地填进去。减缓其凹陷程度，并可突出重点化妆。

画眼线时，上眼睑不画，下眼睑画以清晰线条但不要画全长，只在眼尾处画全长的1/3即可。眼线笔应为0.2～0.5毫米，颜色开始用棕色，以后可用黑色。

巧用眼药水除"红眼"
Hairdressing　　　31

喝酒或缺乏睡眠会使你的双眼看起来非常疲倦，布满血丝，你可以滴上一两滴具有缓和疲劳效果的眼药水，使眼部毛细血管充血、破裂的病状得到舒缓。但眼药水不是越多越好，过多反而可能出现不良的效果。

拔眉小窍门
Hairdressing　　　32

1.要有一支好用的拔眉镊，最好有扁平的镊头。

2.刚沐浴完由于毛孔敞开，此时拔眉不会太痛。

3.晚上拔眉毛较好，即使拔眉时出现红肿现象，睡过一晚上也基本消除了。

眉钳变钝的处理
Hairdressing　　　33

如果眉钳变钝了，可以用砂纸小心地将眉钳内侧磨锋利，让它继续发挥作用。

巧夹睫毛
Hairdressing　　　34

夹睫毛的时候从睫毛根部向尾部移动夹子，一边移动一边夹，可以夹得过一些，在涂睫毛膏的时候就可以把它弥补成最自然的状态了。

巧用眉笔
Hairdressing　　　35

如果总觉得拿着眉笔的手不听使唤，画不出令人满意的眉毛。不妨做个新尝试：用眉笔在手臂上涂上颜色，用眉刷蘸上颜色，均匀地扫在眉毛上，会得到更为自然柔和的化妆效果。

眼睛变大化妆法
Hairdressing　　　36

可以尝试用白色的眼线笔来描画下眼线，使一双眼睛显得更大、更具神采。

巧画眼线
Hairdressing　　　37

1.要画好一双细致的眼线，可以先把手肘固定在桌上，然后平放一块小镜子，让双眼朝下望向镜子，就可以放心描画眼线了。

2.先用眼线笔在睫毛的眼

线处点好点，然后再用很尖的刷子将这些点连接在一起。这种办法是最易于实施的将眼线化直的办法了。

巧画眼妆
Hairdressing
38

许多上班族都有眼妆容易脱落的困扰，如果在上眼影粉前先上一层同色眼影霜，眼妆就能很持久不易脱落。

误涂眼线的补救措施
Hairdressing
39

可用棉花球蘸水或爽肤水，放在眼线上，待数秒钟后拿开棉花球，误涂的眼线就会消失。

眉毛的化妆方法
Hairdressing
40

1.眉毛过于平直：可将眉毛上缘剃去，使眉毛形成柔和的弧度。

2.眉毛高而粗：可剃去上缘，使眉毛与眼睛之间的距离拉近些。

3.眉毛太短：可将眉尾修得尖细而柔和，再用眉笔将眉毛画长些。

4.眉毛太长：可剃去过长的部分，眉尾不宜粗钝，最好剃去眉尾的下线，使之逐渐尖细。

5.眉毛稀疏：可利用眉笔描出短羽状的眉毛，再用眉刷轻刷，使其柔和自然，不宜将眉毛画得过于平板。

6.眉毛太弯：可剃去上缘，以减轻眉拱的弯度。

7.眉头太接近：可剃去鼻梁附近的眉毛，使眉头与眼角对齐。

8.眉头太远：可利用眉笔将眉头描长，以缩小两眉之间的距离。图

如何防止睫毛膏和睫毛粘到一起
Hairdressing
41

在使用睫毛膏之前，先用纸巾擦拭睫毛膏棒，擦掉引起打结的多余睫毛膏。

眼妆的卸妆方法
Hairdressing
42

眼妆的卸妆方向必须依眼皮的肌理进行，采取右眼顺时针，左眼逆时针方向清洁，避免过度拉扯导致皱纹。

1.以化妆棉蘸取适量的卸妆用品，并在睫毛下垫一张面纸。

2.将蘸了卸妆用品的化妆棉，轻轻贴在睫毛处数秒钟，让睫毛膏能充分被溶离。

3.充分溶解后，将化妆棉轻轻地由上往下擦拭。

NO.40图

4.利用蘸了卸妆用品的棉花棒，清理睫毛间的小细缝。

5.再次拿取一片蘸了卸妆用品的干净化妆棉，仔细将细屑擦拭干净。

如何延长睫毛膏的使用期限
Hairdressing 43

在每次用完睫毛膏后，用纸巾将刷子上多余的睫毛液抹掉，再插回管中拧紧。

如何保养假睫毛
Hairdressing 44

假睫毛虽然纤细精美，却很脆弱，因此，使用时要特别小心。从盒子里取出时，不可用力捏着它的边硬拉，要顺着睫毛的方向，用手指轻轻地取出来；从眼睑揭下时，要捏住假睫毛的正当中"唰"的一下子拉下，动作干脆利索，切忌拉着二三根毛往下揪。用过的假睫毛要彻底清除上面的粘合胶，整整齐齐地收进盒里。注意不要把眼影粉、睫毛油等粘到假睫毛上，否则会弄脏、毁坏假睫毛。

大鼻子的化妆技巧
Hairdressing 45

使用接近白色的粉底，从鼻梁上往下敷，并涂抹均匀，使之看上去呈些许朦胧，然后在鼻孔的外侧使用颜色较深的粉膏涂敷均匀，这样鼻子看上去会小很多。

塌鼻子的化妆技巧
Hairdressing 46

使用较白的粉底，在鼻梁上成直线往下敷，鼻尖使用较白色的粉底涂成白色，涂的时候必须均匀，这样可使鼻子看起来高一些。

耳朵同样需妆扮
Hairdressing 47

在搽粉的时候，耳朵表面也应搽一点。这样能使面孔和耳朵浑然一色。不过耳朵上搽粉不宜太多，需适度，否则会弄巧成拙。

耳朵上不单要搽粉，还可抹一点红，但不可"红透耳根"，这样会给人新鲜活泼的感觉。

巧用唇线笔
Hairdressing 48

在上唇线前，先将唇线笔在手背上划一下，就会好用很多。

误涂口红的补救措施
Hairdressing 49

口红配得不满意时，可以把纸巾对折一两次，放在两唇间，略施压力，重复数次，再涂上新的唇膏或口红即可。

厚唇变薄化妆法
Hairdressing 50

这种画法主要是在唇形外部，用脸底色或掩盖色把多余的部分盖去，涂上粉，然后用唇笔再画出小于原来嘴形的轮廓线，在轮廓线内涂满唇红，而且唇红不要深，在唇的中部还要涂些亮光唇红。如果原来的唇边不明显，还可以用底色一样的掩盖色再涂。图

让嘴唇更丰满的化妆法
Hairdressing 51

用唇彩笔以稍微浓重的感觉画出轮廓线，即在上下唇描绘出约超出原唇轮廓线1毫米之外的色彩。须注意若画得太大，反而会显得不自然。用刷子将唇彩涂到整个嘴唇上，其优雅的光泽能令嘴唇看上去更丰厚，使嘴角浮现出更丰盈的立体感。

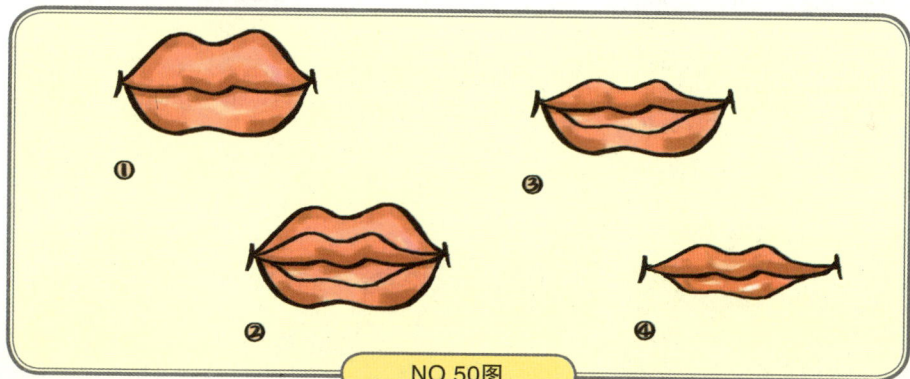

NO.50图

美

Hairdressing

生活中来窍门3000例 ■

化妆技巧

不对称唇形的化妆窍门
Hairdressing　52

有些人上唇左右唇峰大小不一致，这种唇形的修饰可以根据脸部其他五官的比例较大的话，可画大唇线的比例，以保持唇部平衡；若五官比例较小，可画内唇线来平衡唇部的比例。

有皱纹唇部的化妆窍门
Hairdressing　53

上了年龄的女性，有些人嘴角四周容易出现皱纹，涂口红时颜色容易集中在纹沟中，使纹沟更加明显，因此最好用唇线笔勾画唇线，涂口红前在唇上抹少量粉。

唇角下垂的化妆窍门
Hairdressing　54

用唇笔画出微翘的唇角，但不要太夸张。如果将整个唇的唇线略为加长效果会好些。

"双下巴"的化妆窍门
Hairdressing　55

在下巴处涂上暗色阴影粉，并使用亮色口红，使下巴以上的部位成为视觉的焦点。

下颚松弛的化妆窍门
Hairdressing　56

线条柔和美丽而富有弹性的下颚是掩饰年龄的秘密办法之一，对修正颈部的缺点也很有帮助。沿着下巴到耳根的曲线刷上阴影粉，注意要刷在面颊以下的部位。

巧选指甲油
Hairdressing　57

1.好的指甲油涂了很快就干。

2.选购时将指甲油毛刷拿出来看看，顺着毛刷而下的指甲油是否流畅地呈水滴状往下滴，如果流动很慢代表这瓶指甲油太浓稠会不容易擦匀。

3.刷子拿出来时，左右压一下瓶口，试试刷毛的弹性。

4.尽量选择刷毛较细长的指甲油，会比较容易上匀（比较一下不同品牌指甲油的刷毛就会知道）。

5.刷子沾满指甲油拿出来时，毛刷最好仍维持细长状，有些会因此变得很粗大。

6.查看生产日期。

巧画指甲油
Hairdressing　58

1.指甲油使用前先摇晃几下瓶子，可防止气泡形成，涂抹时更均匀。

2.手指抹完指甲油后，如果立刻放入凉水中浸泡，可使指甲油迅速变干。

如何快速涂好指甲油
Hairdressing　59

在指甲的边上用白色的眼线笔划上一圈，再涂干的透明指甲油。这样的几分钟内，就可以创造出美丽的指甲。

巧除残余指甲油
Hairdressing　60

指甲油本身就有类似洗甲水的消融性，将指甲油涂在指甲残迹处，两三秒后用软纸擦拭，即可洗净指甲。

戴眼镜者的化妆窍门
Hairdressing　61

1."近"浓，"远"淡。近视镜具有缩小眼睛的效果，因此眼部化妆要比正常人浓艳一些，这样才能达到强调和突出的化妆效果。相反，如果戴的是远视镜，镜片将放大眼睛，此时化妆以柔和淡雅、朦胧模糊为宜，并将睫毛、眼线画得更细致。

2.戴镜化妆，巧加修饰。眼镜本身也是一种装饰品，如果配戴平光眼镜，不受度数等客观条件限制，戴上眼镜后，镜边不应遮住眉毛。对镜子观察自我形象，若肤色较白，镜框和镜片颜色较浅，化妆时应以清淡为主；若二者皆较深，化妆时可浓深一些。涂抹唇膏时，宜视镜框和镜片颜色的深浅而定。如果双眼较小或间距较近，在两侧太阳穴处涂抹适量胭脂与眼镜相配，可以给人美好的视觉印象。假若脸型瘦长，在两颧处涂抹稍浓的胭脂，既显出青春活泼之美，又可从视觉上缩短脸庞。眼睛是心灵的窗口，眼镜是心灵的窗架，镜片是窗上的玻璃，请镶好玻璃，并擦亮它。

卸妆小窍门
Hairdressing　62

卸妆后，要在脸上抹一层营养油脂，并用热毛巾敷脸，以使皮肤更好地吸收营养物质。

护发美发

HU FA MEI FA

糯米泔水护发

Hairdressing   1

"糯米泔水"是云南西双版纳傣族妇女传统的、效用卓著的润发品，而且工序简单，成本低廉。只要把做饭淘洗糯米的泔水经过沉淀，取其下面较稠的部分，放入茶杯贮存几天，待有酸味即可。使用时，先用泔水将头发揉搓一番，再用冷水冲洗即可。这种上佳的"洗发液"还是白发的天然克星。

茶水巧护发

Hairdressing   2

洗过头发后，再用茶水冲洗，可去垢涤腻，使头发乌黑柔软，光泽美丽。

巧用酸奶护发

Hairdressing   3

洗发后，用酸奶充当润发乳使用，但一定要记得用温水将酸奶冲洗干净，否则过段时间，酸奶的味道会悄悄飘散。用酸奶护发，秀发不但不会有洗发液残留的问题，摸起来还非常柔顺。

自制西红柿柠檬汁洗发水

Hairdressing   4

西红柿2个，柠檬1个。将西红柿榨汁，混和数滴柠檬汁，当洗发水使用即可。西红柿能去除头发的油味，柠檬则有助减少头皮油脂分泌，增强头发吸收营养的能力。用这两种果汁来护发，可去油味，让秀发清爽飘香。

陈醋可保持发型持久

Hairdressing   5

在理发吹风前，往头发上喷一点陈醋，可使发型耐久，还能使头发颜色变得黑亮，柔软润泽，增添美感。

巧用丝巾保护发型

Hairdressing   6

在美容院做好发型，一觉醒来就变形了！不必烦恼，睡前在枕头上铺一条质地光滑的丝巾，就不会弄乱头发，美丽发型便可得以保持。图

防染发剂污染小窍门

Hairdressing   7

染发时，在头发的边缘处涂抹一圈食油，可防止染发剂粘染皮肤或衣领。如果一旦皮肤污染上了染发剂，可用烟灰涂在上面，然后再清洗，即可除去。

冰箱可保染发剂不变质

Hairdressing   8

各种染发剂在室温或炎热的天气中，均会失去部分效能或改变色泽。若放在冰箱中保存，可长期保持其原

NO.6图

167

有的功能，不致变质。

巧梳烫发

1.推：是用双手按住发梢部向内推，使盘卷的线条复原。

2.拉：是用手指代替梳子，根据原定发型顺势拉出线条。

3.压：是用手掌轻压局部过高处，使它与周围头发高低相称，轮廓饱满。

染发当日不要洗发

这样做是为了让头皮自主分泌油脂，这有助于减低头皮因染发剂而产生的刺激感。同时让色彩更牢固地附着在秀发上。

在最初的两天内，洗发时不用任何香波，而是用护发素清洗头发，这样减少对刚刚染过色彩的冲击，能保持色彩持久新鲜。

开叉发丝的护理

梳理头发的次数过多，用过热的吹风吹干头发，染发、烫发等等都会对头发造成一定程度的损害，引起头发开叉。出现开叉现象，要选用柔软的发刷从头皮梳向发端，将头皮的天然油脂带到发端，而平日尽量用阔齿的发梳来梳理头发，同时不要忘记在每次洗发后使用护发素，避免加剧头发开叉。另外，不要用毛巾大力绞擦头发。

秀发不带电的八个妙招

1.头发不能洗太勤，1周

NO.14图

2～3次足够。

2.尽量避免用吹风机做发型。

3.烫发后，隔周再染发，给头发喘息的时间。

4.烫发前不剪发，否则发丝会变脆、分叉。

5.受损头发每月修剪，以便恢复营养。

6.使用柔发液梳头。

7.梳子齿要疏，最好是抗静电的木质产品。

8.洗发后，用干毛巾慢慢拭干，不要揉搓，以免发丝缠绕，不易梳理。

睡眠时的头发护理

长头发的人睡着时头发容易被身体压着，这样会令原本脆弱的头发折断，若带上浴帽睡又会加速皮脂分泌令头发油腻，所以最好是摊开头发睡，不但可助血液循环，亦有助头发生长。

游泳时的头发护理

1.游泳前先抹上抗紫外线的发胶、发乳，能减轻紫外线和漂白粉对头发的伤害。

2.下水前戴好泳帽，最好是橡胶质地的，它弹性大，能将头发紧紧贴住，不易进水。

3.游泳后将头发仔细冲洗一遍，因为头发上有盐和氯的残余物，在阳光的作用下，对头发的伤害更大。图

巧用芦荟保湿

芦荟具有补湿效用，能促进头皮新陈代谢，令头发柔顺靓丽，替过分干燥的头发补充大量水分和油分。将1条新鲜芦荟搅拌成浆液，在洗头前将其涂在湿发上，以热毛巾包裹3分钟左右，然后再用清水洗干净。也可以将2～3滴芦荟液加入惯用的洗发水及护发素中使用，也能起防止头皮的作用。

防头发干涩小窍门

在一盆清水中，加入2～3匙的食用醋，把已经清洗干净的头发放在稀释后的醋中进行漂洗，随后再用清水彻底清洗干净。这样洗过一段时间后，头发会变得柔顺而富有光泽。这是因为醋可以平衡发丝的正负离子含量，达到去角质般的清洁效果，1周1次就足够了。如果你感到醋的味道不好的话，可使用橘子皮，柠檬皮泡的水来代替，它们中的果酸一样有去角质的功效，同时果皮富含的油脂，可让头发不出现干涩的感觉，香味也会更好。

巧用婴儿油黑发

如果想要让头发看起来更乌黑亮丽，可以在洗完头发吹干之前抹些婴儿油。

蜜蛋油可使稀发变浓

如头发变得稀疏，可用1茶匙蜂蜜，1只生鸡蛋黄，1茶匙植物油（或蓖麻油）、2茶匙洗发水和适量葱头汁对在一起，充分搅匀，涂抹在头皮上，戴上塑料薄膜帽子，在帽子上部不断用湿毛巾热敷一两个小时，再用洗发水洗头。每天1次，过一段时间，头发稀疏的情况就会有所好转。

掩盖头发稀少的窍门

采用中短发型，在发根用中型发卷进行烫发，烫发时间不宜过长，使头发形成较大的弯曲，使发根微微站立。做造型时，着重对发根进行加热，使发尾有轻柔动荡之感，能够产生头发浓密、自然飘逸的视觉效果。如果采用长直发型，缺陷将暴露无遗。

处理浓密头发的窍门

粗硬浓密的头发，如果剪得过短，就会竖起，所以头发粗硬的人不宜梳短发，留中长度头发比较适宜。从正面到侧面做多层次修剪，使发尾飘动，能给人以轻松感。

卷发平滑服贴的窍门

要减少发量，选择短发型，利用头发的天然曲度，采用适当的修剪角度，使头发服贴而平滑地衔接。

如何处理朝上生的头发

有些人颈背的头发朝上生，发型不易打理。可以把向上生的头发剪短，而把外面的头发留长。如果选择短发，应把靠近发际部分向上生的头发用削剪的方法处理，会收到好的效果。

身材矮小者的美发窍门

身材矮小者美发应突出小巧秀丽的特点。头发不宜烫大波浪，也不宜留得过长，尤其不适合烫披肩长发，会使头部加大，造成身体各部分的比例失调，特别是发质粗硬的人。如果是绵软性头发且头发又较少者，将头发留得稍长过肩也可以，但一定要保持是直发，若烫得蓬起来，效果肯定不好。一般以梳短发或中长发为宜。顶部头发可略高耸，头后部发梢平伏，后发际宜修剪成斜方形衬托出秀丽的后鬓，可显得身材高一些；也可采取盘发的形式，亮出脖子，身材就会显得高一些。

身材高大者的美发窍门

身材高大者美发应将发型设计得大方、奔放、洒脱。烫发时，不应烫小卷花或繁杂的花样，以免产生与高大身材不协调的矫揉造作、小家子气的感觉。一般梳中长发或长发较适宜；发型轮廓应蓬松，后发保持椭圆形；也可留直长发、束发、盘发或简单的短发，突出简洁、明快，线条流畅的特点。

身材矮胖者的美发窍门

身材短胖者美发不宜留大波浪、长直发，避免蓬松的发型和横曲的圆线条。一般采用短发式，顶部头发高贴，两侧头发服贴，后鬓修成斜方形；也可侧发向前蓬松或扣边向前，掩盖胖而圆阔的面庞。不管梳哪种发型，都要使整体发式向上，亮出脖子，以给人增加身高的感觉。

身材瘦高者的美发窍门

身材瘦高者美发不宜将头发削剪得太短，而且没有层次；不宜盘高发髻；不宜留平直、服贴的短发。应加强发型的修饰性，发形轮廓保持圆形，头发烫出有波浪的卷曲状，并层次分明为佳；也可将头发向后梳，暴露出面庞，以显得丰满。

巧用洗发水和护发素
Hairdressing　　27

在洗发时，去屑功效的护发素要紧贴头皮使用，而滋润功效的护发素要涂在头发上。

核桃治头皮屑
Hairdressing　　28

每天早上吃两个核桃，坚持不懈，3个月后头皮屑可明显减少。

生姜治头皮屑
Hairdressing　　29

先用生姜轻轻擦头发，然后再用热姜水清洗，可有效地防治头皮屑。

啤酒去头皮屑
Hairdressing　　30

先将头发用啤酒弄湿，15分钟后用清水冲洗，每天早晚各1次，坚持5～7天就除根。啤酒大概1瓶就够。

米汤巧治头皮屑
Hairdressing　　31

在使用洗发水前，将头发在温和的米汤中浸泡约15分钟，并不断揉搓头顶及发根，洗净后，头发清爽，头皮屑也少多了。

葱泥打头去头屑
Hairdressing　　32

先将圆葱捣成泥状，用纱布包好，用它轻轻拍打头皮，直到圆葱汁均匀地敷在头皮和头发上为止。过几小时后，再将葱泥洗掉，去头皮屑的效果良好。图

西芹西红柿汁预防头发起屑
Hairdressing　　33

西芹100克，西红柿1个，柠檬1/6个，菠萝140克。将西红柿、菠萝去皮，和西芹一起放入搅拌器加柠檬汁搅拌即成。这种果汁富含维生素B1、B2、B6，对皮肤干燥、头发起屑的人特别有益。

梳头治头屑
Hairdressing　　34

每日早晚梳头各1次，每次3分钟，不仅能够去屑止痒，还可缓解头痛症状。

红枣治掉发
Hairdressing　　35

每天把50克红枣（10颗左右）洗净泡水，泡胀了再煮熟，每晚睡前吃下即可。

冷热水交替可防脱发
Hairdressing　　36

用适宜的温水洗头以后，可以用稍凉的水冲一下头发，这样可以使头皮组织收紧，防止头皮松弛和脱发。

头皮按摩防脱发
Hairdressing　　37

头皮按摩能促进血液循环，促使头发的生长，并且能延长头发的寿命。每天坚持5分钟左右的头皮按摩，有效预防脱发。头皮按摩的步骤为：轻柔地上下按摩颈动脉附近（耳朵下面颈部的动脉搏动处）；轻轻地按揉头部两

NO.32图

侧（耳朵上面的部位）；均匀地按摩后脑的枕部。

侧柏泡水治脱发
Hairdressing　　　　　38

　　侧柏叶洗净，每泡1次抓1把喝两三天，隔几天再泡，要喝1个多月，侧柏叶不能泡黄，如果长出的头发发黄，可用开水冲何首乌喝。

透骨草汤治脱发
Hairdressing　　　　　39

　　透骨草45克水煎，先熏后洗头，熏、洗各20分钟，洗后勿用水冲洗头发。每天1剂，连用4～12天。此方治疗脂溢性脱发，见效甚快。

柚子核可治落发
Hairdressing　　　　　40

　　发黄、发落（包括斑秃），可用柚子核25克，开水浸泡，1日2～3次涂拭患部，也可配合生姜涂搽。既可固发，也可加快毛发生长。

核桃拌韭菜治白发
Hairdressing　　　　　41

　　核桃仁400克，韭菜茎100克，大油200克，白糖20克，食醋20克，精盐2克，麻油10克。先将核桃仁用水泡涨，剥去皮，清水洗净，沥干水分。韭菜用清水洗净，切成3厘米长的段。炒锅上火，放入大油烧至七成熟，放入核桃仁炸至浅黄色时捞出，放在盘子中间。另取一碗，放入韭菜，精盐，白糖，食醋，拌匀稍腌，围在核桃仁周围，即成。日常食用可美发护发，并可用于须发早白，皮肤粗糙，阳痿遗精，小便频数，腰膝酸痛等症的辅助食疗。图

何首乌加生地治青少年花白头及黄发
Hairdressing　　　　　42

　　何首乌12克，生地25克，先用白酒涮一下，将2种药放入茶杯内，用开水冲泡，每天当茶饮，连续服用。水没色了再换新药，半年后可起效。

何首乌加水果就酒使白发变黑
Hairdressing　　　　　43

　　好饮酒的人，每天饮酒时切三四片何首乌和水果就酒吃，坚持1年可使白发变黑。

中老年花白头发的保养与护理
Hairdressing　　　　　44

　　面汤加醋或面和醋拌匀（不要太稠）洗发，然后用清水冲洗。醋能渗透到发根，滋养头发。待头发干后用头油（商品

① ② ③ ④ ⑤

NO.41图

名叫白油）涂在头发上，有滋润和乌发的功效。使花白的头发颜色柔和，不失为自然美。

何首乌煮鸡蛋治白发
Hairdressing 45

何首乌100克，鲜鸡蛋2只，加水适量，同煮。蛋熟后去壳再煮半个小时，加红糖少许再煮片刻。吃蛋喝汤，每3天1次，白发者服2~3个月可见效。

银针刺激头皮可治斑秃
Hairdressing 46

以0.5寸银针2~3根，每日轻轻刺激患处头皮2~3次（以不出血为宜），直至长出新发而止。

酸奶可治微秃
Hairdressing 47

每天用酸奶擦患处数次，特别是晚上临睡前要坚持用酸奶仔细擦头皮。切忌用酸败变质的酸奶，这样会得到相反的效果。

花椒泡酒治秃顶
Hairdressing 48

适量的花椒浸泡在酒精度数较高的白酒中，1周后使用时，用干净的软布蘸此浸液搽抹头皮，每天数次，若再配以姜汁洗头，效果更好。

何首乌治秃发
Hairdressing 49

取何首乌15克、生黄芪15克、乌豆30克、当归身9克煎服，每周2次，可见效。患感冒时停服。

治斑秃一法
Hairdressing 50

冰片50克，碾成细末；猪板油100克，用刀切成细碎块；老草纸3~5张。备齐后，用草纸把各味药（混合）卷成卷，然后以火柴点燃。此前要备好1个瓷盘。以便接住溶化后的混合药油，待其冷却后，每日涂擦病灶1次。抹药之前要先以温水洗擦患部，一般1副药未用完即痊愈。

减肥塑形
JIAN FEI SU XING

巧用沐浴减肥
Hairdressing 1

水温在42℃~43℃左右，从胸口以下都要泡在水里，直到发汗后走出浴缸；等身体干了之后，再入浴泡到发汗，再出来。一直重复做5次。依个人体质的不同，一个月约可瘦4千克左右。

爬楼梯可减肥
Hairdressing 2

每星期上楼梯3~4次，每次运动约30分钟，便可消耗1700~2000焦耳热量，还有助强健小腿、大腿及腹部肌肉。

办公室内巧减肥
Hairdressing 3

坐在椅子上，收紧腹肌，锻炼一下自己的肌肉；或者坐在椅子上，用手扶住椅子边沿，屈膝，抬起两腿，保持平衡，数4个数。

常吃生萝卜减肥效果佳
Hairdressing 4

常吃生萝卜不但达到减肥目的，还可以防止心绞痛等疾病，而且这种方法不必减食挨饿，每餐只要少吃一成饱即可。

常饮山楂泡茶可减肥
Hairdressing 5

优质山楂洗净，切片，晾干待用，每天泡茶时放15~20片，用开水冲泡，每晚不再饮茶时可把山楂吃了，坚持每天如此，效果最佳。

盐疗减肥法
Hairdressing 6

用温水冲湿全身，再用粗盐涂满全身，然后加以按摩，使皮肤发热，至出现红色为止。一般需按摩5~8分钟，再浸入38℃温水中20分钟。

腹部健美与减肥的捏揉法
Hairdressing　　　　7

每晚睡前及早晨起床前，取仰卧屈腿或左、右侧卧位，用自己的双手或单手，尽力抓起肚皮，从左到右或从右到左顺序捏揉15分钟后，从上至下或由下至上顺序捏揉。此过程，腹部感觉为酸、胀、微痛，其力度以自己耐受为宜，15分钟后，再用手平行在腹部按摩。数日后，腹部酸、胀、微痛感觉减轻甚至消失，逐渐有舒服感。这种捏揉方法也可请家人帮助进行。半月后，腹部即可出现良好的健美减肥效果。此外，便秘患者也可有明显改善，随着时间延长、腹部捏揉的时间依自己体态可适当增减，如果每次捏揉后再做数个仰卧起坐和俯卧撑，效果会更好。

花椒粉减肥法
Hairdressing　　　　8

花椒放入锅内炒糊，研成面状，每天夜里12～1点之间（此时空腹），舀1小勺放入杯内，加少许白糖，用开水一冲，喝下即可。图

大蒜减脂茶饮方
Hairdressing　　　　9

大蒜头15克、山楂30克、决明子10克。将大蒜头去皮洗净，同山楂、决明子同放沙锅中煎煮，取汁饮服，每日1剂，连煎2次，分早晚2次服用。

减肥增肥简易疗法
Hairdressing　　　　10

胖者欲瘦：日服山椒子5～10粒，久而久之可瘦。

瘦者欲胖：可剥取上好桂圆肉，每日6克分3次食用，1个多月后体重可增加。

荷叶汤减肥法
Hairdressing　　　　11

每日用干荷叶9克（鲜的50克左右），煎汤代茶，或把荷叶同大米一起煮成荷叶粥吃。如能坚持天天饮服，两三个月后体重可显著降低，如一时找不到荷叶，荷梗亦可天天煎汤或煮粥。若不易坚持，也可煎浓汤浸泡茶叶，再把茶叶晒干当茶冲服，既减肥也有解暑、提神、开目等作用，应用这个办法见效的时间要比煎汤饮用长一些。

香酥豆腐渣丸子减肥
Hairdressing　　　　12

豆腐渣500克，面粉1小碗，小萝卜1个和葱姜适量。切成末，全部放在碗里，再打2只鸡蛋，加点盐、鸡精、胡椒粉、搅拌均匀。锅中加色拉油烧热，用匙滚成丸子下入锅中油炸，待丸子浮起成焦黄捞出即可。

调理肠胃的减肥法
Hairdressing　　　　13

桑叶、桑葚、百合、天冬、决明子各10克，番泻叶1克，泡开水当茶喝，1剂喝上2～3天最好，等到以后，1剂可以喝上5天。即可调理肠胃，又可减肥。

老年人减肥一法
Hairdressing　　　　14

晨练时空腹打肚子，具体方法是：两手交叉，用小手指部位打肚子，绕肚脐周围转圈用力打，开始1次100下，慢慢增加到每天用力打500下。

减肥塑形

NO.8图

玫瑰蜜枣茶可瘦身
Hairdressing 15

蜜枣5颗，玫瑰少量。做法：准备500～600毫升的水将蜜枣和玫瑰都放进去，放在炉火上加热到滚，熄火即可。

限定吃饭的场所可减肥
Hairdressing 16

限定吃饭的场所，"只在客厅吃东西"，如此一来，平时在无意间所吃的零食便会减少许多。

餐桌巧减肥
Hairdressing 17

1.把餐具的型号"变小"，使用体积较小的碗、匙及碟等。

2.吃完饭后立即离开餐桌，不要在一旁陪着别人，否则很容易多吃。

3.控制盐的摄入量。成人每日的食盐量应控制在3～6克，吃太多的盐可引起口渴并刺激食欲，导致体内水滞留，从而增加体重。

臀部"行走"可局部减肥
Hairdressing 18

坐在地毯上，膝盖伸直，手向前伸展，抬头，伸右手，并以臀部移动带动右腿，向前移动。然后用左手和左腿做同样的动作，这样向前移动两三次逐渐加大距离。可使臀部和腹部减肥。

办公室美"腹"小窍门
Hairdressing 19

身体坐直，将背与臀部呈一直线，紧靠着椅背而坐，若是椅背过于倾斜可以利用护腰的背垫使背部紧靠，然后

进行腹式呼吸（吸气的时候腹部膨出、吐气时腹部凹陷）。这方法最适合经常坐办公室的人，必须在饭后1小时以后进行效果最好，对于小腹突出者最有效。

床上"平腹"法
Hairdressing 20

在睡觉前和起床后进行。先做曲腿运动，平躺在床上，右腿弯曲，使其尽量贴近腹部，然后伸直；再换左腿，轮换伸曲。交替做20次。稍休息后，再做仰卧起坐，身体仰卧，双脚不动，将上半身坐起来。如果脚部太轻，可以在脚部压被子、枕头之类，运动量以自己能承受为度。

简易收腹运动
Hairdressing 21

平躺在地上，双脚分开并且曲膝，脚底着地；双手交叉放在胸前，放松全身。保持下半身姿势，慢慢地把上半身向上卷起，同时呼气，然后数3下，回到原位即可。

健美腰部的运动
Hairdressing 22

仰卧在地，双臂左右伸直，双腿并拢，膝部弯曲，双腿向左倾，至左腿全部着地，上身保持平卧不动，然后慢慢向右转，反复运动。每天做10～15分钟，选择优美、恬淡的音乐来伴奏，效果会更好。

防止臀部赘肉的小窍门
Hairdressing 23

背脊挺直，坐满椅子2/3处，将力量分摊右臀部及大腿处。如果累时想靠背一下，要

选择能完全支撑背部力量的椅背。另外，坐时踮起脚尖来，对臀部线条紧实不无小补。

美臀运动
Hairdressing 24

1.面向下俯卧，头部轻松地放在交叉的双臂上。

2.缓缓吸气，同时抬起右腿，在最高处暂停数秒，然后边吐气边缓缓放下。

3.在抬腿时需注意足尖下压，并且臀部不能离地。尽量将腿伸直、抬高，此时会感到臀部正在收紧。

4.重复上述动作20次，然后换腿。每日进行1次。

乳房清洁小窍门
Hairdressing 25

1.不要使用香皂类的清洁物品，香皂会通过机械与化学作用洗去皮肤表面的角化层细胞，损坏皮肤表面的保护层；重复使用，则易碱化乳房局部皮肤，促进皮肤上碱性菌群增生；另外，香皂还会洗去保护乳房局部皮肤润滑的物质——油脂。

2.洗澡时，应该用专门的浴刷清洗乳头乳晕，这样做对先天性乳头凹陷的女性尤为重要。清洁时，要以乳头为中心，用体刷对乳房做旋转式按摩。这样可轻微脱掉上层的死皮，还能够刺激血液的流通。

冷热水交替帮助塑胸
Hairdressing 26

用冷热水交替冲洗乳房，可增强乳房的血液循环，对保持乳房的弹性和挺拔很有帮助。

按摩丰胸小窍门
Hairdressing　　　　**27**

进行乳房按摩时，先在乳房皮肤表面涂以少许润滑油，以拇指从乳房周围向乳头方向进行按摩，每次可做50～100次，按摩后可用手轻轻揪乳头数次。按摩时不可用力太猛，以免损伤乳腺组织。按摩前如果先进行局部热敷，效果会更好。

举哑铃可防止乳房下垂
Hairdressing　　　　**28**

1.双手持哑铃站立，一手前平举与肩同高，另一手沿体侧下垂。然后两臂于体前上下交替平举哑铃，每分钟20～30次左右。

2.仰卧，双手握哑铃置于体侧。然后两臂轮流举哑铃于头上方，每分钟次数同上。

3.双腿自然开立，双手持哑铃在体侧交叉回环。练习时不可弯腰，两臂尽量伸直。每分钟次数同上。

精油按摩保持胸部健美
Hairdressing　　　　**29**

1.倒少量调好的按摩油在手上（或者直接滴在胸部上），然后均匀地涂抹在胸部。

2.以大拇指一边，另外四指合拢为一边，虎口张开，从两边胸部的外侧往中央推，以防胸部外扩，每边30下。

3.手保持同样的形状，从左胸开始。左手从外侧将左乳向中央推，推到中央后同时用右手从左乳下方将左乳往上推，要一直推到锁骨处。就是说两只手交错着推左乳。重复30次以后。右乳重复此动作。

4.手做成罩子状，五指稍分开，能罩住乳房的样子。要稍稍弯腰，双手罩住乳房后从底部（不是下部）往乳头方向作提拉动作。重复20次。

5.双手绕着乳房作圆周形按摩，按摩到胸部上剩下的所有的精油都吸收完为止。

成效：刺激胸部组织，让乳房长大。图

丰胸按摩小窍门
Hairdressing　　　　**30**

1.倒少量调好的按摩油在手上（或者直接滴在胸部上），然后均匀地涂抹在胸部。

2.以双手手指，圈住整个乳房周围组织，每次停留3秒钟。

3.双手张开，分别由乳沟处往下平行按压，一直到乳房外围。

4.在双乳间做8字形按摩。

文胸的正确穿法
Hairdressing　　　　**31**

1.上半身向前倾斜45°，手臂穿过肩带，挂上双肩，手托

①

②

③

④

⑤

NO.29图

175

住罩杯下方。

2.上身保持前倾姿势，扣上背钩，使胸部圆满进入罩杯中。

3.扣好后，左右两肩带轻轻往上拉，调整至最舒适的位置为准，以二手指头能伸进去为宜，使之不会太紧或太松。

4.后背钩位置应平行固定于肩胛骨下方，将外露之胸部调整至罩杯内，使整个胸部呈现自然状态。

健美背部的运动
Hairdressing 32

双手扶在椅子上，站在距椅子1/3米处，双腿直立，先慢慢将右腿抬起，低头，以鼻尖触膝，然后右腿慢慢落地归回原处。换左腿，按原动作，重复一遍，两腿交替进行，可使背部挺直而圆滑。

走路可美腿
Hairdressing 33

走路是纤腿的一大有效方法，每天尽量抽出30分钟的时间走路，走路时背部挺直，放松，膝盖伸直，将重心由腿移向脚尖，增加小腿的活动量，令腿部更结实修长。千万不要长时间久站、久坐、久蹲，会让腿部看起来肿肿的。

蹬腿瘦腿法
Hairdressing 34

1.每天睡前蹬腿100下，有固定的节奏，不要一下快一下慢，速度适中就可以了。

2.蹬完后不要马上放下，保持预备姿势，把两腿并拢，向上直直地伸向空中，膝盖不要弯曲，脚尖蹦直。

坚持3分钟再慢慢放下。

大腿的保鲜膜减肥法
Hairdressing 35

先在大腿部位涂抹脂肪分解凝胶，别忘了大腿和臀部相连处。涂好后缠上有弹力的绷带。缠好后再涂上冷冻液，大约45分钟后去掉弹力绷带。最好用保鲜膜将腿全部裹住。出过汗后用冷水毛巾擦去，能使腿部肌肤更加光滑，富有弹性。把腿张开，比肩稍宽，用手去摸脚后跟。把腰压低，与腿和臀部成直角。

小腿塑型运动
Hairdressing 36

1.坐在椅子上，将两腿或一腿伸直，和地面平行。

2.脚板原本和地面呈90°，慢慢用力将它往下压，压到和地面平行后，维持5秒钟静止。

3.再慢慢将脚板立回原本和地面呈90°的位置。1次连续重复动作10下后可稍作休息，再进行下一轮。建议每天做3～4轮，小腿线条在半个月后就可以看出进步的效果。图

圆白菜美腿法
Hairdressing 37

圆白菜2片、芹菜3根、米醋半勺、砂糖少许、盐少许。做法：去除圆白菜的硬芯，切成细丝，芹菜切成小段。将切好的圆白菜和芹菜放入容器内，淋上搅拌过的调料即可。圆白菜含有丰富的胡萝卜素、维生素C、钾、钙。胡萝卜素及维生素C都是抗氧化剂，是美肤的重要法宝；钙是强健骨骼的"最佳

搭档"；芹菜健胃顺肠，助于消化，对下半身浮肿、修饰腿部曲线有很好的作用。

睡前美腿法
Hairdressing 38

在每晚睡觉前，躺在床上，将腿靠在墙壁30分钟，与身体成90°角，长期下来可拥有一双美丽的小腿。

巧用咖啡美腿
Hairdressing 39

使用研磨咖啡的剩余物咖啡沙按摩大腿小腿，可以促进血液循环，效果媲美美腿霜。

产后美腿小窍门
Hairdressing 40

产后使用弹力绷带或医用弹力套袜是最简便实用的美腿方法。它可以压迫下肢静脉，迫使血液向心脏回流，从而消除或减轻下肢肿胀、胀痛等症状。在怀孕后期，采用此法护理双腿亦可减轻水肿程度。

NO.36图

穿

Clothes

【穿着服饰巧安排】

服饰选购
穿戴搭配
衣物清洗
除污去渍
熨烫、织补与修复
保养与收藏

CLOTHES
3000 Tips for easy life

服饰选购

FU SHI XUAN GOU

巧选羽绒服

Clothes 1

一般以选含绒量多的为好。可将羽绒服放在案子上，用手拍打，蓬松度越高说明绒质越好，含绒量也越多。全棉防绒布表面有一层蜡质，耐热性强，但耐磨性差；防绒尼龙绸面料耐磨耐穿，但怕烫怕晒。选购涤棉面料的羽绒服较好。图

巧识假羽绒服

Clothes 2

用双手分别从衬里和面的同一部位，把衣内填充物向同一方向拍打。如果絮的都是羽绒就会因拍赶使一部分羽绒集中，而另一部分出现夹层。向着光线充足的地方一照，就会发现那个部位透亮。如果其中絮有腈纶棉，就不会因拍赶而出现夹层。

原毛羽绒服的鉴别

Clothes 3

做羽绒服的羽绒必须经过水洗、消毒、去杂、筛选、配比等工艺，而原毛则是直接从鸭身上拔下来的毛绒，肮脏、保温性能差，还会危害人体健康。所以选购羽绒服时一要闻，原毛有较浓的腥气味；二要拍，原毛含尘量较高，用手拍一拍，如尘土飞扬或羽绒面料上出现尘迹，就可能是原毛制作的。

巧选羊毛衫

Clothes 4

1.先看整件的颜色、光泽、款式和原料，仔细检查有否明显的云斑（即斑块）、粗细节、厚薄档、色花、色档、草屑等瑕疵以及有无编结、缝纫等方面的缺陷。

2.品质越优，手感越好，摸起来越滑爽柔软；手感粗糙的属低劣产品。化纤衫有静电作用，易吸附灰尘，缺乏毛型感。

3.一般来讲，开衫的尺寸应比套衫大一档（5厘米），应以宽松和略长为宜，以防洗涤后收缩。

高档西装的选购

Clothes 5

1.款式：西装纽扣种类繁多，但最普遍的是单排两粒扣，适合各种场合穿着，身体瘦高者选双搭扣更好些。选购时应多试几件，以穿着合适，不影响一般活动，能体现男子的健壮体形，并能套进一件羊毛衫为好。

2.面料：以毛涤面料为好。高级男西装的衣服里面都有一层粘衬衬，可用手攥一下衣服再松开，如感到衣服挺而不硬、不僵，弹性大，不留褶，毛感强，说明质量好。再

①

防绒尼龙绸面料
怕烫怕晒

涤棉面料
好

②   ③

NO.1图

检查衣前襟，没有"两张皮"现象说明质量较好。

3.颜色：身体胖的人宜穿竖条的深冷色调西装，身高体瘦宜选浅色格子西装，也可结合肤色来选择，但颜色选择切忌太艳太单。

4.做工：首先要看西装左右两边，尤其是衣领口袋，是否完全对称平整；口袋、纽扣位置是否准确端正；领、袖、前襟，及整体熨烫是否平整服贴；最后看针脚是否匀称，纽扣、缝线与面料色泽是否一致或协调，有无线头等。

5.装潢：高档男西装装潢较讲究，如带衣架、有塑料袋整装，有时还带有备用扣，商标精致并缝制了内衣口袋等。

正装衬衫的选购
Clothes   6

1.颜色：中等明暗度的色调、深色调以及厚重的颜色是比较流行的颜色，白色和浅蓝色则是经典颜色。

2.款式：略带伸缩性的布料制成的衬衫广泛受到欢迎。

3.领口式样：领部扣纽扣或暗扣的衬衫是传统的式样，尖领是目前流行的样式。

4.纽扣：贝壳质地的纽扣在任何时候都好过塑料纽扣。在纽扣的钉法上，X型的缝线比平行的缝线更坚固。

5.袖口：法国式的袖口是经典款式，它使用袖扣而不是纽扣进行固定，看上去更雅致。挑选缝线较密的衬衫。做工精良的衬衫每英寸（2.54厘米）缝线至少应该有14针。

6.质料：斜纹织物是永恒的时尚，其他材质还包括宽幅细薄毛料、精纺布和府绸。

婴儿服装的选择
Clothes   7

婴儿服装的选择以柔软、简单、温暖为原则。婴儿服装一般要宽大一些，领口也要大一些，袖子要长。左右衣襟要多掩上一些，以免婴儿受凉。夏天用的婴儿衣料，要透气，通常选择棉布、亚麻布；冬天一般用棉绒、法兰绒。⑦图

选购儿童服装的小窍门
Clothes   8

孩子的服装以耐穿耐洗、舒适合体为原则。质料不必太讲究。2～3岁的孩子的服装以舒适、简单为主，便于孩子的脱穿；3～4岁的孩子选择前面开口的娃娃衫为好，有助于孩子做各种复杂的动作。入学的孩子的衣服，可以选择稍微复杂一点的衣服，如男孩运动衣、夹克衫、西装裤等；女孩选择花色淡雅的连衣裙等。

巧选保暖内衣
Clothes   9

应选内外表层均用40支以上全棉的产品；用手轻抖不出现"沙沙"声，手感柔顺无异物感，有优良回弹性；最好选知名品牌。

巧选睡衣
Clothes   10

棉质睡衣柔软、贴身、透气性能好；睡衣忌色彩鲜丽，浅色有安眠宁神作用；要足够肥，不能过小或刚刚好，要易穿、易脱。

巧选内衣
Clothes   11

内衣要选轻薄类织物，它直接与人体接触，对皮肤不应有不良的刺激。织物手感要柔软，织物的吸湿和放湿性能要好，还要耐摩擦、不易污染、耐洗涤、耐日晒等。因此，要选择以棉、羊毛和丝为原料的平纹或斜纹

穿 Clothes 穿着服饰巧安排 服饰选购

179

105

100

90

80

75

70

A

B

C

D

NO.12图

织物。其中棉织物应用最广，丝织物是较为理想的，除具有上述要求外，纤维的导热系数要小，与皮肤接触时不会产生寒冷的感觉。

内衣尺码的测量
Clothes　　　12

1.测量胸围：先量出胸围和下胸围，如75A中的75就是指下胸围，乳房下垂者应把乳房推高至正常位置测量，下胸围的可用标号有：70、75、80、85、90、95、100、105厘米。

2.确定罩杯：A、B、C、D、E、F是指罩杯大小，胸围减去下胸围就是罩杯大小，一般来说，在10厘米左右选择A罩杯，12.5厘米左右选择B罩杯，15厘米左右选择C罩杯，17.5厘米左右选择D罩杯，20厘米左右选择E罩杯，20厘米以上选择F罩杯。图

纯棉文胸好处多
Clothes　　　13

文胸处是人体汗液排泄旺盛的地方，化纤文胸不吸汗不透气，特别是炎热的盛夏，汗液排不出，细菌滋生，不但体味不好，也不利于个人健康，久之，会引起痱子、瘙痒等皮肤病，而纯棉织物透气排汗，夏日穿用十分舒适。

胸部较小者如何选择内衣
Clothes　　　14

胸部较小的女性如果不穿文胸导致的后果将是平板，穿着较紧身的文胸则会限制胸部的发育，应穿戴略大一点的文胸，让胸部血液流通，加强活动空间让它朝合适的位置和空间发展。可以用功能文胸来进行弥补，还有许多健胸款式可供选择，另外还可选择定型罩杯文胸。

巧选汗衫、背心
Clothes　　　15

1.纯棉汗衫背心，棉支数越高质量越好，双股线的比单股线的坚牢而耐穿。

2.维棉混纺背心，外观像纯棉，也能吸汗，强力比棉高，特别是耐磨度高，比较实用耐穿。

3.人造丝汗衫背心，轻薄光洁，吸湿性强，穿着时感觉柔软而凉快，但下水后强力几乎降低一半，洗涤时要轻搓轻拧。

4.锦纶长丝汗衫背心，结实耐磨，但不易吸汗，不适应夏天穿用。

巧选皮鞋
Clothes　　　16

1.要根据自己的脚型，如脚背瘦薄而狭长的穿单底皮鞋比较美观；脚背较高或脚掌较肥的穿有带的皮鞋比较舒适。

2.用手指按一按皮鞋的表面，皮面皱纹面小，放手后细纹消

失，柔软、乌亮、弹性好的是好皮子，如果按后皮面出现大的皱纹，表明皮子不好。

选购皮靴的窍门
Clothes 17

小腿比较粗的人在挑选靴子的时候最好舍弃皮质坚挺的款式，特别是小马皮这类质料，不妨挑选伸缩性佳，可顺着腿形伸展的质料，例如小牛皮制成的柔软的美丽微型；小腿肚比较圆的人可选择小腿的两侧加有松紧带的靴子；O形腿的人适合靴筒稍微超出小腿处的靴子，并且最好搭配过膝的护腿袜子，或者干脆用裙子将膝盖处遮住，避免暴露缺点。图

羊绒制品的挑选
Clothes 18

除外观精致外，用手握紧后放开能自然弹回原状的为优等品；注意是否经过防缩加工处理，如果已经过防缩处理，则挑选时规格尺寸不宜过大，也不宜过小（特殊时装款除外），以免穿着时影响外观造型；购买国家认定质量稳定的厂家品牌，认真查看是否标有羊绒含量，据国家有关规定，挂纯山羊绒标志的产品其羊绒含量必须在95%以上，还要看是否有合格证标贴及条形码。

皮装选购的窍门
Clothes 19

确认商标、生产厂家；看是否真皮，看是什么皮；皮面、皮装正身及袖片各部位的皮面应粗细接近，颜色均匀一致，无明显伤残，无脱色、掉浆等问题；看

做工、缝制是否精细。针码的大小应均匀一致，线续正直，按缝平整，领兜、拉链应对称平展；质量好的皮革服装，手感丰满、表面光滑细腻，有丝绸感。

皮革的选购
Clothes 20

皮革的毛质要浓密而富有光泽，毛色一致且柔软无味。优质的皮革触手柔软，底毛绵密而针毛与底毛比例适中；用手把毛向上及后方刷动，如发现没有秃毛或毛皮破裂，而且毛皮柔软丰润，便是优良产品；注意一块皮革的缝合处是否平滑而坚固、不露痕迹；注意皮革服装的标签。

帽子的选购
Clothes 21

一般说来，缝制帽针迹要整齐、清晰、不脱线、无污点；针织处要无跳针、断线、漏针等现象；草编帽的草色应均匀，帽体有弹性；麻编帽编织应整齐均匀，表面无接头，手捏陷后能迅速恢复原状。

长型脸宜戴宽边或帽沿下拉的帽子、宽型脸应戴有边帽或高项帽；个子高者不宜戴高筒帽，个儿矮者不适合戴平顶宽边帽；年长者不宜戴过分装饰的深色帽；短头发适合选择将头遮住的帽子等。

领带质量的鉴别
Clothes 22

1.从大头起在33厘米以内无织造病疵和染色印花病疵的为正品。

2.用两手分别拉直领带两

NO.17图

小腿比较细

小腿比较粗

端后，看看从大头起33厘米内有没有扭曲成油条状，不扭曲状的缝制质量较好。

3.用手在领带中间捏一下，放开后马上复原的，说明领带的质量弹性较好，反之则差。

皮带的选购
Clothes 23

皮带的长度要适中，一定要比裤子长5厘米，在系好后尾端应该介于第一和第二个裤绊之间。皮带宽窄应该保持在3厘米，太窄会使男人失去阳刚之气，太宽的皮带只适合于休闲、牛仔风格。

长筒丝袜的选择
Clothes 24

丝袜的长度必须高于裙摆边缘，且留有较大的余地，当穿迷你裙或开叉较高的直筒裙，则宜选配连裤袜；对于身材修长、脚部较细的女性来讲，宜选购浅色丝袜，可使腿部显得丰满些。腿部较粗壮的女性宜选用深色丝袜，产生

181

苗条感；胖者宜选购色泽较浅的肉色丝袜。腿较短的女性最好选用深色长裙与同一颜色的袜子和高跟鞋。有静脉曲张的女性忌穿透明的丝袜，避免暴露缺陷。

巧选袜子

Clothes   25

汗脚者宜选购既透气又吸湿的棉线袜和毛线袜，而脚干裂者则应选购吸湿性较差的丙纶袜和尼龙袜；脚短者宜选购与高跟鞋同一颜色的丝袜，在视觉上可产生修长的感觉，不宜选购大红大绿等色彩艳丽的袜子；脚粗壮者最好选购深棕色、黑色等深色的丝袜，对穿高跟鞋的女性来说，宜选购薄型丝袜来搭配，鞋跟越高，则袜子就应越薄。图

假皮制品的鉴别

Clothes   26

人造革是在布基上涂一层涂饰料，作为皮革的代用材料，从截面看能观察到布基的布丝头；合成革是用化工原科经化学处理而成，灼烧时有特殊气味而不是动物皮灼烧的焦味；再生革是将皮革的下角料进行磨研成细料，加上粘合剂再压制而成，灼烧起来也有真皮的焦味，截面看也类似真皮的纤维层，但是从表面看即使压花的也不会造出真皮表面那样的毛孔。

呢绒好坏的鉴别

Clothes   27

1.眼看：质地要结实，呢面无露底现象，颜色均匀，呢边整齐是好呢绒。

2.手摸：柔软光洁，有光滑油润的感觉；用力揉呢面，不起毛，用手握牢，轻轻放开，能迅速恢复原状，手上不沾色即为好呢绒，否则为质差者。

化纤衣料的鉴别

Clothes   28

1.看布面的光泽和颜色：在光亮的地方看，涤棉光泽亮，色泽艳，人造棉光泽较柔和，维棉光泽较差，色泽不匀，反光不亮，尼龙最亮。

2.看手握：涤棉布挺刮，平整滑爽，用手握褶皱较少。人造棉，富春纺褶皱多，不易消失，维棉有粗糙感，褶皱不能全部复原，尼龙褶皱用手握后一放开就没有了。

鉴别真丝和人造丝的窍门

Clothes   29

真丝光泽均匀柔和，如电光闪亮，人造丝有贼光无柔和光，而且像涂了一层蜡，有条状光和闪光点，用手握再放松，真丝有抓手感，人造丝没有，真丝皱纹很深，不易散开，人造丝相反。

巧辨牛、羊、猪皮

Clothes   30

猪皮毛眼粗大稀疏，大多是3个一组成"品"字型，表面粒纹粗糙，不太光滑。牛皮毛眼细小稠密，一般5～7个排成一行，表面粒纹细腻、光滑。有时，猪皮革的表面压上牛皮的毛眼粒纹后就难辨认了。这时可以凭借日光的斜射，仔细观察鞋的表面，看它是否有直径为1～2毫米的斑晕均布或是从其他部位观察皮革里面是否有直径2毫米左右的斑块均布，如果有，可肯定是猪皮。羊皮革表面毛孔清楚、深度较浅，

NO.25图

毛孔呈扁圆鱼鳞状。

珍珠的鉴别
Clothes   31

真珍珠看上去有不均匀的彩虹，假的色调单一；真珍珠摸起来有清凉感；相互摩擦，有粗糙感的是真珍珠，明显光滑感的是人造珠；将珍珠放在阴暗处，闪闪发光的是上等珍珠。此外，珍珠越大、越圆越有价值。

购买钻饰的小窍门
Clothes   32

1.问清是否天然钻石：根据1997年开始实施的国家珠宝玉名名称标准，使用生产国名或地名参与定名是不允许的，以避免引起概念的混乱。

2.询问品质如何，有无鉴定证书：衡量钻石品质和价值的要素有四个，即车工、净度、色泽和克拉重量。如附有国家认可的检验机构出具的鉴定证书，购买信心会更大。

3.询问镶嵌材料是什么：目前钻饰的镶嵌材料有18K黄金和18K铂金（商店也标为PT900，即俗称的"纯白金"），价钱不一，需问清楚。

4.询问有什么售后服务：一些有实力的专业珠宝店会提供一定的售后服务，如免费清洗、改指圈、退换货等。

鉴别宝石的窍门
Clothes   33

将宝石放在衬物上让日光照射，穿透宝石的光线在衬物上呈现金星样子的为真品。若是假宝石，衬物上会呈现一块黑影。

NO.34图

选择戒指的小窍门
Clothes   34

1.短指：避免底座厚实的扭饰型及复杂设计，建议配带V型等强调纵线设计的款式或有颗坠饰垂挂的设计。

2.粗指：稍有扭饰或起伏设计会让手指看起来较纤细，宝石较大或单一宝石的设计也有掩饰粗指的效果。

3.指关节粗大：适合碎钻宝石、底座厚实的戒指，宝石过大而环状部分太细的设计看起来不平衡，易滑动。图

选购耳环小窍门
Clothes   35

圆型脸的女性应选长方形、叶形的耳环；长脸的最好选纽扣形耳环；方脸应选长圆或圆的耳环；瓜子脸应选圆形或方形的耳环。

巧选太阳镜
Clothes   36

太阳镜能减少紫外线对眼睛的损伤，但镜片颜色过深会影响视力，镜片颜色过浅，紫外线仍可透过镜片损伤眼睛，故夏季宜选灰色或绿色镜片。

巧辨毛线质量
Clothes   37

色泽鲜明，颜色不发花，光泽柔和，手感柔软、丰满有弹性，条干光洁，有一些毛茸，单股粗细均匀，四股平伏挺直不僵硬为好毛线。

纯羊毛的鉴别
Clothes   38

拿一小段毛线在火焰边燃烧。纯羊毛在燃烧中冒蓝灰色烟并会起泡；离开火焰能继续燃烧。在燃烧过程中，纯羊毛有一种臭味并会形成有光泽的黑色块状，用手指一压即碎。

买鞋的最佳时间
Clothes   39

下午3点为买鞋最佳时机。因为此时腿部较为胀大，以避免买太小或太紧的鞋子。

穿戴搭配
CHUAN DAI DA PEI

刚买的衣服不要马上穿
Clothes　　　　　　1

服装在加工制作过程中，常用荧光增白剂等多种化学添加剂进行处理，这些化学添加剂残留在衣服上，与皮肤接触后，会引起皮肤过敏感，发痒，发红等，特别是内衣，新买的纯棉背心，汗衫，短裤一定要洗后再用开水浸泡一会儿，干了再穿。服装在市场销售过程中，要经过各种人手的摸拿和环境如灰尘的污染，并不干净。

皮肤白皙者的服饰色彩
Clothes　　　　　　2

大部分颜色都适合这类型皮肤，能令白皙的皮肤更亮丽动人，色系当中尤以黄色系与蓝色系最能突出洁白的皮肤，令整体显得明艳照人，色调如淡橙红、柠檬黄、苹果绿、紫红、天蓝等

明亮色彩最适宜。

深褐色皮肤者的服饰色彩
Clothes　　　　　　3

深褐色皮肤的人适合茶褐色系、墨绿、枣红、咖啡色、金黄色等，令人看来更有个性，自然高雅，相反蓝色系则有些格格不入。

黄皮肤者的服饰色彩
Clothes　　　　　　4

偏黄的皮肤宜穿蓝调服装，例如酒红、紫蓝等色彩，能令面容更白皙，但强烈的黄色系如褐色、橘红等则可免则免，以免令面色显得更加暗黄无光。图

小麦肤色者的服饰色彩
Clothes　　　　　　5

拥有这种肌肤色调的女性给人健康活泼的感觉，黑白这种强烈对比的搭配与她们出奇地合衬，深蓝、炭灰

等沉实的色调，以及桃红、深红、翠绿这些鲜艳色彩最能突出开朗个性。

中年女性穿戴窍门
Clothes　　　　　　6

到了发福的年龄，如果没有苗条的身材，就不要穿紧身上衣、紧身羊毛衫和紧身裙。最好选用挺括面料做衣服，软质面料容易显形体。不买廉价的衣服、鞋和手提包，买一套款式大方、做工精致、面料高档的套裙或套装，与其他衣服及不同的服饰相配，可顶无数件廉价的衣服。

老年妇女穿戴窍门
Clothes　　　　　　7

老年妇女肤色差，皱纹多，头发稀疏，如果再穿灰、黑色调的衣服，愈发使人觉得老迈，所以必须刻意打扮自己，除了头洁脸净

NO.4图

外，衣服可以红色调为好，以衬托老年妇女脸色红润，增加活力。

男士服装的色彩搭配
Clothes　　　　　8

男士着装的色彩一般以咖啡色、灰色、深蓝、米黄等中性偏冷色彩较普遍，不宜过于花哨，尤其是职业男性着装。一般来说着装的整体色不宜超过3种，上装下装色彩分明的搭配方法也不佳，较理想的搭配是，上衣与下装的色彩类似。

领带与西装的搭配
Clothes　　　　　9

选用领带时要注意同西装、衬衫的颜色相配，使领带、西装和衬衫构成立体感较强的套装。一些服饰评论家举出4种基本配色方法，按领带、衬衣、西装的顺序列为：

1.浓、中、淡：淡蓝的西装，群青色的衬衫，配上普鲁士蓝的领带，恬静高雅，表现了一个人的沉着稳健的气质。

2.淡、中、浓：以深色西装为中心，过渡到浅色的领带。

3.淡、浓、淡：以深色的衬衫为中心，与浅色领带和浅色西装相呼应。

4.浓、淡、浓：例如绀色（紫调浑蓝）西装，配上浓绀的领带，与灰色调的衬衫形成对比，华而不浮、品格高雅，是中年人的常用色。

皮带穿系要领
Clothes　　　　　10

不要在皮带上携挂手机等，会影响皮带的装饰性。

NO.12图

在系皮带的时候不要使皮带扣与拉链不在一条线上，否则就闹笑话了。

项链的佩戴窍门
Clothes　　　　　11

脖子较细长，可戴紧贴脖子的项链；脖子较粗，可选择戴长长的项链；脖子较长、身材较高的女士同时佩戴长短不一的几串项链，特别具有装饰性。亚洲女性特别适合佩戴珍珠项链。

佩带围巾的窍门
Clothes　　　　　12

围巾的选配是根据衣服的颜色而定。穿暗颜色的衣服，可选择色泽浓郁、色彩热烈的丝巾；穿红色的衣服、可围黑色透明的围巾，使红色不太显眼，还可以显得皮肤白净；穿藏青色的西装，可系一条纯白的丝巾，既能衬托出唇红齿白，又有一种高雅的气质；穿深色的大衣，可选择鲜艳的围巾；穿浅色大衣可选淡雅的围巾。图

穿着无袖衫小窍门
Clothes　　　　　13

胖人胳膊粗，肩宽，不能穿无袖衫，清瘦苗条者穿无袖衫也要注意得体。无袖衫的袖笼不宜开得过大，特别是露出里面的内衣或胸罩，将特别不雅。内衣搭配得淡雅，紧些的背心比胸罩好。有腋毛的最好不要穿无袖衫，否则会有失雅观。

着装苗条小窍门
Clothes　　　　　14

上衣用浅色，裙子、裤子用深色；同色调的衣服，上衣应用料厚重；衣服格子选择竖条纹细条纹，效果较好；裙子不穿质地特硬的；鞋子选高底或较适当的；丝袜宜选和鞋子同色的，鞋越高袜子应越薄；脖子上加彩饰或戴耳环，看起会显得更高。

腰粗者穿衣窍门
Clothes　　　　　15

较宽大或伞状上衣可

成功掩饰浑圆腰部，其中个子较高者，适合宽的上衣；个子较小者，要选刚好过腰的宽上衣。一定不要选择瘦窄的裤子或弹力裤，避免暴露缺点。长裙、肥腿裤加上半高跟或高跟鞋，可加长腿的长度；减弱腿型的暴露。

小腹凸出者穿衣窍门
Clothes　　　　16

1.把上半身的浅色衣服束入下半身深色的裙或裤内，使可掩饰这个缺点，并配以宽皮带系紧，可使腰部看上去更纤细。

2.全身穿冷色，并穿细条纹的长裤分散视线，可巧妙掩饰小腹凸出的缺点，包括皮带、丝巾、鞋、袜等都采用冷色系的搭配。

3.以萝卜形长裤搭配宽松毛衣，并用配件（帽子、围巾、皮带）将重心置于上方。

臀部下垂者穿衣窍门
Clothes　　　　17

1.以细褶或收腰的长白衬衫盖着冷色系裙子的掩饰法最简单也最漂亮。

2.穿着摇曳生姿的及膝圆裙，避免穿窄裙、直筒裙。

3.将上衣束入有后袋的裤子，并用深色的皮带束系。

臀肥腰细者穿衣窍门
Clothes　　　　18

臀肥腰细者，不宜穿连衣裙，也不宜将带褶的裙子穿在衬衣外边，可穿半卡腰、流线型的服装，以及向下略带喇叭的裤子，西裤可尽量低一点，裤腿稍窄一点。

平胸女性穿衣窍门
Clothes　　　　19

上衣要尽量精致讲究一些，样式复杂些，可以多加一些有变化的线条和装饰，比如在胸部多加些装饰，给人造成错觉，显得胸部丰满。穿衣也宜穿短、大、厚实的外衣，颜色鲜亮些，不适合穿贴身的衣服。

O型腿人的着装窍门
Clothes　　　　20

可穿长裙将腰部以下完全遮盖，这样就掩盖了不太美观的腿型。若想让下半身透透气，可穿着裤管宽松、不太贴身的长裤。图

骨感女性的穿衣窍门
Clothes　　　　21

适宜穿高领的上衣，颜色以暖色调为主。女性可以在袖口、胸部点缀花边，也可配上一条腰带。纤细的腿适合穿直纹裤子，腰间可以有口袋等装饰品，以转移视线。AB裤、硬挺的长裤搭配合身的上半身也是很好的选择。太瘦的人要尽量选择棉、麻等看起来有分量的布料。搭配上以多层次为原则，例如，衬衫外面加一件背心，脖子上围条丝巾等。想穿出丰臀，可以选择松紧带设计、下身蓬松的裙装。不要穿贴身的丝质衣服和没有袖的衣服。

胖人穿衣小窍门
Clothes　　　　22

体形较胖的人，一般都给人脖颈粗短的感觉，因而选用低领"V"形上衣更

好些。胖人的着装不宜太"花"，宜穿色泽暗淡的衣料，上身宽疏款式，切忌穿紧身衣服。

身材高大女性的穿衣窍门
Clothes　　　　23

身材高大的女士，选择衣服不宜太长，应该穿一些不会太显露体形的衣服，而且某种场合的衣料要选配适当，松衣宽裙都较合适。

矮个女子巧穿衣
Clothes　　　　24

避免穿两截式服装，不妨多穿连身的小碎花洋装。如果有腰带，应选用质料轻柔的，宽而硬挺的皮质、塑胶硬带都应避免。

女孩穿短裤的小窍门
Clothes　　　　25

1.不要穿有明袋的短裤，会显得臀部很大。

2.不要穿翻边的短裤，它会使粗腿更显粗，短脚更显短。

NO.20图

3.不要穿太短的短裤，看上去不雅，且骑车，坐下不方便。

4.不要穿裤脚太窄的短裤，会有压迫感。

5.不要穿太鲜艳的且短的短裤，不雅观又不稳重。

6.质地柔软打褶的短裤，裙裤，网球裙裤，看上去青春活泼。

7.矮个子女孩别穿过膝短裤，但也不能太短，膝上3厘米为好。

短腿者巧穿皮靴
Clothes　　　　　　26

裙摆和鞋筒不要结束在小腿最粗的地方，最好搭配同色的长筒靴或短靴，并且要让裙摆盖住靴子的上缘，给人以下身线条一气呵成的感觉。如果要穿短裙，最好穿长筒靴，可使腿部看上去显得修长。

腿粗者巧穿皮靴
Clothes　　　　　　27

最好避免穿露出小腿肚的短靴或直筒靴，不妨选择可修饰小腿的及膝靴，特别是那种包裹脚踝并可清楚看见脚踝形状的款式。细高跟、尖头的设计更可强化女性曲线，也是很好的选择。

上班族如何选择皮包
Clothes　　　　　　28

1.使用公文包和手提包时，无论男女都应提在左手，以免在与人握手时，因换手而显得手忙脚乱。

2.女性上班时，用的皮包应该大一些，这样可以存放较多的必备用品，但式样必须大方，与上班形象相符合。图

女士骑车如何避免风吹裙子
Clothes　　　　　　29

可在裙子内侧膝盖下部处缀一布条，捆在膝盖上部大腿处，留出活动余地即可，布条长度不超过裙长。若在膝盖下部捆一布条，上缝一个尼龙搭扣，上扣缝在留有活动余地的裙子上更为方便。

解决拉链下滑的方法
Clothes　　　　　　30

在裤、裙拉链顶端的相应部位缝上一个风纪扣钩，用此钩便可以钩住拉链顶端

的方孔，从而活动自如，不必担心。

新衬衣的处理
Clothes　　　　　　31

新买或新做的的确良衬衫，穿着前用棉花球蘸上汽油（最好是优质白汽油）在硬领头和袖口上轻轻擦拭一二遍，等汽油挥发后，再用清水冲洗干净。以后穿用该衬衣时，领口和袖口弄脏了或粘上污渍，很容易清洗干净。

防丝袜向下翻卷窍门
Clothes　　　　　　32

1.在不使用吊袜带时，只要将袜口向内平折10毫米左右，袜子就不会向下翻卷了。

2.可以在袜口别上一枚硬币，提起袜口别上两圈固定住，一天也不会脱卷，十分省心。

防丝袜下滑窍门
Clothes　　　　　　33

如果丝袜的松紧带松了，袜子不住往下滑时，可以将不穿用的及膝丝袜的松紧带剪下来充当袜带用。

NO.28图

衣物清洗

防丝袜勒腿窍门
Clothes　　　　34

将新袜子袜腰折返部分的双层连接针线挑开成为单层，一方面加长了袜腰，另一方面也不会脱丝，这样穿起来就不会勒腿了。

巧解鞋带
Clothes　　　　35

沾满泥污或潮湿的鞋带结很难解开，为了保护指甲，最好还是用钩针来帮忙。

如何梳理假发
Clothes　　　　36

假发套在使用前应先梳理好，戴上假发套后稍稍加以梳理就可以了。梳理假发一般选用比较稀疏的梳子为好，梳理假发时要采用斜侧梳理的方法，不可进行直梳，而且动作要轻。

如何固定假发
Clothes　　　　37

不要使用发夹。为了防止大风把假发套刮跑，有些人喜欢用发夹夹住假发。但是，夹发不可过于用劲。否则，容易勾坏假发的网套。因此，最好不要使用发夹，可在假发上使用装饰性的发带把发套固定住。

戒指佩戴小窍门
Clothes　　　　38

1.如果在两只手指上戴戒指，最好选择相邻的两只手指，如中指+食指或中指+无名指。

2.如果戒指的材质属性可以和手表搭配，是最理想了。否则最好将戴戒指的手与戴手表的手错开。

夏季穿凉爽衣裤有法
Clothes　　　　39

在炎热季节，临上班前可把内衣裤放进塑料袋置入冰箱，下班回家后先洗个澡，再把内衣裤从冰箱取出换上，会感到格外惬意舒服。

外出防衣裤挤皱法
Clothes　　　　40

准备外出时，可先备一个能放进衣裤、衣裙的大塑料袋（无漏洞），将随身携带的衣裤整齐地叠好后放入袋内，里面稍许留点空气，将袋口折好用胶带纸封住，放入皮箱内即可。由于袋内的空气起了一个缓冲的作用。一旦出现一点褶痕也不要紧，只要在褶痕处喷上一点温水，很快就能消除。

自行调节袜口松紧
Clothes　　　　41

市售棉线袜，常因袜口过紧，使人脚腕很不舒服。将袜口用手撑开，可看到其中有许多橡皮筋，用缝衣针鼻将橡皮筋挑起，便很容易抽出来。可以用抽出根数的多少，调节袜口的松紧程度。

化纤制品防静电妙招
Clothes　　　　42

洗涤尼龙、化纤衣服、窗帘或台布的时候，漂洗的水中加些白醋，能够减少其所带的静电。

衣物清洗
YI WU QING XI

衣服翻过来洗涤好
Clothes　　　　1

洗衣服应翻过来洗里面，这样可以保护面料光泽，同时也不起毛儿，既保护外观还延长衣服寿命。

经济实用洗衣法
Clothes　　　　2

用肥皂取代洗衣粉，省钱，洁衣，有意外的效果，且易漂洗。具体方法是：在洗衣机的洗衣桶内同时放入肥皂、衣物，加足水。随着洗衣机波轮的转动，衣物和肥皂不断旋转摩擦，即可渐渐去污。桶内肥皂水达到一定浓度，即可把肥皂取出。若要立即见效，一次可放进3～5块肥皂，经旋转摩擦两分钟后取出，也可视皂液浓度决定取出的时机或增加肥

NO.3图

皂的数量。

蛋壳在洗涤中的妙用
Clothes　　　3

把蛋壳捣碎装在小布袋里，放入热水中浸泡5分钟捞出，用泡蛋壳的水洗脏衣服，格外干净（一只鸡蛋壳泡的水，可洗1~2件衣服）。图

洗衣不宜久泡
Clothes　　　4

洗衣服不宜浸泡太久，最好以15分钟为限。因为，衣服纤维中的污垢在15分钟内便会渗到水中，如果超过了这段时间，水中的污物又会被纤维吸收，浸泡太长时间反而洗不干净了。

洗衣快干法
Clothes　　　5

衣服上某个部位沾了污迹，用去污剂洗净后，用电吹风吹干，几分钟后便可穿用。

鞋子快干法
Clothes　　　6

将刚刷洗完的鞋子放入洗衣机的甩干桶中，鞋面靠着机壁，两只鞋要对称放置。放好后，开启洗衣机脱水按钮，

将鞋子甩几分钟，取出晾晒，既不淌水又干得快。

洗涤用品的选择
Clothes　　　7

1.柔顺剂：目前，市面上的各种柔顺剂主要是起柔顺、去静电和提高舒适度的作用。冬季容易起静电，价格便宜的柔顺剂正好能派上用场。

2.羊毛专用洗液：这种清洗液专门用于羊毛制品的洗涤，它的成分温和不伤害羊毛结构，还有柔顺羊毛的作用，但价格稍贵一些。

3.特殊洗液：一般用于洗涤内衣、内裤和宝宝的衣物，洗涤效果好，质量很高。

棉织物的洗涤
Clothes　　　8

棉织物的耐碱性强，不耐酸，抗高温性好，可用各种肥皂或洗涤剂洗涤。洗涤前，可在水中浸泡几分钟，但不宜过久，以免颜色受到破坏。最佳水温为40℃~50℃，贴身内衣不可用热水浸泡，以免汗渍中的蛋白质凝固而附着在内衣上。漂洗时采取"少量多

次"的办法，每次冲洗完后应拧干，再进行第二次冲洗。在通风阴凉处晾晒，避免在日光下暴晒。

巧洗丝织品
Clothes　　　9

洗丝织品时，在水里放点醋，能保持织品原有的光泽。

麻类织物的洗涤
Clothes　　　10

麻纤维刚硬，抱合力差，洗涤时不能强力揉搓，洗后不可用力拧绞，也不能用硬毛刷刷洗，以免布面起毛。有色织物不要用热水烫泡，不宜在阳光下暴晒。

亚麻织物的洗涤
Clothes　　　11

水温不宜超过40℃，选用不含氯漂成分的中性或低碱性洗涤剂；洗涤时应避免用力揉搓、尤其不能用硬刷，洗涤后不可拧干，但可用脱水机甩干，用手弄平后挂晾。

巧洗毛衣
Clothes　　　12

洗涤时水温切忌过高，

189

这样会破坏毛绒松软性，最好用冷水或温水。用专门的高级毛织品洗涤剂泡成的溶液浸洗。切忌用搓板洗和用力搓，要用手轻揉，可上下提拎多次；不要使劲拧干，应用手攥，再用大毛巾包好拧去水分晾到阴凉处。

巧洗羊毛织物
Clothes 13

羊毛不耐碱，要用中性洗涤剂洗涤，水温不应超过40℃，否则会变形；切忌用搓板搓洗，即使用洗衣机洗涤，也应该轻洗；洗涤时间也不要过长，防止缩绒；洗涤后不要拧绞，用手挤压除去水分，然后沥干；用洗衣机脱水时以半分钟为宜；在阴凉通风处晾干，不要在强日光下暴晒。

莱卡的洗涤方法
Clothes 14

选用中性洗涤剂或专用羊毛洗涤剂，忌碱性洗涤剂；轻柔洗，不宜拧绞，阴干。高档衣服最好干洗，而西装、夹克装一定要干洗，不能用水洗。要注意防虫蛀，防霉。

巧洗轻质物品
Clothes 15

洗尼龙袜、手帕轻薄细长物品等，宜放入尼龙网兜内，扎紧兜口再进行洗涤。

蕾丝衣物的清洗
Clothes 16

如果是在家清洗，只须把蕾丝放在洗衣袋中，以中性清洁剂洗涤就可以了，不可以用浓缩洗衣剂和漂白剂。较高级的蕾丝产品或较大件的蕾丝床罩等，最好送到洗衣店清洗和熨烫。

巧法减少洗衣粉泡沫
Clothes 17

往洗涤液中加少量肥皂粉，泡沫会显著减少。若用洗衣机洗衣，可在洗衣缸里放一杯醋，洗衣粉泡沫就会消失。

干洗衣物的处理
Clothes 18

干洗衣物取回后，不要立即穿上，最好先将塑料套去掉，晾在通风处，让衣物上的洗涤溶剂自然挥发。等到没有异味时，再放入衣柜或穿着使用。如果长时间不穿，务必做好防虫处理。图

巧洗羽绒服
Clothes 19

1. 先把羽绒服放在清水里浸泡20分钟，挤去水分，再放到洗衣粉水（浓度不能太大，一盆清水放2~3汤匙洗衣粉就行了）里浸泡10分钟。

2. 把衣服平铺在木板上，用软毛刷蘸洗衣粉溶液刷洗，先里后外，最后刷袖子。

3. 刷完后，放在温水里漂洗两次（头一遍漂洗时要在水里加一小勺醋，可中和碱性的洗衣粉溶液），再用清水漂洗干净，挤去衣服里的水分，放在阴凉处风干。

4. 风干后可用一根光滑的小木棍轻轻拍打几下，这样会使羽绒服蓬松如新。

5. 如果羽绒服上有白色痕迹，可用工业酒精在痕迹处反复擦几次，再用热毛巾擦，就会消除。

洗毛巾的方法
Clothes 20

夏季，毛巾擦汗的次数多，即使天天洗涤，也难免黏乎乎的，并有汗臭味。对这样的毛巾，可先用食盐搓洗，再用清水漂净。用优质洗涤剂溶液或洗洁净溶液，

NO.18图

烧沸，把毛巾放入煮10分钟，效果也很好。

巧洗衬衫
Clothes　　21

衬衣领和袖口不易洗干净，洗前可在衣领、袖口处均匀地涂一些牙膏，用毛刷轻轻刷洗一会儿，再用清水漂清，即可干净。

巧洗长袖衣物
Clothes　　22

长袖衬衫和其他衣物在洗衣机内一起洗，缠在一起很麻烦，把前襟的两个扣子分别扣入两袖口上的扣眼中，就不会乱缠了。

巧洗白色袜子
Clothes　　23

白袜子若发黄了，可用洗衣粉溶液浸泡30分钟后再进行洗涤。

巧洗白背心
Clothes　　24

白背心穿久了会出现黑斑，可取鲜姜100克捣烂放锅内，加500克水煮沸，稍凉后倒入洗衣盆，浸泡白背心10分钟，再反复揉搓几遍，黑斑即可消除。

巧洗汗衫
Clothes　　25

先将有汗斑的衣服在3%~5%的食盐水中浸泡，再进行正常洗涤。洗涤时应用冷水，因为带色的汗衫背心，在热水中容易褪色。

洗牛仔裤小窍门
Clothes　　26

取1盆凉水，加1勺盐，然后将牛仔服放入盆中浸泡1小时，然后用洗衣粉按常法刷洗，既可迅速去除污垢，又可使牛仔装不易褪色。

巧洗内衣
Clothes　　27

1.内衣最好单独洗涤，能防止内外衣物交叉感染或被它色沾染。

2.要使用中性洗剂，避免将洗衣液直接倾倒在衣物上，正确方法是先用清水浸泡10分钟。柔和细致的高档面料，为了使它的色彩稳定及使穿着时间有效延长，水温应控制在40℃以下。

巧洗衣领、袖口
Clothes　　28

衣领、袖口容易变脏，很难用肥皂或洗衣粉洗干净，这时可以用洗发水、剃须膏或者牙膏涂在污迹处，再用刷子刷，便很快就能洗干净。如果是机洗，可将衣物先放进溶有洗衣粉的温水中浸泡15~20分钟，再进行正常洗涤，也能洗干净。或者把衣领、袖口浸湿，抹上肥皂或洗衣粉，再放进洗衣机内，也可洗净。

巧洗毛领
Clothes　　29

用干洗剂或者用羊毛专用洗涤剂清洗，清洗时要轻揉，并用清水漂净，之后要阴干，或者用吹风机吹干并用梳子理顺。

巧洗帽子
Clothes　　30

在洗帽前先找一个和帽子同样大小的东西（如瓷

衣物清洗

NO.30图

盆、大玻璃瓶等）把帽子套在上面洗刷，晾晒，等快干时再用手整理一下，干了就不会变形。图

巧洗胶布雨衣
Clothes　　31

先把洗衣粉溶解在温水中，再将胶布雨衣浸入其中，用软毛刷轻轻刷洗，切忌用手揉或用搓板洗，以免损伤胶层。刷洗后用清水冲净，晾干。存放时，最好在挂胶的一面撒些滑石粉。

巧洗毛线
Clothes　　32

用25克茶叶泡成浓茶水，然后配制成40%浓度的茶温水溶液，将要洗的毛线和毛线衣浸入温水中，过20分钟后，用手轻轻翻动和挤压，随即用温水漂清，用毛巾包着毛线或毛线衣挤压，取出晾在竹竿上或均匀散开铺在木板上阴干，即可使毛线的颜色变得鲜亮如新。

191

巧洗绒布衣
Clothes 33

绒布衣洗过几水以后就有些发硬，如果将绒布衣抖干净，放在加有氨水的水中（按每桶水加两汤匙氨水配合）泡20分钟取出，再用肥皂水洗后，在清水里涮洗几次，不经过拧干就晾晒。这样处理后，绒布衣在使用中就不会出现发硬现象。

巧洗蚊帐
Clothes 34

蚊帐用久后，会变得陈旧、发黄，用肥皂、洗衣粉洗也很难洗好。若用生姜100克切片放入水中，煮3分钟，然后将蚊帐浸泡在姜水中，另加草酸数粒和纯蓝墨水数滴，用手重压几次，然后在水中按常规搓洗、漂净。这样，陈旧发黄的蚊帐就会变得透亮如新。

巧洗宝石
Clothes 35

可用棉棒在氧化镁和氨水混合物，或花露水、甘油中沾湿，擦洗宝石和框架，然后用绒布擦亮即可。

巧洗钻石
Clothes 36

先将钻饰放盛有温和清洁剂或肥皂的小碟中约半小时，再用小软刷轻刷，用自来水冲洗后擦干即可，冲洗时将水池堵住，以防万一。

巧洗黄金饰品
Clothes 37

把黄金饰品放入冷开水与中性洗衣粉调和水中浸泡

15分钟（忌用自来水和偏酸碱洗衣粉），再用软毛刷轻刷表面，最后用冷开水冲净。

银饰品的清洗
Clothes 38

先用肥皂水洗净，用绒布擦亮，也可用热肥皂水洗涤。然后涂抹用氨水（阿莫尼亚水）和白粉（白垩）掺和的糊状混合物，干燥后，用小块绒布擦拭，直到发出光泽。

假发的清洗窍门
Clothes 39

经常戴的发套，一般2~3个月洗涤1次为宜。在洗涤前，先用梳子把假发梳理好，再用稀释的护发素溶液边洗边梳理。切不能用双手搓拧，更不能把假发泡在洗涤液里洗。而应用双手轻轻地顺发丝方向漂净上面的泡沫，然后晾干，切忌在阳光下进行曝晒。

洗雨伞小窍门
Clothes 40

先将伞上的泥污用干刷刷掉，再用软刷蘸温洗衣粉溶液洗刷。如仍不干净，可用1:1的醋水溶液洗刷。

巧刷白鞋
Clothes 41

白色的鞋子刷洗后易留下黄斑，最后一遍漂洗时加少量白醋（记住是白醋，重点在白），泡半小时，晾时在表面贴上白纸巾，干后就会亮白如新。图

NO.41图

巧擦皮革制品四法
Clothes 42

1.用喝剩的牛奶擦皮鞋或其他皮革制品，可防止皮革干裂，并使其柔软美观。

2.擦皮鞋时，往鞋油里滴几滴醋，擦出的皮鞋色鲜皮亮，而且能保持较长时间。

3.香蕉皮含有单宁等润滑物质，用它来擦拭皮鞋、皮包的油垢脏物，可以使皮面洁净如新。

4.擦皮鞋时，和少许牙膏与鞋油同时擦拭，皮鞋会光亮如新。

巧洗翻毛皮鞋
Clothes 43

翻毛皮鞋脏了，可先用毛刷蘸温水擦拭，然后，放在阴凉通风处吹晾，待鞋面似干非干时，再用硬毛刷蘸翻毛鞋粉在鞋上轻刷，使翻毛蓬松起来。如果还不能复原，可继续吹晾，刷洗，直到翻毛恢复原状时为止。

除污去渍
CHU WU QU ZI

巧除咖啡渍、茶渍
Clothes　　　　　　1

衣服上洒上咖啡或茶水，如果立即脱下用热水搓洗，便可洗干净。如果污渍已干，可用甘油和蛋黄的混合溶液涂拭污渍处，待稍干后，再用清水洗涤即可。

巧去油渍
Clothes　　　　　　2

1.用餐时衣服被油迹所染，可用新鲜白面包轻轻摩擦，油迹即可消除。

2.丝绸饰品如果沾上油渍，可用丙酮溶液轻轻搓洗即可。

3.深色衣服上的油渍，用残茶叶搓洗能去污。

4.翻毛裘衣沾上油渍，可在油渍处适当撒些生面粉，再用棕刷顺着毛擦刷，直到油渍去掉。然后，用藤条之类拍打毛面，全部除去余

粉，使毛绒蓬松清洁。

巧去汗渍
Clothes　　　　　　3

1.将被汗液染黄的衣服，放在温水里浸10钟左右，然后在污染处用去污粉搓洗数次，就可洗净。

2.将衣服浸泡在3%的盐水里约10分钟，再用清水漂洗后，用肥皂洗，即可除掉汗渍。

3.丝绸饰品的汗渍，可加洗涤剂漂洗，如果效果不理想，可将汗渍部分浸入稀释盐酸溶液中轻轻搓洗，最后用清水漂洗。图

巧除柿子渍
Clothes　　　　　　4

新渍，用葡萄酒加浓盐水一起揉搓，再用肥皂和水清洗，丝绸织物用10%柠檬酸溶液洗涤。

巧去油漆渍
Clothes　　　　　　5

衣服沾上油漆、喷漆污渍，可在刚沾上漆渍的衣服正反面涂上清凉油少许，隔几分钟，用棉花球顺衣料的经纬纹路擦几下，漆渍便消除。旧漆渍也可用此法除去，只要略微涂些清凉油，漆皮就会自行起皱，即可剥下，再将衣服洗一遍，漆渍便会荡然无存。

新渍可用松节油或香蕉水揩试污渍处，然后用汽油擦洗即可。陈渍可将污渍处浸在10%～20%的氨水或硼砂溶液中，使油漆溶解后用毛刷擦污迹，即可除去。

巧去墨水污渍
Clothes　　　　　　6

1.如是新迹，应及时用冷水洗涤，剩下的痕迹可用米饭或米粥加一点食盐放在

NO.3图

墨迹处搓洗，再用洗涤剂搓洗，用清水洗净。

2.如果是陈墨汁迹，可用一份酒精加两份肥皂液反复涂擦，效果也很好。

3.先用牛奶洗，再用洗洁净浸泡后搓洗，污痕可除。

4.也可用牙膏涂在污渍部分揉搓，然后用水漂洗。

5.如果是丝绸料，要将污渍面向下平铺在干净的纸上，涂上干洗剂或酒精，揉搓丝织品污迹背面，直至污迹消失，然后洗净、漂洗。图

巧去奶渍
Clothes 7

1.新渍立即用冷水洗，陈渍应先用洗涤剂洗后再用1:4的淡氨水洗。如果是丝绸料，则用四氯化碳揉搓污渍处，然后用热水漂洗。

2.把胡萝卜捣烂，拌上点盐，可擦掉衣服上的奶渍、血渍。

巧去鸡蛋渍
Clothes 8

1.等到鸡蛋液干了以后，再用蛋黄和甘油的混合液擦拭，然后把衣服放在水中清洗即可。

2.用茶叶水把衣服浸泡一会，然后把衣服放在水中清洗。

3.用新鲜萝卜榨出来的汁搓洗衣服上的蛋渍，效果也很不错。

除番茄酱渍
Clothes 9

将干的污渍刮去后，用温洗衣粉溶液洗净。

巧去呕吐迹
Clothes 10

用汽油擦拭，再用5%的氨水擦拭，最后用温水洗清；或者用10%的氨水将呕吐液迹润湿，再用加有酒精的肥皂液擦拭，最后用洗涤剂洗净。

巧去血迹
Clothes 11

如血迹未干，可立即放入清水中揉洗；如血迹已干，可用氨水擦洗，再用清水漂洗，即可除去血迹。

巧除果汁渍
Clothes 12

1.新染上的果汁可先撒些食盐，轻轻地用水润湿，然后浸在肥皂水中洗涤。

2.在果汁渍上滴几滴食醋，用手揉搓几次，再用清水洗净。

巧去葡萄汁污渍
Clothes 13

不慎将葡萄的汁液滴在棉质衣服上，用肥皂洗涤不但不能去掉污渍，反而会使其颜色加重，应立即用白醋浸泡污渍处数分钟，然后用清水洗净。

巧去酒迹
Clothes 14

如果白衬衣上留下了酒迹，可煮开的牛奶或少量西瓜汁搓洗，即可去除污迹。

除尿渍
Clothes 15

刚污染的尿渍可用水洗除，若是陈迹，可用温热的

洗衣粉（肥皂）溶液或淡氨水、或硼砂溶液搓洗，再用清水漂净。

巧去煤油渍
Clothes 16

用桔子皮擦拭衣服上沾染的煤油渍，再用清水漂洗干净即可。

巧去酱油、醋渍
Clothes 17

不论是沾上酱油还是醋，趁它们尚未干时可用水清洗除去；若污渍已变干，可采用如下方法清洗：在150毫升清水中加入15克白糖，用脱脂棉沾取擦拭污渍处，并用手用力拍击，然后用水冲洗即可去除。

除蟹黄渍
Clothes 18

可在已经煮熟的蟹中取出白鳃搓拭，再放在冷水中用肥皂洗涤。

除圆珠笔油渍
Clothes 19

将污渍用冷水浸湿后，用苯丙酮或四氯化碳轻轻擦去，再用洗涤剂洗净。不能用汽油洗。也可涂些牙膏加少量肥皂轻轻揉搓，如有残痕，再用酒精擦拭。

除墨渍
Clothes 20

先用清水洗，再用洗涤剂和饭粒一起搓揉，然后用纱布或脱脂棉一点一点粘吸。残迹可用氨水洗涤。也可用牙膏、牛奶等擦洗，再用清水漂净。

除复写纸、蜡笔色渍
Clothes　　　　　21

先在温热的洗涤剂溶液中搓洗，后用汽油、煤油洗，再用酒精擦除。

除印油渍
Clothes　　　　　22

用肥皂和汽油的混合液（不含水）浸漂或涂在色渍上，轻轻搓洗，使其溶解脱落，再用肥皂水洗涤，用清水漂净。若经过肥皂水洗涤，油脂已除，颜色尚在，应作褪色处理。要用漂白粉或保险粉（用于真丝衣物的）来消除颜色渍。

除黄泥渍
Clothes　　　　　23

衣裤上有黄泥斑痕，先用生姜汁涂擦，再用清水洗涤，黄斑会立刻褪去。

除胶类渍
Clothes　　　　　24

灯芯绒衣物上沾有胶类等物时，可用清水浸泡后轻轻擦拭，切忌干搓，以防拔掉绒毛。

除锈渍
Clothes　　　　　25

用1%的草酸溶液擦拭衣服上的锈渍处，再用清水漂洗。

除桐油渍
Clothes　　　　　26

可用汽油、煤油或洗涤剂擦洗，也可用豆腐渣擦洗，然后用清水漂净。

除柏油渍
Clothes　　　　　27

可用汽油和煤油擦洗。如没有汽油或煤油，也可将花生油、机油涂在被沾污处，待柏油溶解后，就容易擦掉了。

除蜡烛油渍
Clothes　　　　　28

先用刀片轻轻刮去衣服表面的蜡质，然后将衣服平放在桌子上，让带有蜡油的一面朝上，在上面放一两张吸附纸，用熨斗反复熨几下即可。

除烟油渍
Clothes　　　　　29

衣服上刚滴上了烟筒油，应立即用汽油搓洗，如搓洗后仍留有色斑，可用2%的草酸液擦拭，再用清水洗净。

除沥青渍
Clothes　　　　　30

先用小刀将衣服沾有的沥青轻轻刮去，然后用四氯化碳水（药店有售）略浸一会，再放入热水中揉洗。还可用松节油反复涂擦多次，再浸入热的肥皂水中洗涤即可。

除青草渍
Clothes　　　　　31

用食盐水（1升水加100克盐）浸泡，即可除掉。

鱼渍、鱼味的去除
Clothes　　　　　32

去除衣服上的鱼渍，特别是鱼鳞迹，可先用纯净的甘油将色渍湿润后，再用刷子轻轻擦拭，晾置约一刻钟后，再用25℃～30℃左右的温热水洗涤，最后喷上柠檬香精，腥气与印迹便会消失。

除红药水渍
Clothes　　　　　33

先用温洗衣粉溶液洗，再分别用草酸、高锰酸钾处理，最后用草酸脱色，用清水漂净。

除碘酒渍
Clothes　　　　　34

先用亚硫酸钠溶液（温的）处理，再用清水反复漂洗。也可用酒精擦洗。

除药膏渍
Clothes　　　　　35

先用汽油、煤油刷洗，也可用酒精或烧酒搓擦，待起污后用洗涤剂浸洗，再用清水漂净。

除高锰酸钾渍
Clothes　　　　　36

先用柠檬酸或2%的草酸溶液洗涤，后用清水漂净。

除口红渍
Clothes　　　　　37

衣物沾上口红，可涂上卸妆用的卸妆膏（清面膏）。水洗后再用肥皂洗，污渍就会完全被清除。

巧去眉笔色渍
Clothes　　　　　38

可用溶剂汽油将衣物上的污渍润湿，再用合有氨水的皂液洗除。最后还要用清水漂净。

巧去甲油渍
Clothes　　　　　39

可用信纳水擦洗，当污渍基本去除后再用四氯乙烯擦洗，然后再用温洗涤液洗涤，最后用清水漂净。

巧去染发水渍
Clothes　　　　　40

染发水也是酸性染料的

一种，尤其对毛纤维的着色力很强，一旦弄到衣物上就很难去除，在白色衣物上就更为明显。可以根据织物纤维的性质，分别选用次氯酸钠或双氧水对污渍进行氧化处理。

巧去皮革污渍
Clothes　　　　　　　41

先将鸡蛋清或鸭蛋清搅拌一下，然后用布蘸蛋清擦抹污处，污渍即可擦净，随后再用清洁柔软的布将蛋清擦净。若领口、袖口和前襟处有油垢擦不掉，可在油垢处滴几滴氨水和酒精配制的去油剂，再用布擦除。污渍擦净后还要上光，即用软布蘸鸡油或鸭油（不可用猪、牛、羊油）涂抹皮革服装，且要尽量涂薄涂匀，10分钟后擦净多余的鸡油或鸭油，皮革服装就会光亮如新了。

白皮鞋去污法
Clothes　　　　　　　42

可用橡皮擦，就连蹭上的黑鞋油、铁锈都可擦掉，牛皮鞋效果尤佳；亦可用白色牙膏薄薄地涂在污点上，起遮盖污点作用，然后再打白色或无色鞋油即可。使用这两种方法前，先用微湿软布将鞋上浮土擦净。

巧去绸缎的斑点
Clothes　　　　　　　43

绸缎上的斑点，可用绒布或新毛巾轻轻揩去，较大斑点可将氨液喷洒于丝绸上，再用熨斗烫平，白色绸缎的霉斑，可用酒精轻轻揩擦。

巧去霉斑
Clothes　　　　　　　44

1.衣服出现霉点，可用少许绿豆芽在霉点处揉搓，然后用清水漂洗，霉点即可去除。

2.新霉斑先用软刷刷干净，再用酒精洗除。陈霉斑先涂上淡氨水，放置一会儿，再涂上高锰酸钾溶液，最后用亚硫酸氢钠溶液处理和水洗。

3.皮革衣服上有霉斑时，用毛巾蘸些肥皂水揩擦，去掉污垢后立即用清水洗干净，待晾干后再涂夹克油即可。

4.白色丝绸衣服上的霉斑，可用5%的白酒擦洗，除霉效果很好。

5.丝绸衣服出现霉斑，一般可以在水中用软刷刷洗，若霉斑较重，可在霉斑的地方涂上5%淡盐水，放置3～5分钟，再用清水漂洗即可。

巧去口香糖
Clothes　　　　　　　45

衣物上粘有口香糖难以除去，若将衣服放置冰箱一段时间，口香糖经冷冻变脆，用刀片就容易刮掉了。图

NO.45图

熨烫、织补与修复
YUN TANG　ZHI BU YU XIU FU

简易熨平
Clothes　　　　　　　1

如果手边没有电熨斗，可以用平底搪瓷茶缸盛上开水，代替电熨斗。这种方法操作简便，也不会熨糊衣料。

巧法熨烫衣裤
Clothes　　　　　　　2

熨衣裤时，如果在折线上铺一块浸泡过醋的布，然后再用熨斗烫，就会非常笔挺。此外，直接用醋弄湿衣裤的折线再烫也可以。

巧去衣服熨迹
Clothes　　　　　　　3

熨烫衣服时，由于熨斗过热或过凉，往往使衣服上出现烙铁印或亮光，只要立刻向衣服上喷些雾一样的水花，将衣服叠好，约10～15分钟后再打

开，熨迹便可以去除了。

毛呢的熨烫
Clothes   4

如果从正面熨烫，则要先用水喷洒一下，让毛料有一定的湿度，在熨烫时，熨斗一定要热。最好的方法是从反面垫上湿布再熨，因为毛料衣服有收缩性。

棉麻衣物的熨烫
Clothes   5

在熨烫棉麻衣物时，熨斗的温度要偏高，而且要先熨烫衣里，熨烫时要用垫布，以防损伤衣物。亚麻织物的熨烫应该在半干时熨烫，双面沿纬向横熨，以保持织物原有的光泽。

丝绸衣物的熨烫
Clothes   6

丝绸衣物清洗干净以后，滴干水，趁半干之际装进纸袋内放入冰箱速冻室冷冻10分钟左右，再拿出来熨烫就非常快捷容易。丝绸衣物容易熨糊，倘若在衣物背面喷些淀粉浆，则可防止把衣物烫坏。

毛衣的熨烫
Clothes   7

熨烫毛衣最好用大功率蒸汽熨斗，若用调温熨斗必须垫湿布，不要烫得太干。熨烫毛衣的顺序是先领后袖，最后是前后身，折叠时将领子前胸折叠在外、呈长方形放置。

皮革服装的熨烫
Clothes   8

皮革服装须用低温熨烫。可用包装油纸作为熨垫，同时要不停地移动熨斗，使革面平整光亮。

化纤衣物的熨烫
Clothes   9

台板必须铺垫毯子或厚布，最好趁衣料半干时熨烫。熨烫时衣料表面要垫湿布，不要使熨斗直接与衣料接触。压力不宜太大，要来回移动，否则会将反面的缝迹在衣料表面留下痕迹。

羽绒服装的熨烫
Clothes   10

羽绒服装多为尼龙绸面，不宜用电熨斗熨烫，若出现褶皱，可用一只大号的搪瓷茶缸，盛满开水，在羽绒服上垫上一块湿布熨烫。

巧熨有褶裙
Clothes   11

熨烫带有褶皱的裙子时，应先熨一遍褶边，然后再熨整个褶。

巧除领带上的皱纹
Clothes   12

打皱了的领带，不用熨斗烫也能变得既平整又漂亮，只要把领带卷在啤酒瓶上，第二天再用时，原来的皱纹就消除了。图

巧熨腈纶绒围巾
Clothes   13

熨前将洗涤后晾九成干的围巾平铺在板上，再用湿润白纱布平贴伏于围巾之上，以避免熨烫时产生熨斗印痕和折光。熨烫温度一般调至中温略偏低，平压用力须均匀略轻微，一般普通熨斗均可使用。

巧熨羊毛围巾
Clothes   14

熨斗温度调至中温状态，烫前将晾干的围巾均匀喷上水雾，再铺上浸润后挤干的白纱布片，以避免熨烫折痕。熨烫时要顺应经纬向顺序，切忌斜线走向以致围巾变形。熨烫用力程度视洗涤后变形窄宽度和围巾质地厚薄度而定。

巧去西服中的气泡
Clothes   15

用大号针头的废旧注

NO.12图

射器，把胶水或其他无色、无腐蚀、流动性较好的粘合剂，均匀适量注入西服的气泡处，再熨干、熨平，西服会挺括如初。

腈纶衣物除褶皱法
Clothes　16

腈纶服装有了褶皱时，可用稍热的水浸一下，然后用力拉平，皱褶便会消除。

衣物香味持久的小窍门
Clothes　17

熨衣裤时，先在垫布或吸墨纸上喷洒上一些花露水，然后再熨，会使衣服香味持久。

衣物恢复光泽的小窍门
Clothes　18

要想使衣服熨后富有光泽，可在洗衣服时掺入少量牛奶。

巧补皮夹克破口
Clothes　19

穿皮夹克稍不小心，极易被锐器刮破，如不及时修补，破口会越来越大。可用牙签将鸡蛋清涂于破口处，对好茬口，轻轻压实，待干后打上夹克油即可。

棉织物烫黄后的处理
Clothes　20

棉织物烫黄后，可撒些细盐，然后用手轻轻揉搓，再放在太阳底下晒一会儿，最后用清水洗，焦痕可减轻或消失。

化纤衣料烫黄后的处理
Clothes　21

化纤衣料烫黄后，立即垫上湿毛巾再烫一下，轻者可

恢复原样，烫焦严重的只能用相同的颜色的布料缝补。

巧补羽绒服破洞
Clothes　22

羽绒服上有小洞，可找与羽绒服颜色相同的指甲油或无色指甲油轻轻涂上一层，洞口就会被封住，羽绒也不会钻出。

自制哺乳衫
Clothes　23

在衣服的前胸两侧乳房的部位，各留1个10厘米左右长的开口，外面再安上1个假兜。喂奶时把假兜解开，乳头即露出衣外，喂完后送回，再把假兜扣上，和普通衬衫没有什么两样。

旧衣拆线法
Clothes　24

拆旧衣服时，只要先在沿缝线两面涂上蜡，拆线就非常容易，且不留线头。

巧穿针
Clothes　25

缝补衣物穿不上针时，可将线头蘸点指甲油，稍等片刻，线就容易穿过了。这是一种在你失去耐心时最有效的办法。图

白色衣服泛黄的处理
Clothes　26

白色衣裤洗后易泛黄，可取1盆清水，滴2～3滴蓝墨水，将洗过的衣裤再浸泡1刻钟，不必拧干就放在太阳下晒，这样洗过的衣服洁白干净。

NO.25图

①

②

防衣物褪色法4法
Clothes　27

1.染色衣物经过洗涤，往往会发生褪色现象，如果将衣服洗净后，再在加有2杯啤酒的清水中漂洗，褪色部位即可复色。

2.洗涤黑色棉布或亚麻布衣服时，在最后一道漂洗衣服的水里加些浓咖啡或浓茶，可以使有些褪色的衣服变黑如初。

3.凡红色或紫色棉织物，若用醋配以清水洗涤，可使光泽如新。

4.新买的有色花布，第一次下水时，加盐浸泡10分钟，可以防止布料褪色。

防毛衣缩水的小窍门
Clothes　28

要防止毛线衣缩水，洗涤时水温不要超过30℃；用高级中性肥皂片或洗涤剂洗涤（水与洗涤剂的比例应为3∶1）；过最后一遍水时加少许食醋，能有效保持毛衣

的弹性和光泽。

防毛衣起球的小窍门
Clothes 29

纤维毛衣在洗涤时翻过来洗就可避免起毛球；毛料衣裤、毛衣等穿久了会起很多小球，可用电动剃须刀像剃胡须一样将衣服剃一遍，衣服即可平整如新。

毛衣磨损的处理
Clothes 30

毛衣袖肘部位容易磨损，可将袖子翻过来，在磨损处缝上一片旧丝袜。因丝袜质地结实、柔软，又透明而不易被看出。

巧去絮状物
Clothes 31

衣物晾干后，有些面料的衣物爱沾絮状物，可以找一块浸水后拧干的海绵来擦拭衣物表面，可轻松除去其表面的杂物。

巧去毛呢油光
Clothes 32

毛呢衣裤穿久了会出现油光。此时可用凡士林涂刷于油光处，再铺上吸墨纸用熨斗熨一下，即可除去油光。

如何恢复毛织物的光泽
Clothes 33

毛线、毛衣等羊毛织物，洗的次数多了会逐渐失去原来的光泽，遇到这样情况，先把衣服在清水中漂洗几次，再在清水中加点醋（醋的多少看衣物的多少而定），使酸碱性中和，毛线、毛衣等毛织物就会恢复原有的光泽。

使松大的毛衣缩小法
Clothes 34

毛线衣穿久了会变得宽松肥大，很不合体，且影响美观。为使其恢复原状，可用热水把毛线衣烫一下，水温最好在70℃～80℃之间。水过热，毛线衣会缩得过小。如毛衣的袖口或下摆失去了伸缩性，可将该部位浸泡在40℃～50℃的热水中，1～2小时捞出晾干，其伸缩性便可复原。

巧法防皮鞋磨脚
Clothes 35

可以用一块湿海绵或湿毛巾，将磨脚的部分皮面沾湿，1小时后，皮面就软化多了，穿在脚上就不那么太难受了。

皮鞋受潮的处理
Clothes 36

皮鞋受潮后，要放在阴凉处风干；不可用火烤或放在烈日下曝晒，以免皮面产生裂纹或变形。

皮鞋发霉的处理
Clothes 37

皮鞋放久了发霉时，可用软布蘸酒精加水（1：1）溶液进行擦拭，然后放在通风处晾干。对发霉的皮包也可如此处理。

鞋垫如何不出鞋外
Clothes 38

找块布剪成"半月"形给鞋垫前面缝上个"包头"，如同拖鞋一样。往鞋里垫时，穿在脚上用脚顶进去，而且脱、穿自如。图

皮鞋褪色的处理
Clothes 39

皮鞋的鞋面磨得褪色而无光泽后，可用生鸡蛋清代替水放进砚池，用墨磨成深浓色的墨汁，再用毛笔蘸上墨汁反复涂抹鞋面，褪色有裂痕的地方多抹几遍，然后把皮鞋放在阴凉通风处晾干。整修后的皮鞋涂上鞋油，揩擦，皮鞋就会重现光亮，翻旧如新，以后即使被水淋湿，墨汁也不会脱落。

NO.38图

保养与收藏

BAO YANG YU SHOU CANG

麻类服装的保养
Clothes 1

亚麻西装等外衣，应该用衣架吊挂在衣柜里，以保持服装的挺括。

丝织品的保养
Clothes 2

丝织衣物最好干洗，丝的品质不容易受干洗溶剂的影响，因此干洗是保养丝织物最安全的方法。如果可手洗，要使用中性洗涤剂，而且不要搓揉，熨烫时也要用中温，避免阳光直射，以免褪色。

巧去呢绒衣上的灰尘
Clothes 3

将呢绒衣平铺在桌子上，把一条较厚的毛巾在温水（45℃左右）中浸透后，不要拧得太干，放在呢绒衣上，用手或细棍进行弹性拍打，使呢绒衣上的灰尘跑到热毛巾上，然后洗涤毛巾，反复几次即可除尘。如有折痕，可以顺毛熨烫。最后将干净的呢绒衣挂在通风处吹晾。图

白色衣物除尘小窍门
Clothes 4

白色的被、帐、衣服等如果尘垢较多，可用白萝卜煎汤来洗。这样能去除污垢，且洁白如初。

醋水洗涤可除异味
Clothes 5

夏季，衣服和袜子常带有汗臭味，把洗净的衣服、袜子再放入加有少量食醋的清水中漂洗一遍，就能除衣、袜的异味。

巧除胶布雨衣异味
Clothes 6

胶布雨衣穿久后常会出现一般难闻的异味。消除之法很简单，只要在穿用完毕后，尽量将衣服张开通风晾透即可。如果橡胶本身发出的异味，消除该味可用双氧水（药房有售）一小瓶掺入一盆清水，将雨衣浸水湿透，然后再晾干，臭味即可消失。

巧晒衣物
Clothes 7

衣服最好不要在阳光下曝晒，应在阴凉通风处晾至半干时，再放到较弱的太阳光下晒干，以保护衣服的色泽和穿着寿命。晾晒衣服不可拧得太干，应带水晾晒，并用手将衣服的襟、领、袖等处拉平，这样晾晒干的衣服会保持平整，不起褶皱。毛衣洗毕脱水后，可放置于网或帘子上平展整形。待稍微干燥，便挂吊在衣架上选一个通风背阴处晾干。细毛线晾晒前，可先在衣架上卷上一层毛巾或浴巾，防止变形。

西装的挂放
Clothes 8

不能用普通衣架，必须

NO.3图

用专挂西装的厚衣架，否则厚实的肩膀会逐渐地下垂变形。西装和大衣的衣领内侧很容易堆积灰尘，这也是衣领变色的原因。所以，应将衣领竖起用衣架挂好，并将灰尘清除后收存。

巧除西装发光

较深色的西装，穿用一个时期后，常会在肘部、膝盖、臀部等地方呈现发光现象，冬天更甚。要用一盆温水加入少量洗涤剂，用毛巾沾湿揩拭发光部位，再垫上一层布，用熨斗熨烫一下，发光现象会自然消失。

西装的保养

挂在通风处，使之阴干。用一木棒轻轻敲打，使灰尘抖落。把袋口翻过来，清除里面脏物，用刷子刷净。再用一盆温水加入少量洗涤剂，用湿毛巾由上至下慢慢擦拭；容易弄脏的部位，用温水再擦拭一遍。在主要的部位，如前胸、口袋、领子等地方，盖上一层布，用熨斗把它烫平，两肩要另外仔细地熨，否则会变形。然后挂在衣架上，放在通风处阴干。

皮包的保养

真皮包不用时，最好置于棉布袋中保存，不要用塑料袋，因为塑料袋内空气不流通，会使皮革过干而受损，包内塞上一些纸以保持皮包形状。

皮包保存不当易生霉点。对此，可用干皮子或布擦一遍，然后涂上凡士林油，待10分钟后，再用干净布擦一擦，这样可使皮制品像新的一样。

领带的保养

领带不宜多洗涤，否则会掉色；不要在阳光下暴晒，那样会褪色、丝纤维发黄；领带存放处宜干燥，不要放樟脑球；不要吊挂，应当挂在衣架中，以保持平挺；收藏前应该熨烫一次，以达到防霉防蛀杀虫灭菌的作用。

手套的保养

手套容易被汗浸湿，可经常在手套里撒上滑石粉保持干燥。皮手套被汗浸湿时，可在每个子指头里塞上5~8粒干黄豆，2小时后取出，黄豆可吸收手套里面的潮气。

延长皮带寿命的窍门

新买的皮带，先用鸡油均匀地涂抹一遍，这样，皮带就变得比较柔软而且具有光泽。鸡油可以防止汗液侵蚀皮带，从而延长皮带的使用时间。

如何提高丝袜使用寿命

把新丝袜在水中浸透后，放进电冰箱的冷冻室内，待丝袜冻结后取出，让其自然融化晾干，这样在穿着时就不易损坏。对于已经穿用的旧丝袜，可滴几滴食醋在温水里，

将洗净的丝袜浸泡片刻后再取出晒干，这样可使尼龙丝袜更坚韧而耐穿，同时还可去除袜子的异味。

巧除绸衣黄色

白绸衣物变黄后，可用干净的淘米水浸泡2~3天（每天更换一次新的淘米水）后取出，然后用自来水清洗即可除去黄色，如果用柠檬汁洗，则更为理想。

纽扣的保养

衣服上的纽扣，因时间过久会暗淡无光，欲恢复光泽，只需涂上点无色指甲油，用软布擦试，即能焕然一新。

拆纽扣时，找一把小梳子，插在纽扣下，用刀片割断纽扣的缝线，这样既不损坏衣服、纽扣，又能把断线拆净。

巧除衣扣污迹

塑胶衣扣若有污渍，可以在扣子四周垫上塑胶纸，再用橡皮擦拭。

铂金首饰的保养

轻拿轻放，避免碰撞与摩擦，单独保存在珠宝盒或软皮口袋内；不要触摸漂白剂或其他有刺激性的化学品；做手工工作时，取下铂金首饰；定期进行专业清洗，镶嵌宝石的铂金首饰，要确保每6个月进行一次专业清洗。

保养与收藏

珍珠的保养
Clothes 20

1.不宜在阳光下曝晒，少与香水、油脂以及强酸强碱等化学物质接触，防止珍珠失光、褪色。佩戴时要常用洁净的软布擦抹。

2.珍珠不佩戴时，先用弱碱性的肥皂水洗涤一下，再用清水充分冲洗，然后用洁净软布将其擦净、阴干，放在丝绒盒内，置于避晒、防潮处保存。

钻石的保养
Clothes 21

不要将钻饰堆放在一起，以免镶托间相互摩擦刮花；做粗重、剧烈活动时，先将钻饰脱下；每隔半年送珠宝店作一次专业性清洗。

黄金首饰变白的处理
Clothes 22

将变白的首饰放在酒精灯上烧几分钟，首饰就又会恢复其闪闪金光了。

宝石戒指的擦拭
Clothes 23

镶宝石的戒指上有了灰尘，大多积在下面。此时，可用牙签或火柴棒卷上一块棉花，在花露水、甘油或在氧化镁和氨水的混合物中蘸湿，擦洗宝石及其框架，然后用绒布擦亮戒指。切不可用锐利物清理宝石及其框架。

银饰品的擦拭
Clothes 24

取少许牙粉，用热水拌和成糊状，涂抹饰物表面。然后擦亮，拭干即可。

如何恢复银饰品的光泽
Clothes 25

先用洗涤剂洗净饰品表面，接着用硫代硫酸钠溶液（100克水加入20克硫代硫酸钠）清洗，最后再用清水洗涤。

翡翠的保养
Clothes 26

尽量避免使它从高处坠落或撞击硬物，尤其是有少量裂纹的翡翠首饰，否则很容易破裂或损伤。切忌与酸、碱长期接触，这些化学试剂都会对翡翠首饰表面产生腐蚀作用。翡翠怕油污，所以一定要保持翡翠首饰的清洁，经常在中性洗涤剂中用软布清洗。不要将翡翠首饰长期放在箱子里，否则也会失水变干。

巧晒球鞋
Clothes 27

洗完帆布运动鞋后，可在鞋尖部位各塞一块洗净的鹅卵石，然后再晾晒，以防鞋子变形。

巧除胶鞋异味
Clothes 28

穿过的旧胶鞋，洗净晾干后，往胶鞋里喷洒白酒（新胶鞋可直接喷洒），直至不能吸收为止，然后晾干。这样穿就不会有脚臭味了。

去除鞋内湿气
Clothes 29

1.脚汗多的人，可在每晚睡觉前将石灰粉装入一个小布袋里，放进鞋内吸潮，第二天穿着干燥舒适。

2.冬季穿棉鞋或毛皮鞋，透气性差，里边易潮湿，又不便干燥。这时，如能用电吹风向鞋内吹上几分钟，即可干燥温暖，穿着舒适。

皮鞋除皱法
Clothes 30

皮鞋如出现少许皱纹或裂痕，可先涂少许鸡蛋清，然后再涂鞋油，如果是较大的皱纹，可以将石蜡嵌填在皱裂处，用熨斗熨平。

皮鞋"回春"法
Clothes 31

皮鞋经过近半年的存放，皮革中的皮质纤维易发干发脆，膛底收缩变形。这时不要急于硬穿，要往膛底上刷一层水，隔一天鞋就会自然伸开，并恢复原样。

新皮鞋的保养
Clothes 32

新买的皮鞋，在未穿之前，用蓖麻子油在鞋底接缝部分擦一遍，就能增加防水效果。而鞋面抹一层鸡油，可使鞋面光泽柔软。如欲保持长久的光润，可用鲜牛奶涂擦一遍。

皮靴的保养
Clothes 33

冬天过后，把长筒皮靴除去灰尘、擦上鞋油，待充分干燥后，用硬纸卷成筒状插入靴中，以保持原来的形状。

皮鞋淋雨后的处理
Clothes 34

雨天穿过的皮鞋，往往会留下明显的湿痕，可以把蜡滴入鞋油中，然后涂上鞋油，过几分钟后，不仅很光滑，更可以防龟裂。皮鞋踩过水后，趁它潮湿时在鞋底抹一层肥皂，放在阴凉处晾干，可以避免变硬变小。要使潮湿的鞋子快点干，可以把旧报纸卷起来，塞在鞋子里。

如何擦黄色皮鞋
Clothes　　　35

擦黄皮鞋时，可先用刷子蘸一点柠檬汁刷去鞋上的尘垢，再用黄蜡和松节油加以擦拭即可。

白皮鞋的修补
Clothes　　　36

用涂改液（进口的最好）涂擦磕破的地方，可稍多涂一些，然后抹平，晾干后基本恢复原样。

巧除球鞋污点
Clothes　　　37

白球鞋受潮后易生黄斑点或灰斑点，影响美观。要去掉这种污点，可先准备高锰酸钾和草酸少许，用毛刷把高锰酸钾溶液（高锰酸钾1份，水20份，充分溶解即成）涂在鞋面污点上，约1小时，渐成淡黄色，再用另一把毛刷把草酸溶液（草酸1份，清水10份）涂在涂过高锰酸钾的地方，约3分钟，用清水将鞋面略微浸湿一下，把草酸冲去，防止局部留下水渍，用软布擦干，污点即可消除。

鞋油的保存
Clothes　　　38

把包装好的鞋油放在冰箱中冷藏，能避免变干变硬。图

NO.38图

① ②

巧除毛皮衣物蛀虫
Clothes　　　39

毛皮服装有蛀虫时，不要用手捏，以免弄脏衣物。只要滴一滴指甲油在虫子身上，虫子便会自动掉下来。

毛料衣物的收藏
Clothes　　　40

1. 收藏前，先去污除尘，然后放在阴凉通风处晾干，有条件的最好熨烫一下，以防止蛀虫滋生繁衍。

2. 各类毛料服装应在衣柜内用衣架悬挂存放，无悬挂条件的，要用布包好放在衣箱的上层。存放时，尽量反面朝外。

3. 纯毛织品易被虫蛀，可把樟脑丸或卫生球用布包好，放在衣柜四周或吊挂在箱柜中，这样一般不会发生虫蛀。

4. 存放在通风处，并根据季节变化和存放时间长短，适时将衣服再晾晒几次。长期密封容易造成虫蛀。

棉衣的收藏
Clothes　　　41

棉衣穿过一冬后会吸收大量潮气，沾上不少灰尘污物，特别是领口、袖口极容易脏。应该用水刷洗一次，晒干熨烫后再收藏。否则，霉菌会大量繁殖，霉坏衣服。在衣箱中放置樟脑丸，并要经常翻晒。

化纤衣物的收藏
Clothes　　　42

1. 化纤类服装收藏前，一般只能用洗衣粉洗，决不能用肥皂。因为肥皂中的不溶性皂垢会污染化纤布。

2. 合成纤维类服装不怕虫蛀，但收藏前仍须洗净晾干，以免发生霉斑。尽可能不用樟脑丸。因樟脑的主要成分是萘，其挥化物具有溶解化纤的作用，会影响化纤织物的牢度。

麻类服装的收藏
Clothes　　　43

一定要折叠平整存放，最好是按商品包装时原有的折痕折叠。长期存放时衣柜一定要干燥，防止极能吸湿的麻类服装受潮霉变。

羽绒服的收藏
Clothes　　　44

羽绒服在收藏时。不宜折叠或重压，只能挂藏，以免变形。带有塑料拉链的羽绒服，应将拉链拉合保存，避免拉链牙子走形。

真丝品的收藏
Clothes　　　45

收藏真丝品时，衣柜内

要放防虫剂，但不要直接接触衣服，不宜长期放在塑料袋中。存放时应衬上布。放在箱柜上层，以免压皱。不要用金属挂钩挂衣，防止铁锈污染。衣架挂于避光处，以免面料受灯光直接照射而泛黄。

皮鞋的收藏
Clothes　　46

1.皮鞋收藏前，不要擦鞋油，最好是涂抹鸡油，以保持皮面不干皱。

2.存放时，为防止皮鞋变形，可在鞋内塞好软布、报纸或鞋撑。

3.要避免与酸、碱和盐类接触，以防损伤革面或变色。

4.把鞋存放于阴凉、干燥、没有灰尘的地方，最好放在鞋盒内，或者装入不漏气的塑料袋里，用绳子将袋口扎紧，上面不应重压。图

巧除球鞋臭味
Clothes　　47

缝两个小布袋，里面装上干石粉，扎上口，脱鞋后立即将其放在鞋里，即可以吸湿，又可以去除臭味，再穿时干燥无味，比较舒适。或者将少量卫生球粉均匀地撒在鞋垫底下，可除去脚臭，一般1周左右换撒1次。

内衣的收藏
Clothes　　48

内衣收藏前，务必仔细地洗净，浅色内衣可用漂白剂予以漂白，完全晾干后再收藏，可防止内衣泛黄。

使用樟脑丸的讲究
Clothes　　49

衣柜中放置樟脑丸的最佳位置是上层。因为樟脑丸由固态变为气态时，其比重较空气重。樟脑丸放在柜子的上层，其气味就可自上而下，经过衣物，起到保护衣物的作用。

加金银线的衣服别放樟脑
Clothes　　50

金银线夹丝的衣服闪光漂亮，但樟脑丸会产生一种盐素瓦斯，使金银物质变色失光，因此，加金银线的衣服收藏时不要放樟脑。

衣物留香妙招
Clothes　　51

将用尽的香水瓶去盖，放入衣柜中，让衣物充满香气；或在清洗内衣物时，滴上一两滴香水，贴身衣物也充满愉悦香气。

① ② ③ ④ ⑤

酒　碱　酸　盐

NO.46图

吃
Food

【吃出快乐和健康】

食物选购
清洗与加工
烹饪技巧
储存与保鲜
饮食宜忌与食品安全

食物选购

SHI WU XUAN GOU

巧选冬瓜

Food　　　　1

冬瓜身上是否有一层白霜是辨别质量好坏的一个标准。如冬瓜肉有纹，瓜身较轻，请勿购买——肉质有花纹，是因为瓜肉变松；瓜身很轻，说明此瓜已变质，味也苦。

巧选苦瓜

Food　　　　2

苦瓜身上一粒一粒的果瘤是判断苦瓜好坏的标准。果瘤颗粒愈大愈饱满，表示瓜肉愈厚；颗粒愈小，瓜肉相对较薄。选苦瓜除了要挑果瘤大、果形直立的，还要外观碧绿漂亮的，因为如果苦瓜出现黄化，就代表已经熟过，果肉就会柔软不够脆，也失去了应有的口感。

巧选萝卜

Food　　　　3

用手指背弹碰萝卜的腰部，声音沉重、结实的不糠心，如声音混浊则多为糠心萝卜。

巧选松菇

Food　　　　4

以片大体轻、黑褐色、身干、整齐、无泥沙、带白丝、油润、不霉、不碎的为好。

巧选香菇

Food　　　　5

1.看颜色：色泽黄褐（福建香菇为黑褐色有微霜），菌伞下面有褶裥紧密细白。

2.看形状：只大均匀，菌伞肥厚粗壮，盖面平滑，质干不碎。

3.用手捏：菌柄有硬感，菌伞蓬松。

4.用鼻闻：有香气。图

巧识毒蘑菇

Food　　　　6

1.看形状：毒蘑菇一般比较黏滑，菌盖上常沾些杂物或生长一些像补丁般的斑块和肉瘤，且菌柄上常有菌环；无毒蘑菇很少有菌环。

2.观颜色：毒蘑菇多呈金黄、粉红、白、黑、绿等鲜艳色；无毒蘑菇多为咖啡、淡紫或灰红色。

3.闻气味：毒蘑菇有土豆或萝卜味；无毒蘑菇为苦杏或水果味。

4.看分泌物：撕断新鲜野蘑菇的菌杆，无毒的分泌物清亮如水（个别为白色），撕断不变色；有毒的分泌物稠浓，呈赤褐色，伞柄很难用手撕开，撕断后在空气中易变色。

5.蘑菇煮好后放些葱，如变成蓝色或褐色，便是毒蘑菇。

巧选竹笋

Food　　　　7

将笋提在手里，应是干湿适中，周身无瘪洞，无

NO.5图

凹陷，无断裂痕迹。另外，还可以用指甲在笋肉上划一下——嫩不嫩一划便知。

巧识激素水果
Food　　　　8

凡是激素水果，均形状特大且异常，外观色泽光鲜，果肉味道反而平淡。反季节蔬菜和水果几乎都是用激素催熟的，如早上市的特大草莓、外表有方棱的大猕猴桃等，大都是喷了膨大剂；蒂是红色的荔枝和切开后瓜瓤通红瓜子却不熟、味道不甜的西瓜等，多是施用了催熟剂；还有些无籽大葡萄，是喷了雌激素。

巧识使用了"膨大剂"的猕猴桃
Food　　　　9

1.优质标准的猕猴桃一般单果重量只有80～120克，而使用"膨大剂"后的猕猴桃果个特大，单果重量可达到150克以上，有的甚至可以达到250克。

2.未使用"膨大剂"的果子切开后果芯翠绿，酸甜可口；而使用了"膨大剂"的果子切开后果芯粗，果肉熟后发黄，味变淡。

巧选西瓜
Food　　　　10

1.成熟的西瓜重量轻，托瓜的手能感到颤动震手；不成熟的西瓜重量重，没有震荡感。两个差不多一样大的西瓜，重量比较轻的为熟瓜。

2.将西瓜托在手中，用手指轻轻弹拍，发出"咚、咚"的清脆声，是熟瓜；发出"突、突"声，是成熟度比较高的反映；发出"噗、

噗"声，是过熟的瓜；发出"嗒、嗒"声的是生瓜。

巧识母猪肉
Food　　　　11

母猪肉一般皮糙肉厚，肌肉纤维粗，横切面颗粒大。经产母猪皮肤较厚，皮下脂肪少，瘦肉多，骨骼硬而脆，乳腺发达，腹部肌肉结缔组织多，切割时韧性大。

巧识种猪肉
Food　　　　12

1.肉皮厚而硬，毛孔粗，皮肤与脂肪之间几乎分不清界限，尤其以肩胛骨部位最明显，去皮去骨后的脂肪又厚又硬，几乎和带皮的肉一样。

2.瘦肉颜色呈深红色，肌肉纤维粗糙，纹路清，水分少，结缔组织较大。

巧识死猪肉
Food　　　　13

死猪肉周身淤血呈紫红色，脂肪灰红，肌肉暗红，血管中充满黑红色的凝固血液。切开后腿内部的大血管，可以挤出黑红色的血栓来；剥开板油，可见腹膜上有黑紫色的毛细血管网；切开肾包囊扒出肾脏，可以看到局部变绿，有腐败气味。

巧识病猪肉
Food　　　　14

识别瘟猪肉的方法是看肉的皮肤。如皮肤有大小不等的出血点，或有出血性斑块，即为病猪肉；如果是去皮肉，则可看脂肪和腱膜，如有出血点即可认定为病猪肉。个别肉贩常将病猪肉用清水浸泡一

夜，第二天再上市销售，这种肉外表显得特别白，看不见出血点，但将肉切开，看断面上，脂肪、肌肉中依然存在明显的出血点。

巧识注水猪肉
Food　　　　15

用卫生纸紧贴在瘦肉或肥肉上，用手平压，等纸张全部浸透后取下，用火柴点燃。如果那张纸烧尽，证明猪肉没有注水；如果那张纸烧不尽，点燃时还会发出轻微的"啪啪"声，就证明猪肉是注水了。这种肉色泽变淡，呈淡灰红色，有时偏黄，并显得肿胀。

注水的冻瘦猪肉卷，透过塑料薄膜可以看到里面有灰白色半透明的冰和红色血冰；砍开后有碎冰块和冰碴溅出，肌肉解冻后还会有许多血水渗出。

巧识劣质猪肝
Food　　　　16

病死猪肝色紫红，切开后有余血外溢，少数有浓水泡，做熟后无鲜味。灌水猪肝色赭红显白，比未灌水的猪肝饱满，手指压迫处会下沉，片刻复原，切开处有水外溢，做熟后味差。

识别猪肉上的印章
Food　　　　17

1."×"形章是"销毁"章，盖此章的肉禁止出售和食用。

2.椭圆形章是"工业油"章，此肉不能出售和食用，只能作为工业用油。

3.三角形章是"高温"

章，这类肉含有某种细菌、病毒、或某种寄生虫，必须在规定时间内进行高温处理。

4.长方形章是"食用油"章，盖有此章的生肉不能直接出售和食用，必须熬炼成油后才能出售。

5.圆形章是合格印章，章内标有定点屠宰厂厂名、序号和年、月、日，这是经过兽医部门检验合格的猪肉。

巧选牛羊肉
Food   18

1.看色泽：新鲜肉肌肉有光泽，红色均匀，脂肪洁白；变质肉，肌肉色暗，脂肪黄绿色。

2.摸黏度：新鲜肉外表微干或有风干膜，不粘手，弹性好；变质肉，外表粘手或极度干燥，新切面发黏，指压后凹陷不能恢复，留有明显压迹。

3.闻气味：鲜肉有鲜肉味，变质肉有异味。

巧辨黄牛肉和水牛肉
Food   19

1.黄牛肉：肌肉呈深红色，肉质较软。肥度在中等以上的肉，肌肉间夹杂着脂肪，形成所谓的"大理石状"。

2.水牛肉：肉色比黄牛肉暗，并带棕红色；肌肉纤维粗且松弛，脂肪为白色，肉不易煮烂。

巧识注水鸡鸭
Food   20

1.注水的鸡鸭肉特别有弹性，用手一拍就会有"扑扑"的声音。

2.扳起鸡鸭的翅膀仔细查看，如果发现上边有红针点或乌黑色，那就是注水的证明。

3.用手捏摸鸡腹和两翅骨下，若不觉得肥壮，而是有滑动感，则多是用针筒注射了水。

4.有的人将水用注水器打入鸡鸭腔内膜和网状内膜里，只要用手指在上面轻轻一抠，注过水的鸡鸭肉，网膜一破，水就会流淌出来。

5.皮下注过水的鸡鸭，高低不平，摸起来像是长有肿块。

巧选白条鸡
Food   21

1.好的白条鸡颈部应有宰杀刀口，刀口处应有血液浸润；病死的白条鸡颈部没有刀口，死后补刀的鸡，刀口处无血液浸润现象。

2.好的白条鸡眼球饱满，有光泽，眼皮多为全开或半开；病死的白条鸡眼球干缩凹陷，无光泽，眼皮完全闭合。

3.好的白条鸡肛门处清洁，无坏死或病灶；病死鸡的肛门周围不洁净，常常发绿。

4.好的白条鸡的鸡爪不弯曲，病死的白条鸡的鸡爪呈团状弯曲。

巧选烧鸡
Food   22

首先可以看鸡的眼睛：如果眼眶饱满，双眼微闭，眼球明亮，鸡冠湿润，血线匀细、清晰，则是好鸡。如果鸡的眼睛是全部闭着的，同时眼眶下陷，鸡冠显得十分干巴，就证明这是病死的鸡。其次挑开一点肉皮，看里面肉为红色，则是死鸡做成的烧鸡。

巧辨鸡的老嫩
Food   23

1.鸡嘴：嫩鸡的嘴尖而软；老鸡的嘴尖而硬。

2.胸骨：嫩鸡的胸骨软而有弹性；老鸡的胸骨较硬而且缺少弹性。

3.鸡脸：嫩鸡的脸部滋润细腻；老鸡的脸部皮肤松弛。

4.鸡冠：嫩鸡的鸡冠较小，纹理细腻；老鸡的鸡冠较大，肉重皮厚而多皱纹，并且纹理粗糙。

巧辨活宰和死宰家禽
Food   24

活宰的家禽放血尽，血液鲜红，表皮干燥紧缩，脂肪呈乳白色或淡黄色，肌肉有光泽和弹性，呈玫瑰红色。死宰的家禽放血不尽，血液呈暗红或暗紫色，皮粗糙发暗红，并间有青紫色死斑，脂肪呈暗红色，肌肉无弹性。

巧选灌肠制品
Food   25

在选购灌肠制品时，外观上应注意挑选外皮完整，肠衣干燥，色泽正常，线绳扎得紧，无霉点，肠头不发黑，肠体清晰坚实，富有弹性的产品。切开的灌肠，肉馅应坚实紧密，无空洞或极少空洞。变质的灌肠，香味减退或消失，有异味，不能食用。

巧识掺淀粉香肠
Food   26

将碘酒涂在白纸上，趁其未干时，将香肠的断面按在有碘酒的纸上，若掺有淀粉，按压处就会变成蓝黑色。

巧选鸡鸭蛋

1.用手指拿稳鸡蛋在耳边轻轻摇晃，好蛋音实；贴壳蛋和臭蛋有瓦碴声；空头蛋有空洞声；裂纹蛋有"啪啪"声。

2.把蛋放在15%左右的食盐水中，沉入水底的是鲜蛋；大头朝上、小头朝下、半沉半浮的是陈蛋；臭蛋则浮于水面。⑧

巧识散养柴鸡蛋

1.个头比一般鸡场的鸡蛋要小一些，北方的柴鸡蛋个头比南方的要略微大一些。

2.蛋黄要比普通鸡蛋的蛋黄黄一些，肉眼可以辨别出来；但颜色也不是特别黄或者发红，如果蛋黄的颜色特别红，明显是喂了色素。

3.柴鸡蛋在打蛋的时候不太容易打散。如果是蒸蛋羹或者炒鸡蛋，颜色金黄、口感特别好。

4.柴鸡蛋蛋皮的颜色并不完全一样，有的深有的浅，不要认为柴鸡蛋的颜色都是红皮或白皮。

5.真正的散养鸡蛋，打开后会发现蛋黄上有白点，旁边有白色絮状物，这种鸡蛋是受过精的，一般在北方的农村每家农户的鸡群里都有一两只公鸡。当然并不是每个鸡蛋都有，应该说大部分都有，而养鸡场的鸡蛋大部分都是笼养，就不会有这种情况。

巧识受污染鱼

1.受污染的鱼形体不整齐，头大尾小，脊椎弯曲甚至畸形，还有的皮膜发黄，尾部发青。

2.受污染的鱼眼睛浑浊，失去正常光泽，有的甚至向外鼓出。

3.有毒的鱼鳃不光滑，较粗糙且呈暗红色。

4.正常鱼有鱼腥味，污染了的鱼则气味异常，根据毒物的不同而呈大蒜味、氨味、煤油味、火药味等，含酚量高的鱼鳃还可能被点燃。

巧识注水鱼

首先是肚子大。如果在腹部灌水，将鱼提起就会发现鱼肛门下方两侧凸出下垂，用小手指插入肛门，旋转两下，手指抽出，水就会流出。注过水的鱼肉松且软，而正常的鱼肉有弹性。注过水的鱼发呆不喜动，活不长。

巧识毒死鱼

在农贸市场上，常见有被农药毒死的鱼类出售，购买时要特别注意。

1.鱼鳃：正常死的鲜鱼，其鳃色是鲜红或淡红的；毒死的鱼，鳃色为紫红或棕红。

2.鱼鳍：正常死的鲜鱼，其膜鳍紧贴腹部；毒死的鱼，腹鳍张开而且发硬。

3.鱼嘴：正常鱼死亡后，闭合的嘴能自然拉开；毒死的鱼，鱼嘴紧闭，不易自然拉开。

4.气味：正常死的鲜鱼，有一股鱼腥味，无其他异味；毒死的鱼，从鱼鳃中闻到一点农药味，但不包括无味农药。

巧识变质带鱼

新鲜的带鱼银白发亮，如果失去了银白色光泽，鱼体表面附着一层黄色的物质——这是鱼不新鲜的标志。

巧识"染色"小黄鱼

可用白纸轻擦鱼体表面，白纸变黄，则表明涂了着色颜料。

巧辨青鱼和草鱼

1.青鱼的背部及两侧上半部呈乌黑色，腹部青灰色，各鳍均为灰黑色；草鱼呈茶黄色，腹部灰白，胸、腹鳍带灰黄色，其余各鳍颜色较淡。

2.青鱼嘴呈尖形，草鱼嘴部呈圆形。

巧辨鲢鱼和胖头鱼

鲢鱼同胖头鱼的主要区别是体色和头。鲢鱼又叫白鲢，

食物选购

鲢子，体表呈银白色，头较小，头长与体长之比为1：4；胖头鱼的头明显要大得多，头长、体长之比为1：3。胖头鱼体色比鲢鱼深，杂有不规则的黄黑色斑纹，因而又叫"花鲢"、"黄鲢头"。它的味道虽不及青鱼、草鱼，但比白鲢好，尤其是它的头，味道特别鲜美。

巧辨鲤鱼和鲫鱼
Food 36

1.鲤鱼同鲫鱼的主要区别在于有无"胡子"，鲤鱼的口缘两则有两对触须十分好辨认。

2.鲤鱼的背比鲫鱼"驼"一点，体呈纺锤形，青黄色；而鲫鱼是灰青色的，体态侧扁。

3.鲤鱼比鲫鱼要大，鲫鱼少见到单条超过500克的。

巧识优质鱿鱼
Food 37

优质鱿鱼体形完整坚实，呈粉红色，有光泽，体表面略现白霜，肉肥厚，半透明，背部不红。劣质鱿鱼体形瘦小残缺，颜色赤黄略带黑，无光泽，表面白霜过厚，背部呈黑红色或霉红色。

巧识养殖海虾与捕捞海虾
Food 38

海洋捕捞对虾与养殖虾在同等大小、同样鲜度时，价格差异很大。养殖虾的须子很长，而海洋捕捞对虾须短，养殖虾头部"虾枪"长，齿锐，质地较软，而海洋捕捞对虾头部"虾枪"短、齿钝，质地坚硬。

巧选海蜇
Food 39

1.看颜色：优质海蜇皮呈白色或淡黄色，有光泽感，无红斑、红衣和泥沙。

2.观肉质：质量好的海蜇，皮薄、张大、色白，而且质坚韧不脆裂。

3.尝口味：将海蜇放入口中咀嚼，若能发出脆响的"咯咯"声，而且有咬劲的，则为优质海蜇；若感到无韧性，不脆响的则为劣质品。

巧看腮丝选海蟹
Food 40

新鲜海蟹鳃丝清晰，呈白色或稍带微褐色；次鲜海蟹鳃丝尚清晰，但色变暗，尚无异味；腐败海蟹鳃丝污秽模糊，呈暗褐色或暗灰色，有难闻异味。

巧选贝类
Food 41

无论是海水或淡水中均有贝类存在。主要品种有鲍鱼、牡蛎、贻贝、文蛤、蛏、扇贝等。活贝的壳可以自然开闭，死贝的壳不会闭合，这是识别贝类死活的主要标志。

巧辨人工饲养甲鱼和野生甲鱼
Food 42

野生甲鱼的背壳呈灰黑色，有五朵深黑色的花纹，俗称五朵金花；腹部的颜色为灰色，同样有五朵金花。而人工饲养的甲鱼背壳上虽然也有花纹，但不止五朵。腹部无花纹，腹部的颜色通常为浅黄色或黑黄色。

巧选豆腐
Food 43

手握1枚缝衣针，在离豆腐30厘米高处松手，让针自由下落，针能插入的则为优质豆腐。

巧识掺假干豆腐
Food 44

掺假干豆腐表面粗糙，光泽差，如轻轻折叠，易裂，且折裂面呈不规则的锯齿状，仔细查看可见粗糙物，这是因为掺了豆渣或玉米粉。

巧识毒粉丝
Food 45

1.正常粉丝的色泽略微偏黄，接近淀粉原色；那种特别白特别亮的粉丝最好别买。

2.水煮时，有酸味或其他异味的粉丝也应引起警惕。

3.将粉丝点燃，正常粉丝燃烧时应有黑色的炭，并且粉丝有多长炭就应该有多长；而毒粉丝燃烧时没有炭残留，而且还会伴随很大的声响。

巧辨劣质银耳
Food 46

变质的干银耳的耳片呈焦黄色或绿褐色，没有鲜壳，朵形瘦弱不一，易碎，蒂部有黑点或橘红色斑块。腐烂部分，经水泡后，发黏并有异味。舌感刺激或有辣味，说明银耳已用硫黄熏过，虽然颜色尚好，但不能食用。

巧辨假木耳
Food 47

假木耳肉厚，形态膨胀

少卷曲，耳片常粘在一起，显得肥厚，边缘较为完整；用手摸，感觉较重，易碎，用手稍掰即碎断脱落，有潮湿感；放在口中嚼，有腥味。

真木耳肉大，卷曲紧缩，朵片较薄，无完整轮廓；表面乌黑光润，背呈灰色；手摸感觉分量轻、有韧劲、不易捏碎；干燥，无杂质，无僵块卷耳；放在嘴里尝有清香味。

巧选酸白菜
Food   48

优质酸白菜颜色玉白或微黄，有质嫩感，有乳酸香味，手感脆硬。劣质酸白菜色泽灰暗或呈褐色，发臭或有其他异味，手感绵软。

巧选紫菜
Food   49

将紫菜浸泡在凉水中，若紫菜呈蓝紫色，说明该菜在干燥、包装前已被有毒物质所污染，这种紫菜对人体有害，不能食用。

巧选虾皮
Food   50

选购虾皮时，用手紧握一把虾皮，然后再将虾皮放松后，虾皮能自动散开，说明其质量是好的。这样的虾皮清洁并呈黄色，有光泽，体形完整，颈部和躯体也紧连着，虾眼齐全。

如果放松后，虾皮相互粘着不易散开，虾皮外壳污秽无光，体形多不完整，碎末多，颜色呈苍白或暗红色，并有霉味，说明虾皮已经变质。

巧选干枣
Food   51

用手捏红枣，松开时枣能复原，手感坚实，则质量为佳。如果红枣湿软皮黏，表面返潮，极易变形，则为次品。湿度大的干枣极易生虫、霉变，不能久存。

巧选瓜子
Food   52

1.看起来有光泽且摸时有油状物的黑瓜子，很可能表面涂有矿物油；用漂白剂漂过或硫磺熏过的白瓜子有异味。

2.优质西瓜子中间是黄色的，四周黑色，劣质西瓜子表面颜色模糊不清，一些加了滑石粉、石蜡的瓜子表面还有白色结晶。图

巧识陈大米
Food   53

陈米的色泽变暗，表面呈灰粉状或有白道沟纹，其量越多则说明大米越陈旧。

同时，捧起大米闻一闻气味是否正常，如有发霉的气味说明是陈米。另外，看米粒中是否有虫蚀粒，如果有虫屎和虫尸也说明是陈米。

巧识"毒大米"
Food   54

"毒大米"用少量热水浸泡后，手捻会有油腻感，严重者水面可浮有油斑，仔细观察会发现米粒有一点浅黄。通常这种大米的外包装上都不会写明厂址及生产日期，价格也会比正常大米低一些。

巧识用姜黄粉染色的小米
Food   55

用手拈几粒小米，蘸点水在手心搓一搓，凡用姜黄粉染过色的小米颜色会由黄变灰暗，手心残留有黄色。

巧识掺入色素柠檬黄的玉米面
Food   56

取少量样品加水浸泡，被色素柠檬黄染色的玉米面

NO.52图

滤液呈黄色。

巧识掺入大米粉的糯米粉
Food   57

1.色泽：糯米粉呈乳白色，缺乏光泽，大米粉色白清亮。

2.粉粒：用手指搓捻，糯米粉粉粒粗，大米粉粉粒细。

3.水试：糯米粉用水调成的面团手捏黏性大，大米粉用水调成的面团手捏黏性小。

巧识添加增白剂的面粉
Food   58

从色泽上看，未增白面粉和面制品为乳白色或微黄本色，使用增白剂的面粉及其制品呈雪白或惨白色；从气味上辨别，未增白面粉有一股面粉固有的清香气味，而使用增白剂的面粉淡而无味，甚至带有少许化学药品味。掺有滑石粉的面粉，和面时面团松懈、软塌，难以成形，食后会肚胀。

巧辨手工拉面和机制面
Food   59

1.手工拉面面条粗细不均匀；机制拉面标准划一，粗细均匀。

2.机制面熟化后在水中较短时间内会糊化，煮面的汤水表面会起泡沫；而手工拉面不易糊化，汤水表面不会有泡沫。

3.手工拉面含一定盐分，机制拉面则较淡。

4.机制面粘牙，手工拉面是不粘牙的。

巧辨植物油的优劣
Food   60

取油层底部的油一两滴，涂在易燃的纸片上，点燃并听其响声。燃烧正常无响声者，是合格产品；燃烧时发出"叭叭"的爆炸声，有可能是掺水产品，不能购买。加热后拨去油沫，观察油的颜色，若油色变深，有沉淀，说明杂质较多。

巧识掺假食用油
Food   61

鉴别掺入蓖麻油的食用油时，将油样静置一段时间后，油样能自动分离成两层，食用油在上，蓖麻油在下。

巧选香油
Food   62

将油样滴于手心，用另一手掌用力摩擦，由于摩擦产热，油内芳香物质分子运动加速，香味容易扩散。如为纯正香油，则有单纯浓重的香油香味。如掺入菜子油，则可闻到辛辣味；如掺入棉子油，则可闻到碱味；如掺入大豆油，则可闻到豆腥味。此法简便易

行，可靠性较强，适用于现场鉴别。图

巧选虾酱
Food   63

良质虾酱色泽粉红，有光泽，味清香；酱体呈黏稠糊状；无杂质，卫生清洁；劣质虾酱呈土红色，无光泽，味腥臭；酱体稀薄而不黏稠；混有杂质，不卫生。

巧选酱油
Food   64

先要看包装上有没有一个QS标志，这是酱油进入市场的准入标志。再看看酱油是酿造的还是配兑的，如果没有标明是不合格产品。最后要看标签上标明的是佐餐用的还是烹调用的，因为这两者的卫生指标是不同的，供佐餐用的酱油可以直接入口，卫生指标较好；而烹调用的不能直接入口，只能用于烹调炒菜。

NO.62图

巧选醋
Food 65

用筷子蘸一点醋放入口中，酸度适中，微带甜味，入喉不刺激，口中留有较长时间醋香味的是优质醋。

巧识勾兑黄酒
Food 66

倒少量的黄酒在手心感觉，干了以后，酿造黄酒非常黏手，能粘上很多纸屑，而勾兑黄酒基本上不会。

巧识劣质食盐
Food 67

劣质食盐色泽灰暗，因硫酸钙或杂质过高而呈黄褐色或因钙、镁等水溶性杂质过多而有苦、涩味；结块，易反卤吸潮。人食用劣质盐后轻者引起胸闷、腹泻、脱发、皮肤痛痒，重者危及生命。

巧识假碘盐
Food 68

将盐撒在淀粉或切开的土豆上，盐变成紫色的是碘盐，颜色越深含碘量越高；如果不变色，说明不含碘。

巧识掺假味精
Food 69

1.若以食盐作为掺假物，则口尝是咸味，用水浸泡后溶解的液味亦是咸的。正常味精系无色透明、针形呈小杆状结晶，掺入的食盐则系白色粉状结晶，易潮。

2.若以白糖作为掺假物，则口尝是甜味，用水浸泡溶解后的液味亦是甜的。

3.若以石膏作为掺假物，口尝是苦涩味，冷滑、黏糊之感，用水浸泡不溶解，有白色大小不等的片状结晶。

4.若以碳酸钠作为掺假物，口尝是微咸味，用水浸泡溶解后的液味亦如此。

巧识假胡椒粉
Food 70

假胡椒粉可能是采用米粉、玉米粉、糖、麦皮、辣椒粉、黑炭粉、草灰等杂物，另外加少量胡椒粉，或根本不加胡椒粉制成的。其色泽淡红，辣椒籽较少，粉末不均匀，香气淡薄或根本无香气，味道异常，用手指头蘸上粉末摩擦，指头马上染黑。若放入水中浸泡，液体呈淡黄或黄白色糊状，底下沉有橙黄、黑褐色等杂质颗粒。

巧选花椒
Food 71

1.用手抓有糙硬、刺手的干爽感觉，轻捏易破碎，拨弄时有"沙沙"响声的为干度较好的花椒。

2.花椒是否成熟，主要看花椒顶端开裂程度，口开裂大的，成熟度高，香气浓郁，麻味足；反之，成熟度差，味自然欠佳。

3.季节不同花椒的质量也有差异，一般伏椒比秋椒质量要好。

巧识问题大料
Food 72

近年来，市场上已发现以莽草充当大料的现象，莽草有毒，危害人体健康。最好取少许材料加4倍水，煮沸30分钟，过滤后加热浓缩，八角茴香溶液为棕黄色；莽草溶液为浅黄色。

巧选袋装奶粉
Food 73

袋装奶粉的鉴别方法是用手去触捏，如手感松软平滑且有流动感，会发出"吱吱"声，则为合格产品；如手感凹凸不平，并有不规则大小块状物，会发出"沙沙"声，则为变质产品。

巧识问题奶粉
Food 74

假奶粉是用白糖、菊花晶、炒面及少量奶粉掺和而成的，明显的标记是有结晶、无光泽或呈白色和其他不自然的颜色，奶香味弱或无奶香味，粉粒粗，甜度大，入口溶解较快，在凉开水中不需搅动就能很快化解，用热开水冲时，溶解速度快，没有天然乳汁特有的香味和滋味，有焦粉状沉淀或大量蛋白质变性凝固颗粒及脂肪上浮，有酸臭味或哈喇味，入口后对口腔黏膜有刺激感。用手捏住袋装奶粉包装来回磨搓，由于掺入白糖、葡萄糖，颗粒较粗，会发出"沙、沙"声。

巧识掺糖蜂蜜
Food 75

以一滴蜂蜜放于纸上，优质蜂蜜成珠形，不易散开，也不会很快渗入纸里；如果不成珠形，容易散开、渗入，说明掺有蔗糖和水。掺有糖的蜂蜜其透明度较差，不清亮，呈混浊状，花香味亦差。掺红糖的蜂蜜颜色显深；掺白糖的蜂蜜颜色浅白。

食物选购

食物选购

NO.77图

巧用黄酒识蜂蜜
Food　　76

将少量蜂蜜放入杯中，加适量水煮沸，待冷却后滴入几滴黄酒摇匀，如果溶液变成蓝色或红色、紫色，说明蜂蜜中掺有淀粉类物质。

巧识新鲜牛奶
Food　　77

1.在盛水的碗内滴几滴牛奶，如牛奶凝结沉入碗底最好，浮散的为质量欠佳的。若是瓶装牛奶，只要在牛奶上部观察到稀薄现象或瓶底有沉淀，则都不是新鲜奶。

2.把一滴牛奶滴在指甲上，呈球状停留于指甲上的是鲜奶，否则不新鲜。

3.将奶煮开后，表面结有奶皮（乳脂）的是好奶，表面为豆腐花状的是坏奶。图

看色泽选茶叶
Food　　78

凡色泽调和一致，明亮光泽，油润鲜活的茶叶，品质一般都优良；凡色泽枯暗无光的茶叶，品质较次。红茶的光泽有乌润、褐润和灰枯的不同；绿茶的色泽分为嫩绿、翠绿、青绿、青黄等；光泽分光润和干枯的不同。红茶以乌润者为好，暗黑、青灰、枯红的质量差；绿茶以嫩绿、光润者为好，枯黄或暗黄的质量差；乌龙茶要求乌润，黄绿无光的质量差。

巧识掺假花茶
Food　　79

真正的花茶是由鲜花窨制而成的。窨制就是把鲜花放进经烘干冷却的茶坯中闷存一定时间，利用茶叶的吸附特性，使其充分吸收花的香味；然后再把花筛去，再烘干，即为成品。有些高级的花茶要窨制3次以上。越是高级的花茶，越看不到干花。筛出的干花已全无香气。市场上卖的假花茶，就是将这种筛出的干花掺在低级茶叶中制成的。

巧辨新茶与陈茶
Food　　80

1.新茶外形新鲜，条索匀称而疏松；陈茶外形灰暗，条索杂乱而干硬。

2.新茶手感干燥，若用大姆指与食指一捏，或放在手心一捻，即成粉末；陈茶手感松软、潮湿，一般不易捏碎、捻碎。

3.经沸水冲泡后，新茶清香扑鼻，芽叶舒展，汤色澄清，刚冲泡时色泽碧绿，而后慢慢转为微黄，饮后舌感较醇和、清脣；陈茶香气低沉，芽叶萎缩，汤色浑暗，刚冲泡时色泽有

点闷黄，即使保管较好的陈茶，开始汤色虽稍好一些，但很快就转为浑暗闷黄，饮后不仅无清香醇和之感，甚至还会伴有轻微的异味。

巧选龙井茶

　　龙井产于浙江杭州西湖区。茶叶为扁形，叶细嫩，条索整齐，宽度一致，为绿黄色，手感光滑，一芽一叶或二叶。芽长于叶，芽叶均匀成朵，不带夹蒂、碎片，小巧玲珑。龙井茶味道清香，假冒龙井茶则多是清草味，夹蒂较多，手感不光滑。

巧选碧螺春

　　碧螺春产于江苏吴县太湖的洞庭山碧螺峰。银芽显露，一芽一叶，茶叶总长度为1.5厘米，每500克有5.8万～7万个芽头，芽为卷曲形，叶为卷曲清绿色，叶底幼嫩，均匀明亮。假的为一芽二叶，芽叶长度不齐，呈黄色。

巧选铁观音

　　铁观音产于福建安溪县，叶体沉重如铁，形美如观音，多呈螺旋形，色泽砂绿，光润，绿蒂，具有天然兰花香，汤色清澈金黄，味醇厚甜美，入口微苦，立即转甜，耐冲泡，叶底开展，青绿红边，肥厚明亮，每颗茶都带茶枝。假茶叶形长而薄，条索较粗，无青翠红边，冲泡3遍后便无香味。

巧选纯果汁

　　1.将瓶子倒过来，对着阳光或灯光看，如果颜色特深，说明其中的色素过多，是加入了人工添加剂的伪劣品；若瓶底有杂质则说明该饮料已经变质，不能再饮用。

　　2.纯果汁具有水果的清香；伪劣的果汁闻起来有酸味和涩味。

　　3.纯果汁尝起来是新鲜水果的原味，入口酸甜适宜（橙汁入口偏酸）；劣质品往往入口不自然。

巧选黄酒

　　1.色：黄酒的色泽深浅不一，一般有浅黄或紫红，依酒的品种而定，以清澈透明，光泽明亮，无悬浮物或沉淀浑浊为好。

　　2.香：以香气浓郁者为优。

　　3.味：入口清爽、醇厚，无辛辣、酸、涩等异味者为佳。

巧选燕窝

　　1.看：燕窝应该为丝状结构，由片块状结构构成的不是燕窝。

　　2.闻：气味特殊，有鱼腥味或油腻味道的为假货。

　　3.拉：取一小块燕窝以水浸泡，松软后取丝条拉扯，水浸后呈银白色，且晶莹透明，有弹性（轻拉会伸缩）的质量好。弹性差，一拉就断的为假货；用手指揉搓，没有弹力能搓成浆糊状的是假货。

巧识假人参

　　1.商陆根去皮加工，形似人参。主根圆柱形，多分支，长10～20厘米，有细纵纹，无环纹，断面凹凸不平，无香气，气味淡，久嚼舌麻，有毒。

　　2.华山参，因其形状及外表呈深棕色，常冒充红参。无纹理、须根，顶端有根茎而无"芦头"，断面黄白色，味苦。

　　3.板蓝根去皮加工，形似人参。主根圆锥形，黄白色，常冒充白参。鲜品断面有白色乳汁流出；干品外形扭曲皱缩，断面有放射状裂缝。味微苦，有刺激性。

　　4.山莴苣，外形略似人参，顶端有脱落茎痕，但不呈芦头状。

　　5.桔梗，表面粉白色或浅黄色，常冒充晒参。桔梗呈圆柱、长圆锥或略呈梭形，较干瘪，味先甜后略苦。

巧识假高丽参

　　高丽参有三个较显著的特征，即"马蹄芦"（双芦头者状如马蹄，综观两面与肩齐平）、"将军肩"（芦头至正身部分较国产红参宽）、"着黄袍"（主根的上部有细密均匀的黄色细点）。高丽参伪品不具有上述特征，芦头多系人工衔接，断面没有完整的颜色环。

巧识假西洋参

　　用硫磺熏制的参片颜色发白，质重而且表面有粉状

食物选购

感，切片内层多实心，无菊花状纹理，也没有清香味。

假西洋参常用人参（生晒参、白参）冒充进口西洋参，它主根上部环纹不明显，有不规则皱纹，质地略轻，易折，断面粉性强，多有放射性裂缝，味微苦，无西洋参的特别气味。

巧选塑料袋
Food　　　　　90

1.无毒塑料袋是乳白色半透明或无色透明的，有柔韧性，手摸时有润滑感，表面似有蜡。有毒的塑料袋颜色浑浊，手感发鼓。

2.用手抓住塑料袋的一端用力抖，发出清脆声者无毒，声音闷涩者有毒。

3.把塑料袋按入水底，浮出水面的是无毒的，不上浮的有毒。

巧识剩油做的水煮鱼
Food　　　　　91

食用油的重复使用必然导致油体变黑变浊，在食用前仔细观察油体状态，通过其透彻程度和基本颜色判断油质优劣。可以用勺探入锅底轻微搅动，看有没有浑浊体或不明沉淀物浮出，如有，则说明油存在重复使用的嫌疑。

取小块鱼肉，仔细品尝，看有没有香辣味以外的轻微异味，比如微苦、微涩等。

巧选罐头
Food　　　　　92

1.检查有无胖听、漏听现象。

2.检查内容物的色泽、状态、气味。变质的食品罐头内容物松散不成形，块形大小不整齐，色泽灰暗不新鲜；肉品、鱼品罐头的汤汁不凝固，肉质液化，失去弹性；水果、蔬菜罐头汤汁混浊，有大量沉淀或悬浮物，气味不正，有酸味或苦味。

3.检查瓶贴和有效期。瓶贴印刷质量差，字迹模糊不清，标注内容不全，未打生产日期钢印的则很可能是冒牌产品，质量很难保证。

巧选速冻食品
Food　　　　　93

1.把大厂生产的或名牌产品作为首选。

2.就近到有低温冷柜的商店购买。

3.选择包装完好、标识明确、保质期长的产品。

4.注意包装内的产品是否呈自然色泽，若附有斑点或变色，即已变质。

5.注意是否有解冻现象，良好的速冻食品应坚硬。

6.每次采购都应在最后再取速冻食品，以免其离开冰柜的时间过长。

巧知防伪标志
Food　　　　　94

1.温变型：防伪标志受热后，颜色会发生变化。

2.荧光型：利用专用的防伪鉴别灯一照，防伪标志就会发亮。

3.激光全息型：将图案或人物从不同角度拍照后再重叠处理，产生不同颜色的效应。

4.隐形技术：防伪标志在太阳光或聚光电筒的照射下，能反射出一种图案。

巧知绿色食品标志
Food　　　　　95

绿色食品标志是由中国绿色食品发展中心在国家工商行政管理局正式注册的证明商标，它由3部分组成，即上方的太阳、下方的叶片和中心的蓓蕾。标志为正圆形，意为保护。整个图形象征着明媚阳光照耀下的和谐生机，告诉人们绿色食品正是出自纯净良好生态环境的安全无污染食品，能给人们带来蓬勃的生命力。

绿色食品标志分为两类：A级标志，绿底白标，它表示产品的卫生符合严格的要求；B级标志，白底绿标，它不仅表示产品的卫生符合严格的要求，而且表示产品的原料即农作物在生产过程中化肥的使用有绝对限制，而且绝对不使用任何化学农药。

巧识洋食品真伪
Food　　　　　96

1.查看进口食品上是否有中文标签。

2.查看所选购的进口商品上是否贴有激光防伪的"CIQ"标志。

3.可以向经销商索要查看"进口食品卫生证书"，该证书有如进口食品的"身份证"，只要货证相符，就能证明该食品是真正的"洋货"。

盐水浸泡去叶菜残余农药

Food 1

一般先用水冲洗掉表面污物，然后用盐水浸泡（不少于10分钟）。必要时加入果蔬清洗剂，以增加农药的溶出。如此清洗浸泡2～3次，可清除绝大部分残留的农药。

碱水浸泡去蔬菜残余农药

Food 2

在500毫升清水中加入食用碱5～10克，配制成碱水，将经初步冲洗的蔬菜放入碱水中，浸泡5～10分钟后用清水冲洗，重复洗涤3次以上效果最好。

加热烹饪法去蔬菜残余农药

Food 3

氨基甲酸酯类杀虫剂随着温度的升高分解会加快，所以对一些蔬菜可通过加热来去除部分残留农药，常用于芹菜、圆白菜、青椒、豆角等。先用清水将蔬菜表面污物洗净，放入沸水中2～5分钟后捞出，然后用清水冲洗1～2遍后置于锅中烹饪成菜肴。

巧用淘米水去蔬菜残余农药

Food 4

淘米水属于酸性，有机磷农药遇酸性物质就会失去毒性。在淘米水中浸泡10分钟左右，用清水洗干净，就能使蔬菜残留的农药成分减少。图

日照消毒可去蔬菜残余农药

Food 5

阳光照射蔬菜会使蔬菜中部分残留农药被分解、破坏。据测定，蔬菜、水果在阳光下照射5分钟，有机氯、有机汞农药的残留量会减少60%。另外，方便贮藏的蔬菜，应在室温下放两天左右，残留化学农药平均消失率为5%。

储存法去蔬菜残余农药

Food 6

农药在空气中随着时间的推移，能够缓慢地分解成对人体无害的物质，所以对一些易于保管的蔬菜如冬瓜、番瓜等，可通过一定时间的存放来减少农药残留量。一般应存放10天以上。

巧洗菜花

Food 7

菜花虽然营养丰富，但常有残留的农药，还容易生菜虫。所以在吃之前，可将菜花放在盐水里浸泡几分钟，菜虫就跑出来了，还可去除残留农药。

巧洗蘑菇

Food 8

洗蘑菇时，在水里先放点食盐搅拌使其溶解，将蘑菇放在水里泡一会儿再洗，这样泥沙就很容易洗掉。市

NO.4图

场上有泡在液体中的袋装蘑菇，食用前一定要多漂洗几遍，以去掉某些化学物质。最好吃鲜蘑。

巧洗香菇

Food　　　　　　9

先将香菇放入60℃的温水中浸泡1小时左右，然后用手朝一个方向旋转搅拌，约10分钟左右，被裹在里面的沙粒就随之徐徐落下沉入盆底。最后，将香菇捞出，再用清水冲洗干净挤去水，就可以烹制食用了。

巧洗脏豆腐

Food　　　　　　10

豆腐表面沾污后，可将其放在一只塑料漏盆里，然后在自来水下轻轻冲洗，既可保持豆腐完整不碎，又能使豆腐洁净如初。图

巧洗黑木耳

Food　　　　　　11

1.涨发木耳时，加一点醋在水中，然后轻轻搓洗，很快就能除去木耳上的沙土。

2.温水中放入泡发的黑木耳，然后加入两勺淀粉，之后进行搅拌，用这种方法可以去除黑木耳上细小的杂质和残留的沙粒。

巧洗芝麻

Food　　　　　　12

把芝麻放在小布袋里，将袋口对准水龙头，用手在外面搓洗，直至袋内流出来的水是清的为止，然后沥干水。冬天放到暖气上，其他三季晒干。随用随取，可免除一般淘洗时的浪费。

NO.10图

巧为瓜果消毒

Food　　　　　　13

1.个体较大，且有光滑外皮的水果，如苹果、梨等，先在清水中洗净，然后放在沸水中烫泡30秒钟再吃，就可确保安全无患了。

2.对于难洗易破的水果，如草莓、樱桃等，可先将其放在盐水中浸泡10分钟左右，取出后再用凉开水冲洗干净，就可放心吃了。

巧去桃毛

Food　　　　　　14

在清水中放入少许食用碱，将鲜桃放入浸泡3分钟，搅动几下，桃毛便会自动脱落，清洗几下毛就没有了，很方便。

巧洗葡萄

Food　　　　　　15

葡萄去蒂放在水盆里，加入适量面粉，用手轻搅几下，然后将混浊的面粉水倒掉，用清水冲净即可。面粉

是很好的天然吸附剂，可以吸掉蔬果表面的脏污及油脂。（面粉水也可以洗碗）

巧洗脏肉

Food　　　　　　16

1.猪油或是肥肉沾上了水或灰，可放在30℃～40℃的温水中泡10分钟，再用干净的包装纸等慢慢地擦洗，就可变干净了。

2.若用热淘米水洗两遍，再用清水洗，脏物就除净了。

3.也可拿来一团和好的面，在脏肉上来回滚动，就能很快将脏物粘下。

4.鲜肉如果有煤油味（包括柴油、机油），可以用浓红茶水泡，30分钟后冲掉，油味、异味即可去除。

巧去冻肉异味

Food　　　　　　17

1.啤酒浸泡法：将冷冻过的肉放入啤酒中浸泡10分钟捞出，用清水洗净再烹调，便可除去异味，增进香味。

2.盐水去味法：冻肉如用

盐水化解，不仅有利于去除冰箱的异味，而且还能不失肉的鲜味。

3.姜汁去味法：将冷冻肉用姜汁浸泡3~5分钟可除去异味。

食品快速解冻法
Food　18

将两个铝锅洗干净，将其中一只倒置，在其上放需要解冻的食品，然后在食品上扣上另一只锅，这样就可以轻松解冻了。通常情况下，自然解冻需要1小时的食品按这种方法10分钟左右就可以完成解冻，且不会失去食品原有的美味。

猪心巧去味
Food　19

买回的猪心有股异味，可在面粉中"滚"一下，放置1小时左右，再用清水洗净，这样烹炒出来的猪心味美纯正。

猪肝巧去味
Food　20

猪肝常有一种特殊的异味，烹制前，先用水将肝血洗净，然后剥去薄皮放入盘中，再加放适量牛奶浸泡，异味即可消除。

巧洗猪肚
Food　21

先用面粉把猪肚擦一遍，放在清水里洗去污秽黏液，然后放进开水锅中煮至白脐结皮取出，再放在冷水中，用刀刮去白脐上的秽物。外部洗净后，从肚头（肉厚部分）切开，去掉内壁的油污，再取少量的醋和食盐，擦搓肚子，以去除膑味。最后，用清水冲洗至无滑腻感时，即可下锅煮至熟烂，随意烹制。

巧洗猪肺
Food　22

将肺管套在水龙头上，使水灌入肺内，让肺扩涨，待大小血管都充满水后，再将水倒出。如此反复多次，见肺叶变白，然后放入锅中烧开，浸出肺管中的残物，再洗一遍，另换水煮至酥烂即可。

巧洗猪腰子
Food　23

1.将鲜猪腰洗干净，撕去外层薄膜及腰油，然后用刀从中切成两个半片。将半片内层向上放在砧板上，用左手拍打四边，使猪腰内层中间白色部位突出，用刀由右向左平移，割除白色的腰膑即可。

2.将切成形的腰花放入盆内，取葱白、姜各少许，洗净用刀拍一下放入，再滴入黄酒，浸没为度。约20分钟后，用干净纱布沥去黄酒，拣去葱白、姜，即能去腰花腥味，但要将其沥干为好。夏天，可放入冰箱备用。

巧洗咸肉
Food　24

用清水漂洗咸肉并不能达到退盐的目的，如果用盐水（所用盐水浓度要低于咸肉中所含盐分的浓度）漂洗几次，咸肉中所含的盐分就会逐渐溶解于盐水中，最后用淡盐水清洗一下就可以烹制了。

巧淘米
Food　25

取大小两只盆，在大盆中放入多半盆清水，将米放入小盆，连盆浸入大盆的水中；来回摇动小盆，不时将处于悬浮状态的米和水倾入大盆中，不要倒净，小盆也不必提起；如此反复多次，小盆底部就只剩下少量米和沙粒。如掌握得好，可将大米全部淘出，而小盆底只剩下沙粒。

淘沙子比较多的米，可取一个搪瓷钵，将米放在里面。在钵中注入清水没过米，用手轻轻将水旋转一下，使比米重的沙子沉底。然后连水倒入准备做饭的铝锅中。必须注意，每次倒出的只是装在钵中最上面的一层大米。然后再放入清水，如此重复地淘洗，最后剩下的便是沙子。采用此法能将沙子全部淘净，并省时省力。

巧去土豆皮
Food　26

1.将土豆放入一个棉质布袋中扎紧口，像洗衣服一样用手揉搓，就能很简单地将土豆皮去净，最后用刀剔去有芽部分即成。

2.把土豆放在开水中煮一下，然后用手直接剥皮，就可以很快将皮去掉。

3.把新土豆放入热水中浸泡一下，再放入冷水中，这样就很容易去皮。

巧去萝卜皮
Food　27

萝卜皮很硬，去除时十分麻烦。可以将整条萝卜放进水中煮一下，然后放在水龙头下，借助水的冲力用手把皮去除，可不留一点残皮。

巧去芋头皮
Food　　28

将带皮的芋头装进小口袋里（只装半袋），用手抓住袋口，将袋子在水泥地上摔几下，再把芋头倒出，便可发现芋头皮全脱下了。

巧去西红柿皮
Food　　29

用开水浇西红柿上，或者把西红柿放在开水里焯一下，西红柿的皮就会很容易被剥落。

巧去莲心皮
Food　　30

在锅内放适量的水，加热后放入少许食用碱，再倒入莲心，边烧边用勺子搅动，约10分钟左右，莲心皮皱起后，即可取出，倒入冷水内。这时只要用手轻轻搓揉，皮就可被全去净。莲子心可用牙签或细竹捅掉。

巧去蒜皮
Food　　31

1.将蒜用温水泡3～5分钟捞出，用手一搓，蒜皮即可脱落。

2.如需一次剥好多蒜，可将蒜摊在案板上，用刀轻轻拍打即可脱去蒜皮。

巧去姜皮
Food　　32

姜的形状弯曲不平，体积又小，欲削除姜皮十分麻烦，可用汽水瓶或酒瓶盖周围的齿来削姜皮，既快又方便。

巧剥毛豆
Food　　33

将洗好的毛豆荚倒入锅内，放水煮开后闷一小会儿，然后立刻倒入冷水中，此时，只要用手轻轻一挤毛豆荚，毛豆就出来了，而且豆粒没有任何损伤，与生豆一样圆润。

巧切洋葱
Food　　34

1.切洋葱时，可将其去皮放入冰箱冷冻室存放数小时后再切，就不会刺眼，使之流泪了。

2.把刀或洋葱不断地放在冷水中浸一下，再切也不会刺痛眼睛。

3.用食盐和食油擦刀，或用胡萝卜片擦刀，都可以解决气味刺眼的问题。

4.盛一碗凉水放在旁边，即可以缓解挥发性物质对眼睛的刺激，也能使眼睛有清凉舒适的感觉。

巧切黄瓜
Food　　35

将牙签劈成两半用水打湿，然后贴在距刀刃3厘米的刀面上，这样，切黄瓜的时候，瓜片就不会贴在刀上了。

巧切竹笋
Food　　36

切竹笋有讲究，靠近笋尖部的地方宜顺切，下部宜横切，这样烹制时不但易熟烂，而且更易入味。

巧除大蒜臭味
Food　　37

大蒜是烹调中经常使用

的调料，若烦其臭味，可将丁香捣碎拌在大蒜里一起食用，臭味可除去。

巧除竹笋涩味
Food　　38

1.将竹笋连皮放入淘米水中，放一个去子的红辣椒，用温火煮好后熄火，让它自然冷却，再取出来用水冲洗，涩味就没了。

2.将新鲜笋（去壳或经刀工处理）放入沸水中焯煮，然后用清水浸漂，即可除去不良味道。

巧除苦瓜苦味
Food　　39

1.盐渍：将切好的瓜片洒上盐腌渍一会儿，然后将水滤掉，可减轻苦味。或把苦瓜切开，用盐稍腌片刻，然后炒食，可减轻苦味，又可保持苦瓜的原味。

2.水焯：把苦瓜切成块状，先用水煮熟，然后放进冷水中浸泡，这样苦味虽能除尽，但却丢掉了苦瓜的风味。

巧除芦荟苦味
Food　　40

芦荟以凉拌、清炒为佳。但芦荟有苦味，烹调前应去掉绿皮，水煮3～5分钟，即可去掉苦味。

巧除菠菜涩味
Food　　41

菠菜中含有草酸，这不仅使菠菜带有一股涩味，还会与食物中的钙相结合，产生不溶于水的草酸钙，影响人体对钙质的吸收。只要把菠菜放入开水煮2～3分钟，既可除去涩味，又能减少草酸的破坏作用。

巧去桃子皮
Food　　　　42

将桃子浸入滚开水中1分钟左右，捞起来再浸入冷水中，冷却后取出，用手可不费劲地剥去皮。

巧去橙子皮
Food　　　　43

把橙子放在桌面上，用手掌压住慢慢地来回揉搓，用力要均匀，这样橙子就像橘子一样容易剥皮了，吃起来也既干净又方便。

巧去大枣皮
Food　　　　44

将干的大枣用清水浸泡3小时，然后放入锅中煮沸，待大枣完全泡开发胖时，将其捞起剥皮，就很容易剥掉了。

巧去栗子壳
Food　　　　45

1.熟板栗：在板栗上横着掐开一条缝，然后用手一捏，口儿就开大了；用手指把一边的壳掰去，再把果仁从另一半壳中掰出。横着掰，果仁不易掰碎。

2.生板栗：用清水洗净，用刀将板栗外壳切缝后，放入沸水中煮（或者泡）3～5分钟，然后捞出，再放入冷水中浸泡3～5分钟，这时就很容易将壳剥去了。

巧去核桃壳、皮
Food　　　　46

将核桃放在蒸锅里用大火蒸8分钟取出，放入凉开水中浸3分钟，捞出逐个破

壳，就能取出完整的果仁。再把果仁放入开水中烫4分钟，只要用手轻轻一捻，皮即刻脱落。

巧切熟透的西瓜
Food　　　　47

先用筷子在西瓜底部戳一个洞（注意要缓缓插进去，否则筷子有可能折断），当筷子插进西瓜的部分有七八厘米时，左右转动几下，然后拔出筷子，西瓜底部就形成了一个小洞，而后用刀从洞口切下去，两刀就对半切出平整的西瓜了。

巧使生水果变熟
Food　　　　48

将不熟或将要熟的水果入坛或入罐，喷上白酒或是放一个湿润的酒精棉球，盖紧盖子，放于温度适宜的地方。经过2～3天，青色变成鲜艳的红色，甜味也增加，从而美味可口。图

NO.48图

巧除柿子涩味
Food　　　　49

1.将涩柿子放在陶瓷盆里，喷上白酒（两次即可），三四天后，涩味可除去。

2.将涩柿子和熟梨熟苹果等混装在容器里，密闭，1周后涩味消除。

3.稍切开涩柿子，在切口部位加入少量葡萄酒，涩味便会消失。

巧涨发蹄筋
Food　　　　50

取8～10枚干蹄筋，放入保温性能好的暖水瓶中，装入沸水后塞紧，第二天早上即成水发蹄筋，便可烹制食用。

牛肉要横切
Food　　　　51

牛肉质老（即纤维组织多）、筋多（即结缔组织多），必须横着纤维纹路切，即顶着肌肉的纹路切（又称为顶刀切）才能把筋切断，便于烹制适口菜肴。如果顺着纹路切，筋腱会保留下来，烧熟后肉质柴艮，咀嚼不烂。

切猪肉要斜刀
Food　　　　52

猪肉的肉质比较嫩，肉中筋少，横切易碎，顺切又易老，应斜着纤维纹路切，这样才能达到即不易碎，又不易老的效果。

鸡肉、兔肉要顺切
Food　　　　53

鸡肉、兔肉更细嫩，其中含筋更少，只有顺着纤维切，炒时才能使肉不散碎，

整齐美观。

巧切肥肉
Food　　　　54

切肥肉时，可先将肥肉蘸一下凉水，然后放在案板上，一边切一边洒些凉水，这样切着省力，肥肉也不会滑动，且不易粘案板。

巧切肉丝
Food　　　　55

切肉丝或肉片时，为使刀工漂亮，可将整块肉包好，放冰柜冰冻半小时，待外形冻硬固定时，再取出切割，就容易多了。

巧切猪肘
Food　　　　56

猪肘的皮面含有丰富的胶质，加热后收缩性较大，而肌肉组织的收缩性则较小。如果皮面与肌肉并齐或是皮面小于肌肉，加热后皮面会收缩变小而脱落，致使肌肉裸露而散碎。因此皮面要适当地留长一点，加热后皮面收缩，恰好包裹住肌肉又不至于脱落，菜肴形体整齐美观。

巧切猪大骨
Food　　　　57

用菜刀斩大骨头既费力又容易把菜刀崩坏。可拿把锯子，在大骨的中间锯上1毫米深、2毫米宽的缺口，然后用菜刀背砍一下缺口，猪大骨就会断开，又方便、又省力、又安全。

巧切火腿
Food　　　　58

取钢锯1把，将火腿置于小木凳上，一脚踩紧火腿，一手持锯，按需要的大小段锯下，省时省力且断面平整。以此类推，鲜猪腿、咸猪腿及带骨肉、大条的鱼等，都可用锯破开，以便加工烹调。

巧切肉皮
Food　　　　59

煮肉皮冻时，肉皮要切成小块，否则煮很长时间也不易煮好。可是生肉皮很难切，可将肉皮洗净后，用开水滚一下，捞出来用绞肉机将它绞碎，这样煮起来就又快又好。

巧做肉丸
Food　　　　60

做肉丸的关键在"打"。"打"是使肉糜产生韧性的一种方法。在肉糜中加上盐、味精、葱姜末、料酒、胡椒、水、蛋清等调味品后，用筷子搅动，这就是"打"。越搅"打"越上劲，上了劲就产生了韧性。肉糜在"打"2～3分钟后，加适量淀粉（按50克肉10克淀粉的比例），再"打"片刻，搅拌均匀，然后做肉丸。

巧除猪腰臊味
Food　　　　61

猪腰内有臭腺，如果除不净，炒成菜后味道就会变。首先将其去薄膜，然后剖开去除臭腺，把猪腰切成花或片成片，先用清水洗一遍，捞出沥干，接着用白酒拌一下，以猪腰500克、酒50克的比例，边捏挤边搅拌，再用清水洗两遍，最后，放开水里涮一涮，加葱姜和青蒜，这样炒腰花样美味鲜。

巧除鸡肉腥味
Food　　　　62

1.洗鸡时必须把鸡屁股剪掉，并将鸡身内外粘附的血块内脏挖干净。

2.不论是整只烹煮，还是剁块焖炒，都要先放在开水里烫透。因为鸡肉表皮受热后，毛孔张开，可以排出一些表皮脂肪油，达到去腥味的目的。

3.在炒、炸之前，最好用酱油、料酒、胡椒粉、盐和啤酒腌一下。

4.如果是冻鸡，就用加入姜末的酱油腌10分钟，鸡肉中的怪味就没有了。

巧分蛋清
Food　　　　63

1.将蛋打在漏斗里，蛋清含水分多，可顺着漏斗流出，而蛋黄仍会留在漏斗中。

2.或将蛋的大头和小头各打一个洞，大头一端略大一些，朝下，让蛋清从中流出，蛋黄仍会留在蛋壳内。待蛋清流完后，打开蛋壳便可取出被分离的蛋黄。

巧切蛋
Food　　　　64

制作凉菜时，常常会将完整的熟鸡蛋、鸭蛋、松花蛋带壳切开，一不小心就会切碎，有个好办法：先将刀在开水中烫热后再切，蛋就不会碎，而且光滑整齐。

巧剥松花蛋
Food　　　　65

将松花蛋两头的厚泥除去，小头处只需露出一点壳，大头剥至松花蛋的最大直径处，在大头处将蛋壳也剥至最大直径，在小头处敲一小孔，然后用嘴自小头处一吹，整个松花蛋即会脱落，既不粘泥也不会碎。

巧去鱼鳞
Food   66

1.将鱼装一较大塑料袋里，放到案板上，用刀背反复拍打鱼体两面的鳞，然后将勺伸入袋内轻轻地刮，鱼鳞即可刮净，且不外溅。

2.取长约15厘米的小圆棒，在其一端钉上2～4个酒瓶盖，利用瓶盖端面的齿来刮鱼鳞，是一种很好的刮鳞工具。

3.按每千克冷水加醋10克配成溶液，把活鱼浸泡2小时再杀，鱼鳞极易除去。

4.带鱼的鳞较难去除，可将其放入80℃左右的水中，烫10秒钟，立即浸入冷水中，再用刷子或布擦洗一下，鱼鳞很快会被去掉。图

巧去鲤鱼的白筋
Food   67

鲤鱼脊背上有两道白筋，此物奇腥无比。洗鱼时，在鲤鱼齐鳃处横切一刀，在切口的中间部位找出白筋头，用手拽住外拉，同时，用刀轻轻拍打鱼的脊背，直至白筋全部抽出；用同样的方法再抽出鱼另一侧的筋。这样，烹制出的鲤鱼就没有腥味了。

巧为整鱼剔骨
Food   68

使鱼肚朝左、背朝右躺在砧上，刀贴鱼背骨横批进

NO.66图

去，深及鱼肚，批断脊骨与肋骨相连处（勿伤皮）；然后将鱼翻身，批开另一端脊骨与肉。把靠近头部的脊骨斩断或用手折断、拉出，在鱼尾处斩断脊骨。随后将鱼腹朝下放在墩子上，翻开鱼肉，使肋骨露出根端，将刀斜批进去，使肋骨脱离鱼肉。将两边肋骨去掉后，即成头、尾仍存，中段无骨，仍然保持鱼形完整的脱骨鱼了。

巧手收拾黄鱼
Food   69

洗黄鱼的时候不一定非要剖腹，只要用两根筷子从鱼嘴插入鱼腹，夹住肠子后转搅数下，就可以从鱼嘴里抽出肠肚。但如果鱼已不新鲜，略有臭味，还是剖腹洗净为好。

巧除贝类泥沙
Food   70

将贝类放置于水盆或塑料桶内，加水养两三天，同时在水中滴入少许植物油，

贝类闻到油味之后就会将壳中的泥沙吐出，这样就可轻易巧妙地将泥沙去除干净。

巧洗虾
Food   71

在清洗时，可用剪刀将头的前部剪去，挤出胃中的残留物，将虾煮至半熟，剥去甲壳，此时虾的背肌很容易翻起，可把直肠去掉，再加工成各种菜肴。较大的虾，可在清洗时用刀沿背部切开，直接把直肠取出洗净，再加工成菜。

巧洗虾仁
Food   72

将虾仁放入碗内，加一点精盐、食用碱粉，用手抓搓一会儿后用清水浸泡，然后再用清水洗净，这样能使炒出的虾仁透明如水晶，爽嫩可口。

巧洗螃蟹
Food   73

先在装螃蟹的桶里倒入

NO.73图

少量的白酒去腥，等螃蟹略有昏迷的时候用锅铲的背面将螃蟹抽晕，用手迅速抓住它的背部，拿刷了朝着已经成平面状的螃蟹腹部猛刷，角落不要遗漏。检查没有淤泥后丢入另一桶中，用清水冲净即可。图

螃蟹钳手的处理
Food　　　　　　　　74

在清洗螃蟹时，稍不留心会被螃蟹的螯钳住手，此时可将手和蟹螯一同放入水中，蟹螯即可松开。

巧洗乌贼
Food　　　　　　　　75

乌贼体内含有许多墨汁，不易洗净，可先撕去表皮，拉掉灰骨，将乌贼放在装有水的盆中，在水中拉出内脏，再在水中挖掉乌贼的眼珠，使其流尽墨汁。然后多换几次清水将内外洗净即可。

巧切鱼肉
Food　　　　　　　　76

1.鱼肉质细，纤维短，极易破碎，切时应将鱼皮朝下，刀口斜入，最好顺着鱼刺，切起来要干净利落，这样炒熟后形状完整。

2.鱼的表皮有一层黏液非常滑，所以切起来不太容易，若在切鱼时将手放在盐水中浸泡一会儿，切起来就不会打滑了。

巧手收拾鲈鱼
Food　　　　　　　　77

为了保证鲈鱼的肉质洁白，宰杀时应把鲈鱼的鳃夹骨斩断，倒吊放血，待血污流尽后，放在砧板上，从鱼尾部顺着脊骨逆刀而上，剖断胸骨，将鲈鱼分成软、硬两边，取出内脏，洗净血污即可。

巧手收拾青鱼
Food　　　　　　　　78

右手握刀，左手按住鱼的头部，刀从尾部向头部用力刮去鳞片，然后用右手大拇指和食指将鱼鳃挖出，用剪刀从青鱼的口部至脐眼处剖开腹部，挖出内脏，用水冲洗干净，腹部的黑膜用刀刮一刮，再冲洗干净。

巧手收拾虾
Food　　　　　　　　79

剪虾，一般用拇指和食指的虎口托住虾身（虾脊向上），用剪刀先剪去须、枪，剔出虾屎，将虾身反转，用指按着虾尾，掌心托着虾身，继而由头部直剪，去清虾爪和挠足，再将虾身反转，剔出虾肠，最后，将虾的三叉尾按住，先剪底尾的1/4，再

剪齐上尾，用清水洗净。

巧取虾仁
Food　　　　80

1.挤。对比较小的虾，摘去头后，用左手捏住虾的尾部，右手自尾部到背颈处挤出虾肉。

2.剥。对比较大的虾，把头尾摘掉后，从腹部开口将外壳剥开，取出虾肉。这种方法，能保持虾肉完整。

巧取蚌肉
Food　　　　81

先用左手握紧河蚌，使蚌口朝上，再用右手持小刀由河蚌的出水口处，紧贴一侧的肉壳壁刺入体内，刺进深度约为1/3，用力刮断河蚌的吸壳肌，然后抽出小刀，再用同样方法刮断另一端的吸壳肌，打开蚌壳，蚌肉即可完整无损地取出来。

巧取蟹肉
Food　　　　82

先将蟹煮熟或蒸熟，然后把蟹腿掰下，剪去两头，用细筷子将腿肉捅出。再打开蟹脐，挖出脐盖上的黄，剥下蟹盖，用竹签拨开蟹胃取出蟹黄。最后用刀把蟹身切开，再用竹签将蟹肉剔出。

巧去鱼身体黏液
Food　　　　83

许多鱼类皮层带有较多的黏液，初步加工时必须将这层黏液除去，才能烹制食用。因为这层黏液非常腥。方法是：将鱼宰杀后放入沸水中烫一下，再用清水洗净，即可去掉黏液。

巧除腌鱼咸味
Food　　　　84

将腌鱼浸泡在淡盐水中漂去盐分，这样做不仅腌鱼表面接触水的部分盐得到溶化，而且还能使渗透进鱼体的盐分也慢慢地溶解出来。淡盐水的浓度是1.5%，即三大杯冷水加2小匙食盐。

除去海鲜腥味
Food　　　　85

一般多用鲜姜泥和温开水混合成的姜汁加适量食醋浸泡。这两种调味品不仅能使海鲜去腥提鲜，解去油腻，而且还有开胃散寒、增进食欲、促进消化的功效。

巧去手、口腥味
Food　　　　86

1.洗鱼、剖鱼时，手上总会有腥味，只要用点白酒或牙膏洗手，再用清水冲净，腥味即可除去。

2.吃过鱼后口有味时，嚼上三五片茶叶，立刻口气清新。

巧除河鱼的"泥味"
Food　　　　87

1.可先将鱼放在米酒中浸一下，就不会有土腥味了。

2.将鱼放到盐水中浸泡，如果是死鱼，就浸泡一个小时，可以去除泥味。

3.或者在泡鱼的水中放少许食醋，或在鱼肚中撒些花椒，再烧鱼时，则无异味。

巧除鱼胆苦味
Food　　　　88

清洗鱼类经常会弄破鱼胆，使胆液流出，鱼烧熟后会有苦涩味难以下咽。如果在胆汁刚弄破时及时在鱼肉上涂一些小苏打或发酵粉，使胆汁溶解，片刻后用水冲洗干净，鱼肉上的苦味便会荡然无存。

巧去带鱼腥味
Food　　　　89

带鱼身上的腥味和油腻较大，用清水很难洗净，可把带鱼先放在淘米水和碱水中泡一下，再用清水洗，就会很容易洗净，而且无腥味。

巧除甲鱼腥味
Food　　　　90

甲鱼肉的腥味较难除掉，光靠洗或加葱、姜、酒等调料，都不能达到令人满意的效果。在宰杀甲鱼时，从甲鱼的内脏中捡出胆囊，取出胆汁，待将甲鱼洗涤后，将甲鱼胆汁中加些水，涂沫于甲鱼全身。稍待片刻，用清水漂洗干净。甲鱼胆汁不苦，不用担心会使甲鱼肉变苦。

巧除虾仁腥味
Food　　　　91

在烹制之前，先同料酒、葱、姜一起浸泡。在用滚水烫煮虾时，在水中放一根肉桂棒，即可去腥，而且不影响虾的鲜味。

巧除海参苦涩味
Food　　　　92

将泡发好的海参切成所需要的形状，每5000克发好的海参，配250克醋加500克开水，然后倒在海参内，拌匀。随后将海参放入自来水中，漂浸2～3个小时，至海

225

参还原变软，无酸味和苦涩味即可。

巧泡海带
Food 93

1.用淘米水泡发海带或干菜，易胀、易发、煮时易烂，而且味美。

2.水泡海带时，最好换1~2次水。但浸泡时间不要过长，最多不超过6小时，以免水溶性的营养物质损失过多。

巧泡干香菇
Food 94

先用冷水将香菇表面冲洗干净，带柄的香菇可将根部除去，然后"鳃页"朝下放置于温水盆中浸泡，待香菇变软、"鳃页"张开后，再用手朝一个方向轻轻旋搅，让泥沙徐徐沉入盆底。浸泡香菇的水除去泥沙后还可利用。如果在浸泡香菇的温水中加入少许白糖，烹调后的味道更鲜美。

巧泡干蘑菇
Food 95

先将蘑菇放入70℃左右的热水中浸泡半小时，然后洗净泥沙，剪去根柄，放入凉水中浸泡数小时即可烹食。亦可泡入40℃左右的糖水（100克水加25克糖）中，这样浸泡的蘑菇烧菜，味道更加鲜美。

巧泡干贝
Food 96

涨发前先把干贝边上的一块老肉去掉，用冷水清洗后放在容器内，加入料酒、葱、姜以及适量的水（以淹没干贝为度），上笼蒸1小时左右，用手捏得开即可，与原汤一起存放备用。

巧泡海米
Food 97

用温水将海米洗净，再用沸水浸泡3~4小时，待海米回软时，即可使用。也可用凉水洗净后，加水上屉蒸软。如夏天气温高，可将发好的海米用醋浸泡，能长时间放置。

巧泡干海蜇
Food 98

1.先用冷水浸泡半小时，洗净后切成丝，用沸水烫一下，待海蜇收缩时立即取出，然后用冷开水浸泡，可达到脆嫩的效果。

2.将海蜇冷泡2小时后，洗净泥沙，切成细丝放进清水里，再放入苏打（500克海蜇放10克苏打），泡20分钟后，用清水洗净就可以拌制凉菜了。经此法处理后的海蜇，既出数，又柔韧、清脆。

巧泡鱿鱼干
Food 99

每500克干鱿鱼用香油10克，碱少许，同时放入水中，泡至涨软为止。

巧泡墨鱼干
Food 100

墨鱼干洗前应泡在溶有小苏打粉的热水里，泡透后去掉鱼骨，然后再剥皮就容易多了。

饺子不粘连小窍门
Food 101

在1斤面粉里掺入6个蛋清，使面里蛋白质增加，包的饺子下锅后蛋白质会很快凝固收缩，饺子起锅后收水快，不易粘连。

巧做饺子皮
Food 102

把整块面擀成一张面皮，对折两次，然后用剪成半截的易拉罐一次摁下去，几个饺子皮就做出来了。注意在把面对折的时候要在夹层撒些面粉，以免粘连。

蜂蜜可替代酵母
Food 103

发面时如果没有酵母，可用蜂蜜代替，每500克面粉加蜂蜜15~20克。面团揉软后，盖湿布4~6小时即可发起。蜂蜜发面蒸出的馒头松软清香，入口回甜。

巧用白酒发面
Food 104

蒸馒头时，如果面团发得似开未开，而又急于做出馒头，可在面团中间扒个小坑，倒进两小杯白酒，停十几分钟面就会发开了。

巧用白糖发面
Food 105

冬天室内温度低，发面需要的时间较长，如果发酵时在面里放点白糖，就可以缩短发面的时间。

巧测发面的酸碱度
Food 106

1.看：切开面团来看，如剖面有分布均匀的芝麻粒大小的孔，说明碱放得合适；如出现的孔小、且呈细长条形，面团颜色发黄，说明碱放多了；如出现不均匀的大孔，且面团颜色发暗，说明碱放少了。

2.闻：扒开面团嗅味，如有酸味，说明碱放少了；如有碱味，说明碱放多了；如只闻到面团的香味，说明碱放得正合适。

3.按：用手指轻轻压一下面团顶端，手指拿开后，如被压面块不能恢复原状，面团略下陷时，说明面已发好；如被压处能很快恢复原状，说明面未发好。

4.尝：将揉好碱液的面团揪下一丁点儿放入口中品尝，如有酸味说明碱放少了；如有碱涩味，说明碱放多了；如果有甜味，就是碱放得正合适。

发面碱大的处理
Food　　　107

发酵面团对碱多了，可加入白醋与碱中和。如上屉蒸到七八分熟时，发现碱对多了，可在成品上撒些明矾水，或下屉后涂一些淡醋水。

巧法擀面条
Food　　　108

擀面条时，如果一时找不到擀面杖，可用空玻璃瓶代替。用灌有热水的瓶子擀面条，还可以使硬面变软。

巧切面包
Food　　　109

切面包时有时容易切碎，如果将刀先烧热后再切，面包既不会粘在一起，也不会松散易碎，不论厚薄都能切好。图

巧切蛋糕
Food　　　110

切生日蛋糕或奶油蛋糕要用钝刀，而且在切之前要把刀放在温水中蘸一下，也可以用黄油擦一下刀口，这样蛋糕就不会粘在刀上。

巧切黏性食品
Food　　　111

切黏性食品，往往粘在刀上，不太好切，而且切出

来的食品很难看。可以先用刀切几片萝卜，再切黏性食品，就能很顺利地切好。

巧除菜油的青菜味
Food　　　112

先将油倒入锅内，再将几粒芸豆或少量米饭放入锅里炸，待炸成焦煳状后捞出，油中异味便会消失。

巧去花生油的腥味
Food　　　113

粗制的花生油有一股花生的生腥味，要除去这种味道，可将油加热，熬至冒青烟时离火，将少量葱或花椒投入锅内，待油凉后，滤去白沫即可。

巧除豆油的大豆味
Food　　　114

豆油含磷脂较多，当用鱼或肉骨头熬汤时，加入豆油可熬出浓厚如奶的白汤，非常诱人。但豆油的大豆味较浓，往往会影响成菜的口味，如果在豆油加热后投入葱花或花椒，可方便地除去豆油中的大豆味。

巧除炸鱼的油的腥味
Food　　　115

把炸过鱼的油放在锅内烧热，投入少许葱段、姜和花椒炸焦，然后将锅离火，抓一把面或者调匀的稠淀粉浆放入热油中，面粉受热后糊化沉积，吸附了一些溶在油内的三甲胺，可除去油的大部分腥味。

NO.109图

烹饪技巧
PENG REN JI QIAO

巧法补救夹生米饭
Food 1

1.如全部夹生,可用筷子在饭内扎些直通锅底的小孔,加适量温水重焖。

2.若是局部夹生,就在夹生处扎眼,加点水再焖一下。

3.表面夹生,可将表层翻到中间加水再焖。

4.如在饭中加二三勺米酒拌匀再蒸,也可消除夹生。

巧除米饭糊味
Food 2

1.米饭不小心被烧糊以后,应立即停火,倒一杯冷水置于饭锅中,盖上锅盖,糊饭的焦味就会被水吸收掉。

2.不要搅动它,把饭锅放置在潮湿处10分钟,烟熏气

味就没有了。

3.将8~10厘米长的葱洗净,插入饭中,盖严锅盖,片刻糊味即除。

4.在米饭上面放一块面包皮,盖上锅盖,5分钟后,面包皮即可把糊味吸收。(图)

巧做陈米
Food 3

淘过米之后,多浸泡一段时间。在往米中加水的同时,加入少量啤酒或食用油,这样蒸出来的米饭香甜,且有光泽,如同新米一样。

巧焖米饭不粘锅
Food 4

米饭焖好后,马上把饭锅在水盆或水池中放一会儿,热锅底遇到冷水后迅速冷却,

米饭就不会粘在锅上了。

巧手一锅做出两样饭
Food 5

先将米淘洗干净放入锅里,加适量的水,然后把米推成一面高,一面低,高处与水面持平,盖好盖加热,做熟后,低的一面水多饭软,高的一面相对水少饭硬,能同时满足两代人的不同需要。

巧煮米饭不馊
Food 6

夏天,煮饭时按1500克米合2~3毫升的比例加入食醋,这样煮的饭并无酸味,却更易保存防馊。

节约法煮米饭
Food 7

将大米用水淘洗干净,放入普通锅中,加入适量的凉水,浸泡2~4小时。等米吃透水后,倒出所剩的水,再加入等量的开水,然后用大火烧开锅,两分钟后改成微火,将锅不断转动,轮流烧锅的边缘,8分钟后米饭即熟。用此法焖制的米饭,省时省火,大米营养流失极少,口感很好。

巧热剩饭
Food 8

热过的剩饭吃起来总有一股异味,在热剩饭时,可

NO.2图

在蒸锅水中兑入少量盐水，即可除去剩饭的异味。

炒米饭前洒点水
Food   9

冷饭在存放过程中水分容易流失，加热时先洒一点水，焖一下，让米饭中的水分饱和，炒饭时才容易吸收其他配料的味道，饭粒的口感也不至于干硬难嚼。

煮汤圆不粘锅
Food   10

汤圆下锅之前先在凉水里蘸一蘸，再下到锅里，这样煮出来的汤圆，个是个，汤是汤，不会粘连。

巧做饺子面
Food   11

制作饺子时，在每500克面粉中打入两个鸡蛋，加适量水，将面粉和鸡蛋调匀和好，待5分钟后再制作，饺子煮出后既美观好看，又不破肚，也不粘连。

巧煮饺子
Food   12

1.煮饺子时要添足水，待水开后加入一棵大葱或2%的食盐，溶解后再下饺子，能增加面筋的韧性，饺子不会粘皮、粘底，饺子的色泽会变白，汤清饺香。

2.饺子煮熟以后，先用笊篱把饺子捞出，随即放入温开水中浸涮一下，然后再装盘，饺子就不会互相粘在一起了。

巧煮面条
Food   13

1.煮面条时加一小汤匙食油，面条不会粘连，面汤也不会起泡沫、溢出锅外。

2.煮面条时，在锅中加少许食盐，煮出的面条不易烂糊。

3.煮挂面时，不要等水沸后下面，当锅底有小气泡往上冒时下，下后搅动几下，盖锅煮沸，沸后加适量冷水，再盖锅煮沸就变熟了。这样煮面，热量慢慢向面条内部渗透，面柔而汤清。

巧去面条碱味
Food   14

买来的切面有时碱味很重，在面条快煮好的时候，适量地加入几滴醋，可以使面条碱味全无，面条的颜色也会由黄变白。

巧蒸食物
Food   15

1.蒸食物时，蒸锅水不要放得太多，一般以蒸好后锅内剩半碗水为宜，这样做，可最大程度节约煤气。

2.打开蒸锅锅盖，用划燃的火柴凑近热蒸汽，若火焰奄奄一息甚至熄灭了，就说明食物基本熟了。

蒸馒头碱大的处理
Food   16

蒸馒头碱放多了起黄，如在原蒸锅水里加醋2～3汤匙，再蒸10～15分钟，馒头可变白。

巧热陈馒头
Food   17

馒头放久了，变得又干又硬，回锅加热很难蒸透，而且蒸出的馒头硬瘪难吃。如在重新加热前，在馒头的表皮淋上一点水，蒸出的馒头会松软可口。

巧炸馒头片
Food   18

炸馒头片时，先将馒头片在冷水（或冷盐水）里稍浸一下，然后再入锅炸，这样炸好的馒头片焦黄酥脆，既好吃又省油。

炸春卷不糊锅
Food   19

炸春卷，如果汤汁流出，就会糊锅底，并使油变黑，成品色、味均受影响。可在拌馅时适量加些淀粉或面粉，馅内菜汁就不容易流出来了。

炒菜省油法
Food   20

炒菜时先放少许油炒，待快炒熟时，再放一些熟油在里面炒，直至炒熟。这样，菜汤减少，油也渗透进菜里，油用得不多，但是油味浓郁，菜味很香。

油锅巧防溅
Food   21

炒菜时，在油里先略撒点盐，既可防止倒入蔬菜时热油四溅，又能破坏油中残存的黄曲霉毒素。

油炸巧防溢
Food   22

油炸东西的时候，有时被炸的食物含有水分，会使油的体积很快增大，甚至从锅里溢出来。遇到这种情况，只要拿几粒花椒投入油里，胀起来的油就会很快地消下去。

烹饪技巧

热油巧消沫
Food　　　　23

油脂在炼制过程中，不可避免地混入一些蛋白质、色素和磷脂等。当食油加热时，这些物质就会产生泡沫。如果在热油泛沫时，用手指轻弹一点水进去，一阵轻微爆锅后，油沫就没了。要注意切勿多弹或带水进锅，以防热油爆溅，烫伤皮肤。

巧用花生油
Food　　　　24

用花生油炒菜，在油加热后，先放盐，在油中爆约30秒，可除去花生油中可能存有的黄曲霉毒素。

巧用回锅油
Food　　　　25

1.炸过食品的油，往往会发黑。可在贮油的容器里，放几块鸡蛋壳，由于鸡蛋壳有吸附作用，能把油中的炭粒吸附过去，油就不会发黑了。

2.可用现成的咖啡滤纸代替滤油纸，在滤过的油容器中，各放一片大蒜和生姜，这样不仅气味没了，还可使油更为香浓可口。

3.炸过鱼、虾的花生油用来炒菜时，常会影响菜肴的清香，但只要用此油炸一次茄子，即可使油变得清爽，而吸收了鱼虾味的茄子也格外好吃。

牛奶煮糊的处理
Food　　　　26

牛奶煮糊了，放点盐，冷却后味道更好。

巧热袋装牛奶
Food　　　　27

1.先将水烧开，然后把火关掉，将袋装牛奶放入锅中，几分钟后将牛奶取出。千万不要把袋装牛奶放入水中再点火加热，因为其包装材料在120℃时会产生化学反应，形成一种危害人体健康的有毒物质。

2.袋装牛奶冬季或冰箱放置后，其油脂会凝结附着在袋壁上，不易刮下，可在煮之前将其放暖气片上或火炉旁预热片刻，油脂即溶。

巧让酸奶盖子不沾酸奶
Food　　　　28

把酸奶放入电冰箱内冷冻30分钟后取出，盖子上就不会沾有酸奶。如果是大盒酸奶，要把时间增加到35分钟。如果放入冰箱的时间为20分钟，打开酸奶时，盖子上还会沾有酸奶。如果时间是40分钟，酸奶内部就会结冰。

手撕莴苣味道好
Food　　　　29

莴苣最好不要用菜刀切，用手撕比较好吃。因为用菜刀切会分断细胞膜，咬起来口感就没那么好，而用手撕就不会破坏细胞膜。再者，细胞中所含的各种维生素，可能会从菜刀切断的地方失掉。

做四棱豆先焯水
Food　　　　30

烹饪四棱豆需要用水焯透，然后用淡盐水浸泡一会儿再烹饪，口感会更好。

炒青菜巧放盐
Food　　　　31

在炒黄瓜、莴笋等青菜时，洗净切好后，撒少许盐拌合，腌渍几分钟，控去水分后再炒，能保持脆嫩清鲜。

烧茄子巧省油
Food　　　　32

1.烧茄子时，先将切好的茄块放在太阳光下晒一会（大约茄块有些发蔫），过油时就容易上色而且省油。

2.烧茄子时把加工好的茄子（片或块），先用盐腌一下，当茄子渗出水分时，把它挤掉，然后再加油烹调，味道好还可以省油。

巧炒土豆丝
Food　　　　33

将切好的土豆丝先在清水中泡洗一下，将淀粉洗掉一些，这样炒出的土豆丝脆滑爽口。

白酒去黄豆腥味
Food　　　　34

在炒黄豆或黄豆芽时，滴几滴酒，再放少许盐，这样豆腥味会少得多。或者在炒之前用凉盐水洗一下，也可达到同样的效果。

巧煮土豆
Food　　　　35

1.为使土豆熟得快一些，可往煮土豆的水里加进1汤匙人造黄油。

2.为使土豆味更鲜，可往汤里加进少许茴香。

3.为使带皮的土豆煮熟后不开裂、不发黑，可往水里加点醋。

洋葱不炒焦的小窍门
Food   36

炒洋葱时，加少许葡萄酒，洋葱不易炒焦。

糖拌西红柿加盐味道好
Food   37

糖凉拌西红柿时，放少许盐会更甜，因为盐能改变其酸糖比。

炒菜时适当加醋好
Food   38

醋对于蔬菜中的维生素C有保护作用，而且加醋后，菜味更鲜美可口。

巧治咸菜过咸
Food   39

1.如果腌制的咸菜过咸了，在水中掺些白酒浸泡咸菜，就可以去掉一些咸味。

2.用热盐水浸泡咸菜，不仅能迅速减去咸味，而且还不失其香味。

巧去腌菜白膜
Food   40

家庭腌制冬菜，表面容易产生一层白膜，而使腌菜腐烂变质。把菜缸、菜罐放在气温低的地方，在腌菜表面洒些白酒，或加上一些洗净切碎的葱头、生姜，把腌菜缸或罐密闭3～5天，白膜即可消失。

巧炸干果
Food   41

先将干果用清水泡软或放入滚水中焯透、晾干水。然后用冻油、文武火炸，这样炸出的干果较为酥脆。

NO.42图

花生米酥脆法
Food   42

1.炒时用冷锅冷油，将油和花生米同时入锅，逐渐升温，炸出的花生米内外受热均匀，酥脆一致，色泽美观，香味可口。

2.炒好盛入盘中后，趁热洒上少许白酒，并搅拌均匀，同时可听到花生米"啪啪"的爆裂声，稍凉后立刻撒上少许食盐。经过这样处理的花生米，放上几天几夜再吃都酥脆如初。图

巧煮花生米
Food   43

关火后不要立即揭开锅盖捞花生，而应让花生米有一个入味的过程，约半个小时后吃味道才好。

炒肉不粘锅
Food   44

将炒锅烧热再放油，油温后放肉片，不会粘锅。

巧炒肉片肉末
Food   45

烧菜时经常会用到肉片和肉末，为了使肉质嫩滑，许多家庭在腌肉时加嫩肉粉，其实这样也解决不了根本问题。正确的办法是切好肉片后搁在碗里，加些生抽，用筷子拌匀即可，也可加少许生粉（不要太多，否则会把水分吸干），保持肉片的湿度（稍有点生抽）。

巧炒猪肉
Food   46

1.将切好的猪肉片放在漏勺里，在开水中晃动几下，待肉刚变色时就起水，沥去水分，再下炒锅，这样只需3～4分钟就能熟，并且鲜嫩可口。

2.猪肉丝切好后放在小苏打溶液里浸一下再炒，会特别疏松可口。

231

烹饪技巧

做肉馅"三肥七瘦"
Food　　　　47

配制肉馅时，肥瘦肉的搭配比例非常重要。如果瘦肉过多，烹制出的菜肴成品就会出现干、老、柴、硬等现象，滋味欠美，质感不佳，达不到外酥、内软的效果。如果肥肉过多，菜肴的油腻就会过大，加热时脂肪容易熔化，菜肴会松散变形，外表失去光滑。实践表明，按三肥七瘦的比例配制最合适。

腌肉放白糖
Food　　　　48

腌肉时，除加入盐和其他调味料外，应加入白糖。在腌渍过程中，因糖液具有抗氧化性，可防肉质退色。当用亚硝酸盐腌渍时，白糖也能起到保色和助色的作用。糖溶液有一定的渗透压，与盐配合得好，可阻止微生物发育，增加腌肉的防腐性。

腌香肠放红葡萄酒
Food　　　　49

为使腌制的香肠不仅味道鲜美，而且形色美观，可在腌制过程中，往馅内加入一点红葡萄酒，这样制成的香肠就呈红色，能诱人增添食欲。

巧炒牛肉
Food　　　　50

炒牛肉片之前，先用啤酒将面粉调稀淋在牛肉片上，拌匀后腌30分钟。啤酒中的酶能使一些蛋白质分解，可增加牛肉的鲜嫩程度。

巧用啤酒焖牛肉
Food　　　　51

用啤酒代水焖烧牛肉，能使牛肉肉质鲜嫩，异香扑鼻。

炖牛肉快烂法
Food　　　　52

1.要把牛肉炖烂，可往锅里加几片山楂、橘皮或一小撮茶叶，然后用文火慢慢炖煮，这样牛肉酥烂且味美。

2.头天晚上将牛肉涂上一层芥末，第二天洗净后加少许醋和料酒再炖，可使牛肉易熟快烂。

3.煮牛肉时，加入一小布袋茶叶同牛肉一起煮，牛肉会熟得快，味道也更清香；

巧炒腰花
Food　　　　53

腰花要是炒不好，不但色泽难看，而且影响口感和食欲。腰花洗净切好后，加少许白醋，用水浸泡10分钟，就会发大，去尽血水，炒熟后口感爽脆、鲜香。

巧炒猪肝
Food　　　　54

炒猪肝前，可用点白醋渍一下，再用清水冲洗干净，这样炒熟的猪肝口感滑嫩。

巧炸猪排
Food　　　　55

在有筋的地方割2～3个切口，炸出的猪排不会收缩。

鸡肉炸前先冷冻
Food　　　　56

先将鸡肉腌制一会儿，封上保鲜膜后放入冰箱，过20分钟再取出入锅炸，这样

炸出的鸡肉酥脆可口。

巧法烤肉不焦
Food　　　　57

用烤箱烤肉，如在烤箱下格放只盛上水的器皿，可使烤肉不焦不硬。因为器皿中的水受热变成水蒸气，可防止水分散失过多而使烤肉焦煳。

煮排骨放醋有利吸收
Food　　　　58

煮排骨时放点醋，可使排骨中的钙、磷、铁等矿物质溶解出来，利于吸收，营养价值更高。此外，醋还可以防止食物中的维生素被破坏。

巧去咸肉辛辣味
Food　　　　59

咸肉放时间长了会有一股辛辣味，在煮咸肉时放一个白萝卜或者十几颗钻了许多小孔的胡桃（核桃）在锅里同煮，然后再烹调，辛辣味即可除去。

煮猪肚后放盐
Food　　　　60

煮猪肚时，千万不能先放盐，等煮熟后吃时再放盐，否则猪肚会缩得像牛筋一样硬。

巧炖羊肉
Food　　　　61

1.往水里放些食碱，羊肉就易熟。

2.煮羊肉时在锅内放些猪肉或鲜橘皮，能使味道更加鲜美。

巧除羊肉膻味
Food　　　　62

1.山楂：煮制时放几个

山楂可以去除膻味，羊肉也更容易熟烂。

2.米醋：把羊肉切块放入开水锅中加点米醋（0.5千克羊肉加0.5千克水、25克醋），煮沸后，捞出羊肉烹调，膻味可除。

3.孜然：孜然气味芳香而浓烈，适宜烹制羊肉，还能起到理气开胃、祛风止痛的作用。

炖火腿加白糖
Food　　　　　63

火腿是坚硬的干制品，很不容易煮烂。如果在煮之前在火腿上涂些白糖，然后再放入水锅中煮，就容易煮烂，且味道鲜美好吃。

巧炖老鸭
Food　　　　　64

1.把鸭子尾端两侧的臊豆去掉，味道会更美。

2.可取猪胰1块，切碎与老鸭同煮，鸭肉易烂，且汤鲜味美。

3.炖老鸭时加几片火腿

NO.67图

肉或腊肉，能增加鸭肉的鲜香味。

4.将老鸭肉用凉水加少量食醋浸泡2小时，再用小火炖，肉易烂，且能返嫩。

巧炖老鸡
Food　　　　　65

1.在锅内加20～30颗黄豆同炖，熟得快且味道鲜。

2.放3～4枚山楂或凤仙花子，鸡肉易烂。

3.在炖鸡块时放入两个咸梅干，食用时鸡骨和鸡肉就会迅速分离。

4.把鸡先用凉水或少许食醋泡2小时，再用微火炖，肉就变得香嫩可口。

巧辨鸡肉的生熟
Food　　　　　66

1.在保持一定水温的情况下，在经过预定的烹煮时间后，见鸡体浮起，说明鸡肉已熟。

2.将鸡捞出，用手捏一下鸡腿，如果肉已变硬，有轻微离骨感，说明熟了。

3.用牙签刺一下鸡腿，没有血水流出即熟。

巧除狗肉腥味
Food　　　　　67

将狗肉用白酒、姜片反复揉搓，再将白酒用水稀释浸泡狗肉1～2小时，清水冲洗，入热油锅微炸后再行烹调，可有效降低狗肉的腥味。图

巧用骨头汤煮鸡蛋
Food　　　　　68

煮骨头汤的时候，把几个鸡蛋洗干净放在里面，等汤熟了，把鸡蛋壳敲破。这样煮出的鸡蛋不但味道好，

还吸收了大量的钙在里面。

巧煎鸡蛋
Food　　　　　69

1.煎蛋时，在平底锅里放足油，油微热时将蛋下锅，鸡蛋慢慢变熟，外观美，不粘锅。

2.煎蛋时，在热油中撒点面粉，蛋会煎得黄亮好看，油也不易溅出锅外。

3.煎蛋时，在蛋黄即将凝固之际浇一点冷开水，会使蛋又黄又嫩。

4.若想把蛋皮煎得既薄又有韧性，可用小火煎。

炒鸡蛋巧放葱花
Food　　　　　70

不要把葱花直接放入蛋液入油锅翻炒，这样不是蛋熟葱不熟，就是葱熟蛋已过火变老，色泽不好，味道也欠佳。可先将葱花放油锅内煸炒之后，再往锅内倒入已调好味的蛋液，翻炒几下，即可出锅。

炒鸡蛋放白酒味道佳
Food　　　　　71

炒鸡蛋时，如果在下锅之前往搅拌好的鸡蛋液中滴几滴白酒，炒出的蛋会松软、光亮，

巧煮鸡蛋不破
Food　　　　　72

1.将鸡蛋放入冷水中浸湿，再放进热水里煮，蛋壳不会破裂也容易剥下。

2.煮蛋时放入少许食盐，不仅能防止磕破的蛋不会流出蛋清，而且煮熟后很容易剥壳。

巧去蛋壳
Food   73

1.将生鸡蛋轻轻磕出一个小坑或者用针扎一个小孔，然后放入水中煮，蛋壳也容易去掉。

2.如果鸡蛋破口较大，可用一张柔韧的纸片粘在破口处，再放入盐水里煮，可防蛋清外流。图

巧煮有裂缝的咸鸭蛋
Food   74

将有裂缝的咸鸭蛋放入冰箱的冷藏室中凉透，取出后直接放入热水中煮，热水的温度以手指伸入感到热但又不烫人为宜，这样煮熟的咸鸭蛋外表光滑完整，不进水不跑味。

巧煮咸蛋
Food   75

将咸鸡蛋蛋壳的一头敲破，用筷子在蛋白和蛋黄上戳几个洞，倒入少量米醋，再将味精用温水调和后注入蛋中，破口用面糊好，煮熟后鲜嫩可口，味似蟹肉。

巧蒸鸡蛋羹
Food   76

1.蒸鸡蛋羹最好用放气法，即锅盖不要盖严，留一点空隙，边蒸边跑气。蒸蛋时间以熟而嫩时出锅为宜。

2.鸡蛋羹易粘碗，洗碗比较麻烦。如果在蒸时先在碗内抹些熟油，然后再将鸡蛋磕进碗内打匀，加水，蒸出来的鸡蛋羹就不会粘碗了。

巧打蛋花汤
Food   77

要想打出漂亮的蛋花汤，最简单的方法就是在汤滚之际加上几滴醋。

煎鱼不粘锅
Food   78

1.煎鱼之前，将锅洗净、擦干，然后把锅置于火上加热，放油。待油很热时转一下锅，使锅内四周均匀地布上油，然后把鱼放入锅内，鱼皮煎至金黄色时翻动一下，再煎另一面。注意油一定要热，否则，鱼皮就容易粘在锅上。

2.把锅洗净擦干后烧热，用鲜姜在锅底涂上一层姜汁，而后再放油，油热时，再放鱼煎，这种方法不会粘锅。

3.打两个蛋清搅匀，把鱼放到里边蘸一下，使鱼裹上一层蛋糊，而后放入热油中煎，这样煎出的鱼也不会粘锅。

4.用油煎鱼时，向锅内喷上小半杯葡萄酒，能防止鱼皮粘锅。

巧烧冻鱼
Food   79

冻过的鱼，味道总比不上鲜鱼，若在烧制时倒点牛奶，小火慢炖，会使味道接近鲜鱼；也可将冻鱼放在少许盐水中解冻，冻鱼肉中的蛋白质遇盐会慢慢凝固，防止其进一步从细胞中溢出。

巧煮鱼
Food   80

煮鱼时要沸水下锅，这是因为鲜鱼质地细嫩，沸水下锅能使鱼体表面骤受高温，体表蛋白质变性凝固，从而保持鱼体形状完整。同时，还能使鲜鱼所含的营养素和鲜美滋味不致于大量外溢，其损失可减少到最低程度。

巧蒸鱼
Food   81

1.蒸鱼时要先将锅内水烧开后再放鱼，因为鱼在突遇高温时，外部组织凝固，可锁住内部鲜汁和营养。

2.蒸前在鱼身上放一块鸡油或者猪油，可使鱼肉更加

NO.73图

嫩滑。没有鸡油和猪油，可放生油。

3.判断鱼是否蒸熟可看鱼眼，新鲜的鱼蒸熟后眼睛向外凸出。

水果炖鱼味鲜美
Food   82

烧鱼炖肉时，加入适量的新鲜水果，如鸭梨、苹果等，可使成菜有一种水果香味，风味独特。方法是：将水果洗净，削皮去核，切成小块，装入纱布袋内，扎住袋口（也可直接放入锅中），待鱼肉即将热时放入，与鱼肉一起炖煮，肉煮熟后，取出水果袋即可。

巧制鱼丸
Food   83

制作鱼丸时在加入猪油前，将猪油与食盐用力搅拌，至发白后再加入鱼茸中，则猪油易均匀地分散在鱼茸中而不是成大小不一的颗粒状，使成品鱼丸更为洁白、光亮，口感更细嫩，且鱼丸中"蜂窝"的现象会大大减少。

剩鱼巧回锅
Food   84

鱼类菜肴放凉以后，就会出现腥味，这是因为残留在鱼肉中的三甲氨作祟的缘故。但是回锅加热，也会有一股异味，如果在回锅时再加入少许料酒或食醋等调料，仍可使之恢复鲜美之味。

巧炒鲜虾
Food   85

炒鲜虾之前，可先将虾用浸泡桂皮的沸水冲烫一下，

然后再炒，味道更鲜美。

蒸蟹不掉脚
Food   86

蒸螃蟹容易掉脚。如用细针在蟹嘴上斜刺进1厘米，这样蒸蟹，脚就不掉了。

巧斟啤酒
Food   87

啤酒开瓶后，往往刚斟上半杯，杯内就溢满了泡沫。如果让啤酒沿着杯子的边缘慢慢地斟入，就不会有泡沫出现了。

巧用牛奶除酱油味
Food   88

若酱油放多了，在菜中加入少许牛奶，可使味道变美。

巧用西红柿去咸味
Food   89

汤做咸了，可在汤里加入几片西红柿，煮两分钟后，咸味会明显减轻，且不会冲淡汤的鲜味。

巧用土豆去咸味
Food   90

汤做咸了，可在汤里加入一个土豆，煮5分钟后，咸味会明显减轻，且不会冲淡汤的鲜味。

泡蘑菇水的妙用
Food   91

水泡蘑菇的过程中，蘑菇体内会浸出大量游离氨基酸和芳香物质，如将这种水倒掉，会造成浪费。如将蘑菇水澄清后，用来烹菜或制汤，不仅鲜美可口，还可增加营养。

白酒可去酸味
Food   92

做菜时不小心放多了醋，可往菜中再加点白酒，醋的酸味会减轻。

冷面加甜酒味道独特
Food   93

吃冷面时，可以在加完卤汁后再倒上一小匙甜酒，面的味道就会格外鲜美；若不用甜酒，可用白葡萄酒，味道更加独特。

米酒去酸味
Food   94

做菜时，如果醋放多了，加一点米酒，能够调轻酸味。

啤酒加咖啡去苦味
Food   95

在啤酒中加些咖啡，再放少许糖，会使苦涩中含幽香，口味甘醇。

储存与保鲜
CHU CUN YU BAO XIAN

大米巧防虫
Food　　　　1

1.按120：1的比例取花椒、大料，包成若干纱布包，混放在米缸内，加盖密封，可以防虫。

2.取大蒜、姜片许多，混放在米缸内。

3.将大米打成塑料小包，放冰柜中冷冻，取出后绝不生虫；米多时轮流冷冻。

大米巧防潮
Food　　　　2

用500克干海带与15千克大米共同储存，可以防潮，海带拿出仍可食用。

大米生虫的处理
Food　　　　3

大米生虫后，人们常常喜欢把大米置于阳光曝晒，这样做非但达不到杀死米虫的目的，反而会适得其反，因为二三天后，大米中的米虫定会有增无减，而且曝晒后的大米因丧失水分而影响口味。正确的做法是将生虫大米放在阴凉通风处，让虫子慢慢爬出，然后再筛一筛。

米与水果不宜一起存放
Food　　　　4

米易发热，水果受热则容易蒸发水分而干枯，而米亦会吸收水分后发生霉变或生虫。

巧存剩米饭
Food　　　　5

将其放入高压锅中加热，上气、加阀后用旺火烧5分钟；或放入一般蒸锅中，上气后8分钟再关火，千万别再开盖，以免空气中微生物落入。这样处理过的米饭，既可在室温下安全存放24小时以上，又不会变得干硬粗糙，再吃时其风味虽不及新鲜时，但基本上不会损害营养价值。

巧存面粉
Food　　　　6

口袋要清洁，盛面粉后要放在阴凉、通风、干燥处，减温散热，避免发霉。如生虫，可用鲜树叶放于表层，密封4天杀虫。

巧存馒头、包子
Food　　　　7

将新制成的馒头或包子趁热放入冰箱迅速冷却。没有条件的家庭，可放置在橱柜里或阴凉处，也可放在蒸笼里密封贮藏，或放在食品篓中，上蒙一块湿润的盖布，用油纸包裹起来。这些办法只能减缓面食品变硬的速度，只要时间不是过长，都能收到一定的效果。

巧存面包
Food　　　　8

1.先将隔夜面包放在蒸屉里，然后往锅内倒小半锅温开水，再放点醋，把面包稍蒸即可。

2.把面包用原来的包装蜡纸包好，再用几张浸湿冷水的纸包在包装纸外层，放进一个塑料袋里，将袋口扎牢。这种方法适宜外出旅游时面包保鲜用。

3.在装有面包的塑料袋中放一根鲜芹菜，可以使面包保持新鲜滋味。

分类存放汤圆
Food　　　　9

速冻汤圆买回家后，应做到分类存放：甜汤圆放入冰箱的速冻层内；叉烧、腊味等肉类的咸汤圆最好放入冷藏层内，以免低温破坏馅料的肉质纤维结构。

巧存蔬菜
Food　　　　10

从营养价值看，垂直放的蔬菜所保存的叶绿素含量比水平放的蔬菜要多，且经过时间越长，差异越大。叶绿素中造血的成分对人体有很高的营养价值，因此蔬菜购买回来应将其竖放。

巧存小白菜
Food　　　　11

小白菜包裹后冷藏只能维持2～3天，如连根一起贮藏，可稍延长1～2天。

巧存西红柿
Food　　12

西红柿大量上市时，质好价廉，选些半红或青熟的放进食品袋，然后扎紧袋口，放在阴凉通风处，每隔1天打开袋口1次，并倒掉袋内的水珠，5分钟后再扎紧口袋。待西红柿熟红后即可取出食用。需注意的是，西红柿全部转红后，就不要再扎袋口。此法可贮存1个月。⑧

盐水浸泡鲜蘑菇
Food　　13

将鲜蘑菇根部的杂物除净，放入1%的盐水中浸泡10～15分钟，捞出后沥干，装入塑料袋中，可保鲜3～5天。

巧存香菇
Food　　14

将香菇放在阳光下曝晒，晒至下午干燥时，将香菇装入塑料袋内，喷几口白酒或酒精，扎紧袋口，不使其露气，这种保管法可以保证香菇几年不生虫，可随时食用。

存冬瓜不要去白霜
Food　　15

冬瓜的外皮有一层白霜，它不但能防止外界微生物的侵害，而且能减少瓜肉内水分的蒸发。所以在存放冬瓜时，不要碰掉冬瓜皮上的白霜。另外，着地的一面最好垫干草或木板。冬瓜切开以后，剖切面上便会出现星星点点的黏液，取一张白纸或保险膜贴上，再用手抹平贴紧，存放3～5天仍新鲜。

存萝卜切头去尾
Food　　16

贮存萝卜、胡萝卜，一定得切头去尾。切头不让萝卜发芽，免得吸取内部的水分；去根免得萝卜长须根，避免耗费养分。

巧存黄瓜
Food　　17

将黄瓜洗净后，浸泡在盛有稀释食盐水的容器中，黄瓜周围便会附着许多细小的气泡，它可继续维持黄瓜的新陈代谢活动，使其保持新鲜不变质。此外，盐水还能使黄瓜不失水分，并可防止微生物的繁殖，在18℃～25℃的常温下，可保鲜20天左右。

黄瓜与西红柿不宜一起存放
Food　　18

黄瓜忌乙烯，而西红柿含有乙烯，会使黄瓜变质腐烂。

NO.12图

237

吃

巧用丝袜存洋葱
Food　19

将洋葱装进丝袜中，装一只打一个结，装好一串后，将其吊在阴凉通风的地方，就可以保存很长时间，拿出来仍然很新鲜。可以随吃随取。图

巧存韭菜
Food　20

将韭菜用小绳捆起来，根朝下，放在水盆内，能在两三天内不发干、不腐烂。

巧存芹菜
Food　21

将新鲜、整齐的芹菜捆好，用保鲜袋或保鲜膜将茎叶部分包严，然后将芹菜根部朝下竖直放入清水盆中，1周内不黄不蔫。

保存茄子不能去皮
Food　22

茄子表面有一层蜡质，对自身起保护作用。如果这层蜡质被碰破或被洗刷掉，茄子很快就会发霉腐烂。所以保管茄子最重要的是不要碰破它的表皮，轻拿轻放，不要用水洗和让它被雨淋，要放在阴凉通风处。

巧存青椒
Food　23

取1只竹筐，筐底及四围用牛皮纸垫好，将青椒放满后包严实，放在气温较低的屋子或阴凉通风处，隔10天翻动一次，可保鲜2个月不坏。

巧存莴苣
Food　24

新鲜的莴苣吃不了就放在冰箱里。但因莴苣是时鲜菜，不多久，就发蔫并容易生"锈"。如果在需存放的莴苣下面垫1块毛巾，莴苣就不会生"锈"了。

巧存鲜藕
Food　25

用清水把沾在藕上的泥洗净，根据藕的多少选择适当的盆或木桶，把藕放进去后，加满清水，把藕浸没水中，每隔1～2天换1次凉水，冬季要保持水不结冰，可以保持鲜藕1～2个月不变质、不霉烂。

巧存竹笋
Food　26

笋因为有壳保护，比较容易储存。但如果将整块笋煮熟后冷冻，放置时间可更长些。

巧用苹果存土豆
Food　27

把需要储存的土豆放入纸箱内，同时放入几个青苹果，盖好放在阴凉处，可使土豆新鲜、不烂。

巧存豆角
Food　28

将豆角用开水煮一下，捞出晾凉，装在小塑料袋内放入冰箱冷冻室冷冻，随吃随取。此法保鲜持久，长达数月。

巧存豆腐
Food　29

将食盐化水煮沸，冷却后将豆腐浸入，以全部浸没为准。这样豆腐即使在夏天也能保存较长时间。但注意，烹食时不要再加盐或少加盐。

巧存水果
Food　30

1.不管是什么水果，只要水果新鲜，就可以用淀粉、蛋清、动物油混合液体喷洒水果，干后在水果表面

NO.19图

形成一层薄膜，对水果有保鲜作用，水果能贮藏半年不坏不腐。

2.把新鲜水果放在1‰浓度的小苏打溶液中浸泡2分钟。保存时间会更长。

巧用纸箱存苹果

要求箱子清洁无味，箱底和四周放两层纸。将包好的苹果，每5~10个装一小塑料袋。早晨低温时，将装满袋的苹果，两袋口对口挤放在箱内，逐层将箱装满，上面先盖2~3层软纸，再覆上一层塑料布，然后封盖。放在阴凉处，一般可储存半年以上。

巧防苹果变色
Food　　　　　　32

将柠檬汁滴到苹果切片上，可防止苹果氧化变色。

巧用苹果存香蕉
Food　　　　　　33

把香蕉放进塑料袋里，再放一个苹果，然后尽量排出袋子里的空气，扎紧袋口，放在家里不靠近暖气的地方。这样可以保存1个星期。

巧存柑橘
Food　　　　　　34

把柑橘放在小苏打水里浸泡1分钟，捞出沥干，装进塑料袋里把口扎紧，放进冰箱，可保持柑橘1~2个月新鲜好吃。

巧存荔枝
Food　　　　　　35

荔枝的保鲜期很短，可将荔枝放在密封的容器里，

由于其吸氧呼出二氧化碳作用，使容器形成一个低氧、高二氧化碳的环境，采取此法存放荔枝，在1℃~5℃的低温条件下，可存放30~40天，常温下可存放6~7天，而且风味不变。

巧用醋保存鲜肉
Food　　　　　　36

用浸过醋的湿布将鲜肉包起来，可保鲜一昼夜。

巧用料酒保存猪肉
Food　　　　　　37

将肉切成肉片，放入塑料盒里，喷上一层料酒，盖上盖，放入冰箱的冷藏室，可贮藏1天不变味。

茶水浸泡猪肉可保鲜
Food　　　　　　38

用茶叶加水泡成浓度为5%的茶汁，把鲜肉浸泡在茶汁中，过些时候取出冷藏。经过这样处理的鲜肉，可以减少70%~80%的过氧化合物。因为茶叶中含有鞣酸的黄酮类物质，能减少肉类的过氧化物产生，从而达到保鲜效果。

巧存鲜肝
Food　　　　　　39

在鲜肝的表面，均匀地涂一层油，放入冰箱保存，再次食用时，仍可保持原来的鲜嫩。

巧存腊肉
Food　　　　　　40

存放腊肉时，应先将腊肉晒干或烤干，放在小口坛子里，上面撒少量食盐，再用塑料薄膜把坛口扎紧。随

用随取，取后封严。这样保存的腊肉到来年秋天也不会变质变味。

夏季巧存火腿
Food　　　　　　41

夏天可用食油在火腿两面擦抹1遍，置于罐内，上盖咸干菜可保存较长时间。

巧用面粉保存火腿
Food　　　　　　42

将火腿挂在通风的阴凉干燥处，避免阳光直射，并可用植物油80%，面粉20%调成糊状，涂抹在火腿表面。

巧用白酒存香肠
Food　　　　　　43

储藏前，在香肠上涂一层白酒，然后将香肠放入密封性能良好的容器内，将盖子盖严，置于阴凉干燥通风处。

葡萄酒保存火腿
Food　　　　　　44

做菜时如果火腿用不完，可在开口处涂些葡萄酒，包好后放入冰箱里能久放，且可保持原有的口味。

巧存熏肠
Food　　　　　　45

高温季节存放熏肠，可在肠表面划几道刀痕，放在金属盘上，放冷冻室冻硬后放入塑料袋中，挤出袋中空气，扎紧袋口，置冷藏室上层贮放。

巧防酸菜长毛
Food　　　　　　46

在腌酸菜的缸里少倒入一点白酒，或把腌酸菜的汤煮一下，晾凉再倒入酸菜

Food
吃出快乐和健康

储存与保鲜

239

中，都可以避免酸菜长毛。

巧用熟油存肉馅
Food 47

肉馅如一时不用，可将其盛在碗里，将表面抹平，再浇1层熟食油，可以隔绝空气，存放不易变质。

巧用葡萄酒保存剩菜
Food 48

炒菜时加点葡萄酒，菜不易变馊。

巧用葡萄酒保存禽肉
Food 49

在鸡、鸭肉上浇些葡萄酒，再置于密闭的容器中进行冷冻，可防止变色，且味道鲜美。

鸡蛋竖放可保鲜
Food 50

刚生下来的鸡蛋，蛋白很浓稠，能够有效地固定蛋黄的位置。但随着存放时间的推延，尤其是外界温度比较高的时候，在蛋白酶的作用下，蛋白中的黏液素就会脱水，慢慢变稀，失去固定蛋黄的作用。这时，如果把鲜蛋横放，蛋黄就会上浮，靠近蛋壳，变成贴壳蛋。如果把蛋的大头向上，即使蛋黄上浮，也不会贴近蛋壳。

速烫法存鸡蛋
Food 51

将鲜蛋洗净，在沸水中迅速浸烫半分钟，晾干后，密封保存。由于蛋的外层蛋白质受热凝固，形成一层保护膜，因此可保存数月不坏。

蛋黄蛋清的保鲜
Food 52

1.蛋黄的保鲜：蛋黄从蛋白中分离出来后，浸在麻油里，可保鲜2～3天。

2.蛋清的保鲜：把蛋清盛在碗里，浇上冷开水，可保留数天不坏。要使蛋清变稠，可在蛋清里放一些糖，或滴上几滴柠檬，或放上少许盐均可。

鲜蛋与姜葱不宜一起存放
Food 53

蛋壳上有许多小气孔，生姜、洋葱的强烈气味会钻入气孔内，加速鲜蛋的变质，时间稍长，蛋就会发臭。

松花蛋不宜入冰箱
Food 54

松花蛋若经冷冻，水分会逐渐结冰。待拿出来吃时，冰逐渐融化，其胶状体会变成蜂窝状，改变了松花蛋原有的风味，降低了食用价值。

巧存鲜虾
Food 55

冷冻新鲜的河虾或海虾，可先用水将其洗净后，放入金属盒中，注入冷水，将虾浸没，再放入冷冻室内冻结。待冻结后将金属盒取出，在外面稍放一会儿，倒出冻结的虾块，再用保鲜袋或塑料食品袋密封包装，放入冷冻室内储藏。

巧存鲜鱼
Food 56

1.在活鱼的嘴里灌几滴白酒，或用细绳将鱼唇和肛门缚成"弓形"，可使鱼多活一些时间。

2.用浸湿的纸贴在鱼眼睛上，可使鱼多活3～5个小时。因鱼眼内神经后面有一条死亡线，鱼离开水后，这条死亡线就会断开，继而死亡。

3.将鱼放入隔日的自来水中，并保证每天换一次水，这样鱼能存活1个月左右。

鲜鱼保鲜法
Food 57

1.将鲜鱼放入88℃的水中浸泡2秒钟，体表变白后即放入冰箱；或将鱼切好经热水消毒杀菌后装塑料袋在34℃左右保存；或放在有漂白粉的热水中浸泡2秒钟。

2.活鱼剖杀后，不要刮鳞，不要用水洗，用布去血污后，放在凉盐水中泡4小时后，取出晒干，再涂上点油，挂在阴凉处，可存放多日，味道如初。

3.将鱼剖开，取掉内脏，洗净后，放在盛有盐水的塑料袋中冷冻，鱼肚中再放几粒花椒，鱼不发干，味道鲜美。

巧存活甲鱼
Food 58

夏天甲鱼易被蚊子叮咬而死亡，但如果将甲鱼养在冰箱冷藏的果盘盒内，既可防止蚊子叮咬，又可延长甲鱼的存活时间。

巧存海参
Food 59

将海参晒得干透，装入双层食品塑料袋中，加几头蒜，然后扎紧袋口，悬挂在高处，不会变质生虫。

巧存海蜇

海蜇买回来后，不要沾淡水，用盐把它一层一层地腌存在口部较小的坛（或罐）子里，坛口部也要放一层盐，然后密封。此法能使海蜇保存几年不变质。但需要注意的是，腌泡海蜇的坛子，一定要清洗干净，并且不能与其他海产品混合腌泡，否则容易腐烂。

巧存虾仁

虾仁是去掉了头和壳的鲜虾肉。鲜虾仁入冰箱贮藏前，要先用水焯或油氽至断生，可使红色固定，鲜味恒长。如需要剥仁备用，可在虾仁中加适量清水，再入冰箱冻存。这样即使存放时间稍长一些，也不会影响鲜虾的质、味、量，更不会出现难看的颜色。

巧存虾米

1.淡质虾米可摊在太阳光下，待其干后，装入瓶内，保存起来。

2.咸质虾米，切忌在阳光下晾晒，只能将其摊在阴凉处风干，再装进瓶中。

3.无论是保存淡质虾米，还是保存咸质虾米，都可将瓶中放入适量大蒜，以避免虫蛀。

巧存泥鳅

把活泥鳅用清水洗一下，捞出后放进一个塑料袋里，袋内装适量的水，将袋

NO.63图

口用细绳扎紧，放进冰箱的冷冻室里冷冻，泥鳅就会进入冬眠状态。需要烹制时，取出泥鳅，放进一盆干净的冷水里，待冰块融化后，泥鳅很快就会复活。图

巧存活蟹

买来的活蟹如想暂放几天再吃，可用大口瓮、坛等器皿，底部铺一层泥，稍放些水，将蟹放入其中，然后移放到阴凉处。如器皿浅，上面要加透气的盖压住，以防爬出。

巧使活蟹变肥

如买来的蟹较瘦，想把它养肥一点再吃，或暂时储存着怕瘦下去，可用糙米加入两个打碎壳的鸡蛋，再撒上两把黑芝麻，放到缸里。这样养3天左右取出。由于螃蟹吸收了米、蛋中的营养，蟹肚即壮实丰满，重量明显增加，吃起来肥鲜香美。但

是，不能放得太多，以防蟹吃得太多而胀死。

巧存蛏、蛤

要使蛏、蛤等数天不死，在需要烹调时保持新鲜味美，可在养殖蛏、蛤的清水中加入食盐，盐量要达到近似海水的咸度，蛏、蛤在这种近似海水的淡水中，可存活数天。

巧存活蚶

蚶是一种水生软体动物，离水后不久就会死掉。如果保持蚶外壳的泥质，并将其装入蒲包，在蒲包中放一些小冰块，可使蚶半月不死。

面包与饼干不宜一起存放

饼干干燥，也无水分，而面包的水分较多，两者放在一起，饼干会变软而失去香脆，面包则会变硬难吃。

巧用冰糖存月饼
Food　　69

将月饼用筷子挟到容器中，将一些冰糖也放入容器中，盖好盖子，将容器放在低温、阴凉处就可以了。

巧用面包存糕点
Food　　70

在贮藏糕点的密封容器里加一片新鲜面包，当面包发硬时，再及时更换一块新鲜的，这样糕点就能较长时间保鲜。

巧让隔夜蛋糕恢复新鲜
Food　　71

在装面包或汉堡的牛皮纸袋里加入一些水，然后把隔夜蛋糕放到纸袋里，把袋口卷起来，放到微波炉加热1分钟，蛋糕便恢复新鲜时的松软了。

巧用苹果和白酒存点心
Food　　72

准备一个大口的容器，一个削了皮的苹果和一小杯白酒。首先在容器底部摆放一些点心，然后把削好的苹果放在中间，再在苹果周围和上面摆放点心，最后在点心的最上面放一小杯白酒；然后把容器的盖子盖好，就可以随吃随拿了。用这种方法保存点心，可以使糕点保持半年不坏，而且还特别松软。

饼干受潮的处理
Food　　73

饼干密封后放在冰箱中储存，可保酥脆。受潮软化的饼干放入冰箱冷藏几天，即可恢复原状。

NO.74图

巧用微波炉加热潮饼干
Food　　74

把受潮的饼干装到盘子里，然后放到微波炉内加热，不过要注意用中火加热1分钟左右，然后取出。如果饼干已经酥脆，便可不必加热；如果还没有，那就需要再以30秒的时间，继续加热。使用微波炉的方法很简便，但是一不小心饼干就会变糊。图

巧存食盐
Food　　75

1.炒热储存法：夏天，食盐会因吸收了空气中的水分而返潮，若将食盐放到锅里炒热，使食盐中吸收潮气的氯化镁分解成氧化镁，食盐就不会返潮了。

2.加玉米面储存法：在食盐中放些玉米面粉，食盐就能保持干燥，不易回潮，也不影响食用。

巧存酱油、醋
Food　　76

1.购买前，先把容器中残留的酱油、醋倒掉，然后用水洗刷干净，再用开水烫一下。

2.酱油、醋买回后，最好先烧开一下，待凉后再装瓶，并且要将瓶盖盖严。

3.在瓶中倒点清生油或香油，把酱油、醋和空气隔开。在酱油、醋中放几瓣大蒜或倒入几滴白酒，均可防止发霉。

4.醋最好用玻璃、陶瓷器皿贮藏，凡是带酸性的食物都不要用金属容器贮藏。

5.醋里滴几滴白酒，再略加点盐，醋就会更加香气浓郁，且长久不坏。

巧存料酒
Food　　77

料酒存放久了，会产生酸味。如果在酒里放几颗黑枣或红枣（500毫升黄酒放5~10颗），就能使料酒保持较长时间不变酸，而且使酒味更醇。

巧存香油
Food　　78

把香油装进一小口玻璃瓶内，每500克油加入精盐1克，将瓶口塞紧不断地摇动，使食盐溶化，放在暗处3日左右，再将沉淀后的香油倒入洗净的棕色玻璃瓶中，拧紧瓶盖，置于避光处保存，随吃随取。要注意的是，装油的瓶子切勿用橡皮等有异味的瓶塞。

巧用维生素E保存植物油
Food　　79

在植物油中加维生素E，用量为每500克植物油加0.1克；或每1千克加1粒维生素E

胶丸，可长时间贮藏。

巧用生盐保存植物油
Food   80

将生盐炒热去水，凉后将少量（按40∶1之比）倒入油里，可保持油的色、香、味两三年不变质。

巧法保存花生油
Food   81

将花生油（或豆油）入锅加热，放入少许花椒、茴香，待油冷后倒进搪瓷或陶瓷容器中存放，不但久不变质，做菜用此油，味道也特别香。

巧选容器保存食用油
Food   82

用不同的容器存放，食用油的保质期也不相同。用金属容器存放最安全，既不进氧，也不进光，油难以被氧化，一般采用金属桶装油可保存2年。而玻璃瓶、塑料桶在这些方面都有欠缺，尤其是用塑料桶装，非常容易被氧化。采用玻璃瓶可保存1～2年，塑料桶仅可保存半年至一年。图

巧存猪油
Food   83

1.猪油热天易变坏，炼油时可放少许茴香，盛油时放一片萝卜或几颗黄豆，油中加一点白糖、食盐或豆油，可久存无怪味。

2.在刚炼好的猪油中加入几粒花椒，搅拌并密封，可使猪油长时间不变味。

巧存老汤
Food   84

1.保存老汤时，一定要先除去汤中的杂质，等汤凉透后再放进冰箱里。

2.盛汤的容器最好是大搪瓷杯，一是占空间小，二是保证汤汁不与容器发生化学反应。

3.容器要有盖，外面再套上塑料袋，即使放在冷藏室内，5天之后也不会变质。

4.如果较长时间不用老汤，则可将老汤放在冰箱的冷冻室里，3周之内不会变质。

巧存番茄酱
Food   85

把番茄酱罐头开个口，先入锅蒸一下再吃，吃剩下的番茄酱可在较长时间内不变质。

牛奶不宜冰冻
Food   86

牛奶的冰点低于水，平均为零下0.55℃。牛奶结冰后，牛奶中的脂肪，蛋白质分离，干酪素呈微粒状态分散于牛奶中。再加热溶化的冰冻牛奶，味道明显淡薄，液体呈水样，营养价值降低。所以，把牛奶放到冷藏室即可。

牛奶的保存时间
Food   87

牛奶在0℃下可保存48小时；在0℃～10℃可保存24小时；在30℃左右可保存3小时。温度越高，保存时间越短。夏季牛奶不可久放，否则会变质。

牛奶忌放入暖瓶
Food   88

保温瓶中的温度适宜细菌繁殖。细菌在牛奶中约20分钟繁殖1次，隔3～4小时，保温瓶中的牛奶就会变质。

剩牛奶的处理
Food   89

牛奶倒进杯子、茶壶等容器，如没有喝完，应盖好盖子放回冰箱，切不可倒回原来的瓶子。

NO.82图

巧用保鲜纸储存冰淇淋
Food 90

把保鲜纸盖在吃剩的冰淇淋上，放回冰箱内，可防止结霜，保持其味道。

存蜂蜜忌用金属容器
Food 91

贮藏蜂蜜使用金属容器会破坏蜂蜜的营养成分，甚至会使人中毒。因为蜂蜜有酸性，会和金属发生化学反应而使金属析出，与蜂蜜结合成异物，破坏蜂蜜的营养价值。人吃了这种蜂蜜还会发生轻微中毒。因此，储存蜂蜜最好是用玻璃或陶瓷容器。

巧法融解蜂蜜
Food 92

蜂蜜存放日久，会沉淀在瓶底，食用时很不方便。这时可将蜂蜜罐放入加有冷水的锅中，徐徐加热，当水温升到70℃～80℃时，沉淀物即溶化，且不会再沉淀。

巧解白糖板结
Food 93

1.可取一个不大的青苹果，切成几块放在糖罐内盖好，过1～2天后，板结的白糖便自然松散了，这时可将苹果取出。

2.在食糖上面敷上一块湿布，使表面重新受潮，使之散开。

3.将砂糖块放入盘中，用微波炉加热5分钟。根据砂糖量的不同，加热时间不同，所以在加热时应在微波炉旁观察。因为如果加热时间过长，砂糖将会融化。图

巧除糖瓶内蚂蚁
Food 94

蚂蚁喜甜食，常窜入糖罐中为害，预防的方法是，在糖罐周围放几块旧橡皮或橡皮筋即可。对已经成群入罐的蚂蚁，可在糖罐内插一只竹筷，蚂蚁即会成群结队爬上来。

巧存罐头
Food 95

罐头一经打开，食品就不要继续放在罐头盒里了。因为在空气的作用下，罐头盒的金属发生氧化，会破坏食品中的维生素C。所以，打开的罐头一时吃不完，要取出放在搪瓷、陶瓷或塑料食品容器中，但也忌久放。

啤酒忌震荡
Food 96

啤酒震荡后，会降低二氧化碳在啤酒中的溶解度。所以，不要来回倾倒。

巧存葡萄酒
Food 97

葡萄酒保存方法正确可维持其美味芳香，先将酒存在具有隔热、隔光效果的纸箱内，再置于阴凉通风且温度变化不大的地方，可存半年。

真空法保存碳酸饮料
Food 98

将装有剩余饮料的瓶子放在腋下，用力将里面的空气慢慢导出，在瓶子里制造出一个相对的真空空间。也可以用其他方法将瓶压扁，这样做虽然使饮料瓶子不好看，但是饮料保存1周到10天左右还是可以喝的。

巧用鸡蛋存米酒
Food 99

把一个洗干净的鲜鸡蛋放在未煮的米酒中，2小时后蛋壳颜色变深，时间越长，蛋壳颜色则越深，这样，米酒保鲜时间就越长。米酒用完了，鸡蛋仍可食用。

NO.93图

巧存药酒
Food　　　　100

　　1.家庭配置好的药酒应该及时装进细口颈的玻璃瓶内，或其他有盖的玻璃容器里，并将口密封。

　　2.家庭自制的药酒要贴上标签，并写明药酒的名称、作用、配置时间和用量等内容，以免时间长了发生混乱，造成不必要的麻烦。

　　3.夏季储存药酒时要避免阳光的直射，以免药酒的有效成分被破坏，功效降低。

剩咖啡巧做冰块
Food　　　　101

　　喝剩下的咖啡，可以倒在制冰盒中，放在冰箱的冷冻室，作成小冰块，在喝咖啡时当冰块用。这种冰块融化后不会冲淡咖啡的味道。

巧用生石灰存茶叶
Food　　　　102

　　选用干燥、封闭的陶瓷坛，放置在干燥、阴凉处，将茶叶用薄牛皮纸包好，扎紧，分层环排于坛内四周，再把装有生石灰的小布袋放于茶包中间，装满后密封坛口，灰袋最好每隔1~2个月换一次，这样可使茶叶久存而不变质。

巧用暖水瓶储存茶叶
Food　　　　103

　　将茶叶装进新买回的暖水瓶中，然后用白蜡封口并裹以胶布。此法最适用于家庭保管茶叶。

冷藏法储存茶叶
Food　　　　104

　　将含水量在6%以下的新茶装进铁或木制的茶罐，罐口用胶布密封好，把它放在电冰箱内，长期冷藏，温度保持在5℃，效果较好。

　　另外，茶叶要放在较高的通风处，阳光不要直射茶罐。买茶叶的量以1个月能喝完最好。

茶叶生霉的处理
Food　　　　105

　　如果保存不当，茶叶生霉，切忌在阳光下晒，放在锅中干焙10分钟左右，味道便可恢复，但锅内要清洁，火不宜太大。

巧存人参、洋参
Food　　　　106

　　用食品塑料袋或纸袋包好，放入盛有石灰的箱内或者放在炒黄的大米罐内，这样可以保持参体干燥，质地坚实，煎汤时汁水充足，味道醇正清香，研磨成粉末也很容易。但人参不能放入冰箱，参体从冰箱取出后吸附空气中的水分，会发软，易生虫、发霉。

红糖忌久存
Food　　　　107

　　红糖中糖蜜的含量较高，水分和杂质也较多，在存放中极易受乳酸菌的侵害。特别是糖受潮或放在潮湿的地方，乳酸菌繁殖迅速，使红糖中的蔗糖成分逐渐分解成葡萄糖及乳糖，然后转化为乳酸及其他有机物质，使红糖营养价值降低，甜味也会下降，甚至带有酸味。一般来讲，红糖在干燥通风的地方放1~2个月是可以的，再长时间存放，质量就要受损。

熟银耳忌久存
Food　　　　108

　　有些人为了做菜方便快捷，习惯先将银耳煮熟放置起来，这种做法不科学，会使银耳营养受损，伤害人体健康。银耳中含有较多的硝酸盐类，煮熟的银耳放置时间过长，在细菌的分解作用下，硝酸盐就会还原成亚硝酸盐，亚硝酸盐会导致人体血液中的血红蛋白丧失携带氧气的能力，破坏人体的造血功能。

巧装饭盒
Food　　　　109

　　带盒饭想装两个菜的时候，在装好一个菜后，剪下一块保鲜膜铺到饭盒上，然后再把另外一个菜装在保鲜膜内，拧好，这样两个菜便轻松地分离了，如果你想饭后来点水果，也可以用保鲜膜包好，放到饭盒内，而且不会串味。

储存与保鲜

饮食宜忌与食品安全

YIN SHI YI JI YU SHI PIN AN QUAN

进餐的正确顺序
Food   1

正确的进餐顺序是：先喝汤，然后蔬菜、饭、肉按序摄入，半小时后再食用水果最佳，而不是饭后立即吃水果。图

吃盐要适量
Food   2

世界卫生组织建议：一般人群每日食盐量为6～8克。我国居民膳食指南提倡每人每日食盐量应少于6克。需注意的是，计算食盐量时，也应加上通过酱油所摄入的食盐量，酱油中食盐含量为18%左右。

喝绿豆汤也要讲方法
Food   3

一般人认为，夏天胃口不好是因为上火，因此常喝绿豆汤解暑。但甜腻腻的绿豆汤喝得太多同样会发胖。如果饭后要喝一碗绿豆汤（热量约300焦耳），那么饭量应减少1/4；并且绿豆汤中要少放糖，可以加入少许低脂牛奶或水果，这样既有营养，又不容易发胖。

汤面营养比捞面高
Food   4

吃面食时应注意减少营养素损失。如吃捞面，面条中很多营养素会溶于面汤内，若面汤弃而不用则造成浪费。因此吃汤面比吃捞面营养价值高。

馒头的营养比面包高
Food   5

面包是用烘炉烤出来的，色香味都比较好。然而这种烘烤的办法，会使面粉中的赖氨酸在高温中发生分解，产生棕色的物质。而用蒸汽蒸出来的馒头，则无此反应，蛋白质的含量会高一些。所以，从营养价值来看，吃蒸馒头比吃用烘炉烤出的面包好。

包饺子不用生豆油
Food   6

豆油在加工中残留极少量的苯和多环芳烃等有害物质。一些家庭包饺子习惯用生豆油调馅，人吃后对神经和造血系统有害，会出现头痛，眩晕，眼球震颤，睡眠不安，食欲不振及贫血等慢性中毒症状。因此，调馅时，一定要把豆油烧开，使其所含的有害物质自然挥发掉，然后再拌入馅中。

萝卜分段吃有营养
Food   7

从萝卜的顶部至3～5厘米处为第一段，此段维生素C含量最多，但质地有些硬，宜于切丝、条，快速烹调，也可切丝煮汤，用于配羊肉做馅，味道极佳；萝卜中段，含糖量较多，质地较脆嫩，可切丁做沙拉，可切丝用糖、醋拌凉菜，炒煮也很可口；萝卜从中段到

NO.1图

尾段，有较多的淀粉酶和芥子油一类的物质，有些辛辣味，可帮助消化，增进食欲，可用来腌拌；若削皮生吃，是糖尿病患者用以代替水果的上选；做菜可炖块、炒丝、做汤。

萝卜与烤肉同食可防癌
Food 8

萝卜中的一些酶不但能分解食物中的淀粉、脂肪，还可以分解致癌作用很强的亚硝胺。而烤鱼、烤肉时，温度骤升达400℃，使食物烧焦而产生致癌性很强的物质，若经常食用，就会导致癌症的发生。所以，吃烤鱼、烤肉时，宜与萝卜搭配食用，以分解其有害物质，减少毒性。

凉拌菜可预防感染疾病
Food 9

春季为流行病高发期，家里可多做些提高人体免疫力的凉拌菜：海带丝、芦笋丝、萝卜丝、鱼腥草、枸杞菜等，适当多吃，可预防感染疾病。

蔬菜做馅不要挤汁
Food 10

菜汁中含大量维生素C和其他营养物质，挤去不仅丢失了营养还使味道失鲜。可把洗净晾干的菜切碎，浇上食油轻轻拌和，把水分先锁住。再倒入已加过调料的肉馅拌匀。这样再加盐，馅内也不会泛水了。

香椿水焯有益健康
Food 11

将洗净的香椿用开水焯一下，不仅香椿原本含有的亚硝酸盐含量会大大降低，有益身体健康，而且浓香四溢、颜色鲜艳。拌豆腐、炒鸡蛋会更有特色。

洋葱搭配牛排有助消化
Food 12

享用高脂肪食物时，最好能搭配洋葱，洋葱所含的化合物有助于抵消高脂肪食物引起的血液凝块。牛排与洋葱就是不错的搭配。

白萝卜宜生食
Food 13

白萝卜煮熟后其有效成分会被破坏，生吃细嚼才能使萝卜细胞中有效成分释放出来。要注意吃后半个小时内不能进饮食，以防其有效成分被其他食物稀释。用量是每日或隔日吃100～150克。

半熟豆芽有毒
Food 14

豆芽质地脆嫩、味道鲜美、营养丰富，但要注意食用时一定要炒熟。否则，食用半熟的豆芽后会出现恶心、呕吐、腹泻、头晕等不适反应或中毒症状。

金针菜不宜鲜食
Food 15

鲜金针菜中含有秋水仙碱素，炒食后能在体内被氧化，产生一种剧毒物质，轻则出现喉干、恶心、呕吐或腹胀、腹泻等，严重时还会出现血尿、血便等。因此，应以蒸煮晒干后存放，而后食用为好。

大蒜不可长期食用
Food 16

大蒜具有使肠道变硬的作用，这往往是造成便秘的原因。还会杀死大肠内大量的肠内正常菌群，由此引起许多皮肤病。

蔬菜久存易生毒
Food 17

将蔬菜存放数日后再食用是非常危险的，危险来自蔬菜含有的硝酸盐。硝酸盐本身无毒，然而在储藏一段时间之后，由于酶和细菌的作用，硝酸盐被还原成亚硝酸盐，这是一种有毒物质。亚硝酸盐在人体内与蛋白质结合，可生成致癌的亚硝酸胺类物质。所以，新鲜蔬菜在冰箱内储存不应超过3天。

吃蚕豆当心"蚕豆病"
Food 18

医学研究证明，引起"蚕豆病"的主要原因是病人体内的红细胞缺乏一种酶。这种缺乏症有遗传性，蚕豆只能作为一种诱发的外因而起作用。此病在我国分布极广，以广东潮汕地区为多发区，与其盛产蚕豆，食用人数众多有关。这类患者有近半数家庭中有相同的发病者，若有这种病的人，则应避免食用蚕豆。

四季豆须完全炒熟
Food 19

四季豆（菜豆）中含有胰蛋白酶抑制剂、血球凝集素和皂素等成分，若食用未加工熟的菜豆会引起恶心、呕吐、腹痛、头晕等中毒反应，严重者会出现心慌、腹泻、血尿、肢体麻木等现象。

饮食宜忌与食品安全

巧除西红柿碱
Food　　20

烧煮西红柿时稍加些醋，能破坏其中的有害物质西红柿碱。

青西红柿不能吃
Food　　21

没有成熟的青西红柿含有龙葵碱，对胃肠黏膜有较强的刺激作用，对中枢神经有麻痹作用，会引起呕吐、头晕、流涎等症状，生食危害更大。另外发芽和变青的土豆与青西红柿一样，含有龙葵碱，也不能食用。

空腹不宜吃西红柿
Food　　22

西红柿含有大量的果胶、柿胶酚、可溶性收敛剂等成分，容易与胃酸发生化学作用，凝结成不易溶解的块状物。这些硬块可将胃的出口——幽门堵塞，使胃里的压力升高，造成胃扩张而使人感到胃胀痛。

水果忌马上入冰箱
Food　　23

刚买的水果和非叶类蔬菜，不宜立即放入冰箱冷藏，因为低温会抑制果菜酵素活动，无法分解残毒，应先放一两天，使残毒有时间被分解掉。

空腹不宜吃橘子
Food　　24

橘子内含有大量糖分及有机酸。空腹吃下肚，会使胃酸增加，使脾胃不适，嗝酸，使胃肠功能紊乱。

空腹不宜吃柿子
Food　　25

柿子含有柿胶酚、果胶、鞣酸和鞣红素等物质，具有很强的收敛作用。在胃空时遇到较强的胃酸，容易和胃酸结合凝成难以溶解的硬块。小硬块可以随粪便排泄，若结成大的硬块，就易引起"胃柿结石症"，中医称为"柿石症"。

荔枝不宜多吃
Food　　26

荔枝性温热，每次不宜多吃，吃后最好饮用盐水或绿豆茶消暑降火。吃完荔枝后，把荔枝蒂部凹进果肉的白色蒂状部分吃掉，大概吃3粒，就可以有效地防止上火。

多吃菠萝易过敏
Food　　27

菠萝吃多了容易引起过敏，因其含有一种蛋白酶成分。食用前应用盐水或开水浸泡一下，以免发生过敏。如果吃菠萝后感到喉部不适，就是过敏症状，应立即停止进食，并喝一杯淡盐水稀释致敏成分。

肉类解冻后不宜再存放
Food　　28

鸡鸭鱼肉在冷冻的时候，由于水分结晶的作用，其组织细胞已经受到破坏，一旦解冻，被破坏的组织细胞中会渗出大量的蛋白质，形成细菌繁殖的温床。冷冻一天后化解的鱼在30℃的温度下腐败的速度比未经冷冻的新鲜鱼要快1倍。

肉类焖吃营养高
Food　　29

肉类食物在烹调过程中，某些营养物质会遭到破坏。不同的烹调方法，其营养损失的程度也有所不同。如：蛋白质，在炸的过程中损失可达8%～12%，煮和焖则损耗较少。维生素B在炸的过程中损失45%，煮为42%，焖为30%。由此可见，肉类在烹调过程中，焖损失营养最少。另外，如果把肉剁成肉泥与面粉等做成丸子或肉饼，其营养损失要比直接炸和煮减少一半。

吃肝脏有讲究
Food　　30

肝是动物体内最大的毒物中转站和解毒器官，所以鲜肝买回后，应把肝放在自来水龙头下冲洗10分钟，然后放在水中浸泡30分钟再下锅。烹调时间也不能太短，至少应该在急火中炒5分钟以上，使肝完全变成灰褐色，看不到血丝才好。

腌制食品加维生素C可防癌
Food　　31

食品在腌制的过程中，会产生对人体有害的亚硝酸盐，食后容易诱发消化系统的癌症。如在腌制时，按每1000克食品加入400毫克维生素C和50毫克苯甲酸，就可以阻断有害物质的形成，其阻断率可达85%～98%，而且腌制品不长霉、不酸败、无异味。

鸡蛋忌直接入冰箱
Food　　32

鸡蛋壳上有枯草杆菌、

假芽孢菌、大肠杆菌等细菌，这些细菌在低温下可生长繁殖，而冰箱贮藏室温度常为4℃左右，不能抑制微生物的生长繁殖——这不仅不利于鸡蛋的储存，也会对冰箱中的其他食物造成污染。正确的方法是把鲜鸡蛋装入干燥洁净的食品袋内，然后放入冰箱蛋架上存放。

鸡蛋煮吃营养高
Food   33

蒸、煮、炒的鸡蛋比煎或炸的营养价值高。利用蒸、煮、炒来烹制的蛋类菜肴，因加热温度较低，时间短，其蛋白质、脂肪、无机盐等营养成分基本没有损失，维生素的损失也很少。

蛋类不宜食用过量
Food   34

蛋类属高蛋白食品，食用过多，会导致氮等代谢产物增多，同时也增加肾脏负担。一般来说，孩子和老人每天1个鸡蛋，青少年及成人每天2个比较适宜。对肾病，肝炎等疾病患者则应遵医嘱。

炒鸡蛋不要加味精
Food   35

鸡蛋中含有氯化钠和大量的谷氨酸，这两种成分在加热后会生成谷氨酸钠，这种物质具有纯正的鲜味。如果炒鸡蛋时再放入味精，会影响鸡蛋本身合成的谷氨酸钠，破坏鸡蛋的鲜味。

煮鸡蛋时间不要过长
Food   36

一般以8~10分钟为宜。鸡蛋煮得时间过长，蛋黄表面会形成灰绿色的硫化亚铁层，这种物质很难被人体吸收，降低了鸡蛋的营养价值。而且鸡蛋久煮会使蛋白质老化，变硬变韧，不易吸收，也影响食欲和口感。

煮鸡蛋忌用冷水浸泡剥壳
Food   37

新鲜鸡蛋外表有一层保护膜，使蛋内水分不易挥发，并防止微生物侵入，鸡蛋煮熟后壳上的保护膜被破坏，蛋内气腔的气体逸出，此时若将鸡蛋置于冷水内会使气腔内温度骤降而呈负压，冷水和微生物可通过蛋壳和蛋内双层膜上的气孔进入蛋内，贮藏时容易腐败变质。

鸡蛋不宜与糖同煮
Food   38

鸡蛋与糖同煮，会因高温作用生成一种叫糖基赖氨酸的物质，破坏了鸡蛋中对人体有益的氨基酸成分，而且这种物质有凝血作用，进入人体后会造成危害。如需在煮鸡蛋中加糖，应该等鸡蛋煮熟稍凉后再加，不仅不会破坏口味，更有利于健康。

忌用生水和热开水煮鸡蛋羹
Food   39

忌加生水，因自来水中有空气，水被烧沸后，空气排出，蛋羹会出现小蜂窝，影响质量，缺乏嫩感，营养成分也会受损。也忌用热开水，否则开水先将蛋液烫热，再去蒸，营养受损，甚至蒸不出蛋羹。最好是用凉开水蒸鸡蛋羹，不仅使营养免遭损失，还会使蛋羹表面光滑，软嫩如脑，口感鲜美。

蒸鸡蛋羹忌提前加入调料
Food   40

鸡蛋羹若在蒸制前加入调料，会使蛋白质变性，营养受损，蒸出的蛋羹也不鲜嫩。调味的方法应是：蒸熟后用刀将蛋羹划几刀，再加入少许熟酱油或盐水以及葱花、香油等。这样蛋羹味美，质嫩，营养不受损。图

蒸鸡蛋羹时间忌过长
Food   41

蛋液含蛋白质丰富，加热到85℃左右，就会逐渐凝固成块。蒸制时间过长，会使蛋羹变硬，蛋白质受损；蒸汽太大会使蛋羹出现蜂窝，鲜味降低。

吃生鸡蛋害处多
Food   42

生鸡蛋不仅不卫生，容易引起细菌感染，而且也没有营养。生鸡蛋蛋清中含抗生物素蛋白和抗胰蛋白酶，前者可影响人体对食物生物

NO.40图

NO.44图

素的吸收，导致食欲不振、全身无力、肌肉疼痛等"生物素缺乏症"；而后者可妨碍人体对蛋白质的消化吸收。鸡蛋煮熟之后，这两种有害物质被破坏，使蛋白质的致密结构变得松散，易于人体消化吸收。

慎吃"毛蛋"
Food　　43

新鲜的毛蛋是有较高的营养价值，既可做药，又可做佳肴。但并不是所有的毛蛋都能吃，因为毛蛋是死胎，在孵化过程中容易受病原菌的污染。在烹调过程中如果加热不够，就容易造成中毒。因此，在食用"毛蛋"时要注意选用新鲜"毛蛋"，如蛋壳灰暗有斑点，或有异味，说明已变质，不可食用。

松花蛋最好蒸煮后再食用
Food　　44

松花蛋是用生鸭蛋腌制而成，虽然蛋清完全凝固，可蛋黄还呈流体状，并没有完全凝固，不便于切配和食用。将松花蛋煮熟还能起杀菌消毒、减轻涩味的作用。所以，食用前可以摇一摇，如果有响声就不要吃，蒸一会儿再吃。图

大豆不宜生食、干炒
Food　　45

生大豆含有一种胰蛋白酶抑制物，它可以抑制小肠胰蛋白酶的活力，阻碍大豆蛋白质的消化吸收和利用。生食、干炒大豆都没有把这种物质破坏，从而降低人体对蛋白质的吸收。

虾皮可补钙
Food　　46

虾皮具有特殊的营养价值。它含钙质极高，每100克的虾皮含钙达1克，有些虾皮甚至高达2克，这是其他任何食物所无法相比的。钙是构成骨骼的主要原料，参与凝血过程，维持神经肌肉的兴奋性，调节心脏的活动。人的一生都需要钙，尤其是儿童、孕妇、哺乳妇女和老年人更为需要。

吃火锅的顺序
Food　　47

最好吃前先喝一小杯新鲜果汁，接着吃蔬菜，然后是肉，这样，才可以合理利用食物的营养，减少胃肠负担，达到健康饮食的目的。以下几种饮料都是吃火锅时可以选择的：碳酸饮料、果汁饮料、蔬菜汁、乳品等。

火锅涮肉时间别太短
Food　　48

涮肉时间短的最大危害是不能完全杀死肉片中的细菌和寄

生虫虫卵。一般来讲，薄肉片在沸腾的锅中烫1分钟左右，肉的颜色由鲜红变为灰白才可以吃；其他肉片要涮多长时间，需根据原料的大小而定，一个重要的原则就是，一定要让食物熟透。因此，火锅中汤的温度要高，最好使它一直处于沸腾状态。

吃火锅后宜吃水果
Food   49

一般来说吃火锅30分钟后可吃些水果，水果性凉，有良好的败火作用，餐后只要吃上一两个水果就可防止"上火"。

吃火锅后不宜饮茶
Food   50

在吃过羊肉火锅后，不宜马上饮茶，以防茶中鞣酸与肉中的蛋白质结合，影响营养物质的吸收及发生便秘。

百叶太白不要吃
Food   51

据有关部门检查发现，有些饭店中的百叶、黄喉、玉兰片等火锅用料看起来很白，是因为使用了国家禁用的工业碱、双氧水、福尔马林等有毒物质发泡而成的。双氧水能腐蚀胃肠，导致溃疡；福尔马林则可能致癌。所以，涮肉时一定要注意辨别用料的质量。

喝牛奶的时间
Food   52

早餐的热能供应占总热能需求的25%～30%，因此，早餐喝一杯牛奶加鸡蛋或加面包比较好；也可以在下午4

时左右作为晚饭前饮料喝；除此之外，晚上睡前喝一杯牛奶有助于睡眠，喝的时候最好配上几块饼干。

不要空腹喝牛奶
Food   53

空腹饮牛奶会使肠蠕动增加，牛奶在胃内停留时间缩短，营养素不能被充分吸收利用，有的人还可能因空腹饮牛奶出现腹痛、腹泻等症状。因此，喝牛奶最好与馒头、面包、玉米粥、豆类等同食，以延长其在消化系统内停留的时间。

牛奶的绝配是蜂蜜
Food   54

蜂蜜是人体最佳的碳水化合物源，它主要含有天然的单糖——左旋糖和右旋糖，这些单糖有较高的热能，并可直接被人体吸收。牛奶的营养价值较高，但热能低，单饮牛奶不足以维持人体正常的生命活动。所以可以用蜂蜜代替白糖作乳品的添加剂。

冰冻牛奶不要吃
Food   55

炎热的夏季，人们喜欢吃冷冻食品，有的人还喜欢吃自己加工的冷冻奶制食品。其实，牛奶冰冻吃是不科学的。因为牛奶冷冻后，牛奶中的脂肪、蛋白质分离，味道明显变淡，营养成分也不易被吸收。

牛奶的口味并非越香浓越好
Food   56

牛奶的香味取决于牛奶中的乳脂肪含量和新鲜度，

乳脂肪含量高，牛奶新鲜不受细菌污染，牛奶的香味就纯正。天然牛奶香味并不会很浓郁，过分的香浓往往是一些厂家为了迎合消费者的口味而配制的。

奶油皮营养高
Food   57

煮牛奶时常见表面上产生一层奶油皮，不少人将这层皮丢掉了，这是非常可惜的，实际上这层奶皮的营养价值更高。例如其维生素A含量十分丰富，对眼睛发育和抵抗致病菌很有益处。

牛奶加热后再加糖
Food   58

牛奶含赖氨酸物质，它易与糖在高温下产生有毒的果糖基赖氨酸，对人体健康有害。故牛奶烧沸后，应移离火源，放至不烫手时再放入糖。

酸奶忌加热
Food   59

酸奶中存在的乳酸菌系活的细菌，加热会使其中活的乳酸菌被杀死，从而失去保健作用。

巧克力不宜与牛奶同食
Food   60

牛奶含有丰富蛋白质和钙，而巧克力含有草酸，两者同食会结合成不溶性草酸钙，极大影响钙的吸收，甚至会出现头发干枯和腹泻、生长缓慢等现象。

煮生豆浆的学问
Food   61

生豆浆加热到80℃～90℃

的时候，会出现大量的白色泡沫，很多人误以为此时豆浆已经煮熟，但实际上这是一种"假沸"现象，此时的温度不能破坏豆浆中的皂甙物质。正确的煮豆浆的方法应该是，在出现"假沸"现象后继续加热3~5分钟，使泡沫完全消失。

豆浆不宜反复煮
Food   62

有些人为了保险起见，将豆浆反复煮好几遍，这样虽然去除了豆浆中的有害物质，同时也造成了营养物质流失，因此，煮豆浆要恰到好处，控制好加热时间，千万不能反复煮。

鸡蛋不宜与豆浆同食
Food   63

鸡蛋中的鸡蛋清会与豆浆里的胰蛋白酶结合，产生不被人体所能吸收的物质而失去营养价值。

红糖不宜与豆浆同食
Food   64

红糖里含有的有机酸能够和豆浆中的蛋白质结合，产生变性沉淀物，影响人体对营养物质的吸收。

未煮透的豆浆不能喝
Food   65

豆浆里含有脆蛋白酶抑制物，如煮得不透，人喝了会发生恶心、呕吐、腹泻等症状。

保温瓶不能盛放豆浆
Food   66

豆浆中有溶解保温瓶中水垢的物质，使有害物质溶于浆中，而且时间长了造成细菌繁殖，使豆浆变质，对人体不利。

煮开水的学问
Food   67

自来水刚煮沸就关火对健康不利，煮沸3~5分钟再熄火，烧出来的开水亚硝酸盐和氯化物等有毒物质含量都处于最低值，最适合饮用。

泡茶的适宜水温
Food   68

水烧开后要凉一凉，不要马上泡茶，以70℃~80℃为宜；水温太高时茶叶中的维生素C、维生素P就会被破坏，还会分解出过多的鞣酸和芳香物质，因而造成茶汤偏于苦涩，大大减低茶的滋养保健效果。茶叶更不能煮着喝。

街头"现炒茶"别忙喝
Food   69

现炒茶火气大，且未经氧化，易刺激胃、肠黏膜，饮用后易引发胃痛、胃胀，建议现炒茶存放10天以后再喝。

食用含钙食物后不宜喝茶
Food   70

茶中含有草酸，草酸易与钙结合形成结石，因此食用含钙食物如豆腐、虾皮后尤其不宜马上喝茶。

冷饮不能降温祛暑
Food   71

棒冰、雪糕、冰淇淋等清凉饮品，都是由糖、糖精、奶粉、淀粉、香料等成分与水经冷冻凝结而成的。它们温度虽低，吃下去也可吸收体内的一点热量，起到暂时的清凉作用。可是不用多久，奶粉和糖等物质还需要水来帮助溶解和消化，这样，体内由于缺水很快又发生口渴现象。人们常常感到冷饮越吃越渴，道理就在于此。

白酒宜烫热饮用
Food   72

白酒中的醛对人体损害较大，只要把酒烫热一些，就可使大部分醛挥发掉，这样对人身体的危害就会少一些。

喝汤要吃"渣"
Food   73

实验表明，将鱼、鸡、牛肉等不同的含高蛋白质的食品煮6小时后，看上去汤已很浓，但蛋白质的溶出率只有6%~15%，还有85%以上的蛋白质仍留在"渣"中。因此，除了吃流质的人以外，应提倡将汤与"渣"一起吃下去。

不要喝太烫的汤
Food   74

人的口腔、食道、胃黏膜最高只能忍受60℃的温度，超过此温度则会造成黏膜烫伤，反复损伤极易导致上消化道黏膜恶变。调查显示，喜喝烫食者食道癌高发，其实喝50℃以下的汤更适宜。

饭前宜喝汤
Food   75

饭后喝下的汤会把原来已被消化液混合得很好的食糜稀释，影响食物的消化吸收。正确的吃法是饭前先喝几口汤，将口腔、食道先润滑一下，以减少干硬食品对消化道黏膜的不良刺激，并促进消化腺分泌。

骨头汤忌久煮
Food 76

煮的时间过长会破坏骨头中的蛋白质，增加汤内的脂肪，对人体健康不利。正确的方法是：用压力锅熬至骨头酥软即可，这样时间不太长，汤中的维生素等营养成分也不会损失很多，骨髓中所含的钙、磷等微量元素也容易被人体吸收。（图）

汤泡米饭害处多
Food 77

人体在消化食物时，需咀嚼较长时间，唾液分泌量也较多，这样有利于润滑和吞咽食物；汤与饭混在一起吃，食物在口腔中没有被嚼烂，就与汤一道进了胃里。这不仅使人"食不知味"，而且舌头上的味觉神经没有得到充分刺激，胃和胰脏产生的消化液不多，并且还被汤冲淡，吃下去的食物不能得到很好的消化吸收，时间长了，便会导致胃病。

死甲鱼有毒
Food 78

买甲鱼必须买活的，千万不能图便宜买死甲鱼。甲鱼死后体内会分解大量毒物，容易引起食物中毒，即使冷藏也不可食用。

吃螃蟹"四除"
Food 79

蟹体内常污染有沙门氏菌，未经彻底加热杀菌，食后可引起以急性胃肠炎为主要症状的食物中毒，甚至会危及人的生命。因此，吃螃蟹必须注意卫生，讲究吃的方法，必须做到四除：一除蟹鳃，蟹鳃俗称蟹绵絮，在蟹体两侧，形如眉毛，呈条状排列。二除蟹胃，蟹胃也叫蟹和尚，位于蟹谷前半部，紧连蟹黄，形如三角形小包。三除蟹心，蟹心位于蟹黄或蟹油中间，紧连蟹胃，呈六角形，不易辨别。四除蟹肠，蟹肠位于蟹脐中间，呈条状。这四样东西多沾有大量细菌、病毒、污物，必须剔除。

死蟹不能吃
Food 80

螃蟹死后，其肉会迅速腐败变质，吃了会中毒。另外，螃蟹性咸寒，又是食腐动物，所以吃时必须蘸姜末、醋来祛寒杀菌，不宜单独食用。

海螺要去头
Food 81

海螺的脑神经分泌的物质会引起食物中毒。海螺引起的食物中毒潜伏期短（1～2小时），症状为恶心、呕吐、头晕，所以在烹制前要把海螺的头部去掉。

海鲜忌与洋葱、菠菜、竹笋同食
Food 82

海味食品含有丰富的蛋白质和钙，而洋葱、菠菜、竹笋等蔬菜含有较多的草酸。食物中的草酸会分解、破坏蛋白质，还会使蛋白质发生沉淀，凝固成不易消化的物质。海味中的钙还会与蔬菜中的草酸形成草酸钙结石。

海鲜忌和富含单宁的水果同吃
Food 83

柿子、葡萄、石榴、山楂、青杏等水果中的单宁类物质能够同海鲜中的蛋白质和钙发生作用，刺激胃肠。

海鲜不能和维生素C同食
Food 84

甲壳类动物和软体动物如虾、贝壳等都具有极强的

NO.76图

饮食宜忌与食品安全

富集污染能力，吸收水中砷等毒性物质之后以五价砷的形式储存在体内。五价砷对人体毒性较小，但它可以被维生素C还原成有毒的三价砷，对人体危害极大。

食用海鲜慎饮啤酒
Food　　　　　　85

食用海鲜时饮用大量啤酒，会产生过多的尿酸，严重者可引起痛风。

鲜鱼冷冻前要除腮去内脏
Food　　　　　　86

将鲜鱼冻进冰箱前，一定要把鱼鳃和鱼内脏去除，同时洗净并装袋。这是因为鱼鳃极易沾染外界的细菌，内脏也留有很多污物，鱼死后这些部位的细菌会迅速繁殖，逐渐遍及全身，加速鱼体的腐烂变质。同时，鱼的胆囊也极易因冷冻而破裂，从而导致肉质发苦。所以冷冻鲜鱼前一定要去鳃、去内脏。

巧除食物中的致癌物
Food　　　　　　87

1.腌菜用水煮、日照、热水洗涤等方法，可去除内含的亚硝酸盐等致癌物。千万注意，腌菜用的陈汤不可重复使用。

2.虾皮、虾米最好用水煮后再烹调，或在日光下曝晒3～6小时，以去掉内含的亚硝基化合物。

3.香肠、咸肉等肉制品中含少量亚硝基化合物，不要用油煎。

4.咸鱼在食用前最好用水煮或日光照射一下，以去除体表的亚硝基化合物（但对鱼体深部的致癌物破坏不大）。

食物中的不安全部分
Food　　　　　　88

1.畜"三腺"：猪、牛、羊等动物体上的甲状腺、肾上腺、病变淋巴腺是三种"生理性有害器官"。

2.羊"悬筋"：又称"蹄白珠"，一般为圆珠形、串粒状，是羊蹄内发生病变的一种组织。

3.兔"臭腺"：位于外生殖器背面两侧皮下的白鼠鼷腺、紧挨着白鼠鼷腺的褐色鼠鼷腺和位于直肠两侧壁上的直肠腺，味极腥臭，食用时若不除去，则会使兔肉难以下咽。

4.禽"尖翅"：鸡、鸭、鹅等禽类屁股上端长尾羽的部位，学名"腔上囊"，是淋巴腺体集中的地方，因淋巴腺中的巨噬细胞可吞食病菌和病毒，即使是致癌物质也能吞食，但不能分解，故禽"尖翅"是个藏污纳垢的"仓库"。

5.鱼"黑衣"：鱼体腹腔两侧有一层黑色膜衣，是腥臭味、泥土味最浓的部位，含有大量的类脂质、溶菌酶等物质。图

NO.88图

住

House

[住得舒心]

购房技巧
装修布置
居室卫生
栽花养鱼
灭蟑除虫

House
3000 Tips for easy life

购房技巧
GOU FANG JI QIAO

购房前看"五证"
House 　　　　1

　　若想购房不上当，首先要看售房方是否五证俱全，（以北京市为例），即：北京市计委立项批复证；建设工程规划许可证；国有土地使用证；建设工程开工许可证；北京市商品房销售许可证。五证齐全，才能考虑购房，其他城市或地区也都有相似规定，购房前，一定要了解清楚，不可贸然行事。图

限制房不能买
House 　　　　2

　　下列房屋的买卖要受到限制（国家规定），不能购买：

　　1.违章，违法建筑的房屋不能买卖。

　　2.房屋使用权不能买卖。

　　3.房屋产权有纠纷或产权不明确的房屋不能买卖。

　　4.著名建筑或文物古迹等保护房屋不能买卖。

　　5.国家需要征用或已确定为拆迁范围的房屋，禁止买卖。

　　6.享有国家或单位补贴廉价购买或集资建造的房屋有一定的限制，一般也不能买，以避免麻烦。

　　7.单位擅自购买的城市私房；教堂、寺庙和庵堂等宗教建筑。

购房请律师不吃亏
House 　　　　3

　　目前房屋销售市场不规范，即使五证俱全，销售房屋也手续复杂，程序多多，为避免奔波劳累和不吃亏上

当，最好请位律师同往，熟悉法律的律师出面，售楼人员不会胡侃，买主在价位上不被"宰"，也不用在手续完备上劳神。

购房请律师的窍门
House 　　　　4

　　首先选择专业的房地产律师。专业律师对房地产市场有较深了解。能为购房人提供法律服务，还能提供价值分析。律师介入越早越好。律师介入越早，购房人的利益越有保障。签订委托代理协议出具授权委托书。购房人应与律师签订委托代理协议（包括委托人姓名、律师姓名、具体委托事项、委托代理权限、律师费的支付及双方其他权利义务等）。

　　其次购房人向律师出具授权委托书（包括委托人姓名、住址、律师姓名、律师代理权限、代理期限等），之后，律师依法尽职责为购买人办理具体的购房事宜。

看准地理位置
House 　　　　5

　　所有房地产广告都有位置示意图，而且大多越画越"艺术"，仿佛个个毗邻市中心，实际上，两者之间能差几十公里路。只有对照地标，在真正的地图里查找，才能知道这楼盘的具体位置。

中华人民共和国
北京市计委立项批复证

中华人民共和国
建设工程规划许可证

中华人民共和国
国有土地使用证

中华人民共和国
建设工程开工许可证

中华人民共和国
北京市商品房销售许可证

NO.1图

购房"三看"
House　6

1.看房屋质量。了解房地产设施、施工单位的资格是否符合国家有关标准、规范；通过质量验收、质量监督机构的核验和综合验收是否达标。国家按照商品住宅性能评定方法和标准将住宅划分为由低至高1A（A）、2A（AA）、3A（AAA）三级，3A最好。

2.看开发商的实力和信誉。开发商必须符合资质等级的要求，住宅的开发建设符合国家的法律、法规和技术、经济规定以及房地产建设程序的规定。

3.看合同签定。房地产商应向购房者出示"五证"，此外提供《商品住宅质量保证书》、《商品住宅使用说明书》。购房人要谨慎签定定金条款，并明确合同条款所涉及的各项内容。

购房"十看十不看"
House　7

1.白天不看晚上看。了解入夜后房屋附近的噪音、照明、安全情况等。

2.晴天不看雨天看。看房最好在雨天看，因为这是了解房屋承受能力的最好时机。

3.不看建材看格局。不要被漂亮的建材迷惑，房屋优势是否有效发挥，有赖于格局设计得是否周全。

4.不看地面看墙角。看墙角是否平整，有没有裂缝，有没有渗水，如果刚贴上的新墙纸就要留意，可能是用来掩盖水迹的。墙角承受上下左右的力量很重要。

5.不看装潢看做工。尤其是每个接角、窗沿、墙角、天花板等做工是否细致。

6.不看窗帘看窗外。有的商品房给住房配好了漂亮的窗帘，这时住户要特别小心，因为这可能是在掩盖通风和采光上的缺陷。

7.不看电器看插座。有的开发商偷工减料，连电线和插座也不放过。购买住房前要仔细检查，否则将来会很麻烦。

8.不看电梯看楼梯，即安全梯。

9.不看家具看空屋。有的商品房样板间摆上了家具，这时住户要意识到，家具往往是伪装，空屋才是真面目。

10.不问屋主问警卫。任何房屋在屋主的眼里都可能是最好的，而管理员或警卫却了解房屋环境和治安上的情况。

选购层楼房的注意事项
House　8

底层的特点是出入方便，房价比较便宜，但采光、卫生差一些；中层相对干燥，景观好，但价格较高；高层清静，视野开阔，但电梯出入多受限制；顶层夏天较热，视野模糊，有时会漏水，但价格低廉，无干扰之苦。

计算房屋面积的窍门
House　9

独用面积计算应为围护该户的周边墙体的中心线所包围的面积加上该户的阳台面积，封闭阳台按投影算全面积，不封闭阳台按投影算一半面积，每户所应分摊的公用面积是按该户独用面积占全楼各户独用面积之积所占的比例分摊后求得的。

居室的合理尺度
House　10

以120平方米以内的普通商品房为例：卧室的面宽应在3.3～3.5米以上，床的长度不应小于2米；洗手间面积4平方米即可；客厅面宽至少4.2米；厨房面宽不应小于1.6米。

购房前明确分摊系数
House　11

一般情况下，房地产开发商应该向购房者明确其商品房分摊系数（商品房建筑面积和使用面积之间的比例），购房者可以据此计算使用面积，全面了解所购房的"得房率"。

公积金贷款与按揭贷款的利弊
House　12

1.从可贷资金的来源来看，公积金暂不会排队等候。

2.从申请贷款的资格来看，按揭贷款更宽松，外地人也可以申请。

3.从能够取得的贷款金额来看，公积金贷款更适合购买经济适用房，公积金贷款有数额限制，按揭只与房屋总价挂钩，即最高不超过房价的80%，无其他上限规定。

4.从贷款的期限来看，两种贷款从理论上均可申请30年，但实际贷款期限各银行不一样。

5.从贷款的利率来看，公积金的利息负担要比按揭贷款少。

购房别忘问"电"

House　　　　13

1.住宅电路负荷：应选择设计负荷在5千瓦以上，电表容量为40安的新住宅。

2.室内分支回路数量：最好选择有5个回路以上的新居。

3.室内插座数量：最好选择插座数量不应少于18个的新住宅。

4.住宅线路导线材质及截面：按国家规定住宅照明和插座铜线截面应为2.5平方毫米，电表前铜线截面应选择10平方毫米，而空调等大功率家用电器的铜导线截面至少应在4平方毫米。导线材质应为铜导线。

购买期房的注意事项

House　　　　14

1.对公司的信誉、实力要细细考证。

2.签订预售合同要尽量细致。各种书面资料体现或口头承诺的规划、配套、交楼时间等不确定因素涉及的项目都写进预售合同。另外合同签订必须请律师。

3.关注开发商的物业管理承诺，并谨慎签署管理公约。物业管理收费混乱已成为业主投诉的一个热点。为防止这方面的问题，在开始签订合同时就要注意，身为业主，一定要明白自己有权对不平等的合约提出修改意见，一时大意可能会引来长久的烦恼。

4.关注大环境和小细节。买房时没注意的问题，交房时变得非常明显：高架噪音，比原先想象中的高得多；变电房

离窗户太近构成污染；厨房、卫生间管道走向不合理，使用不便……因此，一定要通过其他渠道了解周边环境的规划，尽可能向开发商索取房屋的管线布局图等一切与房屋相关的文字资料，并作为合同的附件。

5.证件尽量看原件，因为复印件比较容易篡改和伪造。

6.约定不可抗力。延期交房是期房买卖中的常见问题，为避免承担违约责任，开发商经常以不可抗力为借口。为防止这方面的损失，购房人在签约时，一定要对涉及不可抗力的有关条款进行约定。

购买二手房卖主应出示的证件

House　　　　15

二手房虽然价格相对便宜，但上市情况复杂，一不小心就会出现麻烦。因此，购买二手房时，卖主应该出示产权证书、身份证件、资格证件及其他证件。产权证件包括"房屋所有权证"和"土地所有权证"，身份证明包括"身份证、"、"工作证"和"户口簿"。

购买二手房时应调查的事项

House　　　　16

1.购买二手房，买主除了看卖主出示的有关证件外，还应该向有关房产管理部门查验产权的来源和产权记录，包括房主、档案文号、登记日期等。

2.需查验房屋有无债务。

3.应了解二手房有无抵押，房屋有否被法院查封。

4.了解是否是房改房，因为房改房是职工以标准价买

的，应在补交房价后才能获得产权。

二手房交易容易忽略的环节

House　　　　17

1.买方是否已到税务局开具全额房款发票。

2.新产证上是否已粘贴完税贴花和权证印花税。

3.买方的买卖合同上是否已粘贴合同印花税。

4.房屋内的电话是否已前往电信公司办理更名手续。

5.是否已前往煤气公司办理煤气更名手续。

6.是否已前往物业公司办理户名变更手续，结清上家与物业公司的各种费用。

7.房屋的维修基金发票、物业管理费押金收据是否已及时交接。

8.房屋内的各种设备发票、保修卡是否已交接。

9.房屋的装修合同与装修发票、保修卡是否已交接。

10.水、电、煤、有线电视、宽带等费用是否已结清。

选购底层房的注意事项

House　　　　18

1.考虑环保与安全问题。尽量避开交通主干道或正对社区大门，避免尘埃与噪声袭扰及晚上汽车灯光的闪动。另外，查查社区内是否有昼夜巡逻值班，底层门窗是否有防护设施，以保障安全。

2.考虑底层防潮与管道返水问题。一般底层接近地面，周边管道井较多，墙皮与楼板防潮问题是关键。

3.考虑日照、采光问题，应尽量挑选栋距较大的住宅小区，争取主采光面为正南向。

巧算房屋差价

House 19

按有关规定，房屋差价增减系数为：底层98%，顶层96%，二层100%，其他层次102%；房屋朝向增减系数为朝南向102%，朝东向100%，朝西向95%，朝北向92%。以北京市为例，最近中房指数市调队对北京典型住宅价格指数12个样本项目的调查表明，楼层的可能差价在每平方米50～100元，朝向（景观）的可能差价一般在每平方米50～400元，而建筑结构的不同（多层、高层）也会带来每平方米近500元的差价。

购房杀价小窍门

House 20

1.对于房屋所有缺点加以揭露，使卖主对自己所开高价失去信心，借以达到杀价的目的。

2.若卖主急欲脱手，可刻意拖延时间，如谎称需时间汇集资金等，等到临近期限的最后一个阶段，进行杀价。

3.可以告诉卖主是与合伙人共同投资的，所出价格需同合伙人商议。

4.对于所看的房屋，明明中意，仍要表示不喜欢的各种理由，借此杀价。图

不看"起价"看"成交价"

House 21

房地产商往往弄出很多五花八门的价格，如"起价"、"均价"、"优惠价"等等。"起价"通常是整栋住宅楼中楼层、朝向、户型等最差的那套房；"均价"实际上是房地产开发商

NO.20图

计算售房面积的一种方法。消费者应该眼睛盯住"成交价"，这才是实在的。

"开盘价"可信度较高

House 22

商品房的"开盘价"中包含了某种优惠因素。一般情况下，项目正式开盘时，房地产营销商往往做出切实的让利，其优惠的可信度较高。当然，无论是内部认购价还是开盘价，都要随着市场的变化和该项目的销售情况而变化，不可能都是直线上升的趋势。

"清盘房"可节省资金

House 23

刚开始卖和最后卖的商品房价格一般都较低。当商品住宅的销售量达到80%以后，一般就进入了房地产项目的清盘销售阶段，此时价格会低下来。清盘房基本是现房，房间本身的质量问题已经过竣工后一段时间的检验，购房者可以心明眼亮。

购房合同别留白

House 24

合同文本有很多供开发商和购房人自行约定或补充约定的空格和空白行，签合同时一定要注意在这样的空格或空行部位填写需要删除或添加的内容，如不作约定或以补充协议形式另行约定时，应划掉空格或空行部位，避免留下后患。

签合同要仔细核实出卖人

House 25

签合同前首先要确定在合同上填写的出卖人与预售许可证上的售房单位是否一致，上网查一下出卖人的营业执照注册号和企业资质证书号的真伪，不要接受代理人或代理机构将自己的名字代替预售许可证上的售房单位填写在出卖人栏目中，以避免购房人付了钱，房地产却说没收到钱的情况出现。如果房地产商是委托代理人或代理机构进行销售，一定要看清房地产商委托的权限范围，要求他们在委托代理人或委托代理机构情况后面添全所有内容，如果出卖人授权代理人或代理机构有权代表房地产商签字，购房人一定要看一下授权书的正本，同时最好要求把该授权书作为合同的附件。

购买商品房需要办理的手续

House 26

1.签订认购书，并向房地产开发商交纳一定数额的定金或预付款。

2.签订正式的房屋买卖契约。

● 购房技巧 ●

3.到房地产管理部门办理房屋买卖登记。

4.按房屋买卖契约中的约定交纳房价款。需办理购房贷款的，与贷款人签订贷款协议，办理商业性贷款或住房公积金贷款。

5.验收房屋，办理入住手续，与物业管理公司签订物业管理合同。

6.按房屋买卖契约的约定办理房屋产权过户手续，领取房屋所有权证书。

验收新房的最佳时间
House   27

正常验收房子时间一般是持续2～3个钟头，建议早晨8:30去或下午2:30去。

验收房子需要的工具
House   28

1.塑料洗脸盆：用于验收下水管道。

2.小榔头：用于验收房子墙体与地面是否空鼓。

3.塞尺：用于测裂缝的宽度。

4.5米卷尺：用于测量房子的净高。

5.万用表：测试各个强电插座及弱电类是否畅通。

6.计算器：用于计算数据。

7.扫帚：用于打扫室内卫生。

8.小凳子、报纸、塑料带及包装绳：可休息或预先封闭下水管道。（图）

新房验收需要查验的资料
House   29

1.房屋的《住宅质量保证书》（可带走）。

2.《住宅使用说明书》

NO.28图

（可带走）。

3.《竣工验收备案表》。

4.面积实测表。

5.管线分布竣工图（水、强电、弱电、结构，资料可带走）。

如果房产商准备充分的话，一般10分钟即可查看完资料。

新房验收时如何交物业费
House   30

新房验收时，先不要急着交付物业费及相关费用，物业会催促房主交付，可同他们交流，验收新房后，再交付费用。

新房验收时物业应交付的钥匙
House   31

从物业处拿钥匙，分别应该有楼层钥匙、进户门钥匙、信箱、水表、电表（若有远程抄表另）等几把钥匙。

如何验收新房
House   32

1.详细检查房屋质量，包

括门窗、阳台等部位有无开裂现象（阳台裂缝危险大）。

2.检查墙体平整度、是否渗水、是否有裂缝。

3.仔细检查地面，看有无空壳开裂情况。如有空鼓，一定要责成陪同物业人员尽快修复，否则在装修中会很容易打穿楼板，妨碍邻里关系。

4.水电煤气是否畅通、能否正常使用。可关闭分闸，检查各个分闸是否完全控制各分支线路。

5.验收下水情况，包括验收地面下水情况。

6.核对买卖合同上注明的设施、设备等是否有遗漏，品牌、数量是否相符。

7.测量楼宇的层高（用5米卷尺），采样数据来源地点与具体数据。

检查新房门窗的注意事项
House   33

由于新房子门窗关闭时间较长，在门窗轨道里会有一些灰尘和建筑垃圾，所以切不可冲动、用蛮力推拉门窗，一感觉有阻塞感的时候，仔细查看一下，用扫帚扫清即可。

房屋验收注意墙体水迹
House　　34

验收房屋时，特别要查看一些墙体是否有水迹，特别是一些山墙、厨房卫生顶面、外墙等地方，如有的话，务必尽快查明原因。

隔墙听声验墙壁
House　　35

墙在建筑中承担的功能有承重、隔音、隔热、保温。购房者可将房门关闭，在一间房内制造较大噪声，听相邻房间的噪声，噪声越小越好。

检查墙角小窍门
House　　36

墙体转角线以直为好。可用三角尺测量墙角直角的准确度及均匀度，均匀度高为佳。墙面与地面的交接处应有踢脚，其高度以12～15厘米为宜，色彩最好与地面相同。

如何验收水电
House　　37

大开水龙头查漏堵，尽可能让水流大一点、急一点，一来看水压，二来测试排水速度。用万用表测量各个强弱电是否畅通。

如何验收下水情况
House　　38

先用面盆盛水，再向各个下水处灌水，分别是台盆下水、浴缸下水、马桶下水、厨房和卫生及阳台地漏等，基本是每个下水口应灌入两盆水左右，应听到咕噜噜的声音和表面无积水。如果是新房，确认没问题后，要用一塑料袋罩住台盆下水、浴缸下水、马桶下水等突出下水口，加以捆实，而像地漏等下水则需要塞实（记得留一可拉扯掉的位置）。

验收地面下水情况时，先在厕卫放水，浅浅就行了（约高2厘米）。然后约好楼下的业主在24小时后查看其家厕卫的天花板。

验收房屋需要纪录的数据
House　　39

最好把水表、电表数字、楼高、马桶坑距、浴缸长度和宽度、冲淋房尺寸、吊顶高度都记在一个小本子上，同时把一些验收房子的数据和问题写在物业公司提供的纸张上。

如何鉴别产权证的真假
House　　40

1.封皮。材质为进口涂塑纸，封面上部印有中华人民共和国国徽，下部第一行字"中华人民共和国"是用圆体字印制，第二行字"房屋所有权证"为黑体字印制，全部为金黄色。

2.建房注册号。由建设部对每个能够发证的市、县级发证机关进行注册登记并予以编号，北京市统一建房注册号为11001。

3.团花。在封面里页上有红色和绿色两色细纹组成的五瓣叠加团花图案，线条流畅，纹理清晰。

4.水印。为宋体"房屋所有权证"底纹暗印。

5.发证机关盖章。法定的发证机关是各市、县房地产管理局，房产证上所盖的发证机关印章均是机器套印，印迹清晰、干净，印色均匀，北京市发证机关为北京市国土资源和房屋管理局。

6.用纸：浅粉色印钞纸。

7.花边：在首页，有上下左右均等宽对称的咖啡色花纹边框，花纹清晰、细腻。

8.填发单位：在第二页右下角为填发单位（盖章）：即为房屋产权所在区、县房屋土地管理局印章。

9.编号：在封底"注意事项"右下角：有印钞厂的印刷流水编号，同一发证机关的权证号码是连续的。

以上特点为新房屋产权证所具备的。而假的一般为用纸粗糙，花纹、团花线条粗细不一，印刷不清，而证章多为私刻，大小不一，字体斜歪等，只要稍加注意，很容易区分，如对交易方手中的产权证有疑虑，可到房产所在区、县房屋土地管理局核查、鉴定，制作再好的假产权证也会暴露无遗。

装修布置
ZHUANG XIU BU ZHI

巧选装修时间
House　　　　　1

选好装修时间，避开装修旺季，可以节省资金。通常刚买房的上班族喜欢赶着"五一"、"十一"、春节这样的长假期间装修，而这期间家装市场的价格会上浮较大。

巧选装修公司
House　　　　　2

选择装修公司，千万不要找"马路游击队"；但也不要找大的装修公司，费用会比较高；新开张的装修公司装修质量和管理容易出问题；可以找一些名气不大但同事朋友以前做过的口碑不错的装修公司。

巧除手上的油漆
House　　　　　3

刷油漆前，先在双手上抹层面霜，刷过油漆后把奶油涂于沾有油漆的皮肤上，用干布擦拭，再用香皂清洗，就能把附着于皮肤上的油漆除掉。图

春季装修选材料要防水
House　　　　　4

选材时，选用含水率低的材料。运送材料时，要尽量选晴好天气。如下雨天确实需要，应用塑料膜保护好，千万不能淋湿，更不能放在厨、卫、阳台等易潮的地方。石膏板不能直接放在地上。木线应放置在钉在墙上的三角架上。如材料已经

NO.3图

受潮，不能再使用，切忌晒干后再用。胶黏材料白乳液也要用含水率低的。

冬季装修注意事项
House　　　　　5

木材要注意保湿，以免变形；木工制品要及时封油，以防收缩；施工过程要注意保暖；木地板要留出2毫米左右的伸缩缝儿。

雨季装修选材小窍门
House　　　　　6

在选购木龙骨一类的材料时，最好选择加工结束时间长一些的，而且没有放在露天存放的，这样的龙骨比刚刚加工完的，含水率相对会低一些；而对于人造板材一类的木材制品，最好选购生产日期尽可能接近购买日期的，因为这样的制品在厂里基本上都经过了干燥处理。而存放时间长的板材则会吸收一定数量的水分。

此外，在运输过程中，要防止雨淋或受潮；饰面板及清油门套线等进工地后要先封油；木制品、石膏线、油漆在留缝时应适当多留一些。

雨季装修应通风
House　　　　　7

在潮湿的季节，空气流通比较缓慢，很多有害物质会存留在室内或者装饰装修材料里面。所以，在这个季

节为了把有害物质释放得多一些，需要增加室内外的通风，同时要保持室内尽可能的干燥。

雨季装修巧上腻子
House 8

墙壁、天花板上面的墙腻子雨季很难干燥，而腻子不干透会直接影响到以后涂料的涂饰，而最常见的问题就是墙壁会"起鼓"。所以，如果在雨季施工，刮腻子不要放在工程接近尾声的时候再进行，最好时间间隔长一些，或者是在晴朗的日子施工。

巧算刷墙涂料用量
House 9

一般涂料刷两遍即可。故粉刷前购买涂料可用以下简便公式计算：涂刷房间的总面积（平方米）除以4再加上被刷墙面涂刷高度（米）然后除以0.4，得数便是所需涂料的数量（公斤）。如涂刷的厨房是8平方米，刷墙高度为1.6米，按上述公式算出，需购买6公斤涂料，就足够涂刷两遍了。

增强涂料附着力的妙方
House 10

用石灰水涂饰墙面，为了增强附着力，可在拌匀的石灰水中加入0.3%～0.5%的食盐或明矾。应注意在涂刷过程中，不宜刷得过厚，以防止起壳脱落。

蓝墨水在粉墙中可增白
House 11

往粉墙的石灰水里掺点蓝墨水，干后墙壁异常洁白。

刷墙小窍门
House 12

1.被刷墙面要充分干燥。一般新建房屋要过一个夏天才能涂刷。

2.被刷墙面除清洁外，还要将墙面上所有的空隙和不平的地方用腻子嵌平，待干燥后用砂皮纸磨平。

3.涂刷时应轻刷、快刷，不得重叠刷，刷纹要上下垂直。

油漆防干法
House 13

要使桶里剩下的油漆不至干涸，可在漆面上盖一层厚纸，厚纸上倒薄薄的一层机油即可。

防止油漆进指甲缝的方法
House 14

做油漆活时，先往指甲上刮些肥皂，油漆就不会嵌进指甲缝里，指甲若粘上油漆也容易洗掉。

购买建材小窍门
House 15

在大建材城记住自己看中的品牌，再多去一些小的建材市场跑跑，在那里也能找到看中的东西，而且价格便宜。

防止墙面泛黄小窍门
House 16

要防止墙面泛黄，下面两法不妨一试：一是将墙面先刷一遍，然后刷地板，等地板干透后，再在原先的墙面上刷一层，确保墙壁雪白。另一种方法是先将地板漆完、完全干透后再刷墙面。要注意

的是，刷完墙面和地板后，一定要通风透气，让各类化学成分尽可能地挥发，以免发生化学反应。

计算墙纸的方法
House 17

墙纸门幅各异，各家墙的窗、门亦不同，买墙纸要做到不多不少，可用（L/M+1）×（H+h）+C/M的公式计算。L是扣去窗、门后四壁的长度；M是墙纸的门幅；加1作拼接的余量；H是所贴墙纸的高度；h是墙纸上两个相邻图案的距离，作纵向拼接余量；C是窗、门上下所需墙纸面积。计算时应以米为单位，面积平方米。计算时整除不尽，小数点后的数只入不舍。

巧除墙纸气泡
House 18

墙纸干后有气泡，用刀在泡中心划"十"字，再粘好，可消除气泡。

低矮空间天花板巧装饰
House 19

可采用石膏饰的造型与图案也应以精细巧小为好，同时注意以几组相同的图案来分割整个天花板，以消除整体图案过大而造成的压抑感。天花板上可喷涂淡蓝、淡红、淡绿等颜色，在交错变幻中给人一种蓝天、白云、彩霞、绿树的联想，而不是具体像实。天花板的灯饰也以吸顶灯、射灯为首选，安装在非中央的位置，以2～4个对称的形式为好，这样可扩展空间，且灯光不宜太亮。暗一点儿，更有高度感。

切、钻瓷砖妙法

House **20**

若要切割瓷砖或在瓷砖上打洞，可先将瓷砖浸泡在水中30～60分钟，或更长时间，让其"吃"饱水。然后在瓷砖反面，按照所需要的形状，用笔画出，再用尖头钢丝钳，一小块、一小块地将不需要的部分扳下，直至成型，边缘用油石磨光即可。若是打洞，可用钻头或剪刀从反面钻。图

瓷砖用量的计算方法

House **21**

1.装修面积÷每块磁砖面积×[1+3%（损耗量）]=装修时所需磁砖块数

2.装修时所需磁砖平方数+5%下脚料+5%余数=装修时所需要磁砖量

巧选瓷砖型号

House **22**

一般20平方米以上的房间选用600×600mm的地砖，20平方米以下、10平方米以上的房间可用500×500mm的地砖，而10平方米以下的房间可选用传统的200×200mm、300×300mm的地砖。

巧粘地砖

House **23**

将水泥地坪清扫干净，浇水湿润，去除灰尘。在地坪上按地砖大小弹出格子标志线，作为粘贴的依据。将地砖浸水后晾干。先在水泥地坪上涂一层"107"建筑胶水，然后将400号以上的水泥浆用铲刀或铁皮在晾干的地砖背面刮满。按地坪上的格子标志线用力将刮满水泥浆的地砖贴住，用铲刀柄敲击，使之贴紧。每当一排贴满，即用长尺按标志线校正，务使砖面平整，纵横缝线平直。同时用干布将砖面擦净。然后将干白水泥与颜料粉调成与地砖釉面颜色相似的粉，将所有缝隙全部嵌实，深浅一致。最后用干布或回丝纱将表面擦干净，阴干即可。

厨房装修五忌

House **24**

1.忌材料不耐火。厨房是个潮湿易积水的场所，所以地面、操作台面的材料应不漏水、渗水，墙面、顶棚材料应耐水、可用水擦洗。

2.忌材料不耐火。火是厨房里必不可少的能源，所以厨房里使用的表面装饰必须注意防火要求，尤其是炉灶周围更要注意材料的阻燃性能。

3.忌餐具暴露在外。厨房里锅碗瓢盆、瓶瓶罐罐等物品既多又杂，如果袒露在外，易沾油污又难清洗。

NO.20图

4.忌夹缝多。厨房是个容易藏污纳垢的地方，应尽量使其不要有夹缝。例如，吊柜与天花板之间的夹缝就应尽力避免，因天花板容易凝聚水蒸气或油渍，柜顶又易积尘垢，它们之间的夹缝日后就会成为日常保洁的难点。水池下边管道缝隙也不易保洁，应用门封上，里边还可利用起来放垃圾桶或其他杂物。

5.忌使用马赛克铺地。马赛克耐水防滑，但是马赛克块面积较小，缝隙多，易藏污垢，且又不易清洁，使用久了还容易产生局部面脱落，难以修补，因此厨房里最好不要使用。

扩大空间小窍门

1.镜子：在家中狭小的墙面上，贴上整面的镜子，可以制造延伸空间的假象；或者在小的空间里，贴上几片拼贴的小镜子。

2.镂空：对于楼中楼的房屋，采用镂空的楼梯，以制造空间的穿透感，让楼上楼下串连起来又不感到压抑。

3.采光：利用自然光或灯光，可以将家中的空间拓宽。如大片的落地窗，引进自然光线，让空间扩大不少。

4.屏风：利用屏风做活动隔以替代墙面，是活化空间，减少视觉阻碍的良好方法。

客厅装饰小窍门

1.轻家具重装饰。客厅中的家具通常会占很大的预算，可以用些简简单单的家具，然后靠饰物美化客厅。

2.轻墙重细节。让墙回归它本身演变的颜色，靠墙面的配饰完全可以蓬荜生辉。

卧室装饰小窍门

1.轻床屉重床垫。床屉只要牢固耐用就可以了，颜色款式不必张扬，但一定要力所能及地买一个好的床垫，它可使主人的身心得到充分的休息，每日精神百倍。

2.轻家具重布艺。更多的家具和装饰会使人烦躁，而卧室的布艺会使家变得温馨，卧室的窗帘、床单、抱枕，甚至脚踏、坐凳，如果色彩协调统一，会使人心旷神怡。

厨房装饰小窍门

1.轻餐桌重餐具。餐桌是用于支撑而不是直接使用的物品，不用花费太多心思，而餐具和桌布要仔细挑选精心搭配的，桌布和餐巾要搭配协调。

2.轻橱柜重电器。橱柜中实用的工具是电器和灶具，电器的合理配置，工具使用得心应手，繁重的烹饪劳动都会变得简单轻松而愉快。

厨房最好不做敞开式

中国饮食以烹调为主，油烟味比较大，厨房敞开后，很容易使油烟飘入客厅及室内，腐蚀家中的彩电、冰箱等电器，形成导致肺癌的污染源，即使用排风扇强制排风，也容易留下隐患。如将厨房装修成敞开式，不仅易使室内空气受污梁，而且还需要拆除墙体，麻烦很多。

厨房家具的最佳高度

1.桌子。应以身体直立、两手掌平放于桌面不必弯腰或弯曲肘关节为佳，一般为75~80厘米高。

2.座椅。椅面距地面高度应低于小腿长度1厘米左右，一般为42~45厘米高。

3.水池。一般池口应略高于桌面5厘米左右。

4.水龙头。一般应距地面90厘米左右。

5.燃气灶。燃气灶面距地面约80厘米左右。

6.照明。白炽灯的灯泡离桌面距离：60瓦为1米；40瓦为0.5米；15瓦为0.3米。日光灯距桌面：40瓦为1.5米；30瓦为1.4米；20瓦为1.1米。

卫浴间装饰小窍门

1.重收纳柜轻挂钩。为了整齐陈列卫浴用品，尽可能地选择收纳柜，会让空间更加清爽整洁，还能保证用品的洁净，而用各式挂钩会使空间显得凌乱。

2.重龙头轻面盆。洗面盆和龙头相比，功能简单也不具手感，不必下太多功夫，而使用优质的水龙头是一种享受，也能经得起时间的考验，不易损坏。同样，洁具的选择要多关注它的质量，而在款式和花色上省些力气，因为洁具在卫生间中所占的比例较小，只要场面、地面做的出色，洁具就会淹没在瓷砖的图案和颜色中。

装修卫生间门框的小窍门
House 32

卫生间的门经常处在有水或潮湿的环境中，其门框下方不知不觉会腐朽。因此可在门框下方嵌上不锈钢片，可防腐朽。如果门框已经损坏，可将下方损坏的部位取下，做一番妥善修理，然后在门框四周嵌上不锈钢片，则可减缓或防止门框腐朽。

卫生间安装镜子的小窍门
House 33

为了贮藏一些卫生用品，卫生间常常做壁柜。如果在柜橱门面上安装镜面，不仅使卫生间空间更宽敞、明亮，而且豪华美观，费用也不贵。更可以与梳妆台结合起来，作为梳妆镜使用。

巧装莲蓬头
House 34

人们习惯于晚上洗头洗澡，睡一觉后常把头发弄得很乱，于是在早晨洗头的人尤其是女士渐渐多起来。因为每次洗头而动用淋浴设备较麻烦，可在洗脸盆上装上莲蓬头。

合理利用洗脸盆周围空间
House 35

洗脸盆的周围钉上10厘米的搁板，则使用较方便。洗脸盆上放许多清洁卫生用品会显得杂乱无章，而且容易碰倒，因此，不妨在洗脸盆周围钉上10厘米的搁板，只要能放得下化妆瓶、刷子、洗漱杯等便可以了。搁板高度以不妨碍使用水龙头为宜，搁板材料可用木板、塑胶板等。

巧用浴缸周围的墙壁
House 36

在浴缸周围的墙壁上打一个7~8厘米深的凹洞，再铺上与墙壁相同的瓷砖，此洞可用来放洗浴用品。这样扩大了使用空间，使用起来也方便自如。

利用冲水槽上方空间
House 37

抽水马桶的冲水槽上方是用厕时达不到的地方，可以利用此空间做一吊柜，柜内可放置卫生纸、手巾、洗洁剂、女性卫生用品等，也可在下部做成开放式，放些绿色植物装饰。

巧粘玻璃拉手
House 38

先将要粘拉手的玻璃用食醋擦洗干净，再将玻璃拉手用食醋洗净、晾干。然后用鸡蛋清分别涂在玻璃和拉手上，压紧晾干后，简便的玻璃拉手就很坚固耐用了。

自制毛玻璃
House 39

取半盆清水，将数张铁砂布（砂布号数可按毛玻璃粗细要求而定）放水中浸几分钟，然后揉搓洗下砂布上的砂粒，轻轻倒去清水。将砂糊置于待磨的玻璃上，取另一块待磨玻璃压在上面，再用手压住作环形研磨。数分钟后，便能得到两块磨好的毛玻璃。

陶瓷片、卵石片可划玻璃
House 40

划割玻璃时若无金刚钻玻璃刀，可找一块碎陶瓷片，或把鹅卵石敲碎，利用它的尖角，用尺子比着在玻璃上用力划出痕迹后，用力就能将玻璃割开。这是因为陶瓷和卵石的硬度都比玻璃大。

巧用胶带纸钉钉
House 41

在房间内的墙上钉钉子，墙壁表面有时会出现裂痕，如能利用胶带纸，先粘在要钉钉的墙壁上，再钉钉子，钉好后撕下胶带纸。这样，墙壁上就不会留下裂痕，这种方法也适用于已经使用很久的油漆墙壁上，可预防在钉钉子时，因震动而致使油漆脱落。

墙上钉子松后的处理
House 42

墙上的钉子松动后，可以用稠浆糊或胶水浸透棉花绕在钉子上，再将钉子插入原洞，压紧，钉子就牢固了。

旋螺丝钉省力法
House 43

钉旋螺丝钉之前，将螺丝钉头在肥皂上点一下，便很容易地旋进木头中。

家具钉钉防裂法
House 44

在木制家具上钉钉子，要避开木料端头是直线木纹的部位，以免木料劈裂。

关门太紧的处理
House 45

地板不平，影响门的开关时，可在地板上粘砂纸，将门来回推动几次，门被打磨后，开关便会自如。

门自动开的处理

当人们搬进新居时，会遇到有的门关上之后又自动开启。这是因为门在上合页时安得太紧，而门和门框之间的间隙又大，所以会自动打开。对此，可用羊角锤头垫在门和合页之间，然后轻轻关门，这么一别，合页拴会略微弯一些、门和框就贴上了。但在"别"的时候，用力不要过猛，要轻轻地做，一次不行，两次。这样，就能解决其轻微的毛病。

巧法揭胶纸、胶带

贴在墙上的胶纸或胶带，如果硬是去揭，会受损坏，可用蒸汽熨斗熨一下，就能很容易揭去了。图

装饰贴面鼓泡消除法

处理时，可先用锋利刀片在"泡"的中部顺木纹方向割一刀。然后用注射器将胶水注入缝中，用手指轻轻地按压"泡"的上部，将溢出的胶水用湿布揩净。再用一个底面平滑并大于鼓泡面积的重物压在上面。为防止加压后有少量胶水溢出而粘坏鼓泡周边表面，可在"泡"上覆盖塑料薄膜隔开。这样，装饰贴面就平整了。

低矮房间的布置

低矮房间内可置放一个曲格式的"博物架"，在其大小不同的格子中放些微型山水盆景、微型花草，以反衬出居室的"宏大"。同时，低矮居室中忌挂大画、大字，摆大型工艺品。反衬对比法最适用于面积较大的房间，如客厅，在沙发的一侧，竖起一架高度接近房顶的艺术"屏风"，隔离出小空间，相对便有了高度空间感，同时还有了谈话的"私密性"气氛，可谓一举两得，此外，屏风的"超高"，还有一种"喧宾夺主"的吸引视觉效果，让人忘了房间的"低"。

巧招补救背阴客厅

补充人工光源；厅内色调应统一，忌沉闷；选白桦、枫木饰面亚光漆家具并合理摆放；地面砖宜亮色，如浅米黄色光面地砖。

餐厅色彩布置小窍门

餐厅色彩宜以明朗轻快的色调为主，最适合用的是橙色以及相同色相的姐妹色。这两种色彩都有刺激食欲的功能。整体色彩搭配时，还应注意地面色调宜深，墙面可用中间色调，天花板色调则宜浅，以增加稳重感。在不同的时间、季节及心理状态下，人们对色彩的感受会有所变化，这时，可利用灯光来调节室内色彩气氛，以达到利于饮食的目的。家具颜色较深时，可通过明快清新的淡色或蓝白、绿白、红白相间的台布来衬托。桌面配以绒白餐具，可更具魅力。

巧搬衣柜

在搬家或布置室内家具时，衣柜、书柜等大件家具搬运挪动比较困难。如果用一根粗绳兜住柜或橱的底部，人不仅能站着搬运，而且能较方便地摆放在墙角处，搬起来也较安全。

NO.47图

巧用磁带装扮家具
House 53

由于磁带上涂有的磁粉材料不同，它的外表颜色也不同。利用磁带本身的颜色，给浅色的组合家具当套色或装饰组合家具表面，具有线条直、立体感强并有一定亮度等优点。

粘贴方法有两种：一是在油刷组合家具的最后一遍油漆快干时，将磁带拉直粘贴即可；二是待组合家具油漆干后，用白乳胶涂于磁带背面，然后拉直贴于组合家具上，多余的白乳胶用布蘸水擦干净即可。

以手为尺
House 54

布置家庭，外出采购，常会碰到因尺寸拿不准而犹豫不决。在平时，最好记住自己手掌张开，拇指和小指两顶端之间的最大长度，以便在必要时，权且以手当尺。(图)

室内家具搬动妙法
House 55

居室搞卫生或调整室内布局需要搬抬家具时，先用淡洗衣粉水浸湿的墩布拖一遍地，水分稍多些，拖不到的地方泼洒一点水。这样，一般家具如床、沙发等只要稍加用力即可推动。

防止木地板发声的小窍门
House 56

为了不让木制地板在人走动时发出"咯吱"声，可在地板缝里嵌点肥皂。

NO.54图

巧用墙壁隔音
House 57

墙壁不宜过于光滑。如果墙壁过于光滑，声音就会在接触光滑的墙壁时产生回声，从而增加噪声的音量。因此，可选用壁纸等吸音效果较好的装饰材料，另外，还可利用文化石等装修材料，将墙壁表面弄得粗糙一些。

巧用木质家具隔音
House 58

木质家具有纤维多孔性的特征，能吸收噪音。同时，也应多购置家具，家具过少会使声音在室内共鸣回旋，增加噪音。

巧用装饰品隔音
House 59

布艺装饰品有不错的吸音效果，悬垂与平铺的织物，其吸音作用和效果是一样的，如窗帘、地毯等，其中以窗帘的隔音作用最为明显。既能吸音，又有很好的装饰效果，是不错的选择。

巧法美化壁角
House 60

1.在客厅的壁角，可自制一个落地衣架、顶部镶嵌一些动物或抽象艺术头像，既实用又美观，还颇具艺术性。

2.过道的转角或壁角，可以暗装一些鞋箱或储藏柜、将家中一些物品放在隐蔽处，使用十分方便。

巧法美化阳台
House 61

在阳台一侧设计成"立体式"花架，摆放几盆耐光照的花卉，在另一个侧墙上，沿墙安放一个"嵌入式"的书架，摆放一个小书桌，台面隐蔽在内，再配上一个转椅，在柔和的灯光下看书阅读，别有一番情趣。

家具陈列设计法
House　62

先丈量出居室面积，再按比例缩少，画在纸上。然后将家具按同比例缩小，画在硬纸片上，再一一剪下。最后将剪下的家具纸片在居室图上反复摆放，选择最佳位置，一次性摆妥，既省时又省力。

家具"对比"布置
House　63

如何摆放好必不可少的家具，又做到不以物满为患，这是小居室装饰布置的一个难点问题。解决这一矛盾的方法是将柜橱等靠在一面墙或者远离窗户的屋角适当集中，相对空出另一面的空间，如靠一面放置从地面至屋顶的整体衣柜、组合柜或书柜等，而另一面空间则放小巧的桌、椅、床等，从而对比出空间的宽阔来。

小居室巧配书架
House　64

1.多层滚轮式书架：如果常用的书刊数量不多，可制作一个方形带滚轮的多层小书架。可根据需要在房间内自由移动，不常用的书就用箱子或袋子装起来，放在不显眼的地方。

2.床头式书架：在靠墙的床头上改作书架，并装上带罩的灯，这样既可以放置常用书籍，又便于睡前阅读，比较适合厅房一体的家庭。

3.屏风式书架：对于厅房一体户，还可以利用书架代替屏风将居室一分为二，外

为厅，里为房。书架上再巧妙地摆些小盆景、艺术品之类，便有较好的美感效果。

巧放婴儿床
House　65

1.婴儿床可以紧挨着墙放，但如果离开墙放置的话，距离要超过50厘米，这样可以防止孩子跌落时夹在床和墙壁之间发生窒息事故。

2.婴儿床下最好能铺上比床的面积更大的绒毯或地毡，这样孩子跌落时，就不会碰伤头部。

3.不要把婴儿床放置在阳光直晒的位置，孩子需要阳光，但过于暴露在阳光下会使孩子的眼睛和皮肤受伤。

4.不要把孩子的床放置在能接触到绳索的地方，比如百叶窗，或有穗子的窗帘下，这样是为了防止孩子玩耍绳子或窗帘时发生缠绕的危险。

电视机摆放的最佳位置
House　66

安放彩电应该把荧光屏的方向朝南或朝北。因为彩电显像色彩好坏与地球磁场影响有关，只有放在朝南或朝北方向时，显像管内电子束的扫描方向才与地球磁场方向相一致，收看的效果才最佳。同时应注意不要经常改变方向，因为每调换一次方向会影响机内的自动消磁电路长时间不能稳定，反而会造成色彩反复无常。

放置电冰箱小窍门
House　67

放置电冰箱的室内环境应通风良好、干燥、灰尘

少、顶部离天花板在50厘米以上，左右两侧离其他物件20厘米以上，使开箱门能作90度以上的转动。放置电冰箱的地面要牢固，电冰箱要放平稳。

巧法避免沙发碰损墙壁
House　68

沙发一般都靠墙放置，容易使墙壁留下一条条伤痕。只要在沙发椅的后脚上加一条长方形的木棒，抵住墙脚，使椅背不能靠上墙壁。

防止沙发靠背压坏墙壁
House　69

将包装家用电器的泡沫塑料，用刀切成长10厘米、宽7厘米、厚2厘米的长方块。然后，用胶纸将它分别固定在沙发靠背后的两角上。这样，沙发靠背有泡沫塑料垫着，墙就不易被压坏了。

家居"治乱"
House　70

1.家具、墙体、摆设颜色不宜杂，厅、房的家具颜色不宜反差过大，每一单间最好是式样归一，颜色一样。

2.窗帘最好与家具或沙发套及床罩是同一色系的，百叶窗的颜色最好与墙体颜色一致或是同色系的。

3.家居布置不宜过分奢侈、不实用，居家过日子应讲求实用、经济、美观，尽量避免那些中看不中用的东西。

居室卫生
JU SHI WEI SHENG

巧除室内异味
House   1

室内通风不畅时，经常有碳酸怪味，可在灯泡上滴几滴香水或花露水，待遇热后慢慢散发出香味，室内就清香扑鼻。图

活性炭巧除室内甲醛味
House   2

购买800克颗粒状活性炭，将活性炭分成8份，放入盘中，每个房间放2～3盘，72小时可基本除尽室内异味。

家养吊兰除甲醛
House   3

吊兰在众多吸收有毒物质的植物中，功效位居第一。一般而言，一盆吊兰能够吸收一立方米空气中96%的一氧化碳和86%的甲醛，还能分解由复印机等排放的苯，这是其他植物所不能替代的。特别是吊兰在微弱的光线下，也能进行光合作用，吸收有毒气体。吊兰喜阴，更适合室内放置。

巧用芦荟除甲醛
House   4

据测试，一盆芦荟大约能吸收一立方米空气中90%的甲醛。芦荟喜阳，更适合放置在明亮的地方，才能发挥其最大功效。

NO.1图

巧用红茶除室内甲醛味
House   5

用300克红茶在两只脸盆中泡热茶，放入室内，并开窗透气，48小时内室内甲醛含量将剧降，刺激性气味基本消除。

食醋可除室内油漆味
House   6

在室内放一碗醋，2～3天后，房内油漆味便可消失。

巧用盐水除室内油漆味
House   7

在室内放几桶冷水或盐水，室内油漆味也可除掉。

巧用干草除室内油漆味
House   8

在室内放一桶热水，并在热水中放一把干草，一夜之后，油漆味就可消除。

巧用洋葱除室内油漆味
House   9

将洋葱切成碎块，泡入一个大水盆内，放在室内几天，也可消除油漆味。

牛奶消除家具油漆味
House   10

把煮开的牛奶倒在盘子里，然后将盘子放在新油漆过的橱柜内，关紧家具的门，过5个小时左右，油漆味便可消除。

食醋可除室内烟味
House   11

用食醋将毛巾浸湿，稍稍一拧，在居室中轻轻甩

动，可去除室内烟味。如果用喷雾器来喷洒稀释后的醋溶液，效果会更好。

巧用柠檬除烟味
House　　12

将含果肉的柠檬切成块放入锅里，加少许水煮成柠檬汁，然后装入喷雾器，喷洒在屋子里，就能达到除味效果。

咖啡渣除烟味
House　　13

在烟灰缸底部铺上一层咖啡渣，就可以消除烟蒂所带来的烟味。

巧除厨房异味
House　　14

1.在锅内适当放些食醋，加热蒸发，厨房异味即可消除。

2.在炉灶旁烤些湿橘皮，效果也很好。

巧用香水除厕所臭味
House　　15

1.用香水或风油精滴在小块海绵上，用绳子拴住挂在厕所门上，不仅除臭效果好，而且每15天往海绵上滴几滴就可以，比较省事。

2.挂清凉油除臭效果虽然也不错，但需5天左右就要抹去上边一层才可继续起到除臭作用。

巧用食醋除厕所臭味
House　　16

室内厕所即使冲洗得再干净，也常会留下一股臭味，只要在厕所内放置一小杯香醋，臭味便会消失。其有效期为6~7天，可每周换1次。

点蜡烛除厕所异味
House　　17

在厕所里燃烧火柴或者点燃蜡烛，随着燃烧可改变室内空气。

燃废茶叶除厕所臭味
House　　18

将晒干的残茶叶，在卫生间燃烧熏烟，能除去污秽处的恶臭。

巧用洁厕灵疏通马桶
House　　19

隔三差五地将适量洁厕灵倒入马桶，盖上马桶盖闷一会儿，再用水冲洗，能保持马桶通畅。

巧用可乐清洁马桶
House　　20

喝剩的可乐倒掉十分可惜，可将之倒入马桶中，浸泡10分钟左右，污垢一般便能被清除，若清除不彻底，可进一步用刷子刷除。

塑料袋除下水道异味
House　　21

一般楼房住户，厨房、卫生间都有下水道，每到夏季，会泛发出难闻的气味。为此，可找一个细长的塑料口袋，上口套在下水管上扎紧，下底用剪刀剪几个小口，然后把它放进下水管道里，上面再用一块塑料布蒙上，最后盖上铁栅栏即可。这样便能保证厨房或卫生间的空气清新。

巧用丝袜除下水道异味
House　　22

把丝袜套在排水孔，减少毛发阻塞排水孔的机会，水管自然可以保持洁净，排水孔发出的臭味就可去除。

巧用橘皮解煤气异味
House　　23

煤火中放几片风干的橘子皮，可解煤气异味。

巧除衣柜霉味
House　　24

抽屉、壁橱、衣箱里有霉味时，在里面放块肥皂，即可去除；衣橱里可喷些普通香水，去除霉味。

巧用植物净化室内空气
House　　25

1.仙人掌、文竹、常青藤、秋海棠的芳香有杀菌抗菌成分，可以清除室内空气中的细菌和病毒，具有保健功能。

2.芦荟、菊花等可减少居室内苯的污染。

3.月季、蔷薇等可吸收硫化氢、苯、苯酚、乙醚等有害气体。

4.虎尾兰、龟背竹、一叶兰等叶片硕大的观叶花植物，能吸收80%以上的多种有害气体。

巧用洋葱擦玻璃
House　　26

将洋葱一切两半，用切面来擦玻璃表面。趁葱汁还未干时，迅速用干布擦拭，玻璃就会非常亮。

巧除玻璃上的石灰
House　　　27

　　粉刷墙壁时玻璃窗会粘上石灰水，要清除这些石灰痕迹，用一般的清水擦洗是比较困难的。对此，要用湿布蘸细沙子擦洗玻璃窗，便可轻而易举地使石灰斑点脱落。

粉笔灰可使玻璃变亮
House　　　28

　　把粉笔灰蘸水涂在玻璃上，干后用布擦净，可使玻璃光洁明亮。

牙膏可使玻璃变亮
House　　　29

　　玻璃日久发黑，可用细布蘸牙膏擦拭，会光亮如新。

巧用蛋壳擦玻璃
House　　　30

　　鲜蛋壳用水洗刷后，可得一种蛋白与水的混合溶液，用它擦拭玻璃或家具，会增加光泽。

巧除玻璃油迹
House　　　31

　　窗上玻璃有陈迹或沾有油迹时，把湿布滴上少许煤油或白酒，轻轻擦拭，玻璃很快就会光洁明亮。

巧除玻璃上的油漆
House　　　32

　　玻璃上沾了油漆，可用绒布蘸少许食醋将它拭净。

巧用软布擦镜子
House　　　33

　　小镜子或大橱镜、梳妆台镜等镜面有了污垢，可用软布（或纱布）蘸上煤油或蜡擦拭，切不可用湿布擦拭，否则镜面会模糊不清，玻璃易腐蚀。

巧用牛奶擦镜子
House　　　34

　　用蘸牛奶的抹布擦拭镜子、镜框，可使其清晰、光亮。

塑钢窗滑槽排水法
House　　　35

　　在滑槽和排水孔里穿上几根毛线或棉线绳，其外侧要探出阳台或窗台，滑槽里再平放几根长10厘米左右的毛线或棉线绳，与排水孔里侧的毛线或棉线绳连在一起，形成T字形。当滑槽出现积水时，积水便会顺着毛线或棉线绳顺畅地流出。

巧用牛奶擦地板
House　　　36

　　擦地板时，在水中加发酵的牛奶，既可以去污，又能使地板溜光发亮。

巧用橘皮擦地板
House　　　37

　　鲜橘皮和水按1：20的比例，熬成橘皮汁，待冷却后擦拭家具或地板，可使其光洁；若将它涂在草席上，不但能使草席光滑，而且还能防霉。

巧去木地板污垢
House　　　38

　　地板上有了污垢，可用加了少量乙醇的弱碱性洗涤液混合拭除。因为加了乙醇，除污力会增强。胶木地板也可用此法去除污垢。由于乙醇可使木地板变色，应该先用抹布蘸少量混合液涂于污垢处，用湿抹布拭净。若木地板没有变色，便可放心使用。

巧用漂白水消毒地板
House　　　39

　　用漂白水消毒地板，能杀死多种细菌，消毒功效颇为显著。使用时，漂白水跟清水的比例应为1：49，因其味道较浓烈，而如果稀释分量控制不当的话，其中所含的毒性可能会对抵抗力较弱的小孩造成伤害，而且会损害地板，导致褪色。

巧除墙面蜡笔污渍
House　　　40

　　墙上被孩子涂上蜡笔渍后十分不雅，可用布（绒布最佳）遮住污渍处，用熨斗熨烫一下即可，蜡笔油遇热就会熔化，此时迅速用布将污垢擦净。

地砖的清洁与保养
House　　　41

　　日常清洁，可先用普通的墩布像擦水泥地面一样混擦，再用干布将水擦干。一般每隔3~6个月上一次上光剂。

巧除地砖斑痕
House　　　42

　　如因灼烧使表面产生斑痕时，可用细砂纸轻轻打磨，然后涂擦封底剂和上光剂，即可恢复原状。

巧除家具表面油污
House　　　43

　　家具漆膜被油类玷污，可用一壶浓茶，待茶水温凉时，用软布蘸些茶水擦洗漆面，反复擦洗几次即可。

冬季撒雪扫地好处多
House   44

冬季扫地时，若把洁白的雪撒在地板上，扫得既干净，又能避免扬起灰尘。

巧用旧毛巾擦地板
House   45

用墩布拖地很沉，且容易腰酸背痛，地面也要很长时间才干。用旧毛巾当抹布擦地，干净、干得快、省时间，用旧化纤料效果更好。

塑料地板去污法
House   46

塑料地板上若沾了墨水、汤汁、油腻等污迹，一般可用稀肥皂水擦拭，如不易擦净，也可用少量汽油轻轻擦拭，直至污迹消除。

巧除水泥地上的墨迹
House   47

将50毫升食醋倒在水泥地上的墨迹处，过20分钟后，用湿布擦洗，地就会光洁如新。

巧洗脏油刷
House   48

将脏油刷浸在装有苏打水的容器中（一杯水加25克苏打），不要让刷子碰着容器的底部，将容器放在火上加热到60℃~80℃，放置约15小时后油刷即可软化。软化后，先把刷子放在肥皂水里洗，然后再用清水洗净。

毛头刷除藤制家具灰尘
House   49

藤制家具用久了会积

NO.49图

污聚尘，可用毛头柔和的刷子自网眼里由内向外拂去灰尘。若污迹严重，可用家用洗涤剂洗去，最后再干擦一遍即可。图

绒面沙发除尘法
House   50

把沙发搬到室外，用一根木棍轻轻敲打，把落在沙发上的尘土打出，让风吹走。也可在室内进行。其方法是：把毛巾或沙发巾浸湿后拧干，铺在沙发上，再用木棍轻轻抽打，尘土就会吸附在湿毛巾或沙发巾上。一次不行，可洗净毛巾或沙发巾，重复抽打即可。

除床上浮灰法
House   51

床上常落有浮灰，用笤帚扫会使其四处飞扬，而后又落于室内，且对人有害。可将旧腈纶衣物洗净晾干，要除尘时拿它在床上依次向一个方向迅速抹擦，由于产生强烈静电，将浮尘吸附其

上，用水洗净晾干复用。如用两三块布擦两三次，如同干洗一次，效果极佳。

巧除家电缝隙的灰尘
House   52

家用电器的缝隙里常常会积藏很多灰尘，且用布不宜擦净，可将废旧的毛笔用来清除缝隙里的灰尘，非常方便。或者用一只打气筒来吹尘，既方便安全，还可清除死角的灰尘。

巧给荧光屏除尘
House   53

给荧光屏去污千万不能用手拍，最好是用细软的绒布或药棉，沾点酒精，擦时从屏幕的中心开始，轻轻地逐渐向外打圈，直到屏幕的四周。这样既不会损坏屏幕玻璃，也能擦得干干净净。

巧除钟内灰尘
House   54

清除座钟或挂钟内的尘埃，可用一团棉花浸上煤油放在钟里面，将钟门关紧，几天后棉球上就会沾满灰尘，钟内的零件即可基本干净。

冬季室内增湿法
House   55

春冬季室内过分干燥，对健康不利。可以用易拉罐装上水，放在暖气上（或炉上）。每间房用6~7个易拉罐即可，注意及时灌水。

自制加湿器
House   56

冬季暖气取暖使室内干燥，可在洗涤灵瓶子的中部用小铁钉烫个孔，装满水盖

好，下垫旧口罩或软布放在暖气上，每个暖气放1～3个就可改善室内小气候。在瓶内放些醋还可预防感冒。

自制房屋吸湿剂
House　　　　　　57

用锅把砂糖炒一炒，再装入纸袋，放在潮湿处即成。

地面反潮缓解法
House　　　　　　58

没有地下室的一楼房间以及平房，夏季地面返潮厉害。可关闭门窗，拉上窗帘，地上铺满报纸，经两三个小时后，地下的潮气就会返上来。这时把报纸收走，打开门窗通气，干燥空气进来，潮气吹走，房间里就会舒服多了。

栽花养鱼
ZAI HUA YANG YU

自测花土的pH
House　　　　　　1

到化工商店买一盒石蕊试纸，盒内装一个标准比色板。先用一勺培养土，按一份土、两份水的比例稀释，待沉淀以后，撕下一条试纸，放入溶液中1~2秒，取出和比色板对照，找出颜色与试纸颜色相似的色板号，即为土壤的pH。如果黄绿色即为中性土壤，pH为6.5～7.5，适合栽植的品种较多，如郁金香、水仙、秋海棠、文竹、勿忘草、金鱼草、紫罗兰等花卉。黄色到橘红色为弱酸性土壤，pH5.5～6.5，适合栽植桂花、朱顶红、倒挂金钟、仙客来、万寿菊、波斯菊等花卉。橘红色到红色为强酸性土壤，pH4.5～5.5，适合栽培凤尾蕨、山茶、杜鹃、凤梨、彩叶草等喜酸品种。蓝色到紫色为极强碱土壤，pH大于9.5，适宜品种很少。大多数花卉在pH为6.0~7.0的土壤中生长最佳。

图

阳台栽花选择小窍门
House　　　　　　2

根据高楼阳台的特点，栽花宜选用喜阳光耐旱的品种。因此，多肉植物仙人掌类花卉，便成了阳台上的宠儿；月季占着优先地位，特别是白色、黄色或很香的品种，如紫雾、月光、金不换之类，更为适合。其他木本花、盆松、盆竹、茉莉、海棠、太阳花等，还有扶桑、吊兰、宝石花等，都适合在阳台上栽种。其中还有晚香玉、水仙、倒挂金钟、仙客来等。

适合卧室栽培的花卉
House　　　　　　3

1.芦荟、景天等，晚上不但能吸收二氧化碳，放出氧气，还能使室内空气中的负离子浓度增加。

2.丁香、茉莉的芳香能调

NO.1图

节神经系统，可使人放松，有利于睡眠。

不适合卧室摆放的花木

1.兰花、百合花：香气过于浓烈，容易使人失眠。

2.月季花：月季所散发的浓郁香味，会使一些人产生胸闷不适、憋气与呼吸困难的现象。

3.松柏类：其芳香气味对人体的肠胃有刺激作用，能使孕妇感到心烦意乱、恶心呕吐。

4.洋绣球花：洋绣球花会散发一些微粒，导致皮肤过敏。

5.夜来香：夜来香在晚上会散发出大量刺激嗅觉的微粒，闻之过久，心脏病患者感到头晕目眩、郁闷不适，甚至病情加重。

6.郁金香：郁金香的花朵含有一种毒碱，如果接触过久，会加快毛发脱落。

7.夹竹桃：夹竹桃可分泌出一种乳白色液体，接触时间一长，会引起中毒、昏昏欲睡、智力下降等症状。

巧用冰块延长水仙花期

水仙适于低温，一般室内温度较高，使花期缩短。如果用干净的雪或冰块来代替水放在水仙盆内，到晚上将盆中化了的水倒掉，一天换几次冰块，放在封闭的阳台或阴凉处，则可使花期保持1个月左右。

巧用葡萄糖粉做花肥

变质葡萄糖粉是好肥料。变质的葡萄糖粉捣碎撒入花盆土四周，3日后黄叶就会变绿，长势茂盛。其适用于吊兰、刺梅、万年青、龟背竹等。

巧法促进海棠开花

大叶海棠本应四季开花，但有时枝叶疯长就是不开花。此时可将疯长的枝在顶部22～25厘米处剪下，去掉基部一两片叶，插入大口玻璃瓶中，用水浸泡，20多天长出白色小根，即可插种。每次浸3～5枝，插在一个花盆中，不久，各枝都会开花。剪后的老枝长出新枝，也能开花。

促进朱顶红在春节开花小窍门

距春节还有四五十天时，应把朱顶红花盆放在有阳光的房间暖气上。为了不烤坏根部，要在暖气和花盆之间垫块砖。这样在春节期间就可以看到喜人的花朵。

剩鱼虫可做花肥

现在养鱼的人越来越多，养鱼要喂鱼虫，但有时鱼虫死得快，剩下的死鱼虫残留物不要倒掉，可用来浇花用，给花增加了肥料，花长得壮、开得鲜，如一次用不了可灌到瓶子中备用。

巧用废油做花肥

先把抽油烟机里的废油倒在没有栽花的花盆土中，然后浇水使其发酵。发酵后再用，效果很好，被上肥的花不会被烧死。

巧用羽毛做花肥

羽毛的氮、磷、钾含量丰富，还含有花卉所需要的多种微量元素，最适合花卉做基肥使用，特别是施用安全，不会导致肥伤。施用方法：做基肥把羽毛放在盆底，做追肥则扒开盆土把羽毛埋在土层下，还可泡水做液肥。

巧做米兰花肥

将淘米水（稠者为好）和烂西红柿放在一个容器里，发酵后浇米兰，会使米兰枝繁叶茂，开出的花味道香浓。各种喜酸性的花卉，用这种肥效果也好。

巧用剩茶叶浇花

将残茶叶浸入水中数天后，浇在植物根部，可促进植物生长。

巧用柑橘皮泡水浇南方花卉

米兰、茉莉、海桐等南方花卉在北方的碱性土质上不易成活，生长不好。可用柑橘皮泡水2～3天，用来浇花，天长日久，花卉枝叶壮实，开花多，香味浓郁。

食醋可代替硫酸亚铁浇花

有些花性喜酸土，如果盆土少酸性，则花叶必泛黄，甚至枯死。这时就要浇一些泡有硫酸亚铁的水。但如果手头缺少硫酸亚铁，可用食用米醋代替，根据花盆大小，每次用半汤匙米醋，冲500克凉水，浇在花盆中，浇过几次以后，则花叶重新泛绿。

橘子皮除花肥臭味
House　16

给花上肥后会散发发酵后的恶臭味。如果在上肥时加入一些橘子皮，既可增加肥料的营养，又可大大减少花肥臭味。

巧用头发茬做花肥
House　17

在兰花、米兰或茉莉的花盆里埋入一些头发茬，可使花冠长得更茂盛，花蕾多且香味浓。

巧用花瓣
House　18

将各种花瓣晒干后混合置于一匣中，放在起居室或餐厅，就能使满室飘香。将其置于袋中，放在衣柜里，能把柜内的衣物熏上一股淡淡的幽香。

瓶插花的保鲜绝招
House　19

每隔一两天，用剪刀修剪插花的末端，使花枝断面保持新鲜，可以使花枝的吸水功能保持良好状态，延长插花寿命。

巧用白醋使花卉保鲜
House　20

天气渐热，鲜花买回家后易枯萎，不妨在花瓶中加几滴白醋或漂白水，再把花枝底部剪一下，可延长花朵保鲜期。

水切法使花卉保鲜
House　21

当植物切口接触空气的瞬间，植物的导管就会跑进空气，使流通水分的导管产生一个栓子，所以，剪枝时可将花枝放入水中，在切口的稍上方斜剪，使断面增大，以提高吸水效果。此法适用于剑兰、红掌、文心兰、桔梗、太阳花。

鲜花萎蔫的处理
House　22

鲜花蔫了，可剪去花枝末端一小段，然后将鲜花放到盛满冷水的容器中，仅留花头露出水面，一两个小时后花朵就会苏醒过来。

枯萎花材复活法
House　23

对已经枯萎得不能吸收水分的花材，可将其倒过来在茎部浇水，用莲蓬头淋水效果更佳。然后用湿报纸将整个花枝全部包起来，放置数小时，再簇入深水中数小时，如玫瑰、百合花、桔梗、太阳花。

受冻盆花复苏法
House　24

春寒时节，盆花在室外会冻僵。遇此情况，可将盆花速用吸水性较强的废报纸连盆包裹三层，包扎时注意不可损伤盆花枝叶，并避免阳光直接照射。如此静置一日，以使盆花温度逐渐回升。经此处理后，受冻盆花可以复苏。

巧用鲜花净化空气
House　25

室内摆放吊兰、文竹、龟背竹，能吸收二氧化碳、二氧化硫、甲醛等有害气体，减少空气污染，抵抗微生物的侵害。

巧用剩啤酒擦花叶
House　26

室内常绿花卉如龟背竹、橡皮树、君子兰、鹤望兰等，长期摆放时，虽以清水为叶面擦拭，水蒸发后仍难免留有尘渍泥点，影响观赏。用兑一倍水的剩啤酒液擦花叶，不仅叶面格外清新洁净、明显地焕发出油绿光泽，此后再依正常管理向叶面喷水，光亮期可保持10天左右。

盆景生青苔法
House　27

把盆景放在阳光充足的地方，每天用沉淀过的淘米水浇一次，15～20天便能生出青苔。

巧用大葱除花卉虫害
House　28

取大葱200克，切碎后放入10升水中浸泡一昼夜，滤清后用来喷洒受害植株，每天数次，连续喷洒5天。

巧用大蒜除花卉虫害
House　29

大蒜200～300克，捣烂取汁，加10升水稀释。立即来喷洒植株。

巧用烟草末除花卉虫害
House　30

烟草末400克，用10升水

浸泡两昼夜后，滤出烟末，使用时再加水10升，加肥皂粉20～30克，搅匀后喷洒受害花木。

草木灰可除花卉虫害

水10升，草木灰3千克，泡3昼夜后即可喷洒植株。

巧用香菜灭蚜虫

把拣香菜时丢弃的菜叶、菜根和菜梗泡在热水中，并用力揉搓，使其汁更多地渗入水中，然后用来消灭花土的蚜虫，无毒，且不伤害花枝。

巧灭盆花蚜虫

春暖花开时节，蚜虫是家庭养花之大敌。将一电蚊香器具放于花盆内，器具上放樟脑丸半颗。再找一无破损的透明大塑料袋一个，连花苗将整个花盆罩起来。然后将电蚊香插电源，2小时

后，揭开塑料袋即告结束。

君子兰烂根的巧妙处理

1.君子兰一旦烂根，叶子就会变黄枯萎，应立即将君子兰取出，用水将根冲净，然后放在高锰酸钾水（少量高锰酸钾溶入一盆水中）中，浸泡10分钟左右取出，用水将根洗净，埋入用水洗干净的沙子里，一直到长出较长的嫩根后，再放回君子兰土里继续培育。

2.可将烂根处理干净，晾干，用塑料口袋装好，放入冰箱下部的塑料保鲜盒内，不用采取任何措施，20天后就能生出很健壮的根来。

君子兰"枯死"不要扔

君子兰外叶枯死，若拔出后根还充实，只要择去空皮根，把充实根冲洗干净，去除枯死叶片，稍微晾一会，再栽入君子兰用土中，洒上水，连盆置荫凉处（不

可曝晒），在不强的光照下，不久会冒出新叶，照样成活。只要肥、水适宜，叶片自会逐渐增多、约达20片就可开花。

根除庭院杂草法

平常腌制鸭蛋或咸菜的盐水，不要随便倒掉，在杂草繁盛季节，将盐水泼在杂草上，三四次即可遏止杂草的生长。此外，煮土豆的水也可除去庭院里或过道上的杂草。（图）

剪枝插种茉莉花小窍门

将茉莉花冬季长出的较粗壮的新枝条分段剪下，每段留两节（每节上有两片叶），用水泡6～7天后种在花盆里。种时将下面的一节和叶埋在土里，用大口玻璃瓶盖上，经常保持盆内湿润，直到上面的节两旁长出新芽，表明下面也长出根，待新芽稍大点就可把玻璃瓶子拿掉。

磁化水浇花喂鸟效果好

用磁化水浇花和喂鸟，盆花长得茁壮、花朵多、花期长，且不用施肥，不爱生虫害；鸟儿也生长健康不患病，且羽毛艳丽、鸣叫时间长。具体方法是：在一铁桶或铁壶内壁中部相对部位各吸上一块磁铁，然后装满自来水，2小时后即可使用。

自制玻璃鱼缸

先将熟石灰粉（过筛

NO.36图

NO.45图

调入白油漆中，以可塑为度，然后将划好的玻璃分别嵌入钢角架，随即用泥料将接缝腻上、抹平，静置半月，即可装水。

新鱼缸的处理
House ⋯⋯⋯ 40

新缸养鱼前应装水浸泡消毒，1～2天后将水换去，因为新缸的密封玻璃胶内含有大量的酸性有毒物质。

鱼缸容水量的计算方法
House ⋯⋯⋯ 41

长（厘米）×宽（厘米）×高（厘米）÷1000=容量（公升）

巧调养鱼水
House ⋯⋯⋯ 42

1.把自来水用储水池或鱼缸晾晒24小时后放入鱼，同时打足氧气用过滤器过滤效果更佳。

2.用晶状硫代硫酸钠（俗称海波或大苏打），每百公升水放入2克，稍微搅匀数分钟后即可放入鱼，同时打足氧气，用过滤器过滤效果更佳。

囤水妙招
House ⋯⋯⋯ 43

用大可乐瓶或其他大汽水瓶装水放在角落里，不占地方，不显眼，比起桶来，可以化整为零，节省空间。

购鱼小窍门
House ⋯⋯⋯ 44

选购比较活跃健康的鱼类，选鱼时注意观察出售鱼的容器，看盆中有无大量的饭汤皮状的白色黏性物，或是鱼身鱼尾大量充血及烧尾状态，很可能是水的硬度不适宜和被少量的氯气或严重的碰撞所伤，必须谨慎。

鱼苗打包小窍门
House ⋯⋯⋯ 45

打包时鱼的密度不能过高，应充足氧气，避开阳光直射。回家后应连包装袋一起放入事先配好水的鱼缸中，数十分钟后，让袋中的水温与鱼缸内水温平衡时，将袋口解开连鱼连水一起放入鱼缸。图

喂鱼小窍门
House ⋯⋯⋯ 46

新缸进鱼一般禁喂鱼食5～6天，而后每5～6天喂一次，效果最佳。喂食后8～10分钟，未吃完的残余饵料，应及时用鱼捞捞起，以免造成水质影响。

冬季保存鲜鱼虫

1.在鱼虫生产的高峰期，将打捞的活鱼虫用清水洗2~3遍装进布袋，用洗衣机甩干，约2分钟后取出储存在冰箱冷冻室或冰柜内，能保鲜不变质。用时鱼虫呈颗粒状，鱼爱吃又不浑水。

2.入冬前多买些活鱼虫，把大部分清水倒出，而后装在塑料瓶或冻冰块的小盒内，放入冷冻室，待冻实后取出，用凉水冲一下，从瓶内取出，切成小块，装入塑料袋或铁盒内，存在冷冻室冻着，每天随喂随取。

自制金鱼冬季饲料

金鱼的食物除了鱼虫以外，还有以下几种可做金鱼冬季的饲料。

1.瘦肉：将牛、羊、猪的瘦肉，煮熟煮烂后，除去油腻，捣碎后便可喂鱼。

2.鱼肉：把鱼（各种鱼都可以）煮熟，剔去鱼骨，然后制成小块状，但喂时要适量。

3.蚯蚓：蚯蚓一般生长在潮湿肥沃的泥土中，秋季可以多挖一些养在家中，喂之前要把蚯蚓切成小段。

4.河虾：将河虾煮熟去皮，撕碎喂鱼。

5.蛋类：鸡蛋或鸭蛋的熟蛋黄，是刚孵化出的仔鱼不可缺少的上好饲料，喂大鱼时最好先将蛋打在碗中，连蛋清带蛋黄一起搅匀，倒入沸水中煮熟，切成小碎块喂鱼。

冬季养热带鱼保温法

将鱼缸放置在阳光照射或靠近暖气片的地方，鱼缸上盖层玻璃，每天加小半壶温水分两次倒入鱼缸；或每次把烧完开水的壶里装半壶凉水，利用余热，3分钟后倒进鱼缸，每晚睡觉前在鱼缸上盖层布单；室内暖气16℃时，水温保持在19℃~20℃，这样冬天的鱼儿也可以活得自由自在了。

巧治热带鱼烂尾烂鳃

按5升水用1粒药的剂量，将土霉素和复方新诺明药片捻碎，放入玻璃杯中用温水化开，然后倒入鱼缸中。每24小时换一次水，重新换药。这样重复用药2~3次就可以了。

铜丝防治金鱼皮肤病

把1段铜丝放进鱼缸里，加入1勺盐，4~5天内不要给鱼换水、喂食。加入盐后，水呈弱酸性，会和铜丝发生微弱反应，生成蓝矾化合物，这种化合物就是治疗金鱼皮肤病的良药。

鱼缸内潜水泵美观法

潜水泵配有一套出水软管，要从位于缸底的出口接到水面，然后从滤盒中过滤后流入水中，完成水循环。这个软管在水里很难看，而且很难清洗。可取电工用塑料护套线管（硬的，直的，建材店有售）按泵与水面距

离截断，用护套线弯头连接出水，成直角。这样管子在水中占位少，贴边，美观，好擦洗。

巧洗滤棉

找双尼龙袜子，洗净，高锰酸钾消毒后用皮筋套在出水口上，水先流进袜子，再经过滤材，清洗时袜子一翻就洗了，或用一块手绢或纱布铺在滤材上把粪便挡在滤材之上也可。

宠物洗澡小窍门

最好洗两遍澡，第一遍最好别洗头，用硫磺皂把四肢及肛门等比较脏的地方清洗；第二遍清洗要全面而细致，选用专业的宠物香波，可用毛刷进行清洗辅助，要防止将洗发剂流到宠物的眼睛或耳朵。冲水时要彻底，不要使肥皂沫或洗发剂滞留在宠物身上引起皮肤炎。

梳理宠物毛发小窍门

梳毛应顺毛方向快速梳拉，由颈部开始，由前向后，由上而下依次进行，即先从颈部到肩部，然后依次背、胸、腰、腹、后躯，再梳头部，最后是四肢和尾部，梳完一侧再梳另一侧。而口周围、耳后、腋下、股内侧、趾尖等宠物最不愿让人梳理的部位更要梳理干净。梳理时，动作应柔和细致，不能粗暴蛮干，为减少和避免宠物的疼痛感，可一手握住毛根部，另一只手梳理。梳理长毛宠物时，应一层一层地梳，即把长毛翻起，然后对其

住
House
住得舒心

●栽花养鱼●

279

栽花养鱼

底毛进行梳理。

巧除宠物耳垢
House　　56

用一般的药用棉签蘸取适量宠物耳朵清洗剂或酒精，轻轻地在狗或猫的耳内旋转擦洗，这个过程精力要高度集中，手部力量要适度，否则宠物会拒绝配合。

与狗玩耍的时间限制
House　　57

基本保持每天两次，大型狗每次40～60分钟，中型狗每次30～60分钟；小型狗每次20～30分钟。

幼犬不宜多接触陌生人
House　　58

最好在2周内少让它接触陌生人，不要带它到热闹的场合去，这会使它受惊。

抓幼犬的小窍门
House　　59

先用一只手抓住犬的颈部上方将其提起，随后用另一只手托住它的腹部，不要像提猫那样，只抓住它的颈背部的皮。抱犬时，可用一只手放在犬的胸前，另一只手或手臂托住它的后肢与尾部，并贴进身体，使它感到安稳。切勿只抓住幼犬的前腿，因为幼犬筋骨和肌肉尚未发育完全，很易骨折或损伤。图

狗毛变亮小窍门
House　　60

在狗食中加些剁碎的香菜和蛋黄，能使狗的皮毛变得有光泽。

巧除狗狗牙垢
House　　61

常给狗啃点骨头等硬食品，可防止狗的牙齿长牙垢。

松叶防狗蚤
House　　62

防止狗身上出现跳蚤，可在狗窝里放些新鲜松叶，或放些晒干的蕨类植物。

给狗狗剪指甲的窍门
House　　63

每一趾爪的基部均有血管神经，修剪时不能剪得太多太深，一般只剪除爪的1/3左右，并应锉平整，防止造成损伤。另外，对趾爪和脚枕附近的毛，应经常剪短和剃除，以防滑倒。

巧喂狗狗吃药
House　　64

给小狗吃的药品，如直接放进狗食，易被它发现。把药品碾碎拌进沙糖，狗就爱吃了。

从小培养狗狗的几个习惯
House　　65

1.在狗狗小时候教它翻身，因为它长大后体检时需要把肚子露出来。

2.让狗狗从小习惯主人把手指放在它的嘴里，有了这个基础，以后为它检查牙齿或刷牙就不成问题。

训练狗狗的最佳时间
House　　66

最好的训练时间是狗饥饿的时候。这时它会表现得更机警，对食物奖品的反应也更强烈。要注意，狗的注意力集中的时间比人短，因此要使训练课程时间短些，最多不超过15分钟，每天2次。每天给狗喂食2次，这样可以创造出2次训练的好时间。

自制狗狗小玩具
House　　67

选一条比较柔软的毛巾，在中间打个节，或者毛

NO.59图

巾比较长，那就两头各打一个节，丢给狗狗，小狗一定会咬得专心致志的，聪明的小狗还会把节解开，只要毛巾没有被咬坏，洗一洗还可以反复使用。

巧算猫食份量
House　　　68

每次喂给猫的食物量应和猫头一般大小为宜，也就是和成年人的拳头那样大。

如何喂养没牙的小猫
House　　　69

在猫开饭约半个小时前，将一般的猫干料加水泡软即可。如果担心营养不足，还可以用猫儿专用奶替代清水将干料泡软。

巧法清洗猫咪牙齿
House　　　70

给猫刷牙时不要使用普通牙膏，要买宠物专用的牙膏，最好每周刷一次。先将一点点牙膏涂在猫唇上，让它习惯牙膏味道。使用牙刷前，先用棉签轻触牙龈使猫习惯。准备就绪后，用牙刷、宠物牙膏或盐水溶液给猫刷牙。必要时可请人帮忙将猫按住。

喂猫吃药法
House　　　71

1.不要把药放在食物中，猫灵敏的嗅觉器官能察觉任何掺进食物中的东西。

2.如果猫不太温顺的话，应找来一个助手抓住猫的身体，轻握它的头，稍向后倾，轻压下颚将猫嘴打开，喂入药片后，帮它揉揉喉咙以便吞下药片。

3.服用药液，应用注射器慢慢将药液注入猫口中，注射要慢，否则药液会从口中流出。

捉猫小窍门
House　　　72

如果猫性急，或因其受伤使人难以接近，最安全的捉拿方法是，用一块足够大的厚布迅速把猫盖住，并将其抱起，然后把猫头外露。必要时，可戴上厚而结实的手套，以防被猫抓伤或咬伤。

巧法消灭猫蚤
House　　　73

药店出售一种叫"辽防特效杀虫块"的药，一般用它来杀灭蟑螂，其实它也是杀灭猫蚤的良药，一只猫只需一块药就够了。将药捣成粉末，涂到猫毛的根部即可，连续使用2~3次疗效更佳。猫蚤产卵于猫窝及地板的缝隙中，幼蚤呈蠕虫状。彻底消灭猫蚤需对猫窝和铺垫物进行消毒。可撒上上述药粉或喷洒一些有机磷杀虫剂，也可用来苏水冲洗地板。

鲜桃叶除猫蚤
House　　　74

找一些鲜桃树叶子，捣碎成粥状（约250克，稍加一些水），放在塑料袋内，再把小猫放在袋内，头露在外面，把塑料袋的口连同小猫的脖子用绳扎上，20分钟后，跳蚤就会被熏死在袋内。

药皂去猫蚤
House　　　75

买一块普通红药皂，在盆里用开水将药皂溶化1/3，兑凉水至温度适宜，迅速将猫放入药皂水中，使之全身浸湿，约10~15分钟后，然后用清水冲洗2~3次，再用毛巾将猫擦干，待猫全身干后，死跳蚤自然掉下。如猫身上还有残蚤，可重复上述方法2~3次，即可根除。不要用卫生球、樟脑等药物除蚤，对猫有害。

风油精除猫虱
House　　　76

给猫洗澡时，在温水盆中加入几滴风油精。加入量多少视猫生虱情况而定，多者可多加一些。猫洗后不但体味清香，且可有效除虱。一般隔3~5天洗浴1次，2~3次后即可除净。

胶带除衣物上的宠物毛
House　　　77

剪下大约10厘米的宽胶带，胶面向外缠在手上，用手在有毛的衣物上按压，毛就被粘在胶带上了。一面粘满了换另一面，重复以上步骤，直到胶带表面完全失去黏力为止。

清水除衣物上的宠物毛
House　　　78

化纤类的衣服上面特别容易沾上宠物毛，如果身上没有带除毛工具，可将手在自来水里浸湿，再用手轻轻从衣服上擦过，衣服上的宠物毛就被轻松地粘在手上了。

灭蟑除虫
MIE ZHANG CHU CHONG

巧用夹竹桃叶驱蟑螂
House   1

夹竹桃的叶、花、树皮里含有强心苷，蟑螂对含有这种有毒物质的东西极为敏感。所以，在厨房的食品橱、抽屉角落等处放一些新鲜的夹竹桃叶，蟑螂就不敢近前。

巧用黄瓜驱蟑螂
House   2

把黄瓜切成小片，放在蟑螂出没处，蟑螂也会避而远之。

巧用橘皮驱蟑螂
House   3

把吃剩的橘子皮放在蟑螂经常出没的地方，特别是暖气片、碗柜及厨房内的死角，可有效去除蟑螂，橘皮放干了也没关系。

巧捕蟑螂
House   4

蟑螂的尾须是个空气振动感受器，能辨别敌人的方向。所以，在捕杀蟑螂时，应在口中发出"嘘"声，以此作掩护，然后出其不意地向它扑打，这种声东击西的方法，能将蟑螂打死或捕获。

巧用洋葱驱蟑螂
House   5

在室内放一盘切好的洋葱片，蟑螂闻其味便会立即逃走，同时还可延缓室内其他食物变质。

巧用盖帘除蟑螂
House   6

用同样大小盖帘两个（盛饺子用的）合在一起，晚上放到厨房里，平放菜板上或用绳吊在墙壁上蟑螂经常出入的地方。次日早晨用双手捏紧盖帘，对准预先备好的热水盆，将盖帘打开把蟑螂倒入盆中烫死。每次可捕数十只，连续数天后，蟑螂就渐渐无踪迹了。如果盖帘夹层内涂些诱饵，效果会更好。

巧用抽油烟机废油灭蟑螂
House   7

抽油烟机内的废油黏度极大，可做诱饵，粘住蟑螂。方法是：找来一塑料盒，装满取下来的废油，放在蟑螂出没的地方，不久即可发现里面有不少死蟑螂。

桐油捕蟑螂
House   8

取100～150克桐油，加温熬成黏性胶体，涂在一块15厘米见方的木板或纸板周围，中间放上带油腻带香味的食物作诱饵，其他食物加盖，不使偷食。在蟑螂觅食时，只要爬到有桐油的地方，就可被粘住。

巧用胶带灭蟑螂
House   9

买一卷封纸箱用的黄色宽胶带，剪成一条一条的，长度自定，放在蟑螂经常出没的地方。第二天便会发现很多自投罗网的蟑螂。没有多久就可消灭干净。

巧用灭蝇纸除蟑螂
House   10

用市场上出售的灭蝇纸，将纸面部撕掉，将带有黏性的灭蝇纸挂放在蟑螂出没的地方即可。当粘上蟑螂后，不要管它，这时蟑螂是跑不了的，待纸上都是蟑螂后，将纸取下用火点燃，这种方法既安全又卫生。

自制灭蟑药
House   11

取一些面粉、硼酸、洋葱、牛奶作原料。把洋葱切碎，挤压取汁，把它一点一点加入同量的面粉和硼酸里，再添加一点牛奶，用手揉成直径约1厘米的小团子，放在蟑螂经常出没的菜橱、厨房角落等处，只要蟑螂咬一口就会被毒死。如放几天后，硼酸团子变硬，但效果不变。

硼酸灭蟑螂
House   12

把一茶匙硼酸放在一杯

热水中溶化，再用一个煮熟的土豆与硼酸水捣成泥状，加点糖，置于蟑螂出没的地方。蟑螂吃后，硼酸的结晶体可使其内脏硬化，几小时后便死亡。

冬日巧灭蟑螂
House　　　13

蟑螂喜热怕冷，在冬天的夜晚，可将碗柜搬离暖气管，然后大开窗户，闭紧厨房门，让冷空气对整个厨房进行冷冻，连着冷冻2~3天，蟑螂几乎全被冻死。

旧居装修巧灭蟑螂
House　　　14

旧房子装修时，有必要进行一次灭蟑。取3立方米左右锯末与100克左右"敌敌畏"乳油拌和待用。另取干净锯末若干，以1厘米左右的厚度平铺在厨房、卫生间地面与管道相交处以及房角等蟑螂或小红蚁经常出没往来之处。然后将含药锯末同样平铺于干净锯末之上。最后再铺一层约1~2厘米厚的干

净锯末（此层一定要盖住拌和物）。这样，过几日后就不会再见到蟑螂等害虫。

果酱瓶灭蟑螂
House　　　15

买一瓶收口矮的什锦果酱，吃完酱后，将瓶子稍微冲一下，瓶中放1/3的水后，把瓶盖轻轻放在瓶口上，不要拧紧，然后把它放在蟑螂经常出没的地方。晚上陆续会有蟑螂爬到瓶里偷吃果酱，结果统统被淹死在里面。

节省蚊香法
House　　　16

用一只铁夹子将不准备点燃的部位夹住，人入睡以后，让蚊香自然熄灭。这样，一盘蚊香可分3~4次使用。图

蛋壳灭蚊
House　　　17

将蛋壳烧焦研成粉末，撒在墙角或蚁穴处，可杀死蚂蚁。

香烟丝驱蚁
House　　　18

买一盒最便宜的香烟，将烟丝泡的水（泡两天即可）或香烟丝洒在蚂蚁出没的地方（如蚁洞口或门口、窗台），连洒几天蚂蚁就不会再来了。但这种方法只是使蚂蚁不再来，并不能杀死蚂蚁。

巧用电吹风驱蚁
House　　　19

用电吹风机开到最高档，用热风对着红蚂蚁经常出没的地方吹上十几分钟，即可驱散红蚂蚁。

巧用醪糟灭蚁
House　　　20

将没吃完的醪糟连瓶放在厨房、卫生间、卧室等地，第二天便会发现瓶内满是死蚂蚁，连续几次，可根除蚂蚁。

巧用玉米面灭蚁
House　　　21

将玉米面撒在蚂蚁经常出没的地方，蚂蚁便会大量死亡，直至根除。

糖罐防蚁小窍门
House　　　22

家中糖罐常有红蚂蚁光顾时，可在糖罐内放一粒大料，盖好盖，不但可驱蚁，且糖中还有股清香味。

恶治蚂蚁
House　　　23

每当发现蚂蚁时，迅速将其碾死，但不把蚁尸扫去，这样蚁尸就会被再来寻食的蚂蚁发现带走，从而给群蚁造成死亡的恐怖。如此坚持一段时间就不会看到蚂蚁了。

鲜茴香诱杀蚂蚁
House　　　24

将鲜茴香放在蚂蚁经常出入的地方，第二天便会发现茴香诱来很多蚂蚁，当即用沸水烫死即可。

甜食诱杀蚂蚁
House　　　25

将带甜味的面包、饼干、湿白糖等，放在蚂蚁经常出没的地方。几小时后，蚂蚁会排着队密密麻麻地爬

NO.16图

NO.27图

面的蜡剥掉，把小孔捅开，放入樟脑片，两壳合上后放入衣箱、大衣柜、书柜中。这样既不脏衣物，又可挥发出樟脑芳香，使虫不蛀。

报纸油墨除虫法
House 　　32

报纸油墨味可驱虫。在放衣服的箱子底上铺一层报纸，再放入衣物（最好使深色衣物贴着报纸），这样可使衣物免遭虫咬，报纸每半年换一次。

细辛除虫法
House 　　33

中药细辛所含挥发油，不仅能麻痹虫体，并能杀灭多种细菌和霉菌，其防霉驱虫效果比樟脑丸高得多。将干燥的细辛用纱布包起来，或装在上下有少量细孔的小盒里，放在衣箱里即可。

巧用微波炉除虫
House 　　34

夏季暑热潮湿，家里储存的粮食、药材易生虫子，只要把生虫的粮食、药材放入微波炉内用高火力加热2～5分钟，待其冷却后收起，用时去除死虫即可食用。

烟丝可防蛀虫
House 　　35

将普通烟丝洒在木器家具的边角能防蛀虫。香烟、雪茄放入衣橱、衣箱内，驱虫防蛀效果能和樟脑媲美。

到这些食品上，此时可用开水烫死。然后重新放置，蚂蚁又会爬来，几次后室内不再见蚂蚁了。

蜡封蚁洞除蚂蚁
House 　　26

用蜡烛油一滴一滴浇在蚂蚁洞口，冷却后的蜡将蚂蚁洞口封死。如果有个别洞穴被蚂蚁咬开，再浇一次蜡烛油，即可彻底根除。

巧用肥肉除蚁
House 　　27

红蚂蚁多在厨房有油物食品处，可利用这一特点将其消灭。晚上睡觉前先将所有食物移至蚂蚁去不到的地方，再将一片肥猪肉膘放在地上，并准备好一暖瓶开水。第二天早上，蚂蚁聚集在肥肉膘上吃得正香，不要惊散蚂蚁，立即用开水烫死。这样几次即可消灭干净。图

巧用橡皮条驱红蚂蚁
House 　　28

可用报废的自行车内胎和胶皮手套，环形剪成约1厘米宽的长橡皮条，用鞋钉和大头针把它们钉在门框上和玻璃窗与纱窗之间的窗框上。或者干脆用橡皮筋堵住蚂蚁洞口，同样有效。

蛋壳驱除鼻涕虫
House 　　29

把蛋壳晾干研碎，撒在厨房墙根四周或菜窖及下水道周围，鼻涕虫就不敢再到这些地方来了。

辣椒防虫蛀
House 　　30

辣椒可代替樟脑，置于箱柜中，防止虫蛀。

中药丸蜡壳放樟脑防虫
House 　　31

吃完中药后将蜡丸壳外

用

Appliance

【用得放心】

家居用品选购
物品使用
器物清洗与除垢
修补与养护

家居用品选购
JIA JU YONG PIN XUAN GOU

巧辨红木家具
Appliance　　　　1

红木与花梨木较难区分，可将木屑放入玻璃杯中，用水浸泡可见"荧光反应"者为花梨木类。另外，将浸泡液放在阳光或灯下观察，花梨木为棕色，红木则无此色，部分花梨木板面具有"蟹抓纹"。花梨木的重量、硬度、稳定性能均较红木次之。仿红木类的家具多采用深红颜色的硬杂木，或在普通硬杂木表面涂饰红木颜色制成，易开裂、结构粗、稳定性能差。图

选购红木家具留意含水率
Appliance　　　　2

木材含水率不得高于使用地区当地平衡含水率的1%，否则木材由于胀缩率大，易造成榫卯分离、家具散架，还会引起翘曲。因此，要选购干燥设备和干燥工艺好的名牌企业生产的红木家具。

重视红木类别及拉丁文名称
Appliance　　　　3

在购买红木家具时，一定看厂商合同上，按《红木》国家标准的规定注明红木的类别及拉丁文名称。同时，还要注明家具用料是整体红木，还是局部红木。

避开销售旺季买空调
Appliance　　　　4

通常每年的10月至次年的4月份为空调的销售淡季，此时价位较低，安装质量也有保证。到了旺季，供货优惠幅度减小，安装也往往很紧张，实现不了24小时内上门服务的承诺。

买空调按面积选功率
Appliance　　　　5

在确定所要选购的空调的匹数时，要结合房间的面积大小，比如房间在16㎡以下就配1P挂机，16～20㎡选1.5P挂机，21～37㎡购2P柜机。

按照房间朝向选空调
Appliance　　　　6

购买空调是除了要考虑房间面积之外，还要考虑到房间的朝向和空气流通状况。一般来说，朝阳或通风不良的房间需要考虑安装功率大一些的空调。

巧算能效选空调
Appliance　　　　7

高能效空调虽然使用时省电，但购买时却不便宜，而低能效空调则是售价便宜却是个"电耗子"，消费者也往往为此感到进退两难。专家比较一致的建议是"按时间来选能效"，也就是根据自己每年使用空调的时间，选择不同能效比的空调。比如，每年使用空调的时间长达11～12个月，那么买一级能效的空调最省钱；每年使用8～10个月，买二级能效的空调最合适；三级能

NO.1图

效的空调对每年使用3～4个月空调的家庭来说也不会太费钱。

巧选电扇
Appliance　　　　8

1.初选。主要看外观并检验机件的可靠性。要式样新颖，油漆均匀，电镀光洁无锈蚀，开关灵活，仰俯角灵活，锁紧装置可靠，定时器稍上弦就能走动，走时不停，走完时有弹开声，各种装置附件完整齐全。

2.通电调试。①启动灵活，在最低档位置也能顺利启动；②运转时，扇叶平稳，噪声小，整机无抖动现象；③网罩安全，如系有感性安全装置的，手触网罩，电机即停；④风量大，启动后各档自然速度有明显区别；⑤摇头灵活平稳，摆动角度应大于80°，摇头往复次数每分钟不少于4次；⑥运转一段时间后，用手摸不应有烫手感，风扇外壳不应带电现象。

彩电试机小窍门
Appliance　　　　9

1.看图像是否清晰，不能有镶边拖尾的现象。

2.我国电视信号采用的是PAL制式，存在场频低，图像闪烁的问题，应要求销售人员调到电视信号来演示，不要被使用大红、大绿等颜色为主调的演示所迷惑。

3.检验说明书中的各种功能是否正常。

4.检查音量是否能够关死，如果有两个喇叭，要听一听是否都响，音量是否一致。

5.机器运回家后，重点

要看一看节目接收情况，开机试看要把能够收到的节目都调出来看一看，不能有严重的雪花噪点或扭曲，最好对照节目播出前的彩色测试图，再看一看色彩、清晰度和图像的保真度如何。

冰箱上星级符号的意义
Appliance　　　　10

电冰箱上的星级符号表示该电冰箱冷冻部分储藏温度的级别，是国际标准统一采用的电冰箱冷冻室内温度的一种标记。每个星表示电冰箱冷冻室内储藏温度应达到-6℃以下，冷冻食物的储藏时间为1周。例如，三星级电冰箱表示电冰箱冷冻室内储藏温度应达到-18℃以下，并具有对一定量食品的速冻能力。简单地讲，冷冻能力表示了25℃的一定量的瘦牛肉经过24小时可冷冻至-18℃以下的特征。

巧识无霜冰箱
Appliance　　　　11

无霜冰箱具有冷量分布均匀、冷冻效果好的优点，辨别无霜冰箱，最简单的方法是留意型号中有没有字母"W"。如"BCD－182W"，其中W的含意是无霜。

买电炒锅前先查电
Appliance　　　　12

电炒锅的功率大都在1000～2000瓦之间。选购之前，最好检查一下家中使用的电度表，不要使电度表超载运行。方法是将欲选电炒锅的功率除以市电220伏，得到的电流值的安培数应小于电度表的标称安培数，或

将市电220伏乘以电流表的标称安培数，得到的功率数应大于所购电炒锅的标称功率数。这样购回电炒锅使用时，电炒锅的用电不会导致电度表过载。

巧试电炒锅的温控性能
Appliance　　　　13

插上电源插头，开关温控旋钮置"开"位置，指示灯应亮，将开关温控旋钮向"高温"处旋一些，当炉体内温度达到预设时，指示灯应熄灭，当锅冷却时将开关再向"高温"处旋一些时，炉体温度会继续升高，等再次达到温度时，指示灯又熄灭。最高温度可以达到250℃～300℃。

巧验高压锅密封性
Appliance　　　　14

用手轻轻拉一下密封胶圈，观察是否能够自动还原。弹性较差的胶圈，通常其材质不符合国标要求，而且使用寿命很短。另外，密封圈上应有压力锅制造商的商标（或厂名）和规格。

买高压锅应注意的细节
Appliance　　　　15

可用手指试一下，能否碰到下手柄的紧固螺钉，若能碰到，在锅内有压力的情况下端锅，手有可能触及到手柄紧固螺钉，造成烫伤以及引发更大的伤害事故。

购买高压锅应查看是否有泄压装置
Appliance　　　　16

泄压装置是压力锅的新增安全措施，合格的装置可

用

Appliance ■

用得放心

家居用品选购

以有效防止因压力锅超压而爆锅。

巧选消毒碗柜
Appliance　　　17

消毒碗柜的功率不宜过大，600瓦左右比较合适。普通的3口之家，可选择容积在50～60升左右的消毒碗柜，如果厨房面积受到限制，60升以下的消毒碗柜也可以满足需要。

巧选微波炉
Appliance　　　18

用手指按捏微波炉门体内每一处，打开炉门，好的微波炉门面硬度好，按捏不动。门体里面四周为防止微波泄漏的"扼流圈"的安放处，一般为黑色，质地坚韧，不松动，手指难以按动，按时无声，开关炉门"喀嚓"声清脆，不拖泥带水。低劣的微波炉材质差，门体多为有机塑料，单层密封，手指按捏松动的多，甚至听到"喀吱"声，使用日久微波易泄漏，对人体危害很大。

购买油烟机的小窍门
Appliance　　　19

1.讲究实用性，最好不要什么液晶显示，费钱也容易坏。

2.选传统机械式开关，不要用触摸式，不易坏且便宜，可替代性也高，坏了可修。

3.排风量是很重要的参数，带有集烟罩的深吸型比较好，出风口直径大的比较好。

4.玻璃和不锈钢面板擦洗

比较方便，但比较贵。不需要自动清洗功能，基本没有什么作用，也容易坏。

巧法识别电脑处理器
Appliance　　　20

真品包装盒塑料薄膜上"Intel Corporation"印字牢固，用指甲刮不下来，假货印字可刮下或变淡。

巧选电脑显示器
Appliance　　　21

首先是打开显示器（不开主机），把亮度调高看屏幕上是否有字迹，有字迹的说明屏幕已经老化得差不多了。然后连接主机进入WINDOS，首先看一看屏幕的色彩是否均匀，字体是否重叠，屏幕的边角是否平整，调节分辨率和刷新率，调节亮度、对比度是否正常，如果不能正常调节说明显现管已老化了。检查调节旋钮是不是调节自如，再听一听、闻一闻，机内有没有异常的响声、味道传出。

巧法识别正版手机
Appliance　　　22

1．正版手机输入"*#06#"后屏幕上会显示一串数字。这个是手机的IMEI码，每台手机的IMEI码都是唯一的，没有重复，并且和背贴、包装上面所印刷的IMEI码一致。

2.在验钞机下，进网许可标签右下角显示发红色荧光的CMII字样（此为信息产业部的英文缩写）。还有一个不很清晰的数字。此外，还可在上面看到一条荧光竖线，用手摸有明显的凹凸感。

巧识正版数码相机
Appliance　　　23

每一台数码相机都具有一个唯一的编码，鉴别数码相机最简单的方法就是电话确认机器的序列号。用户只需拨打厂家国内的技术支持部或分公司的电话，就能知道自己购买的数码相机到底是水货还是真货了。

巧选计算器
Appliance　　　24

在购买电子计算器时，要想尽快地检验其计算功能是否正确，可将全部数码键均按成11111111（八个1），然后按一下乘号，接着再按一下等号，这时显示屏则会立即出现1234567.8。此运算结果表明，该电子计算器的计算功能准确，且不缺数码笔划。

纽扣电池的失效判别
Appliance　　　25

在商店里购买钮扣电池时，有时也会有失效的电池。如果用两个手指摸一下电池的两个平面，就可以判别电池是否有电。若有微鼓现象，说明放电后内部气体压力增加，使壳体外鼓，说明电池就没电了。

巧购皮沙发
Appliance　　　26

选购皮沙发时，皮面要丰润光泽，无疤痕，肌理纹路细腻，用手指尖捏住一处往上拽一拽，应手感柔韧有力，坐后皱纹经修整能消失或不明显，这样的皮子是上等好皮。

巧购布艺沙发

买布艺沙发要选择面料经纬线细密平滑，无跳丝，无外露接头，手感有绷劲的。缝纫要看针脚是否均匀平直，两手用力扒接缝处看是否严密，牙子边是否滚圆丰满。沙发的座、背套宜为活套结构，高档布艺沙发一般有棉布内衬，其他易污部位应可以换洗。图

巧辨泡沫海绵选沙发

高档沙发坐垫应使用密度在30千克/立方米以上的高弹泡沫海绵，背垫应使用密度25千克/立方米以上的高弹泡沫海绵。为提高坐卧舒适度，有些泡沫还做了软处理。一般情况下，人体坐下后沙发坐垫以凹陷10厘米左右为最好。

巧选冬被套

冬天宜用斜纹布做被套。这是因为斜纹布做的被套比平纹布冷的感觉小得多。其道理是，平纹布交织点多，质地较紧，手感较硬，而斜纹布交织点少，布面不但柔软，而且起绒毛，所以比平纹布更能发挥棉纤维多孔隙保暖的特点，因此冷感自然就小了。

巧选毛巾被

1.看毛圈。质量好的毛巾被，正反面毛圈多而长，丰富柔软，具有易吸水储水等优点；而质量差的毛巾被，毛圈短而少。

2.看重量。质量好的毛巾被量重，选购时用手掂几种比较一下即可。

3.看柔软度和坚牢度。主要区别毛巾被是熟纱产品还是生纱产品。熟纱柔软耐用，吸汗力强，生纱手感硬，吸水力弱。如手感不明显，可取少许清水，从30厘米高处向毛巾滴注，水滴立刻被毛巾被吸进的是熟纱，吸收缓慢的是生纱。

4.看织造质量。将毛巾被平铺或对阳光透视观察，看其有无断经、断纬、露底、拉毛、稀路、毛圈不齐、毛边、卷边、齿边和跳针等织造疵点。最后还要看其是否有渗色、污痕、印斜和模糊不清等外观缺陷。

巧选婴儿床

1.婴儿床的栏杆间隙不可太大，以免宝宝的手脚头部夹在其中，发生意外。

2.宝宝专用床垫和枕头不可以太软、太松，应该紧紧地固定住，以免宝宝陷在床垫或枕头中，无法呼吸，造成窒息。

3.床不要太软，否则会影响宝宝身体发育。应该让宝宝睡硬板床，在床面铺上1～2层垫子，其厚度以卧床时身体不超过正常的变化程度为宜。

巧选婴儿车

1.要有安全认证标志。

2.可以向后调整到完全平躺的角度，这样不仅婴儿能用，孩子比较大以后，在推车上可以小睡。

3.大轮子具有较佳的操控性，有可靠的刹车功能和安全简易的安全带。

4.折叠容易，轻便（可以携带到车上），有遮阳或遮雨的顶篷。

5.关节折转处不会夹住宝宝的小手指。

6.把手的高度对父母而言正合适。

7.有置物的设计。

NO.27图

家居用品选购

NO.34图

巧选瓷器　　　　　　　33
Appliance

　　1.看。好的瓷器，瓷釉应光洁润滑，瓷胎质地细密，画面鲜明、工整，对着阳光或灯光看，显示透明度好。劣质瓷器表面粗糙，不光滑，色彩不明亮。

　　2.听。用手指轻轻弹几下，声音清脆者为好瓷，声音沙哑者不是劣质瓷就是有破损。

巧选卫浴产品　　　　　34
Appliance

　　1.在较强光线下，从侧面仔细观察卫浴产品表面的反光，表面没有或少有砂眼和麻点的为好。

　　2.用手在卫浴产品表面轻轻摩擦，感觉非常平整细腻的为好。还可以摸到背面，感觉有"沙沙"的细微摩擦感为好。

　　3.用手敲击陶瓷表面，一般好的陶瓷材质被敲击发出的声音是比较清脆的。图

巧选热水瓶胆　　　　　35
Appliance

　　1.看。看瓶口是否圆、平和光滑；瓶身不能有水泡、砂疵、纹路；瓶底的小尾巴（即抽空的封口）不能破损。

　　2.听。用手指轻敲瓶胆外层玻璃，如声音清脆，就是无破损的好瓶胆。

巧选玻璃杯　　　　　　36
Appliance

　　如果选购热饮用的玻璃杯，从耐温度变化来讲，薄的比厚的好。因为薄的玻璃杯冲入沸水，热能迅速传开，使杯身均匀膨胀，不易爆裂。

巧辨节能灯　　　　　　37
Appliance

　　1.安全认证：为"CQC"标记，有该标记的产品说明该产品是经中国质量认证中心认可，符合中国质量认证中心规定的安全要求，是对节能灯安全指标的验证。

　　2.节能认证：为"节"字标记，有该标记的产品说明该产品经中标认证中心认可，符合中标认证中心规定的节能要求，是对节能灯性能指标和国家能效限定值的验证。

巧看灯泡功率　　　　　38
Appliance

　　选购节能灯，要注意钨丝灯泡功率，大部分厂商会在包装上列出产品本身的功率及对照的光度相类似的钨丝灯泡功率。比如"15W→75W"的标志，一般指灯的实际功率为15瓦，可发出与一个75瓦钨丝灯泡相类似的光度。

按面积选灯泡

居室灯泡的光度过强或是过弱，都会影响人的视力和健康，居室的空间与照明的光度，大致参照如下的标准：

居室空间面积（平方米）	灯光照明瓦数（瓦）
15～18	60～80
30～40	100～150
45～50	220～280
60～70	300～350
75～80	400～450

巧选茶壶

1.壶"口"与出水之壶"嘴"要在同一水平上。

2.出水要流畅，水流如注，快速倒完、不打滚、不溅水花。

3.壶盖与壶身要能密合，如果壶盖的通气孔开在盖钮顶端，提壶倒水时，用手指将气孔堵住，壶水即无法流出，这把壶就禁水了。能禁水的壶在泡茶操作上比较能得心应手。

巧识有毒塑料袋

用作食品袋的薄膜是聚乙烯，无毒性，手摸有润滑感，表面似有蜡，易燃，火焰黄色，烧时有烛泪似的滴落，有石蜡味。用作包装袋的薄膜是聚氯乙烯，往往含毒性，不能用来装食品，手感发粘，不易燃，离火即熄，火焰呈绿色。

如何识读洋酒

X: 一星，5年

XX: 二星，10年

XXX: 三星，15年

V.O: 15年以上

V.S.O: 20年以上

V.S.O.P: 30年以上

X.O: 40年以上

看洗衣编码标签识别假干洗

洗衣编码标签是随衣一起进行洗涤的。如果是干洗，这个标签不褪色，字迹清晰，标签不掉浆，否则就是假干洗。

巧选卫生纸

好的卫生纸燃烧后呈白灰状，而劣质的燃烧后呈黑灰状。

巧辨太阳镜的优劣

可将太阳镜拿到距眼睛45厘米处，透过眼镜观察周围的垂直线和水平线，比如窗户框或门框等，再将眼镜上下前后移动。如发现直线歪曲或摆动的情况，说明该镜片变形，不宜购买。

如何选择镜片颜色

要使眼睛不受红外线、紫外线的辐射，眼镜的颜色应有足够的深度。一般以深灰色为佳，深褐色和黑色次之，蓝色和紫色最差，因为这两种镜片会透过更多的紫外线。黄色、橙色和浅红色的尽量不用。最好选择标签上明确标注100%防紫外线的产品。

巧选防晒伞

1.伞面织物具有缩水的特性，在选购防晒伞时，伞面宜大不宜小。

2.伞面在潮湿的情况下，由于水的光学传导作用，紫外线的透过率会增加，防护效果会相应降低。因此，湿伞不宜用于防紫外线。

3.在同等条件下，颜色越深的织物的抗紫外线性能越好，黑色、藏青色、深绿色就较浅蓝色、浅粉色、浅黄色等防紫外线性能好。

新手上网购物小窍门

很多店家，对同城交易一般采用的都是货到付款的方式，可以验货之后再付款。异地交易大部分要款到发货，如果货物有问题或者不满意，退货、退款比较麻烦。新手买家最好看到货品之后再付钱，先积累一些采购经验与对店家、产品的判断能力，再跨城市网购，会比较保险。

用 Appliance 用得放心 ■

家居用品选购

291

物品使用
WU PIN SHI YONG

牙膏巧做涂改液
Appliance 1

写钢笔字时，如写了错别字，抹点牙膏，一擦就净。图

巧用肥皂
Appliance 2

1.液化气减压阀口，有时皮管很难塞进去，如在阀口涂点肥皂，皮管就很容易塞进去了。

2.油漆厨房门窗时，可先在把手和开关插销上，涂点肥皂，这样粘上油漆后就容易洗掉了。

肥皂头的妙用
Appliance 3

1.将肥皂头化在热水里，待水冷却后可倒入洗衣机内代替洗衣粉，效果颇佳。

2.用细布或纱布缝制一个大小适当的小口袋，装进肥皂头，用橡皮筋系住，使用时，用手搓几下布袋就行了。

3.将肥皂头用水浸软，放在掌心、两手合上，用力挤压成团，稍晾即可使用。

使软化肥皂变硬的妙方
Appliance 4

因受潮而软化的肥皂，放在冰箱中，就可恢复坚硬。

肥皂可润滑抽屉
Appliance 5

在夏季，空气中水分多，家具的门、写字台的抽屉，往往紧得拉不动。可在家具的门边上、抽屉边上涂些肥皂，推拉起来非常容易。

蜡烛头可润滑铁窗
Appliance 6

如房间里安装的是铁窗，可将蜡烛头或肥皂头涂在铁窗轨道上，充当润滑剂，可使铁窗开关自如。

巧拧瓶子盖
Appliance 7

1.瓶子上的塑料瓶盖有时因拧得太紧而打不开，此时可将整个瓶子放入冰箱中（冬季可放在室外）冷冻一会儿，然后再拧，很容易就能拧开。

2.一般装酱油、醋的瓶盖，如果是铁制的，容易生锈。盖子锈了或旋得太紧而打不开时，可在火上烘一下，再用布将瓶盖包紧，一旋就开。

轻启玻璃罐头
Appliance 8

取宽3厘米、厚1厘米、长约16厘米的木板条1根，2厘米长的元钉1颗。将钉钉在木条一端靠里0.5厘米处中央，钉头对准罐头铁盖周围凹缝处，木条顶住罐头瓶颈，往下轻压，如此多压几个地方，整个铁盖就会松动，打开就不难了。

巧开葡萄酒软木塞
Appliance 9

将酒瓶握手中，用瓶底轻撞墙壁，木塞会慢慢向外顶，当顶出近一半时，停，

NO.1图

待瓶中气泡消失后，木塞一拔即起。

巧用橡皮盖
Appliance　　　　　10

1.将废弃无用的橡皮盖子用双面胶固定在房门的后面，可防止门在开关时与墙的碰撞，能起到保护房门的作用。

2.将废药瓶上的橡皮盖子搜集起来，按纵横交错位置，一排排钉在一块长方形木板上（钉子须钉在盖子凹陷处），就成为一块很实用的搓衣板。

盐水可除毛巾异味
Appliance　　　　　11

1.洗脸的毛巾用久了，常有怪味、发黏，如果用盐水来搓洗，再用清水冲净，可清除异味，而且还能延长毛巾的使用寿命。

2.有些人习惯用肥皂擦在毛巾上洗脸，毛巾表面非常粗糙，在上面打肥皂会使过多的皂液质沾在毛巾上，使毛巾产生一种难闻的气味，既造成浪费，又会减少毛巾的使用时间。

巧用碱水软化毛巾
Appliance　　　　　12

毛巾用久了会发硬，可以把毛巾浸入2%~3%的食用碱水溶液内，用搪瓷脸盆放在小火上煮15分钟，然后取出用清水洗净，毛巾就变得白而柔软了。

开锁断钥匙的处理
Appliance　　　　　13

如果在开锁时因用力过猛而使钥匙折断在锁孔中，先不用慌张，可将折断的匙柄插入锁孔，使之与断在锁孔内的另一端断面完全吻合，然后用力往里推，再轻轻转动匙柄，锁便可打开。

巧用玻璃瓶制漏斗
Appliance　　　　　14

可将弃之不用的玻璃瓶（如啤酒瓶），做一个实用的小斗。做法是拿一根棉纱带，放进汽油、煤油或酒精里浸透，把它紧围在瓶体粗处，然后点燃棉纱，待棉纱燃完，立即将瓶子投入凉水中，玻璃瓶就成了两段，破口平齐，用连通瓶口那段做漏斗。

叠紧的玻璃杯分离法
Appliance　　　　　15

玻璃杯重叠放置会拔不开时，可将外杯泡在温水里，里杯装上冷水，即可分拔开来。

烧开水水壶把不烫手
Appliance　　　　　16

烧开水，水壶把往往放倒靠在水壶上，水开时，壶把很烫，不小心就可能烫伤。可将小铝片（或铁丝）用万能胶水粘在壶把侧方向做一小卡子，烧水时壶把靠在上面成直立状即可。把就不烫了。

巧除塑料容器怪味
Appliance　　　　　17

塑料容器，尤其是未用过的塑料容器，有一种怪味。遇到这种情况，可用肥皂水加洗涤剂浸泡1~2小时后清洗，然后再用温开水冲洗几遍，怪味即可消失。

巧用透明胶带
Appliance　　　　　18

透明胶带纸很薄，颜色浅。每次使用时常常很难找到胶带的起头处。在每次使用后，就在胶带纸的起头处粘上一块儿纸（1厘米即可），或将胶带纸对粘一小截儿，胶带的起头处就不会粘上。

巧磨指甲刀
Appliance　　　　　19

将一废钢锯条掰出一新断口，把用钝的指甲刀两刃合拢，然后用锯条锋利的断口处在指甲刀两刃口上来回反复刮10下，指甲刀就会锋利如新了。

钝刀片变锋利法
Appliance　　　　　20

在刮脸前，把钝刀片放进50℃以上的热水里烫一下，然后再用，就会和新的一样锋利。

钝剪刀快磨法
Appliance　　　　　21

用钝了的剪刀来剪标号较高的细砂纸，随着剪砂纸次数的增多，钝剪刀会慢慢变得锋利。一般剪20多下就可以了。

拉链发涩的处理
Appliance　　　　　22

1.拉链发涩，可涂点蜡，或者用铅笔擦一下滞涩的拉链，轻轻拉几下，即可。

2.带拉链的衣服每次洗过后，若在拉链上涂点凡士林，拉链不易卡住，并能延长其使用寿命。

调节剪刀松紧法
Appliance　　　23

剪刀松了，找一铁块垫在剪刀铆钉处，用锤子轻轻砸一下铆钉，即可调紧，如果还嫌松，可多砸几下；如果剪刀紧了，可找一个内孔比剪刀上铆钉稍大一些的螺母，垫在剪刀铆钉处，用锤子敲一个铆钉，剪刀即可变松。

蛋清可粘合玻璃
Appliance　　　24

玻璃制品跌断后，可用蛋清涂满两个断面，合缝后擦去四周溢出的蛋清，半小时后就可完全粘合，再放置一两天就可以用了，即使受到较大外力的作用，粘合处也不会断裂。此法也可用来粘合断裂的小瓷器。

洗浴时巧用镜子
Appliance　　　25

洗浴时，浴室中的镜子时常被蒸气熏得模糊不清。可将肥皂涂抹镜面，再用干布擦拭，镜面上即形成一层皂液膜，可防止镜面模糊。如使用收敛性的化妆水或洗洁精，亦可收到相同的效果。

破旧袜子的妙用
Appliance　　　26

将破旧纱袜套在手上，用来擦拭灯泡、凹凸花瓶、贝雕工艺品等物体，既方便，效果也好。图

防眼镜生"雾"
Appliance　　　27

冬季，眼镜片遇到热气时容易生"雾"，使人看不清东西，可用风干的肥皂涂擦镜片两面，然后抹匀擦亮即可。

不戴花镜怎样看清小字
Appliance　　　28

老年人外出时若忘了带老花镜，而又特别需要看清小字，如药品说明书等，可以用曲别针在一张纸片上戳个小圆孔，然后把眼睛对准小孔，从小孔中看便可以看清。

保持折伞开关灵活法
Appliance　　　29

可以不时地把伞打开淋上一点热水，在热水的作用下，伞布便顺着伞骨均匀地伸张。这样，就可以保持伞的开关灵活，干燥后也不会变形。

旧伞衣的利用
Appliance　　　30

无修理价值的旧尼龙伞，其伞衣大都很牢固。因而可将伞衣拆下，改制成图案花色各异的大小号尼龙手

NO.26图

提袋。先将旧伞衣顺缝合处拆成小块（共8片）洗净、晒干、烫平。然后用其中6片颠倒拼接成长方形，2片做提带或背带。拼接时，可根据个人爱好和伞衣图案，制成各种各样的提式尼龙袋。最后，装上提带或背带，装饰各式扣件即成。

巧用保温瓶
Appliance　　　31

许多人在向保温瓶里冲开水时，往往会冲得水溢出来，然后再塞上塞子，以为这样更有利于保温，其实不然，要使保温瓶保温效果更好，必须注意在热水和瓶塞之间保持适当的空间。因为水的传热系数是空气的4倍，热水瓶中水装得过满，热量就以水为媒介传到瓶外。若瓶内保留适当的空气，热量散发就慢些。

手机上的照片备份妙方
Appliance　　　32

将图像从手机邮箱发送到电脑邮箱，然后在电脑中接收该邮件并保存，此法基本上对所有的手机都适用。

巧用手机#号键
Appliance　　　33

在待机状态下输入一位置号，如12，再按下#键，存在电话簿12号的用户名就出现在屏幕上了，按下通话则拨叫该用户。

巧妙避开屏保密码
Appliance　　　34

忘了屏保密码，电脑打不开时，只要在进入Windows系统时，按住Shift键不放，

就会略过启动文件夹内容而不启动屏保。

巧用电脑窗口键
Appliance　　　35

1．"窗口键+d"显示桌面。

2．"窗口键+e"打开资源管理器。

3．"窗口键+r"运行命令。

4．"窗口键+f"搜索命令。

输入网址的捷径
Appliance　　　36

网址的形式是www.xxx.com，只需输入xxx，然后按Ctrl+Enter键就可以了。

电池没电应急法
Appliance　　　37

电池没电时，将电池（2个）取出来，使正负极相反放在手掌上，用两手摩擦10～15秒，单个电池也一样能行。

电池使用可排顺序
Appliance　　　38

笔式手电筒、照相机和半导体收音机上不能使用的5号电池，改用作电子石英钟或电子门铃的电源，至少可再用几周到几个月。

巧用电源插座
Appliance　　　39

家用电源插座一般都标明电流和电压，由此可算出该电源插座的功率＝电流×电压。如电器使用的最大功率超过电源插座的功率，就会使插座因电流过大而发热烧坏。如同时使用有3对以上插孔的插座，应先算一下这些电器的功率总和是否超过插座的功率。

夏日巧用灯
Appliance　　　40

盛夏用白炽灯不如用节能灯，节能灯可节电75%，8瓦节能灯亮度与40瓦白炽灯相当，而后者还会将80%电能转化为热能，耗电又生热。

盐水可使竹衣架耐用
Appliance　　　41

竹衣架买回后，可用浓盐水擦在衣架（一般以三匙盐冲小半碗水为宜），再放室内2～3天，然后用清水洗净竹上盐液即可。这样处理过的竹衣架越用越红，不会开裂和虫蛀。

自制简易针线轴
Appliance　　　42

将2～3个用过的135胶卷内轴，用胶粘剂粘接起来，便是一个美观实用的针线轴。

吸盘挂钩巧吸牢
Appliance　　　43

日常生活中，吸盘式挂钩常常贴不紧，可将残留在蛋壳上的蛋液均匀涂在吸盘上再贴，要牢固得多。

防雨伞上翻的小窍门
Appliance　　　44

把雨伞打开，在雨伞铁支条的圆托上，按支条数拴上较结实的小细绳，细绳的另一头分别系在铁支条的端部小眼里。这样，无论风怎样刮，雨伞也不会上翻了。并且丝毫不影响它的收放及外观。

凉席使用前的处理
Appliance　　　45

新买凉席及每年首次使用凉席前，要用热开水反复擦洗凉席，再放到阳光下曝晒数小时，这样能将肉眼不易见到的螨虫、细菌及其虫卵杀死。秋季存放凉席时也以此法进行，再内放防蛀、防霉用品以抑制螨虫的生长。

自制水果盘
Appliance　　　46

已废旧的塑料唱片，可在炉上烤软，用手轻轻地捏成荷叶状，这样就成了一个别致的水果盘。也可以随心所欲地捏成各种样式，或用来盛装物品，或作摆设装饰，都别具特色。

巧手做花瓶
Appliance　　　47

用废旧挂历或稍硬的纸做室内壁花瓶，颜色可多种多样，任意选择自己喜爱的花色，把它折成约25厘米长、15厘米宽，再卷成圆筒，上大下小。然后用小夹子夹住折缝的地方，挂在室内墙上，最好是在墙角，再插上自己喜欢的花。如果怕花瓶晃动，底下可用图钉按住。

这种花瓶制作起来十分简单方便，也很美观大方，尤其是在卧室和客厅，显得十分别致，而且可以随时更换。

自织小地毯
Appliance　　　48

把废旧毛线用粗棒针织成20针宽的长条，然后用缝毛衣用的针将织好的长条缝成像洗

● 物品使用 ●

衣机出水管那样粗的线管，边缝合边把碎布头塞入线管，最后将这样的毛线管按所需要的形状盘起来，用针缝好定型，就成为小地毯了。

电热毯再使用小窍门
Appliance   49

用过的电热毯，其毯内皮线可能老化、电热丝变脆，使用前不要急于把叠着的电热毯打开，避免折断皮线和电热丝。正确的使用方法：把电热毯通电热一下再打开铺在床上。图

提高煤气利用率的妙方
Appliance   50

在平底饭锅外面加一个与锅壁保持5毫米空隙的金属圈（金属圈的直径比锅壶最大直径略大1厘米），金属圈的高度3~5厘米。煮饭时，饭锅放在金属圈内，这样就能迫使煤气燃烧时的高温气体除对锅底加热外，还能沿锅壁上升，热量得到充分利用。

巧烧水节省煤气
Appliance   51

烧开水时，火焰要大一点，有些人以为把火焰调得较小省气，其实不然。因为这样烧水，向周围散失的热量就多，烧水时间长，反而要多用气。

巧为冰箱除霜
Appliance   52

按冷冻室的尺寸剪一块塑料薄膜（稍厚一点的，以免撕破），贴在冷冻室内壁上，贴时不必涂粘合剂，冰箱内的水汽即可将塑料膜粘住。须除霜时，将食物取

NO.49图

出，把塑料膜揭下来轻轻抖动，冰霜即可脱落。然后重新粘贴，继续使用。

冰箱停电的对策
Appliance   53

电冰箱正常供电使用时，可在冷冻室里多制些冰块，装入塑料袋中储存。一旦停电，及时将袋装冰块移到冷藏室的上方，并尽量减少开门取物的次数。当来电时，再及时将冰块移回冷冻室，使压缩机尽快启动制冷。

冰箱快速化霜小窍门
Appliance   54

电冰箱每次化霜需要较长时间。若打开电冰箱冷冻室的门，用电吹风向里面吹热风，则可缩短化霜时间。

电冰箱各间室的使用
Appliance   55

1．冷冻室内温度约-18℃，存放新鲜的或已冻结的肉类、鱼类、家禽类，也可存放已烹调好的食品，

存放期3个月。

2．冷藏室温度约为5℃，可冷藏生熟食品，存放期限一星期，水果、蔬菜应存放在果菜盒内（温度8℃），并用保鲜纸包装好。

3．位于冷藏室上部的冰温保鲜室，温度约0℃，可存放鲜肉、鱼、贝类、乳制品等食品，既能保鲜又不会冻结，可随时取用，存放期为3天左右。

巧用冰温保鲜室
Appliance   56

冰温保鲜室还可以作为冷冻食品的解冻室，上班前如将食品放在该室，下班后可即取即用。

食物化冻小窍门
Appliance   57

鲜鱼、鸡、肉类等一般存放在冷冻室，如第二天准备食用，可在头天晚上将其转入冷藏室，一来可慢慢化冻，二可减少冰箱起动次数。

冬季巧为冰箱节电

Appliance　58

准备饭盒两只，晚上睡前装3/4的水，盖上盖放到屋外窗台上，第二天早上即结成冰。将其放入冰箱冷藏室，利用冰化成水时吸热原理保持冷藏低温，减少电动机起动次数。两只饭盒可每天轮流使用。

加长洗衣机排水管

Appliance　59

若洗衣机的排水管太短，使用不便时，找一只废旧而不破漏的自行车内胎，在气门嘴处剪断，去掉气门嘴。这样，自行车内胎就变成了管子，把它套在洗衣机排水管上即可。

如何减小洗衣机噪声

Appliance　60

用汽车的废内胎，剪4块400×150毫米大小的胶皮，擦干净表面，涂上万能胶，把洗衣机放平后，将胶皮贴在底部的四角，用沙袋或其他有平面的重物压住，过24小时，胶皮粘牢后即可使用。如用泡沫塑料代替胶皮，效果更好。

电饭锅省电法

Appliance　61

1.做饭前先把米在水中浸泡一会儿，这样做出的米饭既好吃，又省电。

2.最好用热水做饭。这样不但可保持米饭的营养，也能达到节电目的。

3.电饭锅通电后用毛巾或

特制的棉布套盖住锅盖，不让其热量散发掉，在米饭开锅将要溢出时，关闭电源，大约过5~10分钟后再接通电源，直到自动关闭，然后继续让饭在锅内焖10分钟左右再揭盖。这样做不仅省电，还可以避免米汤溢出，弄脏锅身。图

电话减噪小窍门

Appliance　62

电话机的铃声叫起来很刺耳，如果能在电话机的下面垫上一块泡沫塑料，就可减少铃声的吵闹。

电视节能

Appliance　63

收看电视，电视机亮度不宜开得很亮。如51厘米彩电最亮时功耗为90瓦左右，最暗时功耗只有50瓦左右。所以调整适合亮度不仅可节电，

还可以延长显像管寿命，保护视力，可谓一举三得。开启电视时，音量不要过大，因为每增加1瓦音频功率，就要增加4~5瓦电功耗。

热水器使用诀窍

Appliance　64

使用时，电源插头要尽可能插紧。如果是第一次使用电热水器，必须先注满水，然后再通电。节水阀芯片一般是铜制的，易磨损，拧动时不要用力过猛。水箱里的水应定期更换。冬天，积存在器具内的水结冰易使器具损坏，所以每次使用后要注意排水。在不用电热水器时，应注意通风，保持电热水器干燥。严格按照使用说明书的要求操作，对未成年人、外来亲朋使用热水器，应特别注意安全指导。每半年或一年要请专业人员对热水器作一次全面的维修保养。

NO.61图

用
Appliance ■
用得放心

物品使用

器物清洗与除垢
QI WU QING XI YU CHU GOU

巧用烟头洗纱窗
Appliance   1

将洗衣粉、吸烟剩下的烟头一起放在水里，待溶解后，拿来擦玻璃窗、纱窗，效果均不错。原因是烟头中含有一定数量的尼古丁，对玻璃尤其是纱窗上粘的一些微生物起到去污作用。

巧除纱窗油渍
Appliance   2

1.厨房的纱窗因油烟熏附，不易清洗。可将纱窗卸下，在炉子上（煤气或煤炉）均匀加热，然后将纱窗平放地上冷却后，用扫帚将两面的脏物扫掉，纱窗就洁净如初了。

2.将100克面粉加水打成稀面糊，趁热刷在纱窗的两面并抹匀，过10分钟后用刷子反复刷几次，再用水冲洗，油腻即除。图

巧用碱水洗纱窗
Appliance   3

把纱窗放在碱水中，用不易起毛的毛布反复擦洗，然后把碱水倒掉，用干净的热水把纱窗冲洗一遍，这样纱窗就干净如初。

巧用牛奶洗纱窗帘
Appliance   4

在洗纱窗帘时，可在洗衣粉溶液中加入少许牛奶，

能使纱窗帘焕然一新。

巧用手套清洗百叶窗
Appliance   5

先戴上橡皮手套后外面再戴棉纱手套，接着将手浸入家庭用清洁剂的稀释溶液中，再把双手拧干。将手指插入全开的百叶窗叶片中，夹紧手指用力滑动，这样一来，便能轻易清除叶片上的污垢了。

去除床垫污渍小窍门
Appliance   6

1.万一茶或咖啡等其他饮料打翻在床，应立刻用毛巾或卫生纸以重压方式用力吸干，再用吹风机吹干。

2.当床垫不小心沾染污垢时，可用肥皂及清水清洗，

切勿使用强酸、强碱性的清洁剂，以免造成床垫的褪色及受损。

巧洗蚊帐
Appliance   7

洗蚊帐时，可用生姜25克，切片，煮一盆姜水，将蚊帐浸泡3小时左右后，用手轻轻揉搓。最后用洗衣粉洗涤，清水漂净。

巧洗椅垫
Appliance   8

海绵椅垫用久了会吸收灰尘而变硬，清洗时将整个垫子放入水中挤压，把脏物挤出，洗净后不可晒太阳，要放在阴凉处风干，才能恢复柔软。

NO.2图

家庭洗涤地毯
Appliance 9

用300克面粉，精盐和石膏粉各50克，用水调和成糊，再加少许白酒，在炉上加温调和，冷却成干状后，撒在地毯脏处，再用毛刷或绒布擦拭，直到干糊成粉状，地毯见净，然后用吸尘器除去粉渣，地毯就干净了。

酒精清洗毛绒沙发
Appliance 10

毛绒布料的沙发可用毛刷蘸少许稀释的酒精扫刷一遍，再用电吹风吹干，如遇上果汁污渍，用1茶匙苏打粉与清水调匀，再用布沾上擦抹，污渍便会减退。

巧法清洁影碟机
Appliance 11

在停机状态下，用电吹风冷吹或吸尘器吸，动作幅度要小，小心损坏机器，最好不要拆机除尘。

剩茶水可清洁家具
Appliance 12

用一块软布沾残茶水擦洗家具，可使之光洁。

锡箔纸除茶迹
Appliance 13

在贴防火板的茶具桌上泡茶后，日久会在茶具桌上留下片片污迹。对此，可在茶具桌上洒点水，用香烟盒里的锡箔纸来回擦拭，再用水洗刷，就能把茶迹洗掉。用此法擦茶具（茶杯、茶壶、茶盘）也有同效。

巧法清洁钢琴
Appliance 14

1.钢琴的键盘、琴弦的表面有灰尘时，切忌用湿布擦或用嘴吹，可用吸尘器将尘土吸去，也可用干净的绒布轻擦。

2.用柠檬汁加盐调成清洁剂，也可把琴键擦得洁净如新。

3.琴键发了黄，可用软布蘸1：1的水与酒精溶液轻拭琴键即可。

巧用茶袋清洗塑料制品
Appliance 15

把喝剩下的茶袋晾干，在用过的油里浸泡后，在塑料制品的污垢上擦拭，不但可以去除表面平滑的塑料器皿上的污垢，也能清除表面凹凸容器上的污垢。然后用一块比较柔软的布，倒上少量的洗涤剂擦拭，就可以清洗干净，并且没有油的味道。这个方法对于清洗浴池和洗脸池也非常适用。

巧用面汤洗碗
Appliance 16

如果手头没有洗涤剂，那么面汤或饺子汤便是很好的代用品洗涤剂，用它洗碗，洗完后再用清水冲一下，去污效果不亚于洗涤剂。

巧洗装牛奶的餐具
Appliance 17

装过牛奶、面糊、鸡蛋的食具，应该先用冷水浸泡，再用热水洗净。如先用热水，残留的食物就会粘附在食具上，难以洗净。

巧洗糖汁锅
Appliance 18

刷洗熬制糖汁的锅，用肥皂水边煮边洗，很易洗净。

巧洗瓦罐沙锅
Appliance 19

瓦罐、沙锅结了污垢，可用淘米水泡浸烧热，用刷子刷净，再用清水冲洗即可。

巧洗银制餐具
Appliance 20

银制品如银筷子、银汤匙等，用久后易变黑或生锈。可用醋洗涤或用牙膏擦拭，均能使其恢复原貌，洁净光亮。

巧除电饭锅底焦
Appliance 21

在锅中加一点清水，水刚浸过焦面少许即可，然后插上电源煮几分钟，水沸后待焦饭发泡，停电洗刷便很容易洗干净。

玻璃制品及陶器的清洗
Appliance 22

用少许食盐和醋，对成醋盐溶液，用它洗刷这些器具，即可去除积垢。

塑料餐具的清洗
Appliance 23

塑料餐具只能用布蘸碱、醋或肥皂擦洗，不宜用去污粉，以免磨去表面的光泽。

苹果皮可使铝锅光亮
Appliance 24

铝锅用的时间长了，锅内会变黑。将新鲜的苹果皮放入锅中，加水适量，煮沸

15分钟，然后用清水冲洗，"黑锅"会变得光亮如新。

巧去锅底外部煤烟污物
Appliance 25

在使用之前，在锅底外部涂上一层肥皂，用后再加以清洗，则会收到良好效果。

巧洗煤气灶
Appliance 26

面汤是清洗煤气罐、煤气灶污垢的"良药"，也可以用来擦拭厨房内的污垢。方法是：将面汤涂在污处，多涂两遍，浸5分钟左右，用刷子刷，然后用清水冲洗即可。

白萝卜擦料理台
Appliance 27

切开的白萝卜搭配清洁剂擦洗厨房台面，将会产生意想不到的清洁效果，也可以用切片的小黄瓜和胡萝卜代替，不过，白萝卜的效果最佳。

巧用保鲜膜清洁墙面
Appliance 28

在厨房临近灶上的墙面上张贴保鲜膜。由于保鲜膜容易附着的特点，加上呈透明状，肉眼不易察觉，数星期后待保鲜膜上沾满油污，只需轻轻将保鲜膜撕下，重新再铺上一层即可，丝毫不费力。

瓷砖去污妙招
Appliance 29

1.白瓷砖有了黄渍，用布蘸盐，每天擦2次，连擦二三天，再用湿布擦几次，即可洁白如初。

2.厨房灶面瓷砖粘了污物后，抹布往往擦不掉，肥皂

水也洗不干净。这时，可用一把鸡毛蘸温水擦拭，一擦就干净，效果颇佳。

巧用乱发擦拭脸盆
Appliance 30

脸盆边上很容易积污垢。通常都用肥皂擦拭，但不太容易擦掉。对此，可用乱头发一小撮，蘸点水擦拭，很快就能除去。

巧去铝制品污渍
Appliance 31

铝锅、铝壶用久后，外壳有一层黑烟灰，去污粉、洗涤剂都对它无能为力。如果用少许食醋或墨鱼骨头研成粉末，然后用布蘸着来回擦拭，烟灰很容易就被擦掉了。

巧用水垢除油污
Appliance 32

将水壶里的水垢，取出研细，用湿布蘸上擦拭器皿，去污力很强，可以轻而易举地擦掉陶瓷、搪瓷器皿上的油污，还可以把铜、铝炊具制品擦得明光锃亮，效果特佳。

巧用废报纸除油污
Appliance 33

容器上的油污，可先用废报纸擦拭，再用碱水刷洗，最后用清水冲净。

巧用黄酒除油污
Appliance 34

器具被煤油污染后，可先用黄酒擦洗，再用清水冲净，即可除味去渍。

巧用菜叶除油污
Appliance 35

漆器有了油污时，可用

青菜叶擦洗掉。

巧用鲜梨皮除焦油污
Appliance 36

炒菜锅用久了，会积聚烧焦了的油垢，用碱或洗涤剂亦难以洗刷干净。可用新鲜梨皮放在锅里用水煮，烧焦油垢很易脱落。

巧用白酒除餐桌油污
Appliance 37

吃完饭后，餐桌上总免不了沾有油迹，用热抹布也难以拭净。如用少许白酒倒在桌上，用干净的抹布来回擦几遍，油污即可除尽。

食醋除厨房灯泡油污
Appliance 38

厨房里的灯泡，很容易被油熏积垢，影响照明度。用抹布蘸温热醋进行擦拭，可使灯泡透亮如新。

食醋除排气扇油污
Appliance 39

厨房里的排气扇被油烟熏脏后，既影响美观，又不易清洗。若用抹布蘸食醋擦拭，油污就容易被擦掉。

小苏打可洗塑料油壶
Appliance 40

用水稀释小苏打粉，灌入油壶（罐）内摇晃，或用毛刷清洗，再用少量食用碱水灌入摇晃，倒掉，然后用热食盐水冲洗。这样洗涤塑料容器，既干净又不会有副作用。

巧用碎蛋壳除油垢
Appliance 41

将蛋壳碾碎，装入空油

瓶中，加水摇晃，可速去油瓶内油垢。

漂白粉除木器油污
Appliance　42

厨房里的木器脏了，用漂白粉溶液浸湿几个钟头，再用清水一冲即可干净。

巧法避免热水器水垢
Appliance　43

使用热水器时，最好把温度调节在50℃～60℃之间，这样能防止热水器水垢的生成；当水温超过85℃时，水垢的生成会加剧。

饮水机加柠檬巧去渣
Appliance　44

饮水机用久了，里面有一层白色的渣，取一新鲜柠檬，切半，去子，放进饮水机内煮2～3小时，可去除白渣。

巧除淋浴喷头水垢
Appliance　45

把喷头卸下来，取一个大一些的碗或杯子，倒入米醋，把喷头（喷水孔朝下）泡在醋里，数小时后取出，用清水冲净即可。

巧除热水瓶水垢
Appliance　46

热水瓶用久了，瓶胆里会产生一层水垢。可往瓶胆中倒点热醋，盖紧盖，轻轻摇晃后放置半个钟头，再用清水洗净，水垢即除。图

巧除水杯茶垢
Appliance　47

茶杯泡茶次数多了，内壁上生成一层茶垢，可用牙膏或打碎的鸡蛋壳擦洗，再用清水冲净即可。

巧除碗碟积垢
Appliance　48

先用食盐、残茶或食醋擦拭，再用清水冲净即可。

巧除水壶水垢
Appliance　49

1.用铝制水壶烧水时，放一小匙小苏打，烧沸几分钟，水垢即除。

2.可在水壶内煮上两次鸡蛋，会收到理想的除垢效果。

3.铝壶或铝锅用一段时间后，会结有薄层水垢。将土豆皮放在里面，加适量水，烧沸，煮10分钟左右，即可除去。

巧除电熨斗底部污垢
Appliance　50

将熨斗加热后，在熨斗底部涂以少量白蜡或蜡烛，然后放在粗布或粗手纸上一擦，污垢即可清除。也可将电熨斗通电数分钟后拔下电源插头，

NO.44图

用干布或棉花蘸少量松节油或肥皂水用力擦拭，反复几次，污垢即可除去。

巧除地毯污渍
Appliance　51

家中的小块地毯如果脏了，可用热面包渣擦拭，然后将其挂在阴凉处，24小时后，污迹即可除净。

巧除地毯口香糖渣
Appliance　52

地毯上一旦附着口香糖渣，切不可用湿抹布擦，更不能用热抹布擦。要用冰块冷却，然后再轻轻刮下来。

凉席除垢法
Appliance　53

凉席最好每周清除皮屑一次。在地上铺设清洁报纸一张，卷起凉席用棒轻轻拍打，并轻轻往地上按几下，将凉席上的头发、皮屑拍下，随后再用水擦洗。

盐水洗藤竹器
Appliance　54

藤器或竹制品用久了会积垢，可用食盐水擦洗，既去污，又能使其柔松有韧性。

塑料花的洗涤
Appliance　55

在洗衣桶内加适量清水，花过脏时再加些洗涤剂。操作时采用双向水流，用手握紧塑料花柄，把花浸入洗衣桶内（不要松手），洗涤1～2分钟后取出，抖去花瓣上的水珠，塑料花又会恢复原来鲜艳夺目的色彩。

器物清洗与除垢

巧用葱头除锈
Appliance 56

用切开的葱头擦拭生锈的刀，手到锈除。

巧用淘米水除锈
Appliance 57

铁锅铲、菜刀、铁勺等炊具，在用过之后，浸入比较浓的淘米水中，既能防锈又可除去锈迹。

食醋可除锈
Appliance 58

铜制品如有锈斑，用醋擦洗立即洁净。铝制品有锈，可浸泡在醋水里（醋和水的比例按锈的程度定，锈越重或部位越大，醋的用量要随之加大），然后取出清洗，就会光洁如新。

巧用蜡油防锈
Appliance 59

搪瓷器皿的漆剥落了，容易生锈。在剥落处涂上一层蜡油，能起到一定的防锈作用。

橘子皮可除冰箱异味
Appliance 60

吃完橘子后，把橘皮洗净揩干，分散放入冰箱内，3天后，打开冰箱，清香扑鼻，异味全无。

巧用柠檬除冰箱异味
Appliance 61

将柠檬切成小片，放置在冰箱的各层，可除去异味。

巧用茶叶除冰箱异味
Appliance 62

把50克花茶装在纱布袋中，放入冰箱，可除去异味。1个月后，将茶叶取出放在阳光下曝晒，可反复使用多次，效果很好。

巧用黄酒除冰箱异味
Appliance 63

取黄酒1碗放在冰箱的底层（防止流出），一般3天就可除净异味。

芥末除瓶子异味
Appliance 64

把芥末面加适量水稀释，倒入瓶中，用长柄毛刷在瓶中上下提拉刷洗，再用清水冲净即可。若能把芥末溶液倒在瓶中浸泡几小时再刷洗，效果更好。

醋除漆味
Appliance 65

新购的上漆的食品容器，有一种难闻的气味。用浸有醋的布巾擦洗，即可消除漆味。

铁锅巧除味
Appliance 66

1.新铁锅有一股怪味，在使用前，用火烧空锅，然后加入热水和菜屑等物煮15分钟，怪味即除。

2.如果铁锅里有腥味，先用废茶叶擦洗，再用清水冲净，腥味即除。

3.炒过菜的锅，烧开水时会有油漆味，若在开水锅内放一双没有油漆的筷子，油漆味即可消除。

巧除微波炉异味
Appliance 67

首先盛半碗清水，再在清水中加入少许食醋，接着将碗放入微波炉中，用高火煮至沸腾。然后不要急于取出，利用开水的雾气熏蒸微波炉，等到碗中的水冷却后将它取出，然后拔掉插销，用湿毛巾擦抹炉腔四壁，就可以清除掉微波炉内的异味了。

巧除箱子异味
Appliance 68

箱子里有了异味，可用干净抹布蘸醋擦拭，箱子干后，异味即除。

巧用肥皂除霉味
Appliance 69

要预防抽屉、壁橱、衣箱里有霉气味，可在其中放一块肥皂。

巧除双手异味
Appliance 70

1.用咖啡渣洗手可去掉手上的大蒜味。

2.用香菜擦手可去掉洋葱味。

3.洗手前用盐擦手可去掉鱼腥味。

4.水中放点醋可洗去手上的漂白粉味。

妙招防止垃圾发臭
Appliance 71

天一热了垃圾就容易有味，有时隔一夜就臭了。用茶叶渣撒在垃圾上能防止鱼虾、动物内脏等发臭；在垃圾上撒洗衣粉可以防止生出小虫子；在垃圾桶底部垫报纸，垃圾袋破漏时，报纸可以吸干水分防止发臭。

修补与养护

XIU BU YU YANG HU

巧用废塑料修补搪瓷器皿
Appliance 1

对于有漏孔的搪瓷器皿，可先将漏孔处扩成绿豆或黄豆粒大小的孔洞，再从废塑料瓶上剪下长约2厘米，粗与漏孔等同的塑料棒（亦可用塑料布卷成棒），然后把它插入漏孔，两面各露出约1厘米，最后再用蜡烛或打火机烧化塑料棒的两端，使其收缩成"蘑菇顶"，稍等片刻，再用光滑木棍将两边的"蘑菇顶"向中心压一压即可。等塑料完全冷却后，就会把漏孔补得滴水不漏。同时，两边的"蘑菇顶"还有保护漏孔下沿不再受磨损的作用。图

防玻璃杯破裂
Appliance 2

冬季往玻璃杯里倒开水时，为防止杯子突然破裂，可先取一把金属勺放在杯中，然后再倒开水。这样杯子就不会破裂了。

治"长流水"小窍门
Appliance 3

到五金商店买片合适的密封圈，用扳手拧下阀盖，取出阀杆下端活瓣上磨损的密封圈，换上新的，然后复位，旋紧阀盖即可。如果手头有青霉素之类的橡皮瓶盖，亦可代替密封圈，只是耐用性差些。

防止门锁自撞的方法
Appliance 4

生活中常常会发生这样的事情：门被随手带上或被风吹撞上了，而钥匙却在里面。如果将门锁作些小小改动，就可解除后顾之忧。做法是：将锁舌倒角的斜面上用锉刀锉成一个"平台"。这样改制后，门就不能自动关上，外出必须用钥匙才能将门关上。

排除水龙头喘振
Appliance 5

拧下水嘴整体的上半部，取出旋塞压板，将橡胶垫取下，按压板直径用自行车内胎剪一个比其略大出1.5毫米的阻振片，再将其装在压板与橡胶垫之间，按逆次序装好即可。

巧用铅块治水管漏水
Appliance 6

用一点铅块或铅丝放在水管漏水的砂眼处，再用小锤把铅块或铅丝砸实在管缝或砂眼里，使其和水管表面持平。

刀把松动的处理
Appliance 7

将烧化的松香滴入松动的刀柄把中，冷却后，松动的刀把就紧固了。

NO.1图

①

②

③

④

⑤

NO.8图

304

陶器修补小窍门

Appliance　8

用100克牛奶，一面搅拌，一面慢慢地加些醋，使之变成乳腐状，然后用1只鸡蛋的1/2蛋清，加水调匀掺入，再加适量生石灰粉，一起搅拌成膏，用它粘合陶器碎片，用绳子扎紧，待稍干，再放在炉子上烘烤一会，冷却后就牢固了。若修补面不大，配料可酌情减少。图

指甲油防金属拉手生锈

Appliance　9

家具上的金属拉手，刚安时光洁照人，但时间长了就会锈迹斑斑，影响美观，如果定期在新拉手上除一层无色指甲油，可保持长期不锈。

巧法延长日光灯寿命

Appliance　10

日光灯管使用数月后会两端发黑，照明度降低。这时把灯管取下，颠倒一下其两端接触极，日光灯管的寿命就可延长1倍，还可提高照明度。同时，应尽量减少日光灯管的开关次数，因为每开关一次，对灯管的影响相当于点亮3~6小时。

巧防钟表遭电池腐蚀

Appliance　11

为防治钟表电池用久渗出腐蚀性液体、损坏电路，在更换新电池的时候，可用一点凡士林或润滑油脂涂在电池的两端，这样可抑制腐蚀液溢出。

电视机防尘小窍门

Appliance　12

1.打开电视之后不要扫地或做其他让尘土飞扬的工作。

2.做一个既通气又防尘、也能防止阳光直接照射荧光屏的深色布罩，在节目收看完后关机断电半小时，再将电视机罩上。

3.定期对电视机进行除尘去灰的保养，可以用软布沾酒精由内而外打圈擦拭荧光屏去尘。

延长电视机寿命小窍门

Appliance　13

1.亮度和对比度旋钮不要长期放在最亮和最暗两个极端点，否则会降低显像管使用年限。

2.音量不要开得过大，有条件最好外接扬声器。音量太大，不仅消功耗，而且机壳和机内组件受震强烈，时间长了可能发生故障。

3.不宜频繁开关，因为开机瞬间的冲击电流将加速显像管老化；但也不能不关电视机开关，而只关遥控器或者通过拔电源

插头来关电视机，这样对电视机也有损害。

4.冬季注意骤冷骤热。比如，要把电视搬到室外，最好罩上布罩放进箱里。搬进室内时，不要马上开箱启罩，应等电视机的温度与室内温度相近时，再取出，以防温度的骤变而使电视机内外蒙上一层水汽，损坏电子组件绝缘。

拉链修复法
Appliance　　　14

拉链用久了，两侧的铁边易脱落，可将一枚钉书钉的一头向内折，使之与针杆平行，而把另一头折直。根据拉链铁边脱落的长度，把书钉多余部分从伸直的一头截掉。截好后的书钉，安放在原铁边的位置上，折回的那一头放在下面，与拉链的底边平齐，另一头至齿同一点。然后用缝衣针以锁扣眼的针法密密实实地来回缝两遍，将书钉严严实实地包在里面，但缝时要注意，宽度要与原来铁边相等；底边书钉用线缝严，缝平整，再用蜡抹一下。这样效果如同原来的铁边一样，开拉自如。

红木家具的养护
Appliance　　　15

红木家具宜阴湿，忌干燥，不宜曝晒，切忌空调对着家具吹；每3个月用少许蜡擦一次；用轻度肥皂水清除表面的油垢，忌用汽油、煤油。

家具漆面擦伤的处理
Appliance　　　16

擦伤但未伤及漆膜下的

木质，可用软布蘸少许溶化的蜡液，覆盖伤痕。待蜡质变硬后，再涂一层，如此反复涂几次，即可将漆膜伤痕掩盖。

家具表面烧痕的处理
Appliance　　　17

灼烧而未烧焦膜下的木质，只留下焦痕，可用一小块细纹硬布，包一根筷子头，轻轻擦抹灼烧的痕迹，然后，涂上一层薄蜡液即可。

巧除家具表面烫痕
Appliance　　　18

家具放置盛有热水、热汤的茶杯、汤盘，有时会出现白色的圆疤。一般只要及时擦抹就会除去。但若烫痕过深，可用碘酒、酒精、花露水、煤油、茶水擦拭，或在烫痕上涂上凡士林，过两天后，用软布擦抹，可将烫痕除去。

巧除家具表面水印
Appliance　　　19

家具漆膜泛起"水印"时，可将水渍印痕上盖上块干净湿布，然后小心地用熨斗压熨湿布。这样，聚集在水印里的水会被蒸发出来，水印也就消失了。

家具蜡痕消除法
Appliance　　　20

蜡油滴在家具漆面上，千万不要用利刃或指甲刮剔，应等到白天光线良好时，可双手紧握一塑料薄片，向前倾斜，将蜡油从身体前方向后慢慢刮除，然后用细布擦净。

白色家具变黄的处理
Appliance　　　21

漂亮而洁白的家具一旦泛黄，便显得难看。如果用牙膏来擦拭，便可改观。但是要注意，操作时不要用力太大，否则，会损伤漆膜而适得其反。

巧防新木器脱漆
Appliance　　　22

在刚漆过油漆的家具上，用茶叶水或淘米水轻轻擦拭一遍，家具会变得更光亮，且不易脱漆。

巧为旧家具脱漆
Appliance　　　23

一般油漆家具使用5年左右须重新油饰一次。在对旧家具的漆膜进行处理时，可买一袋洗照片的显影粉，按说明配成液体后，再适量多加一些水，涂在家具上，旧漆很快变软，用布擦净，清水冲洗即可。

桐木家具碰伤的处理
Appliance　　　24

桐木家具质地较软，碰撞后易留下凹痕。处理办法，可先用湿毛巾放在凹陷部，再用熨斗加热熨压，即可恢复原状。如果凹陷较深，则须粘合充填物。

巧法修复地毯凹痕
Appliance　　　25

地毯因家具等的重压，会形成凹痕，可将浸过热水的毛巾拧干，敷在凹痕处7~8分钟，移去毛巾，用吹风机和细毛刷边吹边刷，即可恢复原状。

地毯巧防潮

Appliance　　26

地毯最怕潮湿。塑胶及木质地面不易受潮，地毯可直接铺在上面，如果是水泥地板，铺设前可先糊上一层柔软的纸，再把地毯铺上，这样就能起到防潮作用，防止发霉，以延长使用寿命。

床垫保养小窍门

Appliance　　27

1.使用时去掉塑料包装袋，以保持环境通风干爽，避免床垫受潮。切勿让床垫曝晒过久，使面料褪色。

2.定期翻转。新床垫在购买使用的第一年，每2～3月正反、左右或头脚翻转一次，使床垫的弹簧受力平均，之后约每半年翻转一次即可。

3.用品质较佳的床单，不只吸汗，还能保持布面干净。

4.定期以吸尘器清理床垫，但不可用水或清洁剂直接洗涤。同时避免洗完澡后或流汗时立即躺卧其上，更不要在床上使用电器或吸烟。

5.不要经常坐在床的边缘，因为床垫的4个角最为脆弱，长期在床的边缘坐卧，易使护边弹簧损坏。不要在床上跳跃。

电脑软盘防霉法

Appliance　　28

霉菌对计算机软盘危害很大，会使电脑的软驱磁头污染。可以用1粒卫生球，取其半个、压成粉末，倒入纸套内，封口后和其他软盘放在一起，可使软盘不再长霉。图

巧晒被子

Appliance　　29

1.晒被子时间不宜太长。一般来说，冬天棉被在阳光下晒3~4个小时，合成棉的被子晒1~2个小时就可以了。

2.不宜曝晒。以化纤维面料为被里、被面的棉被不宜曝晒，以防温度过高烤坏化学纤维；羽绒被的吸湿性能和排湿性能都十分好，也不需曝晒。在阳光充足时，可以盖上一块布，这样既可达到晒被子的目的，又可以保护被面不受损。另外，注意不宜频繁晾晒被子。

3.切忌拍打。棉花的纤维粗而短，易脱落，用棍子拍打棉被会使棉纤维断裂成灰尘状般的棉尘跑出来。合成棉被的合成纤维一般细而长，一经拍打较容易变形。一般只需在收被子时，用条帚将表面尘土扫一下就可以了。

巧存底片

Appliance　　30

1.底片要夹在柔软光滑的白纸中间，以防止沾上灰尘或其他杂物。

2.整卷底片要剪开分张保藏，以免互相摩擦，出现划伤。

3.切忌日晒、受潮。最好将底片装入底片册的小口袋中，用时再取出。

4.取看底片，手应拿底片的边缘空白处，切不可触摸画面中间，以免留下指印。

巧除底片指纹印

Appliance　　31

底片上有指纹印，轻微的可放在清水中泡洗，重的可用干净的软布，蘸上四氯化碳擦洗。

巧除底片尘土

Appliance　　32

底片若沾上尘土或粘上纸片，可把底片浸入在清水中，待药膜潮湿发软时，洗去底片上的杂物，取出晾干。

NO.28　图

巧除底片擦伤
Appliance 33

底片上有轻微擦伤，可将底片放入10%的醋酸溶液中浸透，取出晾干。

巧法防底片变色
Appliance 34

底片发黄、变色，把底片放入25%的柠檬酸、硫脲的混合溶液中漂洗3～5分钟，取出即可复原。

巧用牙膏修护表蒙
Appliance 35

手表蒙上如果划出了很多道纹，可在表蒙上滴几滴清水，再挤一点牙膏擦涂，就可将划纹擦净。

巧妙保养新手表
Appliance 36

新买的镀金手表，在佩戴前，先将表壳用软布拭净，再均匀地涂上一层无色指甲油，晾干后再戴，不但能使手表光泽持久，不被磨损，还能增加其外表光度。

巧使手表消磁
Appliance 37

手表受磁，会影响走时准确。消除方法很简单，只要找一个未受磁的铁环，将表放在环中，慢慢穿来穿去，几分钟后，手表就会退磁复原。

巧用硅胶消除手表积水
Appliance 38

手表内不小心进水，可用一种叫硅胶的颗粒状物质与手表一起放入密闭的容器内，数小时后取出，表中的

NO.41图

积水即可消失。硅胶可反复使用。

巧用电灯消除手表积水
Appliance 39

手表被水浸湿后，可用几层卫生纸或易吸潮的绒布将表严密包紧，放在40瓦的电灯泡附近约15厘米处，烘烤约30分钟，表内水汽即可消除。

如何保养手机电池
Appliance 40

1.为了延长电池的使用寿命，其充电时间不可超过必要的充电期（5～7小时）。

2.电池的触点不要与金属或带油污配件接触。

3.电池切勿浸在水中，注意防潮，切勿放在低温的冰箱里或高温的炉子旁。

4.对于有记忆效应的电池，每次应把电量使用完毕，再充电，否则，电池会出现记忆效应，大大减少电池寿命。

水湿书的处理
Appliance 41

一本好书不小心被水弄湿了，如果晒干，干后的书会又皱又黄。其实，只要把书抚平，放入冰箱冷冻室内，过两天取出，书既干了又平整。图

巧除书籍霉斑
Appliance 42

可用棉球蘸明矾溶液擦洗，或者用棉花蘸上氨水轻轻擦拭，最后用吸水纸吸干水分。

巧除书籍苍蝇便迹
Appliance 43

用棉花蘸上醋液或酒精擦拭，直至擦净为止。

巧用香糖"洗"图章
Appliance 44

图章用久了会积很多油渍，影响盖印效果，可将充分咀嚼后准备扔掉的口香糖放在图章上用手捏住，利用

其粘性将图章字缝中的油渍粘掉，使图章完好如新。

巧除印章印泥渣
Appliance　　45

印章用久后，就会被印泥渣子糊住，使用时章迹就很难辨认清楚。可以取一根蜡烛点着，使熔化了的蜡水滴入印章表面，待蜡水凝固，取下蜡块，反复两次即可。图

巧用醋擦眼镜
Appliance　　46

滴点醋在眼镜片上，然后轻轻揩拭，镜面干净，而且上面不留斑纹。

巧法分离粘连邮票
Appliance　　47

带有背胶的邮票，有时会互相粘连一起，要使它们分开而又不损伤背胶，可把邮票放在热水瓶口，利用热气使邮票卷曲或自动分开。

巧铺塑料棋盘
Appliance　　48

现在的棋盘多为塑料薄

NO.45图

膜制成，长期折叠后不易铺开。有的棋子很轻，很难站稳。其实，只要用湿布擦一下桌子，就可将塑料薄膜棋盘平展地贴在桌面上。

冬季巧防自行车慢撒气
Appliance　　49

冬季车胎常常跑气，其原因大多是气门芯受冻丧失弹性所致。用呢料头缝制一个气门套套在上面，可防止气门芯被冻。

新菜板防裂小窍门
Appliance　　50

按1500克水放50克食盐的比例配成盐水，将新菜板浸入其中，1周左右取出。这样处理过的菜板则不易开裂。

延长高压锅圈寿命小窍门
Appliance　　51

高压锅胶圈用过一段时间后就失去了原有的弹性而起不到密封作用。可用一段与高压锅圈周长相等的做衣服用的圆松紧带，夹在高压锅圈的缝中，其效果不亚于新高压锅圈。

冰箱封条的修理
Appliance　　52

冰箱门上的磁性密封条与箱体之间会出现缝隙，致使冷气外漏，降低制冷效果，增加耗电量。可把一个开着的手电筒放入冰箱，关上箱门仔细观察箱门四周的密封圈有没有漏光处。如果有，可用洗衣粉水把磁性密封圈擦洗干净，把漏光处的磁性密封圈扒开，取一些干净棉花填入密封圈的漏光部位，棉花数量视漏光情况而

定，以关严为宜。最后，再用手电筒检验一遍，若还有漏光处，可反复"对症下药"，直到没有漏光为止。

电池保存小窍门
Appliance　　53

1.在电池的负极上涂一层薄薄的蜡烛油，然后搁置在干燥通风处，则可有效地防止漏电。

2.把干电池放在电冰箱里保存，可延长其使用寿命。

3.手电筒不用时，可将后一节电池反转过来放入手电筒内，以减慢电池自然放电，延长电池使用时间，同时还可避免因遗忘致使电池放电完毕，电池变软，锈蚀手电筒内壁。

微型电池巧充电
Appliance　　54

电子表和计算器里的氧化银电池将用完时，可以充电。充电1次可使用半年左右，一个电池一般可充电3次。充电电源是用两节（或一节，视微型电池的电压而定）新的一号电池，一根1厘米长的细铜丝，把微型电池的正极放在一号电池的正极铜帽上，将微型电池的负极用铜线接到一号电池的负极，待微型电池发热、烫手时就充好电了。

煤气灶具漏气检测法
Appliance　　55

将通往灶具的煤气开关关死，经过1小时左右，只开灶具开关，同时点燃炉灶，如能烧起一股火苗，则说明灶具不漏气，如点不出火，说明灶具有漏气处。

行
Travel

旅游常识
汽车养护

【行路千里并不难】

TRAVEL
3000 Tips for easy life

旅游常识
LU YOU CHANG SHI

淡季出游省钱多
Travel　　　　　　1

每年春节后至5月、11月和12月都是旅游淡季，这时大多数航空公司和酒店因客源不足，会采取大幅下调价格来吸引旅行社。旅行社因成本降低，团费也会随之下调。

旅游应自备睡衣
Travel　　　　　　2

出行前，尽量准备好长睡衣或大被单，入住旅店时，不使用旅馆提供的贴身卧具，以确保个人卫生。

旅游鞋应大一号
Travel　　　　　　3

日常生活中买鞋都讲究要合脚，而户外活动时穿用的鞋却不能太"合脚"，而是应至少比平时穿的鞋大一号。这是因为长时间的步行会使脚部肿胀，如果买的鞋穿上感觉正好，那么步行一段时间后就会感到有些挤脚了。在选择新鞋（尤其是新的登山靴）时，首先穿好一双薄袜子和厚袜子，再穿鞋子，看看脚趾能不能在鞋内自由活动。如果脚尖碰到鞋尖，就不适合。再者穿鞋子走走看，如果脚跟和鞋跟很容易滑动，就容易擦伤，这样的鞋子也不适合。

随身携带消毒液
Travel　　　　　　4

外出旅游，一定随身携带消毒液，用塑料紧口瓶装好，并不增加多少重量，可是对健康却有保障。

旅游常备的7种小药
Travel　　　　　　5

1.创可贴及伤湿止痛膏。

2.息斯敏或扑尔敏：有过敏体质的人，到新的环境，可能接触到新的过敏原，易引起皮疹、哮喘等病。

3.安定片：初换住处，往往不易入睡，安定片能帮旅游者安然入睡。

4.晕海宁片：晕车、晕船、晕机者必备药物。

5.黄连素片：如果患上肠炎，腹泻等病，黄连素可消炎止泻。

6.风油精：旅游免不了蚊叮虫咬，风油精能驱虫止痒。

7.感冒药。图

鲜姜防晕车
Travel　　　　　　6

爱晕车的人，应随身装块鲜姜，车船行驶途中，将鲜姜片随时放在鼻孔下面闻，使辛辣味吸入鼻中，可以防晕车；或者口含姜片也行。

止痛膏防晕车
Travel　　　　　　7

晕车者于乘车前1小时，取伤湿止痛膏1片贴于肚脐上（称神阙穴）。如乘车超过1天，第二天另换一贴。可以有效地防止晕车。

NO.5图

自制腕套防晕车
Travel　　　　8

自制一个腕套，套内安一颗坚硬的珠子，晕车前戴在左右手腕上，让其顶在左右内关穴，有镇静中枢神经的功能，可以止呕。

梅子陈皮防晕车
Travel　　　　9

口里含点咸梅子、咸桔皮（陈皮），眼睛朝远处看，一般晕车晕船也好些。

牙膏治头晕头痛
Travel　　　　10

在旅途中如果出现头晕头痛的现象，可在太阳穴上涂点药物牙膏，牙膏的丁香、薄荷油有镇痛作用。或者涂上一点风油精清凉油，效果都不错。

巧用腰带防晕车
Travel　　　　11

上车前将腰带束紧，防止内脏过分在体内颠动，有助于预防晕车病发生。

芒果治晕船呕吐
Travel　　　　12

去南方旅游或去新、马、泰周边国家旅游，往往多乘船，此时出现晕船呕吐症状，可就地取材，用芒果来治疗。

叩齿治晕船晕车
Travel　　　　13

如果在旅途中出现了晕车晕船现象，手头又无药物，可将舌头紧贴上腭、叩齿。产生的唾液，分次下咽，晕昏症状即可缓解。

乘飞机前忌进食过饱
Travel　　　　14

吃得过饱，在空中可使食物在体内产生大量的气体，一方面加重心脏和血液循环的负担，另一方面可引起恶心、呕吐和晕机等"飞行病"。

乘飞机前忌食油腻食物
Travel　　　　15

如果在上机前1.5～2小时内进食了油腻的高脂肪和高蛋白质食物，即使进食量不多，也会因其在胃内难以排空而使肾肠膨胀。另外，人在空中，胃液分泌减少，胃肠蠕动减弱，这些高脂肪、高蛋白食物就更难消化，不仅使人在飞行时腹胀难受，而且在下机后亦可能出现消化不良的种种反应，如腹胀、腹痛、打饱嗝等。

乘飞机不适的临时处置方法
Travel　　　　16

如果乘坐飞机出现耳胀、耳痛和听力下降等不适时，尤其飞机下降时，不妨做些吞咽动作，上述感觉会有缓解；还可以捏住鼻子，闭嘴鼓气，增加鼻腔内外的压差，冲开耳咽管，使气体冲入中耳腔，达到平衡。

巧法处理脚泡
Travel　　　　17

先用热水烫脚10分钟，用消过毒的针刺破脚泡，使泡内液体流出、排干，再将脚泡部位消毒。忌剪去泡皮，以防感染。

扳脚治小腿抽筋
Travel　　　　18

取坐姿，一手用力压迫痉挛的腿肚肌肉，一手抓住足趾向后扳脚，使足部背曲，再活动一下，即可缓解。

按压穴位治小腿抽筋
Travel　　　　19

脚肚子抽筋了，可掐按压痛穴。此穴位在大拇趾外侧第二道横纹下缘，脚掌与脚侧结合部，哪侧腿抽筋就按掐哪侧。此时还可用圆珠笔尖扎按一下，如感到刺痛，就是此穴位。对着穴位用力掐按2～3分钟，抽筋即可缓解。常按此穴还可预防腿肚抽筋。

巧治旅途扭伤
Travel　　　　20

旅途中不幸扭脚，可冷敷自治。冷水浸湿毛巾，拧干敷在伤处，隔3～4小时敷一次，每次5～8分钟，可消肿、止痛；也可用冷水淋洗伤部。切忌热敷，非但不能消肿止痛，反而会使血管扩张，加速血液流通，进而加剧肿胀及疼痛感。

外出住宿不可盆浴
Travel　　　　21

在旅店洗澡，无论卫生间看上去多么干净，都不要盆浴或坐浴，因为表面看上去干净而细菌是否清除干净是看不见的，所以，应该用淋浴。如果旅店无淋浴，可先将脸盆用消毒剂洗净，用脸盆淋水洗。

NO.25图

景点门票避"通"就"分"
Travel　22

一票通的门票，虽然有节约旅游售票时间的好处，而且比分别单个买票所花的钱加起来便宜一些，但是，大多数旅游者往往不可能将一个旅游区的所有景点都玩个遍。鉴于此，游客可不必买通票，而改为玩一个景点买一张单票。这样反可省钱。

旅行就餐避"大"就"小"
Travel　23

旅游景点的饮食一般都比较贵，特别是在酒店点菜吃饭，价格更是不菲，而各个旅游点的地方风味小吃，反倒价廉物美，不但省钱，而且也可通过品尝风味小吃，领略当地的饮食文化。

旅途休息巧护肤
Travel　24

旅途中休息时，可静心闭目养神，同时轻轻按摩面部。有利于皮肤恢复弹性，保持美容。

旅途巧打扮
Travel　25

旅途中虽然比较紧张繁忙，但也可以巧妙地进行打扮，清晨洗脸时先用温水洗去面部的油污，再用冷水洗一次，使面部皮肤增加弹性。洗脸后可涂点香脂或防晒霜，淡淡地涂点口红，少洒一点香水，这种轻妆淡抹，既能保护皮肤，又会增加风采神韵。图

盛夏出行巧穿衣
Travel　26

盛夏出行，衣服并不是越少越凉爽。赤膊只能在皮肤温度高于环境温度时，增加皮肤的辐射、传导散热，而气温接近或超过37℃时，皮肤不但不能散热，反而会从外界环境中吸收热量，因而盛夏赤膊、女性穿过短的裙子均会感觉更热。专家建议，着浅色真丝绸类衣服旅游最佳。

解渴适可而止
Travel　27

出发前最好准备一壶清茶水，适当加些盐。清茶能生津止渴，盐可防止流汗过多而引起体内盐分不足。在旅途中喝水要次多量少，口渴时不宜一次猛喝，应分多次喝水，每小时喝水不能超过1升，每次以100～150毫升为宜。切忌饮生水。

胶卷多照照片的窍门
Travel　　　　　　28

把旧胶卷（12～17毫米）用透明胶布对接在新胶片头上，这样无论36张还是24张的胶卷，都可以多照4～5张。

清晨巧测一日天气
Travel　　　　　　29

清晨太阳未出之前，看东方黑云，如鸡头、龙头、旗帜、山峰、车马、星罗，如鱼、如蛇、如灵芝、如牡丹，或紫黑气贯穿，或在日上下者，当日有雨，多在13～17时。

看月色辨天气
Travel　　　　　　30

夜晚，看月亮颜色，或青或红，次日多有雷雨。月亮周围有白云结成圆光，或大如车轮者（月晕），次日必有大风。图

NO.30图

水管预测天气
Travel　　　　　　31

自来水管管道上面有水珠渗出，擦去后仍渗出者，一两天内必定有雨。

旅途巧避雷
Travel　　　　　　32

在旅游途中遇到强雷电时，不要众人聚堆，要各自找最低处蹲下努力缩小目标，并迅速弃去身上所有金属和导电物体，如手电筒、大哥大、BP机、瑞士刀、开罐器等。

巧用手表判定方位
Travel　　　　　　33

将当时的标准时间除以2，再在表盘中找出商数的相应位置，然后将其对准太阳，表盘上"12"所指的方向就是北方。但要记住，如果是下午，要按24小时记时法计算。用这种方法求方向，其准确程度不亚于指南针。

看月亮辨方向
Travel　　　　　　34

农历每月十五日，月亮很圆，叫满月，这时看月亮，晚上6时它在东方，子夜在正南方，次日晨6时在西方，农历初五、初六，月球被照亮只有一小部分，我们叫它月牙。这时看月亮，晚上6时大约在西南方，半夜在西方，农历二十三日前后，月亮又成了月牙，这时看月亮半夜12时在东面，早上6时约在南方。

观察北极星辨方向
Travel　　　　　　35

大熊星座由7颗星排成勺状，勺端两颗星向前延伸，即北极星，也就是北方。

观察竹茎辨方向
Travel　　　　　　36

竹茎向南颜色较绿；竹茎朝北，颜色较黄。

观测表影辨方向
Travel　　　　　　37

找一根小木杆立于手表中央，转动手表角度，使小杆与时针重叠，此时时针与几点所形成的夹角的中分点，即为北，另一端则为南部。

自制防水火柴
Travel　　　　　　38

将烧熔的蜡油滴在火柴头上，等蜡完全包住药头，冷却后，即可。使用时刮去蜡层，将火柴粘在胶带上，上面再盖上一层胶带，然后将其卷起，带擦火柴的药纸一并放进胶卷盒中。这样即使泡在水中，也不会将火柴弄湿。

走山路的小窍门
Travel　　　　　　39

走路时脚横向迈进，这种走法不易疲劳，非常适合走山路。

国外旅游免费投宿小窍门
Travel　　　　　　40

1.火车站休息室，如果有同伴同行，不妨到火车站休息室，大家可以轮流看行李。

2.教堂借宿，牧师等宗教界人士喜欢留游客，临走时，可以付房费，但一般人家都不收。

3.实在找不到住处，可以去找警察，警察多半会留住一宿。

汽车养护

QI CHE YANG HU

平稳开车可省油

Travel   1

    行驶的速度，不要过高，最好保持经济时速。对一般车子而言，80公里的车速是最省油的，每增加1公里的时速，就会使耗油量增加0.5%。不要大油门起步、猛踩油门加速或急刹车，这样不但大大增加耗油量，还会加剧零部件的磨损。

轻车行驶可省油

Travel   2

    车后的行李箱要及时清理，除了应急的工具以外，其余可要可不要的杂物最好"请"出去。因为每增加45千克的载重，就会使汽油使用效率减低1%以上。图

油箱加满油更省钱

Travel   3

    一些车主常常只加小半箱油，临近耗尽时再加油。其实这样做会使油箱中的燃油泵上部经常得不到燃油冷却，容易发热烧损。更换一只燃油泵需好几百元，用这种方法控制用油实在是因小失大。

汽油标号并非越高越好

Travel   4

    汽油标号与汽油是否清洁和是否省油没有必然的联系，并不是汽油标号越高越好，即使是高档车也不等于该加高标号汽油。加什么油要遵循说明书上的用油标准，使汽车发动机压缩比系数与汽油抗爆系数相适应。

养成暖车好习惯

Travel   5

    冬天出门前先热车1～3分钟，这样可以达到省油效果，对车子引擎也有好处。但是最好不要超过3分钟，否则会费油。

选择阴天贴膜

Travel   6

    赶上阴雨天气，很多车主不急着贴膜，其实阴天才是贴膜的最好时机。因为阴天时空气中悬浮物减少，可避免膜和玻璃间出现杂质影响美观。

汽车防静电小窍门

Travel   7

    1.少用纤维织物。纤维织物的摩擦是汽车静电的重要来源，特别是化纤产品，更易摩擦起电。因此在选择座套、座垫及脚垫等用品时，尽量使用真皮、毛料或纯棉制品。

    2.使用车蜡。车蜡具有防静电作用，但不同种类车蜡防静电能力不同。若您的车易产生静电，不妨采用防静电专用车蜡，效果会更加明显。

    3.使用静电放电器。静电放电器有两种，一种是空气静电放电器，另一种是搭链式放电器。若想取得最佳的防静电效果，最好让这两种

NO.2图

放电器结合使用。

巧洗散热器
Travel   8

为防止汽车引擎过热，要定期冲洗散热器，把散热器软管卸下，用另一根软管插入散热器上部的接头中，用软布将接头塞紧，然后盖上加水口压盖。此时可以放水清洗，直到水顺畅地流出底部软管为止。

防止汽车挡风玻璃结霜小窍门
Travel   9

冬季寒冷，汽车在露天停放一夜后，早晨挡风玻璃上经常结出厚厚一层霜花，不容易立即清除。可用一块旧单人床单大小的布，在晚上停车时罩在挡风玻璃上，两端用车门夹住。第二天早上掀开罩布，挡风玻璃干干净净。

如何检查胎压
Travel   10

校正胎压是安全检查中最重要的一环。胎压必须定期检查，除了备胎以外，其他的四个轮胎最少要两个星期检查一次，而胎压的检查必须是在轮胎冷却的情形下进行。胎压过高过低对车辆的油耗和使用性能都有影响。正确的做法是，将车停止行驶1小时以上，停放在平整的路面，避免阳光曝晒。

夏季保养轮胎小窍门
Travel   11

夏季汽车运行时，应经常检查轮胎的温度和气压，保持规定的气压标准，在酷热的中午行车应适当降低行驶速度，车每行40~50公里应停在阴凉地稍作休息，待轮胎温度降低后再继续行车。

汽车曝晒后需通风
Travel   12

曝晒之后的汽车就像是一条搁浅的鲸，需要一个既迅速又柔和的温度调节方式来降低温度，这种状况下打开汽车天窗和车内空调就是最好的选择。这种通风方式可带来适宜的温度分布和理想的氧气供给。

汽车启动小窍门
Travel   13

插上钥匙后，先转到电门，出现"HOLD"字样，让车的行车电脑先自检一遍，等灯灭了以后再打火，不要直接拧钥匙。另外，打着火后最好先热车1~2分钟再慢速起步，之后再逐渐提速。

高速路行驶最好开天窗
Travel   14

司机在高速行驶时，常常会被侧窗打开时的噪音和侧风所困扰，尤其当车速达到100公里时，打开侧窗通风而引起的噪音可高达110分贝，而如果打开"汽车天窗"却仅仅为69分贝，这样噪音会大幅度降低；其次，汽车天窗的通风换气是依靠汽车在行驶过程中气流在天窗顶部的快速流动，从而形成车内的负压，将污浊空气抽出，这种原理的应用也就解决了侧风扑面的问题。

汽车停放小窍门
Travel   15

停车选平地避免将车辆停放在有粗大、尖锐或锋利石子的路面上。车辆不要停放在靠近或接触有石油产品、酸类物质及其他影响橡胶变质的物料的地方。不要在停车后转动方向盘。

用牙膏去除划痕
Travel   16

如果划痕没伤及底漆，就取出随车携带的小牙膏，将毛巾沾湿，挤一点牙膏涂在湿毛巾上，在划痕处反复摩擦，再用没涂牙膏的湿毛巾擦干净即可。此办法还能有效地对付沾到漆面上的沥青、虫胶等污物。

巧用旧报纸除湿
Travel   17

下雨天上车时难免脚上满是雨水泥水，带到车上很快就会将干净的脚垫弄脏。可以在后备箱中存放点旧报纸，在雨天时，拿几张铺在乘客们的脚垫上面。但切忌驾驶位铺垫，否则会影响两脚操作。

橡皮可除车门上的鞋印
Travel   18

汽车车门附近经常会因为上下车而与皮鞋摩擦留下一道道黑印，并且很难除去，此时用学生用的橡皮擦一下会发现那些鞋印很快就不见了。

雨天巧除倒后镜上水珠
Travel   19

将牙膏挤在牙刷上，然后在倒后镜上研磨，由中间向外顺着一个方向打圈，效果很明显。

留意汽车异味
Travel　　　　20

1.烧焦橡胶味：可能是关闭的制动闸片造成轮胎过热或由于衔接于热发动机的橡胶软管所造成。

2.烧焦油味：可能是润滑机油量太少或变速器液太少，以致变速器过热，润滑机油滴在发动机最热的部分。

3.烧焦塑胶味：多数是由于电器系统的电流短路所致，有着火危险。

4.车中的汽油味：多数是由于泄漏或开脱的蒸汽或燃气管线以及损坏的蒸发控制筒所致，有着火危险。

留意汽车怪声
Travel　　　　21

1.喀哒声（低沉噪声）：变速器液太少（限自动变速）。

2.嗒嗒声（节奏性，较清脆的金属轻敲声）：可能是由于松动的车轮外壳，有缺陷的车轮轴承，松脱的风扇翼片或发动机内的低油量所造成。

3.轻微的爆震声（敲击）：显示车子需要做一番调节或者发动机所需的汽油辛烷值太低。

4.尖锐刺耳的声音（金属摩擦声）：可能是制动器出毛病。

5.短促刺耳的声音（尖锐的摩擦声）：也许是由于损坏的鼓式制动器衬垫、车子底盘架需要润滑、车轴弹簧磨损所致。

6.长而尖锐的声响（呜呜声）：可能是充气不足的轮胎、前轮定位失调的车轮，松

动或磨损的动力转向风扇及冷气机压缩器带等造成的。

7.重击声（低沉的金属碰击声）：可能是显示车子的皮带轮松脱，曲轴主轴承已磨耗或排气管松动。

8.重大撞击声（连续不断）：也许是由磨损的曲轴主轴承或损坏的连接杆所致。

定期检查后备胎
Travel　　　　22

后备轮胎是厂家配的，但往往被车主遗忘在行李厢下而缺少保养，建议每3个月定期检查一下后备轮胎，必要时还要给它充气，以免在需要它的时候才发现它是扁的。

车辆熄火的处理
Travel　　　　23

车辆在行驶中熄火，这时要稳住自己紧张的情绪，慢抬离合器，轻踩油门，使车辆缓步前进。如果反复多次还不能使车辆开动起来，最好请其他车主帮帮忙。如果是车辆出现了故障不能启动，要赶快向维修站打电话，向他们求助。

如何换备胎
Travel　　　　24

先用千斤顶把汽车稍微支起来，在轮胎还没有离开地面之前，把车轮的紧固螺母拧松。把紧固螺母拧松之后，继续用千斤顶把汽车支起来，待轮胎完全离开地面之后，把原轮胎拆下来，装上备胎，按对角线的次序，分别把所有的紧固螺母均匀地拧牢固，最后把千斤顶降下来，更换轮胎的工作到此结束。

巧取折断气门芯
Travel　　　　25

在气门芯折断时，锥形的胶质部分可能断留在气门嘴内，取出办法很简单：用一根自行车13号车条，将其螺纹部分当作丝锥旋入折断的气门芯内向外拉动，即可。

风扇皮带断裂的应急维修
Travel　　　　26

可把断了的皮带用铁丝扎好或采用开开停停的办法把车开走。

巧用千斤顶代替大锤
Travel　　　　27

轿车的右侧尾部被撞凹，要恢复原形时，用敲击法修复，不仅会扩大表面损伤，而且很难恢复原形。可将一块合适的木板放到后行李箱左侧，在"千斤顶"顶端放一平铁，顶着凹部；沿撞击力的反方向缓缓加压，凹部就可被校平整，再补点漆便行。

油箱损伤的应急维修
Travel　　　　28

机动车在使用时，发现油箱漏油，可将漏油处擦干净，用肥皂或泡泡糖涂在漏油处，暂时堵塞；用环氧树脂胶粘剂修补，效果更好。

油管破裂的应急维修
Travel　　　　29

可将破裂处擦干净，涂上肥皂，用布条或胶布缠绕在油管破裂处，并用铁丝捆紧，然后再涂上一层肥皂。

油箱油管折断的应急维修

Travel　　　　　　30

可找一根与油管直径相适应的胶皮或塑料管套接。如套接不够紧密，两端再用铁丝捆紧，防止漏油。

油缸盖出现砂眼的应急维修

Travel　　　　　　31

可根据砂眼大小，选用相应规格的电工专用保险丝，用手锤轻轻将其砸入砂眼内，即可消除漏油、漏水。

油管接头漏油的应急维修

Travel　　　　　　32

机动车使用时，如发动机油管接头漏油，多是油管喇叭口与油管螺母不密封所致。可用棉纱缠绕于喇叭下缘，再将油管螺母与油管接头拧紧；还可将泡泡糖或麦芽糖嚼成糊状，涂在油管螺母座口，待其干凝后起密封作用。

进、出水软管破裂的应急维修

Travel　　　　　　33

破裂不大时，可用涂有一层肥皂的布将漏水处包扎好；如破裂较大时，可将软管破裂处切断，在中间套上一个竹管或铁管，并用铁丝捆紧。

卸轮胎螺母的妙法

Travel　　　　　　34

在行车途中更换轮胎时，由于原轮胎螺母上得过紧、锈蚀或其他原因，很难卸下，有时甚至因超螺母用力过大导致扳手损坏。其实，只需用破纱布之类的东西蘸少许易燃的油脂，放在难以卸下的螺母处点火燃烧，趁热用扳手一扳即可。图

螺孔滑扣的应急维修

Travel　　　　　　35

螺孔滑扣会导致漏油或连杆松动，使其无法工作。这时可将原螺杆用锤子捶扁，使其两边膨胀增大再紧

固好，但不可多次拆卸，待下次保养时修理。

膜片或输油泵膜片破损的应急维修

Travel　　　　　　36

膜片或输油泵膜片破裂或折断时，可拆开油泵取出膜片，用胶木板、电工绝缘胶木或塑料布按原形状、尺寸锯锉成型，并磨光装上。

气门弹簧折断的应急维修

Travel　　　　　　37

气门弹簧折断后，可将断弹簧取下，把断了的两段反过来装上，即可使用。也可找一片1毫米厚的铁皮，剪成比弹簧直径大1毫米的圆片，内部剪一圆孔，直径小于弹簧直径4毫米，外部边缘每隔6毫米剪成4毫米长的裂口，剪好后每隔一片折叠一片，形成双面弹簧座槽，再将弹簧调头装入铁皮槽内即可使用。

汽车防盗小窍门

Travel　　　　　　38

1.必要时，可更换门锁。通常是用锥形门锁代替标准门锁，可以防止大多数业余作案者。

2.点火开关、车门、行李厢、汽油箱盖、发动机盖、车轮、方向盘等部位都可安装防盗锁，还应尽量用不同的锁。

3.用特殊的前盖锁，锁上发动机罩，是保护发动机盖下部件的好方法。

4.尽可能将车停在一个明亮人多的地方，不要将车停在僻静之处。

5.听到报警器响了几声后又停止，千万别掉以轻心。

NO.34图

6.当把车停了一段时间再返回来时，一定要对车细细看一遍，查看轮轴盖、备胎、牌照等有无变化，许多小偷会偷窃牌照，并把它换到被通缉的车上。

7.不要将值钱的东西放在车座等显眼处，否则容易"引贼上车"。

8.将车重要易盗部件刻上特殊记号，并登记在派出所档案里，这样有利于找回丢失的零件。

私人车辆巧投责任保险
Travel   39

如果车上一般乘坐的都是家人，而车主和家人都已经投保过人寿保险中的意外伤害保险和意外医疗保险，作为私人轿车，就没有必要投保车上责任保险了，因为意外伤害和意外医疗保险所提供的保障范围基本涵盖了车上责任保险在这种情况下所能提供的保障。如果您车上经常乘坐朋友，而且经常变化，最好还是投保车上责任保险，用以满足意外交通事故发生时的医疗费用。

旧车怎样投保盗抢险
Travel   40

由于保险公司在赔偿的时候是根据保险车辆的折旧价、购车发票票面价格以及投保金额的最低价确定赔偿金额的，所以盗抢险的保额于新车和旧车是不同的。新车的保额要按照新车购置价投保，而旧车的保额要按照车辆折旧价和购车发票金额的最低金额确定，如果二手车按新车价投保，不但多交了保险费，一旦车被偷、被抢，只能得到折旧价或发票价中最低的赔偿。

小事故不要到保险公司索赔
Travel   41

如果车主当年没有出现保险事故，保险公司会在第二年给予10%的无赔款优待，这可是一笔不小的优惠。所以如果出现的事故较小，车主还是权衡一下，再决定是否向保险公司索赔。

买二手车最好办理保险过户
Travel   42

在购买二手车时，此车上年已购买了汽车保险，且保险随车转让，买主应要求卖车者将保险单正本、保险证转交给自己，同时要求他到公司变更被保险人（简称过户）或过户后退保。但是一般情况下，过户对买主更实惠一些。因为过户后可以接着享有本车的保险保障，直到保险期满。而且在下一年度投保时，还可以用本年保单申请10%的无赔款优待。